新工科暨卓越工程师教育培养计划集成电路科学与工程学科系列教材

集成电路科学与工程学科"十四五"规划教材

半导体器件物理

PHYSICS OF SEMICONDUCTOR DEVICES

徐静平　刘璐　高俊雄 ◎编著

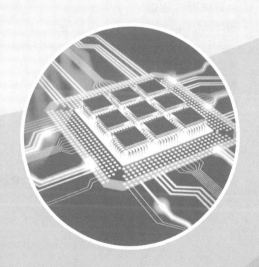

华中科技大学出版社
http://press.hust.edu.cn
中国·武汉

内 容 简 介

本书主要介绍常用半导体器件的基本结构、工作原理以及电特性。内容包括半导体物理基础、PN 结、PN 结二极管的应用、双极晶体管、结型场效应晶体管、MOSFET 以及新型场效应晶体管,如 FinFET、SOI MOS-FET、纳米线围栅(GAA)FET 等,共计七章。

本书可作为高等院校微电子科学与工程、电子科学与技术、集成电路设计与集成系统、光电信息科学与工程等专业本科生和研究生学习半导体器件物理相关课程的教材,也可供从事微电子科学、集成电路和电子器件等领域的科研人员和工程技术人员参考。

图书在版编目(CIP)数据

半导体器件物理/徐静平,刘璐,高俊雄编著. —武汉:华中科技大学出版社,2023.9
ISBN 978-7-5680-9571-6

Ⅰ.①半… Ⅱ.①徐… ②刘… ③高… Ⅲ.①半导体器件-半导体物理-教材 Ⅳ.①TN303 ②O47

中国国家版本馆 CIP 数据核字(2023)第 164939 号

半导体器件物理   徐静平 刘 璐 高俊雄 编著
Bandaoti Qijian Wuli

策划编辑:陈舒淇
责任编辑:陈舒淇 周芬娜
封面设计:廖亚萍
责任校对:李 弋
责任监印:周治超
出版发行:华中科技大学出版社(中国·武汉)   电话:(027)81321913
         武汉市东湖新技术开发区华工科技园   邮编:430223
录   排:武汉市洪山区佳年华文印部
印   刷:武汉科源印刷设计有限公司
开   本:787mm×1092mm 1/16
印   张:20.5
字   数:522 千字
版   次:2023 年 9 月第 1 版第 1 次印刷
定   价:59.00 元

前　言

CMOS 集成电路已发展到纳米量级,各种新型器件结构和工艺不断涌现,发展集成电路芯片技术已然成为我国重要的发展战略。为适应纳米时代集成电路发展的需求,在培养学生掌握微电子器件基本结构、工作原理、主要特性和基本设计技能的基础上,让学生了解各种新型纳米级场效应晶体管的结构、原理以及电特性,以拓宽学生的视野并加深对基础知识的理解显得十分必要。故此,在多年教学实践和科研工作基础上,编写了这本包括新型小尺寸场效应晶体管的《半导体器件物理》教材。

本书共分七章,第 1 章为半导体物理基础,为后面章节学习提供简明而必要的半导体物理知识;第 2 章介绍 PN 结的基本理论和特性;第 3 章在第 2 章基础上介绍了主要 PN 结二极管的应用;第 4 章介绍双极晶体管(BJT),主要讨论了其放大特性、直流特性、频率特性、开关特性以及大电流特性等;第 5～7 章主要讨论场效应器件,首先介绍结型场效应晶体管、MOS 场效应晶体管(MOSFET)的基本结构、工作原理、直流特性、交流特性和频率特性,并讨论了一些短沟道效应和器件的等比缩小规则;最后对近些年出现的各种新型多栅场效应晶体管的基本结构、原理和基本电特性进行了介绍。本书遵循循序渐进的原则,对其内容进行合理编排,着重基本概念和物理现象的解释,免去了烦琐的数学推导,用简单的模型得到适用且物理概念清晰的结果。每章后面均有与本章相应知识点相关的思考题和习题,便于读者复习,加深理解。

本书第 1 章、第 2 章由高俊雄编著,第 3 章、第 4 章由刘璐编著,第 5～7 章及附录由徐静平编著。徐静平教授负责全书大纲的制订、协调、统稿和审阅等工作。

在本书编写过程中,我们参考了大量国内外相关教材和文献资料,选用了一些研究成果和图表数据,其中主要参考书和参考文献已统一列于书后,但难免会有遗漏,作者在此对所有参考书和参考文献的贡献者表示衷心感谢。

由于作者学识有限,写作时间仓促,书中难免有错漏和需完善之处,敬请广大读者和同行赐予宝贵意见。

学习与科学研究是一个艰苦的过程,需要有艰苦奋斗的准备,需要终生的努力。在此,将门捷列夫的名言"终生努力,便成天才"送给广大读者。

徐静平

2023 年 8 月于华中科技大学

符 号 表

A	PN 结面积	C_q	沟道量子电容
A_e	发射结面积	C_{Si}	硅薄膜电容
A_{ch}	沟道截面积	D_n	电子扩散系数
A_{eff}	JFET 沟道有效截面积	D_p	空穴扩散系数
a	线性缓变结杂质浓度梯度；冶金沟道半厚度；晶格常数	D_{ne}	发射区电子扩散系数
		D_{pe}	发射区空穴扩散系数
a_1	SOI 器件界面耦合系数	D_{nb}	基区电子扩散系数
BV_{EBO}	集电极开路时，发射极-基极击穿电压	D_{pb}	基区空穴扩散系数
BV_{CBO}	发射极开路时，集电极-基极击穿电压	D_{nc}	集电区电子扩散系数
BV_{CEO}	基极开路时，集电极-发射极击穿电压	D_{pc}	集电区空穴扩散系数
BV_{DS}	漏源击穿电压	E	电场强度
BV_{GS}	栅源击穿电压	E_0	临界电场；能量子带的最低能级；真空能级
b	沟道半厚度		
C_T	PN 结势垒电容	E_b	基区内建电场
$C_T(0)$	零偏 PN 结势垒电容	E_B	栅介质击穿的临界电场
C_D	PN 结扩散电容	E_{bn}	大注入基区内建电场
C_{TE}	发射结势垒电容	E_e	发射区内建电场
C_{TC}	集电结势垒电容	E_{eff}	垂直沟道的有效电场
C_{DE}	发射极扩散电容	E_m	PN 结空间电荷区最高场强
C_{DC}	集电极扩散电容	E_F	费米能级
C_{dep}	SOI 器件单位面积耗尽层电容	E_{Fn}	电子准费米能级
C_{it}	单位面积界面陷阱电容	E_{Fp}	空穴准费米能级
C_{it1}/C_{it2}	SOI 器件单位面积前/背界面陷阱电容	E_i	本征能级
		E_C	导带底能量；速度饱和临界电场
C_{ox}	单位面积栅氧化层电容	E_V	价带顶能量
C_{ox1}/C_{ox2}	SOI 器件前栅和背栅单位面积氧化层电容	E_g	禁带宽度
		E_S	半导体表面电场强度
C_{GS}	栅源总电容	E_{SW}	功率-延迟积
C_G	栅极总电容	f_0	JFET 渡越时间截止频率
C_{ds}	漏源寄生电容	f_{0max}	JFET 渡越时间最大截止频率
C_{gs}	小信号栅源电容	F_1	电荷分享因子
C_{gd}	小信号栅漏电容	f_T	特征频率

f_{Tmax}	最高特征频率	I_{rd}	反向扩散电流
f_{α}	共基极正向电流增益截止频率	I_s	双极晶体管表面漏电流
f_{β}	共发射极正向电流增益截止频率	I_{sb}	基区表面漏电流
f_{gm}	跨导截止频率	I_{sub}	MOSFET 衬底电流
f_M	最高振荡频率	I_{EBO}	集电极开路时，发射极-基极反向电流
G_0	冶金沟道电导	I_{CBO}	发射极开路时，集电极-基极反向电流
g_c	沟道电导	I_{CEO}	基极开路时，集电极-发射极反向电流
g_D	PN 结二极管电导	I_{CM}	集电极最大电流
g_i	输入电导	I_{CS}	集电极饱和电流
g_o	输出电导	I_{BS}	临界饱和基极电流
g_m	跨导	I_{BX}	过驱动基极电流
g_{ms}	饱和区跨导	I_G	栅极电流
g_{ml}	线性区跨导	I_{DSat}	饱和漏极电流
g_{mb}	衬底跨导	I_{DSS}	最大饱和漏极电流
g_d	漏极电导	I_{DSub}	亚阈值电流
g_{ds}	饱和区电导	i_D	PN 结二极管瞬态电流；漏极瞬态电流
h	栅结耗尽区厚度	i_d	PN 结二极管小信号电流；漏极小信号电流
H_{Fin}	FinFET 鳍片高度		
I_n	电子电流	i_E	发射极瞬态电流
I_p	空穴电流	i_e	发射极小信号电流
I_D	PN 结二极管电流；漏极电流	i_B	基极瞬态电流
$I_{D(on)}$	MOSFET 通态电流	i_b	基极小信号电流
I_0	PN 结二极管反向饱和电流	i_C	集电极瞬态电流
I_F	PN 结二极管正向电流	i_c	集电极小信号电流
I_R	PN 结二极管反向电流	J_n	电子电流密度
I_E	发射极电流	J_p	空穴电流密度
I_B	基极电流	J_{pe}	发射区空穴电流密度
I_b	瞬态基极电流	J_{nb}	基区电子电流密度
I_C	集电极电流	J_{pc}	集电区空穴电流密度
I_{nb}	基区电子电流	J_{pb}	基区空穴电流密度
I_{nc}	集电结电子电流	K	绝对温度
I_{ne}	发射结电子电流	K_V	MOSFET 电压放大系数
I_{on}	MOSFET 通态电流	K_p	功率增益
I_{off}	MOSFET 断态电流	K_{pm}	最大功率增益
I_{pe}	发射结空穴电流	k	玻尔兹曼常数；等比缩小因子；介电常数
I_{pc}	集电区空穴电流		
I_{rb}	基区复合电流	L_{Di}	本征德拜长度
I_{re}	发射结势垒复合电流	L_{De}	非本征德拜长度
I_{rg}	势垒反向产生电流	L_n	电子扩散长度

L_p	空穴扩散长度	p_{p0}	P 型区热平衡空穴浓度
L_{pe}	发射区空穴扩散长度	p_{e0}	发射区热平衡空穴浓度
L_{pc}	集电区空穴扩散长度	p_e	发射区非平衡空穴浓度
L_{nb}	基区电子扩散长度	p_{b0}	基区热平衡空穴浓度
L_E	发射极总周长	p_b	基区非平衡空穴浓度
l_e	发射极条长	p_c	集电区非平衡空穴浓度
l_{eff}	发射极有效条长	p_{c0}	集电区热平衡空穴浓度
L_e	发射极引线电感	Q_N	PN 结中性 N 区过剩载流子电荷
L_b	基极引线电感	Q_P	PN 结中性 P 区过剩载流子电荷
L	沟道长度	Q_D	PN 结中性扩散区过剩载流子电荷;
L_{eff}	有效沟道长度		JFET 栅 PN 结 N 区耗尽层离化施
M	倍增系数		主电荷;MOS 单位面积耗尽区电荷
N	N 型区	Q_{dep}	SOI MOS 器件单位面积耗尽区电荷
N_{1D}	一维有效状态密度	Q_{inv1}	SOI MOS 器件前界面反型电荷
N_C	导带底有效态密度;集电区杂质浓度	Q_{Dm}	单位面积最大表面耗尽区电荷
N_V	价带顶有效态密度	Q_E	发射区非平衡载流子总电荷
N_D	施主杂质浓度	Q_B	基区非平衡载流子总电荷
N_A	受主杂质浓度	Q_{BS}	基区超量储存电荷
N_B	基区杂质浓度;MOSFET 衬底杂质	Q_{CS}	集电区超量储存电荷
	浓度	Q_X	超量储存电荷
N_E	发射区杂质浓度	Q_G	单位面积栅电荷
N_S	扩散杂质表面浓度	Q_{GT}	栅极总电荷
N_{ES}	发射区扩散杂质表面浓度	Q_{ox}	单位面积栅氧化层电荷
N_{BS}	基区扩散杂质表面浓度	Q_{ox1}	SOI 器件前栅单位面积氧化物电荷
n	电子浓度	Q_{ox2}	SOI 器件背栅单位面积氧化物电荷
n_i	本征载流子浓度	Q_n	单位面积表面反型层电子电荷
n_{ie}	有效本征载流子浓度	Q_{nT}	沟道总电子电荷
n_{e0}	发射区热平衡电子浓度	Q_C	JFET 沟道载流子电荷
n_{n0}	N 型区热平衡电子浓度	q	电子电量
n_{p0}	P 型区热平衡电子浓度	$R_{\square b}$	内基区方块电阻
n_{b0}	基区热平衡电子浓度	$R_{\square B}$	外基区方块电阻
n_{c0}	集电区热平衡电子浓度	$R_{\square e}$	发射区方块电阻
n_p	P 型区非平衡电子浓度	r_b	基极电阻
n_e	发射区非平衡电子浓度	r_{b1}	内基区电阻
n_b	基区非平衡电子浓度	r_{b2}	外基区电阻
n_c	集电区非平衡电子浓度	r_{bc}	基极接触电阻
P	P 型区	r_{cs}	集电极串联电阻
P	FinFET 鳍片间距	r_e	发射结结电阻
p	空穴浓度	r_{es}	发射极串联电阻

r_d	FET 的输出电阻	V_{GS2}	SOI 器件背栅电压
R_D	漏极串联电阻	$V_{GS2,acc}$	SOI 器件背界面积累时的背栅电压
R_G	栅极串联电阻	V_{DD}	MOSFET 漏极电源电压
R_{on}	沟道导通电阻	V_{DS}	漏源电压
R_S	源极串联电阻	V_T	阈值电压
r_{top}/r_{bot}	FinFET 鳍片顶角/底角曲率半径	V_{TN}	N 沟 MOSFET 阈值电压
S	表面复合速率;饱和深度	$V_{T,N}$	多栅 MOSFET 阈值电压
S_e	发射极条宽	V_{TP}	P 沟 MOSFET 阈值电压
S_b	基极条宽	$V_{T1,acc2}$	背界面处于积累时前栅阈值电压
S_{eb}	发射极条-基极条之间的距离	$V_{T1,dep2}$	背界面处于耗尽时前栅阈值电压
t_d	延迟时间	$V_{T1,inv2}$	背界面处于反型时前栅阈值电压
t_r	上升时间	V_{DSat}	饱和漏源电压
t_s	储存时间	V_S	表面势
t_f	下降时间	V_{FB}	平带电压
t_{on}	开启时间	V_{FBF}	SOI 器件前栅平带电压
t_{off}	关断时间	V_{ox}	栅氧化层电压降
t_{ox}	栅氧化层厚度	V_{on}	导通电压
t_{ch}	MOSFET 沟道渡越时间	V_P	夹断电压
t_{si}	SOI FinFET 硅薄膜厚度(硅鳍高度)	V_{P0}	本征夹断电压
U	电子-空穴净复合率	v_{sl}	载流子饱和漂移速度
V_D	PN 结内建电势或接触电势差	v	载流子漂移速度;经验常数
V_{DE}	发射结内建电势	v_p	载流子峰值漂移速度
V_{DC}	集电结内建电势	v_T	平均热运动速度
V_A	PN 结二极管外加电压	v^+	简并电子气沿沟道方向的平均运动速度
V_{EA}	Early 电压		
V_F	PN 结二极管正向电压	W	沟道宽度
V_R	PN 结二极管反向电压	W_b	有效基区宽度
V_J	外加在 PN 结空间电荷区上的电压	W_{b0}	冶金基区宽度
V_t	热电势	W_c	集电区宽度
V_B	PN 结雪崩击穿电压	W_{cib}	电流感应基区宽度
V_{BE}	基极-发射极电压	W_{eff}	有效沟道宽度
V_{CB}	集电极-基极电压	W_e	中性发射区宽度
V_{CE}	集电极-发射极电压	W_{epi}	外延层厚度
V_E	发射结外加电压	W_{Si}	FinFET 鳍片宽度
V_C	集电结外加电压	W_N	PN 结二极管中性 N 区宽度
V_{PT}	穿通电压	W_P	PN 结二极管中性 P 区宽度
V_{CES}	饱和压降	x_m	PN 结空间电荷区宽度
V_{GS}	栅源电压	x_j	PN 结结深
V_{GS1}	SOI 器件前栅电压	x_{je}	发射结结深

x_{jc}	集电结结深	μ_{nc}	集电区电子迁移率
α_0	共基极直流及低频电流增益	μ_{pc}	集电区空穴迁移率
α	共基极高频电流增益	μ_s	低场表面迁移率
α_F	共基极正向电流增益	ρ	电阻率
α_R	共基极反向电流增益	σ	DIBL 因子(静电反馈系数)
α_n	电子电离率	σ_n	电子电导率
α_p	空穴电离率	σ_p	空穴电导率
α_N	多栅 MOSFET 等比缩小因子	τ_n	电子寿命
β_0	共发射极直流及低频电流增益	τ_p	空穴寿命
β	共发射极高频电流增益;MOSFET 增益因子(或几何跨导参数)	τ_{nb}	基区电子寿命
		τ_{pe}	发射区空穴寿命
β_0^*	基区输运系数	τ_{pc}	集电区空穴寿命
β_F	共发射极正向电流增益	τ_{ne}	发射区电子寿命
β_R	共发射极反向电流增益	τ_s	晶体管饱和时间常数
β_S	临界饱和共发射极电流增益	τ_S	SHR 寿命
γ_0	发射极直流发射效率	τ_A	Auger 寿命
γ	发射极交流发射效率;MOSFET 衬偏调制系数(或体效应系数)	τ_B	基极时间常数
		τ_b	基区渡越时间
Δp_n	N 区过剩空穴浓度	τ_E	发射极时间常数
Δn_p	P 区过剩电子浓度	τ_e	发射极延迟时间
ΔE_g	禁带变窄量	τ_C	集电极时间常数
ε_0	绝对介电常数(真空电容率)	τ_c	集电结延迟时间
ε_s	硅相对介电常数	τ_d	集电结空间电荷区渡越时间
ε_{ox}	二氧化硅相对介电常数	$q\phi_{ms}$	金属-半导体功函数差
η	基区电场因子	$q\phi_m$	金属功函数
η_F	约化费米势	$q\phi_S$	半导体功函数
λ	沟道长度调制系数	Φ_{MS}	金属-半导体功函数电势差
λ_N	多栅 MOSFET 器件特征长度($N=$1, 2, 3, 4)	ϕ_{sb}	肖特基势垒接触势
		ϕ	多栅 MOSFET 沟道中的电势
λ_0	围栅 FET 器件特征长度	ϕ_F	费米势
μ_0	低场表面迁移率	ϕ_{FP}	P 型材料费米势
μ_{eff}	有效电子迁移率	ϕ_{FN}	N 型材料费米势
μ_n	电子迁移率	ϕ_{ox1}/ϕ_{ox2}	前/背栅氧化物上的电势差
μ_p	空穴迁移率	ϕ_{MS1}/ϕ_{MS2}	前/背栅的功函数差
μ_{ne}	发射区电子迁移率	ϕ_S	MOSFET 沟道表面势
μ_{pe}	发射区空穴迁移率	ϕ_{S1}	前界面表面势
μ_{nb}	基区电子迁移率	ϕ_{S2}	背界面表面势
μ_{pb}	基区空穴迁移率	χ	电子亲和势

目　　录

第1章 半导体物理基础

半导体材料是现代电子系统的基础。包括集成电路在内的电子器件,绝大多数是用半导体材料制作的。要了解半导体器件的结构和工作原理,首先要了解半导体材料的各种知识。本章主要讲述半导体的基本物理性质,首先介绍半导体单晶材料的典型结构以及半导体材料中的电子特性,然后讲述半导体中载流子的浓度以及输运现象,最后介绍器件研究中的几个基本方程。

1.1 半导体材料

根据电阻率的不同,我们通常把固体材料分为三类:导体、半导体和绝缘体。通常把电阻率小于 10^{-3} $\Omega \cdot cm$ 的材料称为导体,大于 10^9 $\Omega \cdot cm$ 的材料称为绝缘体,介于两者之间的材料称为半导体。材料的电学特性与它的化学成分和原子的排列方式有密切的关系,本节主要介绍几种典型的半导体材料的成分及其结构。

1.1.1 半导体材料的原子构成

半导体材料的种类很多,表 1-1 列出了常见的几种半导体材料,表 1-2 列出了与半导体材料有关的常见元素。

表 1-1 常见的半导体材料

分类	符号	名称
元素半导体	Si	硅
	Ge	锗
化合物半导体	AlP	磷化铝
	AlAs	砷化铝
	GaP	磷化镓
	GaAs	砷化镓
	InP	磷化铟
	GaN	氮化镓
	SiC	碳化硅

表 1-2 半导体材料中的常见元素

周期	Ⅲ	Ⅳ	Ⅴ
2	B	C	N
3	Al	Si	P
4	Ga	Ge	As
5	In		Sb

根据成分的不同,半导体材料可以分为两类:元素半导体和化合物半导体。元素半导体由单一元素组成,如 Si 和 Ge。Si 因其在地球上的丰富含量以及成熟的工艺而成为制作电子器

件和集成电路的主要原料。化合物半导体由两种或两种以上的元素组成,如 GaAs 和 InP。GaAs 是一种应用非常广泛的化合物半导体,它具有良好的光学特性,常用来制作光学器件和高速器件。本书所讨论的内容仅限于元素半导体。

1.1.2 半导体材料的晶体结构

1. 晶体结构

固体材料中,原子的排列方式与材料特性密切相关。根据原子、分子或分子团在三维空间中排列的有序程度的不同,固体材料可分为无定形、多晶和单晶三种基本类型。图 1-1 是这三种材料中原子或分子排列的二维示意图。

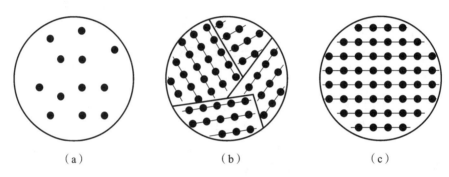

（a） （b） （c）

图 1-1 固体材料的三种基本类型示意图
（a）无定形;（b）多晶;（c）单晶

无定形材料中的原子或分子只在几个原子或分子尺度内有序。多晶材料中存在许多小区域,每个小区域中的原子或分子排列有序。单晶材料中的原子或分子在整个晶体中排列有序。

上述三种类型的材料在器件和集成电路中都有广泛的应用。例如,无定形硅薄膜可以用来加工液晶显示器;多晶硅可用于制作太阳能电池。目前,电子器件和集成电路的制造中使用最多的是单晶硅。

单晶体中的原子或分子在三维空间中有序排列,具有几何周期重复性。我们可以认为单晶体是由大量相同的基本单元在三维空间中堆砌而成。通常,我们把单晶体中的原子或分子抽象成数学上的几何点,这些点的集合被称为晶格(lattice)。晶体中的原子或分子位于晶格点上。当晶体具有一定温度时,原子或分子会以晶格点为中心做微振动,这一现象称为晶格振动。

2. 硅和锗的晶体结构

硅和锗是Ⅳ族元素,它们形成的单晶中,原子的排列方式与金刚石的相同,称为金刚石结构。金刚石结构由图 1-2(a)所示的立方体结构重复堆砌而成,立方体的每个顶点、每个面的中心以及体对角线的 1/4 处各有一个原子。

从图 1-2(a)可以看出,在硅单晶中,以任意硅原子为中心,以其周围最临近的 4 个硅原子为顶点,构成一个正四面体,如图 1-2(b)所示。由于硅是Ⅳ价的,硅原子最外层有 4 个价电子。位于正四面体中心的硅原子与每一个顶角处的硅原子各贡献出一个价电子,这个电子在两个原子核之间形成较大的电子云密度,通过电子云对原子核的吸引力把两个原子结合在一

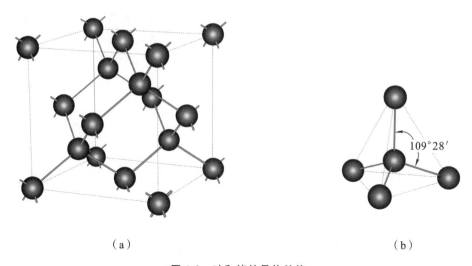

（a）　　　　　　　　　　　　　（b）

图 1-2　硅和锗的晶体结构

（a）金刚石结构；（b）硅单晶的正四面体结构

起，形成共价键。硅单晶中，键与键之间的夹角为 109°28′。图 1-3 在二维平面图中示意地画出了硅原子间的这种结合方式，图中用连接在硅原子间的直线表示共价键。

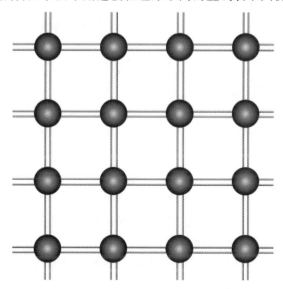

图 1-3　硅单晶中的共价键二维结构简图

1.2　半导体中的电子

经典物理学包括两个基本领域：研究粒子的力学和热学，以及研究场和波动现象的电磁学和光学。力学和热力学中，粒子的运动规律由牛顿方程描述；电磁学和光学中，场和波动现象由麦克斯韦方程描述。在经典物理中，波和粒子总是被明确地区分开来的，然而，像光子和电子这样的微观粒子,它们既表现出粒子的特性,同时也表现出波的特性,即具有波粒二象性。因此经典力学无法给出正确的微观系统的物理图像,这些现象只有通过量子力学才能够被真正地解释和预言。为了更好地理解器件中电子的行为,本节将介绍量子力学的一些基本概念。

1.2.1　量子力学简介

1. 波粒二象性

像电子和光子这类微观粒子,它们的特性与经典粒子有着明显的差别,我们可以通过三个物理现象来说明,它们分别是"黑体辐射""光电效应"以及"电子衍射"。

1) 黑体辐射现象

黑体是一个理想化的物体,它可以吸收所有照射到它上面的辐射。空腔表面的小孔可以被视为黑体。黑体既可以吸收辐射,又会向外辐射电磁波,辐射能谱如图 1-4 所示。

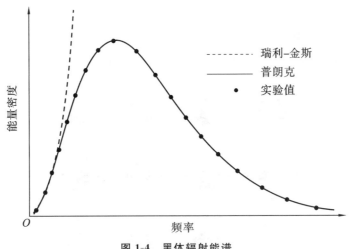

图 1-4　黑体辐射能谱

在经典物理的框架内对黑体辐射能谱的解释都在不同程度上遭到失败。例如,瑞利-金斯辐射公式在低频部分与实验结果符合得很好,而在高频部分则完全不符合。为了准确描述黑体辐射能谱,普朗克提出:空腔壁由频率连续分布的谐振子组成,而且频率为 ν 的谐振子发射或吸收的能量只能取 $h\nu$ 的整数倍(h 称为普朗克常量,$h=6.626\times10^{-34}$ J·s),也就是说谐振子的能量是不连续的。这种能量取值不连续的现象称为能量的量子化。通过引入能量量子化的思想,普朗克成功地解释了黑体辐射能谱现象。普朗克公式的提出在物理学史上是一个里程碑,标志着量子力学的诞生。

2) 光电效应

当一定频率的光照射到金属表面时,金属中的电子会溢出金属表面,这种现象称为光电效应,如图 1-5 所示。

按照经典物理的观点,光是一种电磁波,电磁波使金属原子中的电子做受迫振动从而被释放。所以,只要用足够强的光照射金属表面或照射的时间足够长,金属就应该释放出电子。但

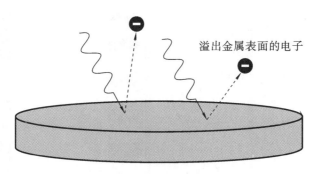

图 1-5　光电效应

实验结果表明,只有当光的频率大于某临界值时才有电子溢出。临界值取决于材料的成分和结构,而且,溢出的电子的动能取决于光的频率而非光的强度。爱因斯坦为了说明光电效应现象提出了光量子的理论:频率为 ν 的光是由能量为 $h\nu$ 的光量子(即光子)组成。当光照射到金属表面时,能量为 $h\nu$ 的光子被电子吸收,吸收的能量一部分用来克服金属表面对它的限制,另一部分提供它溢出后的动能,即

$$h\nu = W + \frac{1}{2}mv^2 \tag{1-1}$$

式中:m 是电子的质量;v 是它的速度;W 是功函数,即电子摆脱固体表面而溢出所必须获得的最小能量。根据光量子理论,如果入射光的频率过低,光子的能量 $h\nu < W$ 时,电子获得的能量不足以使其溢出金属表面。这时不论光强有多大、照射时间有多长都不会有光电子发射。然而,当入射光的频率足够高,光子的能量 $h\nu > W$ 时,即使光不够强也可以观察到光电子发射。光电效应说明:光除了具有波的特性外同样具有粒子的特性,即波粒二象性。光的波动性表现在光子能够表现出经典波的折射、干涉、衍射等性质;光子的粒子性表现为和物质相互作用时,光子只能传递量子化的能量而不像经典的波那样可以传递任意大小的能量。

3）电子双缝实验

有一个能够发射电子的电子枪,在电子枪的前面放置一块能够阻挡电子的挡板,挡板上开有两条足够窄的狭缝,挡板的后面放置一块能够侦测电子的侦测屏,如图 1-6(a)所示。电子枪发射的电子,通过挡板上的狭缝打在侦测屏上,会在侦测屏上显示出一个斑点。如果电子是经典力学中的单纯的粒子,在发射足够数量的电子后,所有电子应该只能打到两条狭缝的投影位置上,侦测屏上只会出现两条线条状痕迹。事实上随着电子发射数量的增多,侦测屏上会逐渐显现出明暗相间的干涉条纹,如图 1-6(b)所示。这一现象说明:电子同样可以表现出波的干涉和衍射行为,即像电子这样的实物粒子同样具有波的性质。

黑体辐射实验体现了物理量的量子化特性。而光电效应和电子双狭缝实验反映出某些波会具有粒子的特性,某些粒子也会表现出波动性。有很多实验已经证明了微观粒子具有波粒二象性。波粒二象性是量子力学的一个重要概念。

实物粒子除了具有粒子的特性外还具有波的特性,这种波称为"物质波"或"德布罗意波"。物质波的波长 λ 与粒子的动量 p 有关,而频率 ν 与总能量 E 有关,即

$$p = \frac{h}{\lambda} \tag{1-2}$$

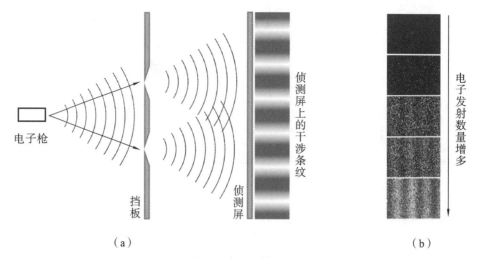

图 1-6 电子双缝实验

（a）电子双缝实验示意图；（b）干涉条纹

$$E = h\nu \tag{1-3}$$

其中，h 为普朗克常数。

宏观物体同样具有波动性，只不过波长太短而无法观测。例如，一个质量为 0.15 kg 且以 40 m/s 的速度运动的物体，它的物质波的波长为

$$\lambda = \frac{h}{p} = \frac{h}{mv} = \frac{6.626 \times 10^{-34}}{0.15 \times 40} = 1.10 \times 10^{-34} \text{(m)} \tag{1-4}$$

式中：m 是物体的质量；v 是运动速度。这个波长太短，现代的任何仪器都无法观察到。

2. 波函数

在经典物理中，粒子的位置和动量可以同时被精确测量和预测。例如，一辆直线行驶中的汽车，我们可以测量出它的位置、速度和加速度，由此可以推算出一定时间之后的位置及速度。而在量子物理中，由于粒子具有波粒二象性，微观粒子的位置和动量存在测不准关系。因此，我们无法按照经典物理的方式描述粒子的状态，取而代之的是用波函数来描述。

波函数通常是空间和时间的复函数，即 $\psi(\mathbf{r}, t)$。与经典物理不同，波函数描绘的不是实在的物理量的波动，它刻画的是粒子在空间的概率分布，是一种概率波。如果用波函数 $\psi(\mathbf{r}, t)$ 表示粒子的德布罗意波的振幅，而以 $|\psi(\mathbf{r}, t)|^2 = \psi^*(\mathbf{r}, t)\psi(\mathbf{r}, t)$ 表示波的强度（其中 $\psi^*(\mathbf{r}, t)$ 是 $\psi(\mathbf{r}, t)$ 的复共轭函数），那么 t 时刻在 $\mathbf{r}$ 附近的小体积单元 $\Delta x \Delta y \Delta z$ 中检测到粒子的概率正比于 $|\psi(\mathbf{r}, t)|^2 \Delta x \Delta y \Delta z$。

如果测量一个用波函数 $\psi(\mathbf{r})$ 描述的微观粒子的动量，由于一般情况下的 $\psi(\mathbf{r})$ 是由许多单色波叠加而成的，含有各种波长成分，因此，得到的测量值也应该有一定的概率分布。如果用 $|\psi(\mathbf{p})|^2$ 表示粒子的动量分布，那么 $\psi(\mathbf{p})$ 可以由 $\psi(\mathbf{r})$ 的傅里叶变换得到，即

$$\psi(\mathbf{p}) = \frac{1}{(2\pi\hbar)^{\frac{3}{2}}} \int \psi(\mathbf{r}) e^{-\frac{i\mathbf{p}\cdot\mathbf{r}}{\hbar}} \mathrm{d}\mathbf{r} \tag{1-5}$$

式中：$\hbar = \dfrac{h}{2\pi}$。由此可见 $\psi(\mathbf{p})$ 可以由 $\psi(\mathbf{r})$ 完全确定，反之也同样成立。

与此类似,当微观粒子的波函数 $\psi(\boldsymbol{r})$ 确定以后,它的所有力学量观测值的分布概率(在某些状态下的值也可以是确定的)都可以由 $\psi(\boldsymbol{r})$ 确定。所以,波函数可以完全确定粒子的状态。因此,量子力学中对微观粒子的状态的描述与经典物理有着根本的不同,在经典力学中我们用质点的位置以及动量随时间变化的函数来描述它们的状态,而在量子力学中则用波函数来描述。

3. 薛定谔方程

微观粒子的状态需要用波函数来描述,那么应该有一个描述波函数如何随时间演化以及在各种情况下求出波函数的方法,这就是 1926 年薛定谔提出的波动方程,即薛定谔方程。薛定谔方程为

$$\mathrm{i}\hbar\frac{\partial}{\partial t}\psi(\boldsymbol{r},t)=\left[-\frac{\hbar^2}{2m}\nabla^2+V(\boldsymbol{r})\right]\psi(\boldsymbol{r},t) \tag{1-6}$$

式中: $V(\boldsymbol{r})$ 是 $\boldsymbol{r}$ 处的势场; m 是粒子的质量。薛定谔方程是量子力学的基本方程,它揭示了微观世界物质运动的基本规律,就像牛顿定律在经典力学中所起的作用一样,是量子力学的基本假设之一。

4. 隧道效应

微观粒子还有一个与经典粒子不同的重要特性,即微观粒子可以按一定概率穿越大于它本身能量的势垒。如果有一个高度为 V_0、宽度为 a 的势垒,则

$$V(x)=\begin{cases}0, & x<0,x>a \\ V_0, & 0\leqslant x\leqslant a\end{cases} \tag{1-7}$$

在势垒左侧区域有一个能量为 E 的粒子,且 $E<V_0$。如果这个粒子是一个经典粒子,它是不可能越过势垒达到右侧区域的。但是,如果这个粒子是电子或其他微观粒子,通过求解薛定谔方程,我们可以看到它的波函数会延伸到势垒区中并在势垒区中衰减。如果势垒的高度不是很高且宽度不是很大时,它的波函数还会延伸到势垒的另一侧区域,其波函数如图 1-7 所示。

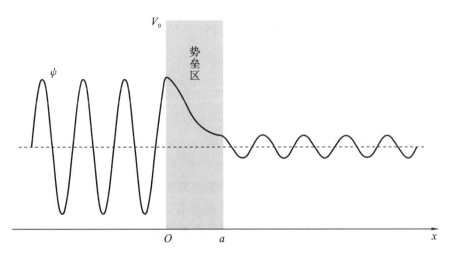

图 1-7　隧道效应示意图

从图 1-7 可以看到,势垒右侧区域中粒子的波函数的强度 $|\psi|^2$ 不为零,说明在势垒右侧区域有一定概率能够检测到这个粒子。也就是说,这个粒子能以一定概率出现在势垒的另一侧,这种现象称为隧道效应。可以证明,势垒宽度越小、高度越低,在势垒另一侧检测到这个粒子的概率越大。隧道效应常被用于器件设计中,例如隧道二极管的工作原理就是利用了电子的隧穿特性。而且,随着电子器件尺寸的不断减小,隧道效应在器件研究中也变得越来越重要。

5. 半导体中电子的准经典近似与有效质量

半导体中的电子具有波粒二象性,经典力学无法准确地描述其行为。要准确地分析和描述半导体中的电子的行为需要用到量子力学的理论和方法。由于半导体材料中通常包含数量巨大的电子,同时这些电子所处的势场十分复杂,几乎不可能获得准确的势场函数,因此完全用量子力学的方法来分析半导体中的电子非常困难。对于半导体中的电子的描述通常会采用"准经典力学"的方法。"准经典力学"方法中,微观粒子(如电子)仍然被视为经典粒子,在引入了一些"等效"物理量以及能级、跃迁等概念后,仍然采用经典力学的分析方法来近似分析粒子的行为。

采用"准经典力学"方法分析半导体中的电子在外力作用下的运动时,使用的仍然是经典的力学方程 $F=ma$(其中,F 为外力,m 为质量,a 为加速度),只不过需要引入"有效质量"来替代电子的"惯性质量",来描述电子在外力作用下的运动,即

$$F = m^* a \tag{1-8}$$

式中:F 为作用在电子上的外力;m^* 为电子的有效质量;a 为加速度。有效质量实际上概括了除外力 F 以外的其他相互作用,例如原子核与电子的相互作用、其他电子对该电子的相互作用等。

准经典近似中,隧道效应被视为:粒子(如电子)有一定的概率直接穿过势垒(如电势势垒)出现在势垒的另一侧,而且隧穿过程中粒子的能量保持不变。要出现明显的隧穿现象要求:① 势垒的另一侧要有与粒子能量相同的空量子态;② 势垒宽度(或隧穿距离)足够小,势垒宽度越小,隧穿现象越明显。

"准经典力学"方法大大简化了分析半导体材料中电子行为的难度,这也是分析研究半导体器件的主要方法。

1.2.2　半导体中电子的特性与能带

1. 一维有限深平底势阱中电子的状态和能量

原子中的电子被束缚在电子与原子核相互作用所产生的势阱中,也就是说它被束缚在了空间的某个区域内,那么这个电子仅可能处于一系列特定的状态,这些状态称为该势阱中电子的允许态。那么,这些允许态以及它们对应的能量有哪些特征?一维有限深平底势阱是此类问题中最简单的一种,因此我们先利用薛定谔方程来讨论其中的电子的允许态。

假设有一个宽度为 $2a$ 的一维势阱 $V(x)$:

$$V(x) = \begin{cases} -V_0, & |x| < a \\ 0, & |x| \geq a \end{cases} \tag{1-9}$$

可以证明,当势场 V 与时间无关时,能量为 E 的波函数可以表示为

$$\psi_E(x,t)=\psi_E(x)\mathrm{e}^{-\frac{\mathrm{i}Et}{\hbar}} \tag{1-10}$$

式(1-10)中,具有确定能量值的状态的波函数 $\psi_E(x,t)$ 称为定态波函数。定态波函数由两部分构成:一个是只与空间有关的部分 $\psi_E(x)$;另一个是随时间变化的部分 $\mathrm{e}^{-\frac{\mathrm{i}Et}{\hbar}}$。把式(1-10)代入薛定谔方程可以得到与时间无关的薛定谔方程,即定态薛定谔方程

$$-\frac{\hbar^2}{2m}\frac{\mathrm{d}^2}{\mathrm{d}x^2}\psi_E(x)+V(x)\psi_E(x)=E\psi_E(x) \tag{1-11}$$

定态薛定谔方程有多个解,因此需要根据实际物理过程附加上边界条件。加上边界条件后会发现,只有当能量 E 取某些特定值时解才存在,图 1-8 为这些波函数的示意图。

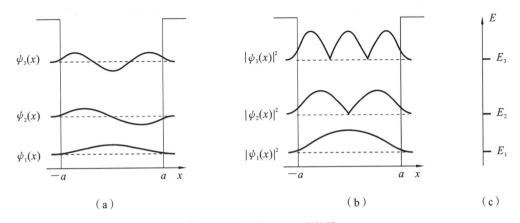

图 1-8　一维有限深平底势阱
(a) 波函数示意图;(b) 概率密度示意图;(c) 能量

　　从图 1-8 可以看出,势阱中电子的状态并非任意的,只能是特定的一组波函数或这些波函数的线性叠加,这些状态是这个势阱中电子的允许态。允许态大部分集中在势阱内,但是也有一部分延伸到势阱外。由此可见,电子并没有被完全限制在阱内,在势阱外缘附近也可以检测到电子。允许态对应的能量是不连续的,也就是说势阱中电子的能量是量子化的。这些量子化的能量称为能级,势阱中的电子的能量只允许分布在这些能级上。

　　如果把多个势阱等间距排列,理论上我们同样可以利用薛定谔方程得到一系列波函数。图 1-9(a)是双势阱中电子的波函数与能级示意图。双势阱是由两个相同的单势阱按一定间距排列所形成的势场。从图 1-9(a)可以看出,允许态对应的能级两两构成一组,每组中的能级具有近似的能量值,而相邻两组能级间能量差别较大。如果将 N 个势阱等间距排列,每 N 个能量较接近的波函数成为一组,当 N 很大时,每组能级中相邻能级间的能量间隔非常小,构成一种准连续的带状结构,如图 1-9(b)所示。

　　从图 1-9 还可以看出,波函数的强度在每个势阱中的形式与单势阱中的情况十分类似,这说明了电子不会被局限在某个势阱中,而是分布在整个势场范围内。可以证明,在周期性势场中每个波函数的强度是周期重复的。

2. 能带

晶体由大量周期排列的原子构成,这些原子会形成三维的周期性势场。所以,电子的允许

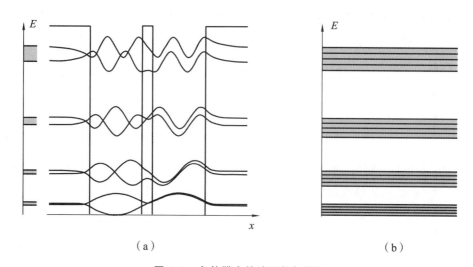

（a）　　　　　　　　　　　　　　　　　　　（b）

图 1-9　多势阱中的波函数与能级

（a）双势阱中的波函数与能级；（b）等间距排列的多个势阱中的能级

态与一维周期排列的势阱中的情况类似，允许的能量也呈现出一系列带状结构，我们把这些能量的带状结构称为能带。能带中包含的能级（或量子态）的数量与组成晶体的原子数量成正比。晶体中包含的原子非常多，因此能带中包含了大量能级，相邻能级间的能量间隔非常小，可以认为能带是准连续的，而相邻的两个能带间有一个能量禁区，这个能量禁区称为禁带。图 1-10 示意地画出了硅单晶的能带结构。

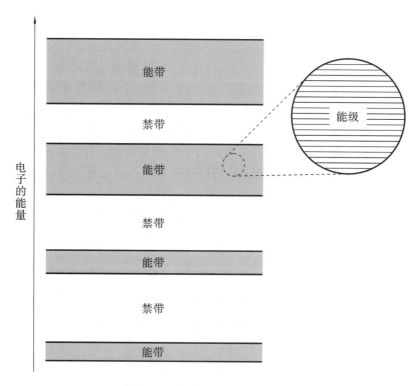

图 1-10　硅单晶能带结构示意图

晶体材料种类繁多,每种晶体材料都有其特定的能带结构。能带结构以及电子在能带中的分布情况与材料的物理性质密切相关。导体、半导体和绝缘体导电能力的差异就是由于它们的能带结构以及电子占据能带的状况不同所致。能带结构还应该包括量子态的动量与能量间的关系,但在本书中不讨论这方面的内容。

3. 电子的共有化运动

与一维周期排列的势阱类似,晶体中电子的波函数并非局限于某个原子周围,而是分布在整个晶体当中。因此,电子可以在整个晶体中运动,而不是局限在某个原子周围。晶体中的电子所具有的这种特性称为电子的共有化。

4. 量子跃迁

晶体或势阱中的电子只允许处于特定的状态,但是它的状态并非一直保持不变,在一定条件下,电子可以从一个量子态转移到另一个量子态,这种现象称为量子跃迁。例如,电子从外界获得一定能量时,如吸收一个光子,可以从一个量子态跃迁到另一个能量更高的量子态,或者说从一个能级跃迁到另一个能量更高的能级上;反之,处于高能级的电子可以通过释放能量,如放出一个光子,跃迁到能量更低的能级上。电子的跃迁必须满足泡利不相容原理。根据泡利不相容原理,电子只能跃迁到空的量子态,不允许跃迁到一个已被电子占据的量子态。此外还需要受到其他条件的制约。

1.2.3　载流子

我们已经知道了晶体中的电子的允许态,这些量子态就像电影院中的座位,电子会遵循什么规则来分配这些座位,或者说晶体中的电子是如何占据这些量子态的? 规则之一是泡利不相容原理。泡利不相容原理规定,在一个系统中不能有两个电子处于同一个量子态。规则之二是多电子系统中总能量最低的状态是最稳定的,电子趋向于按照能量由低到高的顺序占据量子态或能级,使系统的能量最低。

1. 导带、价带和禁带宽度

按照固体能带理论,在绝对零度时,电子受泡利不相容原理的限制,按照能量由低到高的顺序,占据能级以保证系统总能量最低。图1-11示意地画出了绝对零度时硅单晶中电子填充能带的情况,图中的阴影区域表示被电子占据的能级。

在一定温度和外界作用下,一般只有那些占据最高能带的电子才有机会跃迁到新的能级。这部分电子是由孤立原子中的价电子构成的,它们对固体的电学、磁性和光学等物理性质的影响最大。在绝对零度下被价电子占据的那个能带称为价带,而高于价带的相邻能带称为导带。通常,我们把价带的上边界称为价带顶,用 E_v 表

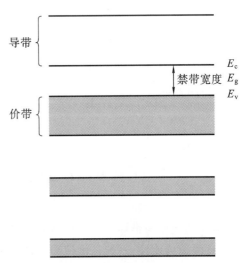

图 1-11　绝对零度时硅单晶中的电子填充能带的示意图

示;导带的下边界称为导带底,用 E_c 表示。导带底和价带顶的能量差($E_c - E_v$)称为禁带宽度,用 E_g 表示。禁带宽度是半导体材料的一个重要性质,很多特性都与它有关。室温下($T=300\ \mathrm{K}$),硅的禁带宽度为 $1.12\ \mathrm{eV}$,锗的禁带宽度为 $0.66\ \mathrm{eV}$。

禁带宽度除了与材料种类有关外,还会随温度变化,随温度变化的规律为

$$E_g(T) = E_g(0) - \frac{\alpha T^2}{T+\beta} \tag{1-12}$$

其中,T 为热力学温度,$E_g(0)$ 为 $T=0$ 时的禁带宽度,硅和锗分别为 $1.17\ \mathrm{eV}$ 和 $0.74\ \mathrm{eV}$,系数 α、β 与材料种类有关,硅的 $\alpha=4.73\times10^{-4}\ \mathrm{eV/K}$、$\beta=636\ \mathrm{K}$,锗的 $\alpha=4.77\times10^{-4}\ \mathrm{eV/K}$、$\beta=235\ \mathrm{K}$。

2. 满带、部分占满的能带和空带

根据电子对能带的填充的不同,能带可以分为满带、部分占满的能带和空带。如果某个能带中所有的量子态都被电子占据了,这个能带称为满带;如果只有部分量子态被电子占据,称为部分占满的能带;如果所有量子态都没有被电子占据,则称为空带。

我们知道一个电子在电场的作用下将沿电场力的方向运动形成电流,在这个过程中它会从电场中获得能量,使其状态发生变化。如果这个电子是满带中的电子,由于能带中所有的量子态都被电子占据了,根据泡利不相容原理,它无法跃迁到另一个带内的量子态上。同时从电场中获得的能量一般都小于禁带宽度,它也无法跃迁到更高的能带中。因此,满带中的电子是不参与传导电流的,只有部分占满的能带中的电子可以传导电流。可以证明,对于满带中的任意电子,必然存在另一个运动速度相等、方向相反的电子,它们对电流的贡献相互抵消。

我们之所以把单晶硅等材料称为半导体材料是因为它们的导电性比绝缘体好,但又比金属差。我们可以从它们的能带结构和电子填充状况出发,找到造成这种差异的主要原因。图1-12 是金属、半导体和绝缘体的能带结构示意图,图中的阴影区表示能级被电子占据。

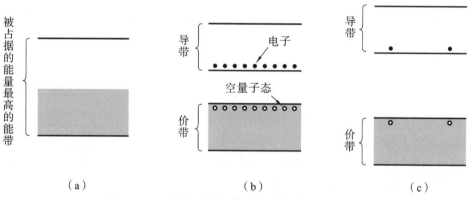

图 1-12　金属、半导体和绝缘体的能带结构示意图
(a) 金属;(b) 半导体;(c) 绝缘体

金属的能带与半导体和绝缘体的能带有本质的区别。金属中最高被占据的能带是部分占满的(有两种可能性:一种是价带部分被占满;另一种是导带与价带重叠),如图 1-12(a)所示,因此,即使温度很低时也有良好的导电性。

半导体和绝缘体在绝对零度时,导带和导带以上的能带都是空带,价带以及价带以下的能

带都是满带,如图 1-12(b)、(c)所示,因此,它们都没有导电性。从这个意义上讲,半导体和绝缘体的能带并没有本质的区别。常温下的半导体和绝缘体都具有一定的导电能力,这主要是价带电子的热激发所致。前面提到过,晶体中的电子在获得能量或释放能量时会发生量子跃迁过程。在一定温度下,由于热运动,价带顶的部分电子会以一定概率获得足够高的能量跃迁到导带,这个过程称为热激发。通过热激发,导带和价带成为部分占满的能带,此时两个能带中的电子就能够传导电流了。温度一定时,有多少导带电子被激发到价带主要取决于禁带宽度 E_g。显然,当 E_g 很大时,激发所需的能量很大,被激发的电子很少,因此导电能力很弱,反之则导电能力强。绝缘体的禁带宽度 E_g 很大,所以常温下的电阻率很高,而半导体的禁带宽度较小,所以导电能力比绝缘体的强。随着温度的升高,价带电子被激发到导带的机会更大,半导体的导电能力随之增强,这是电子器件的许多特性会随温度变化的原因之一。

3. 准自由电子和空穴

被激发到导带中的电子的运动特性类似于自由电子,因此,我们把导带中的电子称为准自由电子(由于电子器件的性能主要与导带和价带中的电子有关,因此在本书的后续章节中也常简称为电子)。价带电子被激发到导带后会在价带中留下空的量子态,价带不再是被电子占满的满带,因此价带电子具有了传导电流的能力。如果用 V_j 表示量子态为 j 的电子的速度,那么价带中所有电子形成的总电流为

$$I = -q \sum_{j=\text{所有被占据的量子态}} V_j = -q \sum_{j=\text{所有量子态}} V_j - \left(-q \sum_{j=\text{所有空量子态}} V_j \right) \tag{1-13}$$

由于满带电子不参与导电,因此有

$$-q \sum_{j=\text{所有量子态}} V_j = 0 \tag{1-14}$$

所以

$$I = q \sum_{j=\text{所有空量子态}} V_j \tag{1-15}$$

根据式(1-15),我们可以假想存在一种带正电荷的微观粒子,他们占据了那些空量子态,那么价带电子形成的电流可以等效为这些带正电荷的粒子形成的电流。我们称这种虚拟的粒子为空穴。空穴不是真实存在的粒子,它是为了便于分析问题而构造的一种假想粒子,但它同样具有"有效质量""带一个正电荷"等属性。

根据前面的分析,半导体中只有导带中的准自由电子和价带中的空穴可以传导电流,我们把它们统称为载流子。要注意,准自由电子是导带中的电子,空穴是价带中的虚拟粒子,它们分别处于不同的能带中,因此它们传导电流的特性有一定的差异。

价带中的电子跃迁到导带后会产生一个准自由电子和一个空穴,这个过程称为载流子的产生过程。在载流子的产生过程中,电子需要获取足够大的能量,能量可以来源于热运动(能量的热涨落),也可以由其他方式提供。例如,用频率为 $\nu(h\nu > E_g)$ 的光照射晶体材料也可以激发出载流子,这就是许多光敏器件工作的基本原理。根据能量最低原则,每个被激发到导带的电子,经过一段时间后,都会通过释放能量重新回到价带的空量子态上,并因此导致一对准自由电子和空穴的消失,这个过程称为载流子的复合过程。载流子的复合过程是产生过程的逆过程。在复合过程中电子会释放能量,电子可以通过多种方式释放能量。例如,通过释放能量为 $h\nu \approx E_g$ 的光子来释放能量,这也是大多数发光器件发光的基本原理。

晶体中每时每刻都在进行载流子的产生和复合,如果这两个过程达到动态平衡,电子和空

穴的浓度将保持不变。图 1-13 示意地画出了上述载流子的产生和复合过程,图中的黑点表示电子,小圆圈表示空穴,带箭头的波纹线表示光子的吸收和释放。在实际的半导体材料中,有多种类型的载流子产生-复合机制,上述载流子的产生-复合过程仅只是其中一种。

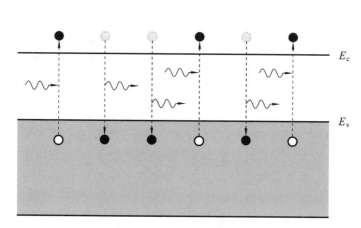

图 1-13　载流子的产生与复合

1.3　载流子的浓度

我们已经知道了有两种类型的载流子:准自由电子和空穴。要分析半导体或电子器件中的电流,我们还需要知道它们的浓度以及输运机制。这一节中,首先讨论电子的统计分布规律,然后以此为基础分析热平衡状态下的载流子浓度,最后讨论非平衡状态下的载流子浓度的一些规律。

1.3.1　电子的统计分布规律

如果我们知道了某个能带中的量子态数在能量上的分布,以及能量为 E 的量子态被电子占据的概率,那么将两者的乘积在能带范围内积分,就可以得到这个能带中的电子的浓度。所以,为了分析准自由电子和空穴的浓度,我们先来讨论这两个问题,即态密度和费米-狄拉克分布规律。

1. 态密度

晶体的能带中含有大量的量子态,单位体积内量子态数量在能量上的分布可以用函数 $g(E)$ 来表示,称为态密度函数。有了态密度函数后,单位体积内的能量在 E_0 到 E_1 范围内的量子态数量可以表示为 $\int_{E_0}^{E_1} g(E) \mathrm{d}E$。不同半导体材料的能带结构不同,态密度函数也不同。图 1-14 为 Si 单晶中导带和价带的态密度函数示意图。

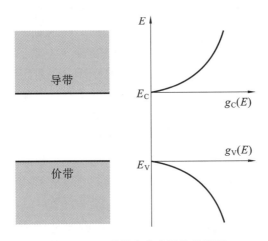

图 1-14 Si 单晶态密度函数示意图

2. 费米-狄拉克分布规律

晶体中的电子,一方面会不断从热运动中获得能量,跃迁到更高的能级,从而产生新的载流子;另一方面又会不断通过释放能量,由高的能级跃迁到低的能级上,使载流子复合消失。在热平衡状态下,这两个过程达到动态平衡,即载流子的产生和复合都以相等的速率进行着。

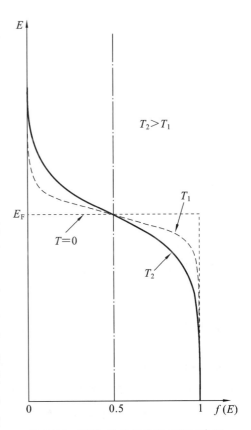

因此,各能级上的电子的分布保持不变,电子和空穴的浓度也就保持不变。各能级被电子占据的概率服从特定的统计规律,这个规律就是费米-狄拉克分布规律。即在绝对温度为 T 的系统中,电子达到热平衡时,能量为 E 的量子态被电子占据的概率为

$$f(E) = \frac{1}{e^{\frac{E-E_F}{kT}}+1} \tag{1-16}$$

式中: T 为热力学温度; k 为玻尔兹曼常数(1.38×10^{-23} J/K),室温($T=300$ K)时 $kT=0.026$ eV; E_F 是一个具有能量量纲的参量,称为费米能级。式(1-16)称为费米-狄拉克分布函数。图 1-15 是费米-狄拉克分布函数的示意图。

在费米-狄拉克分布函数中,能量为 E 的量子态被电子占据的概率 $f(E)$ 取决于 $(E-E_F)/kT$。如果 $E=E_F$,则 $f(E)=0.5$;如果 $E<E_F$,则 $f(E)>0.5$。特别地,如果 $E \ll E_F$,则 $f(E) \approx 1$,也就是说,能量低于费米能级几个 kT 的量子态几乎全被电子占据;反之,如果 $E>E_F$,则 $f(E)<0.5$;如果 $E \gg E_F$,则 $f(E) \approx 0$,即高于费米能级几个 kT 的量子态几乎全为空量子态。由此可见费米能级标志

图 1-15 费米-狄拉克分布函数示意图

了电子对能带填充水平的高低。从热力学角度讲,费米能级就是电子的化学势。

观察图 1-15 中的曲线与温度的关系可以看出:当 $T=0$ K 时,$f(E)$ 为阶跃函数,能量低于 E_F 的量子态完全被电子占据,能量高于 E_F 的量子态完全为空量子态;随着温度的升高,能量略低于 E_F 的量子态被电子占据的概率降低,而略高于 E_F 的量子态被电子占据的概率增大,而且温度越高变化越大。$F(E)$ 随温度变化的规律反映了在一定温度下,费米能级附近的部分能量小于 E_F 的电子会被激发到 E_F 以上,温度越高,被激发的概率越大。要注意,费米-狄拉克分布规律描述的是热平衡状态下的电子占据能级的统计规律,因此它不适用于非平衡态的情况。

在费米-狄拉克分布函数中,如果 $e^{\frac{E-E_F}{kT}}\gg1$,则有

$$f(E)\approx e^{-\frac{E-E_F}{kT}} \tag{1-17}$$

式(1-17)是费米-狄拉克分布函数的玻尔兹曼近似,称为玻尔兹曼分布函数。

价带中没有被电子占据的状态可以看作是被空穴占据的,因此价带中能量为 E 的量子态被空穴占据的概率 $f_h(E)$ 为

$$f_h(E)=1-f(E) \tag{1-18}$$

式(1-16)代入式(1-18)可以得到

$$f_h(E)=\frac{1}{e^{\frac{E_F-E}{kT}}+1} \tag{1-19}$$

1.3.2　载流子浓度与费米能级的关系

有了态密度分布函数和费米-狄拉克分布函数以后,通过

$$n_0=\int_{\text{导带能量范围}}f(E)g_C(E)\mathrm{d}E \tag{1-20}$$

$$p_0=\int_{\text{价带能量范围}}f_h(E)g_V(E)\mathrm{d}E \tag{1-21}$$

可以得到热平衡状态下准自由电子的浓度 n_0 和空穴的浓度 p_0:

$$n_0=N_C e^{-\frac{E_C-E_F}{kT}} \tag{1-22}$$

$$p_0=N_V e^{-\frac{E_F-E_V}{kT}} \tag{1-23}$$

式(1-22)中,N_C 为导带的有效态密度,相当于把导带中所有量子态等效为集中在导带底 E_C 时的态密度,它是一个和材料种类、能带结构以及温度有关的量。同理,式(1-23)中的 N_V 为价带的有效态密度。

1.3.3　本征半导体与杂质半导体

前面讨论了热平衡状态下载流子浓度与费米能级间的关系,下面将介绍半导体材料的几种基本类型以及它们的载流子浓度和费米能级。

1. 本征半导体与热平衡状态方程

本征半导体是指既没有杂质又没有缺陷的极纯净的半导体材料。在本征半导体中,所有

载流子都来源于价带电子的热激发,这种通过热激发产生准自由电子和空穴的现象称为本征激发,由此而产生的载流子称为本征载流子。价带电子被激发到导带的过程中,每产生一个准自由电子必然会产生一个空穴,因此本征半导体中准自由电子的浓度和空穴的浓度是相等的,这个浓度称为本征载流子浓度,用 n_i 来表示,即

$$n_0 = p_0 \equiv n_i \tag{1-24}$$

由于本征载流子来源于热激发,因此本征载流子浓度 n_i 与材料的种类以及温度有关。相同温度下,禁带宽度 E_g 越小的材料可以有更多的价带电子被激发到导带,本征载流子浓度 n_i 越大。同一半导体材料中,温度越高被激发到导带中的电子越多,本征载流子浓度 n_i 越大。附录 C 中列出了几种半导体在 300 K 时的本征载流子浓度。

本征半导体的费米能级称为本征费米能级,用 E_i 表示。根据本征半导体中电子的浓度和空穴的浓度相等,由式(1-22)式(1-23)建立等式

$$N_C e^{-\frac{E_C - E_i}{kT}} = N_V e^{-\frac{E_i - E_V}{kT}} = n_i \tag{1-25}$$

由上式解出本征费米能级为

$$E_i = \frac{E_C + E_V}{2} + \frac{kT}{2} \ln\left(\frac{N_V}{N_C}\right) \tag{1-26}$$

在 Si 和 Ge 等大多数半导体材料中,N_V 近似等于 N_C(N_V 略大于 N_C),所以可以近似认为

$$E_i \approx \frac{E_C + E_V}{2} \tag{1-27}$$

即本征费米能级基本上位于禁带中央。也有例外的情况,如锑化铟(InSb)的本征费米能级离禁带中央就比较远。

利用本征费米能级和本征载流子浓度可以把式(1-22)和式(1-23)改写为

$$n_0 = N_C e^{-\frac{E_C - E_F}{kT}} = N_C e^{-\frac{E_C - E_i}{kT}} e^{\frac{E_F - E_i}{kT}} = n_i e^{\frac{E_F - E_i}{kT}} \tag{1-28}$$

$$p_0 = N_V e^{-\frac{E_F - E_V}{kT}} = N_V e^{-\frac{E_i - E_V}{kT}} e^{\frac{E_i - E_F}{kT}} = n_i e^{\frac{E_i - E_F}{kT}} \tag{1-29}$$

上两式是计算载流子浓度的常用公式。

由式(1-28)和式(1-29)还可以推导出一个非常重要的结论:

$$n_0 p_0 = n_i e^{\frac{E_F - E_i}{kT}} n_i e^{\frac{E_i - E_F}{kT}} = n_i^2 \tag{1-30}$$

式(1-30)说明,在热平衡状态下,准自由电子浓度和空穴浓度的乘积等于本征载流子浓度的平方。它是判断半导体是否处于热平衡状态的一个标准,称为热平衡状态方程。要注意,式(1-30)以及前面讨论的载流子浓度计算公式,即式(1-28)和式(1-29),仅适用于非简并半导体材料。非简并半导体材料是指费米能级位于禁带中而且离导带底和价带顶较远的材料。一般认为 $E_C - E_F > 2.3kT$ 且 $E_F - E_V > 2.3kT$ 的材料是非简并的。简并半导体的性质与非简并半导体的性质有较大差别,这部分内容不在本书的讨论范围内。

2. 掺杂与杂质半导体

本征半导体的载流子浓度很低,因此电阻率较高。例如 300 K 时硅的本征载流子浓度为 $1.5 \times 10^{10} / \text{cm}^3$,其电阻率高达 $3.16 \times 10^5 \ \Omega \cdot \text{cm}$。所以,在制作器件时往往要掺入一定浓度的特定杂质来改变它的电性能。掺有杂质的半导体称为杂质半导体。根据对载流子浓度的影

响的不同,杂质可分为施主杂质和受主杂质两类。

1）施主杂质与 N 型半导体

如果在硅晶体中掺入一定浓度的 V 族元素磷,磷原子进入硅晶体后会占据硅原子的位置,如图 1-16(a)所示。V 族的磷原子有 5 个价电子,替代硅原子后,其中的 4 个价电子会与 4 个临近的硅原子形成共价键,并剩余一个价电子。磷原子对这个剩余的价电子的束缚能力较弱,它只需获得较小的能量(例如通过晶格的热振动获取能量)就可以脱离磷原子的束缚,成为可以传导电流的准自由电子。像磷这样,可以向半导体提供准自由电子的杂质称为施主杂质。常用的施主杂质除了磷以外还有 As 和 Sb 等。电子脱离施主杂质原子束缚的过程称为施主杂质电离。施主杂质电离后成为带一个正电荷的离子,称为电离杂质。电离杂质虽然也带电荷,但它被束缚在晶格附近,因此不会成为电流的载体,不过它会影响载流子的输运过程。

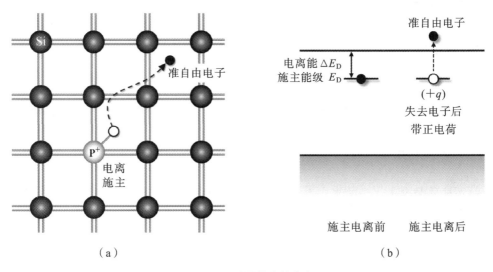

图 1-16　硅晶体中的施主
(a) 原子平面图；(b) 能带图

施主杂质电离的过程可以从能带的角度来描述。在 1.2 节讲述过,理想晶体中的电子处于严格的周期势场中,电子允许的能量状态呈一系列带状结构,在禁带中不存在稳定的电子状态。但是,当晶体中含有特定的杂质时,禁带中会引入一些新的量子态。这是因为掺入的杂质会在严格的周期势场上叠加附加势,这些附加势在晶体中产生了新的量子态。当掺入的杂质浓度不是很高时,这些量子态分布于杂质原子或离子周围,是局域化的。这些局域化的量子态的能级位于禁带中,称为杂质能级。

不同杂质的杂质能级不同,施主杂质的杂质能级位于导带底附近,如图 1-16(b)中的短横线。施主杂质被电离以前,没有与硅原子形成共价键的价电子占据在杂质能级上。施主杂质电离的过程就是杂质能级上的电子获得能量跃迁到导带的过程。杂质电离所需的能量,也就是导带底能量与施主杂质能级间的能量差 $\Delta E_D = E_C - E_D$,称为施主杂质的电离能。

V 族元素在硅或锗晶体中的电离能很小,例如磷在硅晶体中的电离能约为 0.044 eV,所以常温下几乎所有的杂质原子都会被电离,可以近似认为掺入的每一个施主杂质原子都会提供一个准自由电子。杂质浓度一般在 $10^{13}/cm^3 \sim 10^{15}/cm^3$,远远大于本征载流子浓度 n_i,因此

掺入浓度为 N_D 的施主杂质以后,热平衡状态下的准自由电子的浓度近似为

$$n_0 \approx N_D \tag{1-31}$$

空穴的浓度可以通过热平衡状态方程得到,即

$$p_0 = \frac{n_i^2}{n_0} \approx \frac{n_i^2}{N_D} \tag{1-32}$$

从上面的分析可以看出,在掺入了施主杂质的半导体中,热平衡状态下的准自由电子浓度大于空穴浓度,我们称这样的半导体为 N 型半导体。由于杂质浓度 N_D 通常远远大于本征载流子浓度 n_i,从式(1-31)和式(1-32)可以看出,N 型半导体中 n_0 通常远大于 p_0。

2）受主杂质与 P 型半导体

如果在硅晶体中掺入Ⅲ族元素硼,硼原子进入硅晶体后会占据硅原子的位置。硼有三个价电子,每个硼原子与周围临近的 4 个硅原子形成共价键时还缺少一个电子,即出现一个空的量子态。与掺入磷原子的情况类似,当掺杂浓度不是很高时,这个空的量子态是分布在杂质原子周围的局域化的量子态,它的能级,即受主杂质能级,略高于价带顶。价带中的电子只需获得很小的能量(0.045 eV)就可以跃迁到杂质能级上,导致价带中产生出一个空穴,如图 1-17 所示。像硼这样,可以向半导体提供空穴的杂质称为受主杂质。上述过程就是受主杂质电离的过程,受主杂质电离所需的能量 $\Delta E_A = E_D - E_v$,称为受主杂质电离能。受主杂质电离的过程可以理解为硼原子俘获价带电子的过程。俘获了一个价带电子后,硼原子成为带一个负电荷的硼离子,称为电离受主杂质。常见的受主杂质还有 Al、Ga、In 等。

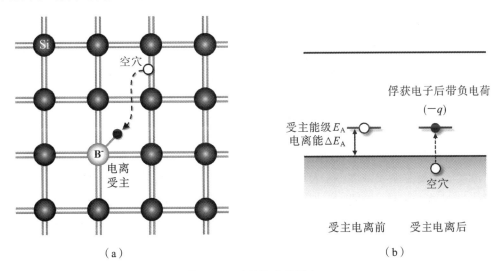

图 1-17　硅晶体中的受主

(a) 原子平面图;(b) 能带图

与掺入施主杂质的情况类似,热平衡状态下,掺有浓度为 N_A 的受主杂质的半导体中,空穴和准自由电子的浓度分别为

$$p_0 \approx N_A \tag{1-33}$$

$$n_0 = \frac{n_i^2}{p_0} \approx \frac{n_i^2}{N_A} \tag{1-34}$$

掺入受主杂质的半导体中,热平衡状态下的空穴浓度大于准自由电子浓度,我们称这样的

半导体为 P 型半导体。杂质浓度 N_A 通常远远大于本征载流子浓度 n_i,因此在 P 型半导体中 p_0 通常远大于 n_0。

3）多子与少子

热平衡状态下的杂质半导体中,其中一种载流子的浓度往往远大于另一种,我们把占多数的载流子称为多数载流子或多子,占少数的载流子称为少数载流子或少子。对于 P 型半导体而言,空穴是多子,准自由电子是少子;对于 N 型半导体而言,准自由电子是多子,空穴是少子。

4）杂质补偿作用

在实际器件中,往往会出现在同一个区域内既掺有施主杂质又掺有受主杂质的情况,那么它是 N 型半导体还是 P 型半导体?载流子浓度又是多少?我们可以从能带的角度来分析这两个问题。当半导体中同时掺入施主杂质和受主杂质时,禁带中既有施主杂质能级,又有受主杂质能级,如图 1-18 所示。当所有杂质都没有被电离时,施主杂质能级完全被电子占据,而受主杂质能级全都没有被电子占据。由于受主杂质能级低于施主杂质能级,根据能量最低原则,施主杂质能级上的电子会首先占据受主杂质能级,剩余的部分才向半导体提供准自由电子或空穴。这种施主杂质和受主杂质间的相互作用称为杂质补偿作用。

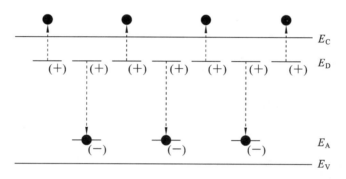

图 1-18　杂质补偿示意图

在杂质补偿作用的影响下,仅有部分杂质向半导体提供载流子,这部分杂质的浓度称为有效杂质浓度。当施主杂质浓度 N_D 大于受主杂质浓度 N_A 时,有效杂质浓度为 $N_D - N_A$,此时的半导体为 N 型半导体。如果 $N_D - N_A \gg n_i$,则电子和空穴的浓度分别为

$$n_0 \approx N_D - N_A \tag{1-35}$$

$$p_0 = \frac{n_i^2}{n_0} \approx \frac{n_i^2}{N_D - N_A} \tag{1-36}$$

如果受主杂质浓度 N_A 大于施主杂质浓度 N_D 时,有效杂质浓度为 $N_A - N_D$,此时的半导体为 P 型半导体。如果 $N_D - N_A \gg n_i$,则空穴和电子的浓度分别为

$$p_0 \approx N_A - N_D \tag{1-37}$$

$$n_0 = \frac{n_i^2}{p_0} \approx \frac{n_i^2}{N_A - N_D} \tag{1-38}$$

杂质补偿作用是针对杂质向半导体提供载流子而言的补偿作用,杂质除了向半导体提供载流子外,电离杂质还会影响载流子的输运,就这方面而言是没有补偿作用的,所有电离杂质都会对载流子的输运造成影响。

3. 杂质半导体中的费米能级

杂质半导体中,准自由电子和空穴的浓度不再等于本征载流子浓度,费米能级的位置必然与本征费米能级不同。由式(1-28)和式(1-29)可以推导出 N 型半导体和 P 型半导体中费米能级与本征费米能级间的相对关系

N 型半导体

$$E_F = kT\ln\left(\frac{n_0}{n_i}\right) + E_i > E_i \tag{1-39}$$

P 型半导体

$$E_F = E_i - kT\ln\left(\frac{p_0}{n_i}\right) < E_i \tag{1-40}$$

从上两式可以看出,N 型半导体的费米能级位于本征费米能级之上,而 P 型半导体的费米能级位于本征费米能级之下。而且,费米能级离导带底越近,准自由电子的浓度越高,空穴浓度越低;反之,费米能级离价带顶越近,空穴浓度越高,准自由电子浓度越低,如图 1-19 所示。

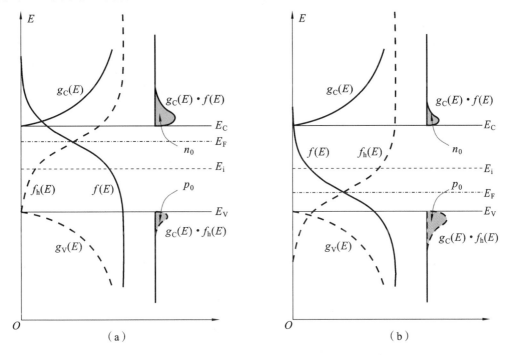

图 1-19　杂质半导体的费米能级与载流子浓度

(a) N 型半导体;(b) P 型半导体

除了施主杂质和受主杂质以外,还有其他类型的杂质。如果按杂质原子占据的位置来分,杂质可分为替位式杂质和间隙式杂质。如果杂质原子进入半导体后,位于晶格点处,取代了晶格点处的原子,这种杂质称为替位式杂质。施主杂质和受主杂质就属于这种类型。如果杂质原子位于晶格原子间的间隙处,这种杂质称为间隙式杂质。如果按杂质能级的位置来分,杂质可分为浅能级杂质和深能级杂质。浅能级杂质的杂质能级距导带底或价带顶较近,深能级杂质的杂质能级位于禁带中央附近。施主杂质和受主杂质都是浅能级杂质,它们对载流子浓度有很大影响。深能级杂质主要影响载流子的复合,例如在制作硅双极型晶体管时,掺入适量的

金可以缩短非平衡载流子的寿命,从而提高器件的开关速度。

进入半导体中的杂质破坏了势场的周期性,在禁带中引入了杂质能级。晶格中的缺陷同样会破坏势场的周期性,所以缺陷也可以产生局域化的量子态,也会在禁带中引入类似于杂质能级的缺陷能级。因此,晶格缺陷同样可以引起载流子浓度的变化、影响载流子的复合以及输运。

1.3.4 非平衡载流子

前面讨论载流子浓度都是在热平衡状态下讨论的。在热平衡状态下,如果不考虑统计涨落,准自由电子和空穴的浓度稳定不变,同时它们的乘积必定满足热平衡状态方程。然而,半导体器件并不是在热平衡状态下工作的,而是在非平衡状态下工作的。因此,要深入了解半导体器件的工作原理就必须对非平衡状态下的半导体有所了解,下面将介绍与非平衡状态相关的一些知识。

1. 非平衡载流子

在 1.2 节曾经介绍过,半导体中每时每刻都在进行着载流子的产生过程,同时也在不断地进行着载流子的复合过程。单位时间、单位体积内产生的载流子数量称为载流子的产生率,用 G 来表示;单位时间、单位体积内复合掉的载流子数量称为载流子的复合率,用 R 来表示。显然载流子浓度随时间的变化率等于产生率与复合率之差,即

$$\frac{\mathrm{d}n(t)}{\mathrm{d}t}=G_n-R_n \tag{1-41}$$

$$\frac{\mathrm{d}p(t)}{\mathrm{d}t}=G_p-R_p \tag{1-42}$$

热平衡状态下的载流子浓度之所以保持不变是因为产生率与复合率相等。然而,在非平衡状态下外界的作用会打破这种平衡,使载流子的浓度发生变化,变化的这部分载流子称为非平衡载流子,它们的浓度用 Δn 和 Δp 表示,即

$$\Delta n=n-n_0 \tag{1-43}$$

$$\Delta p=p-p_0 \tag{1-44}$$

式(1-43)与式(1-44)中,n、p 为非平衡状态下准自由电子和空穴的浓度,n_0、p_0 为热平衡状态下准自由电子和空穴的浓度。要注意,对于载流子浓度低于平衡状态下的浓度的情形,往往也用非平衡载流子的概念来描述,这种情况下的非平衡载流子的浓度是负值。

2. 非平衡载流子的复合

假设有一块 P 型半导体材料,当它处于热平衡状态时,载流子通过热激发产生,产生率 G_{th} 与复合率 R_{th} 相等,载流子浓度 n_0、p_0 保持不变。用适当频率的光照射这块半导体时,光子可以激发出新的载流子,使准自由电子和空穴的浓度超过平衡状态下的浓度,即产生了非平衡载流子,如图 1-20 所示。

在光的持续照射下,随着时间增加,载流子浓度会不断增大。如果用 G_L 表示光照引起的少数载流子的产生率,那么的总产生率 G 为

$$G=G_{th}+G_L \tag{1-45}$$

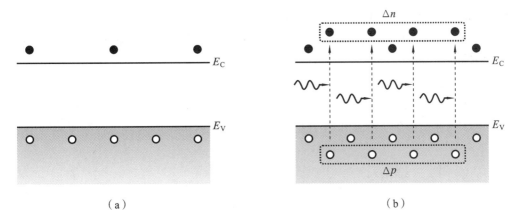

图 1-20 非平衡载流子的产生

(a) 光照前;(b) 光照后

此时,少数载流子浓度随时间的变化率为

$$\frac{\mathrm{d}n(t)}{\mathrm{d}t}=G-R=G_{\mathrm{th}}+G_{\mathrm{L}}-R \tag{1-46}$$

存在非平衡载流子时,电子与空穴复合的机会增大,因此式(1-46)中的复合率 R 会随非平衡载流子浓度的增加而增大。当复合率 R 增大到与产生率 $G_{\mathrm{th}}+G_{\mathrm{L}}$ 相等时,根据式(1-46)可以得到 $\mathrm{d}n(t)/\mathrm{d}t=0$,即载流子浓度不再变化,此时半导体达到稳定状态。

如果在某一时刻突然停止光照,即 $G_{\mathrm{L}}=0$,根据式(1-46),少数载流子随时间的变化率变为

$$\frac{\mathrm{d}n(t)}{\mathrm{d}t}=\frac{\mathrm{d}\left[n_0+\Delta n(t)\right]}{\mathrm{d}t}=\frac{\mathrm{d}\Delta n(t)}{\mathrm{d}t}=G_{\mathrm{th}}-R<0 \tag{1-47}$$

从式(1-47)可知,少数载流子浓度随时间的变化率小于零,即浓度不断降低。随着浓度降低,复合率 R 也会不断减小,当减小到 $R=G_{\mathrm{th}}$ 时半导体再次恢复到热平衡状态。式(1-47)还可以理解为,突然停止非平衡载流子的产生过程时($G_{\mathrm{L}}=0$),出现了非平衡少数载流子的净复合现象,净复合率为

$$U\equiv R-G_{\mathrm{th}} \tag{1-48}$$

式(1-48)代入式(1-46)可得

$$\frac{\mathrm{d}n(t)}{\mathrm{d}t}=\frac{\mathrm{d}\Delta n(t)}{\mathrm{d}t}=G_{\mathrm{L}}-U \tag{1-49}$$

式(1-49)说明:载流子浓度随时间的变化率实际上就是非平衡载流子浓度随时间的变化率;根据非平衡载流子浓度随时间的变化率等于非平衡载流子的产生率与非平衡载流子的复合率之差,可以把打破平衡状态的外界作用(如光照)引起的载流子的产生率(如 G_{L})理解为非平衡载流子的产生率,把 U 理解为非平衡载流子的复合率;当非平衡载流子的产生率与复合率相等时,半导体达到稳定状态,载流子浓度不再变化。

3. 非平衡载流子的寿命

在非平衡载流子浓度比平衡状态下的多数载流子浓度低很多时,可以证明

$$U_{\mathrm{n}}=\frac{\Delta n}{\tau_{\mathrm{n}}}=\frac{n-n_0}{\tau_{\mathrm{n}}} \quad \text{或} \quad U_{\mathrm{p}}=\frac{\Delta p}{\tau_{\mathrm{p}}}=\frac{p-p_0}{\tau_{\mathrm{p}}} \tag{1-50}$$

式中: τ 称为非平衡少数载流子的寿命(也常称为少数载流子寿命),表示电子在 P 型半导体的

导带的平均停留时间(τ_n),或空穴在 N 型半导体的价带的平均停留时间(τ_p)。

将式(1-48)和式(1-50)代入式(1-47),解方程可以得到光照停止后非平衡少数载流子浓度随时间的变化关系

$$\Delta n(t) = \Delta n(0) e^{-\frac{t}{\tau_n}} \qquad (1\text{-}51)$$

式中:$\Delta n(0)$ 为光照刚停止时的非平衡少子浓度。由式(1-51)可以看出,当 $t=\tau_n$ 时,$\Delta n(\tau_n)=\Delta n(0)/e$。所以非平衡少子寿命相当于非平衡少子衰减到初始浓度的 $1/e$ 所需的时间,如图1-21 所示。

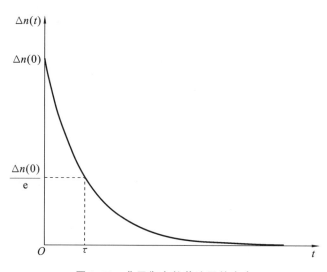

图 1-21　非平衡少数载流子的寿命

非平衡少子寿命是半导体材料的一个重要参数。不同材料的非平衡少子寿命有很大的差别。例如,在较完整的锗单晶中,非平衡载流子的寿命可以达到 10^4 μs,而砷化镓的非平衡载流子寿命却只有 $10^{-2} \sim 10^{-3}$ μs。即使是同种材料,含有的杂质和缺陷不同时,非平衡少子寿命也会有很大的差别。器件制造过程中常通过掺杂工艺,如向半导体材料中掺入金,来改变非平衡少子寿命。

1.3.5　准费米能级

在 1.3.1 节我们讨论了半导体中的电子在热平衡状态下的统计分布规律。当半导体处于热平衡状态时,通过电子的热跃迁,电子的能量分布达到平衡状态,分布规律满足费米-狄拉克分布函数。在费米-狄拉克分布中,用费米能级来描述电子填充能带的水平。热平衡状态下的费米能级是一个既不随时间变化也不随位置变化的量,可以利用它来描述准自由电子和空穴的浓度。当半导体处于非平衡状态时,外界作用会引起电子在能带间的跃迁,改变了电子的能量分布。由于导带和价带间有较大的能量间隔,热跃迁不够频繁,不足以消除外界的影响,因此电子的能量分布不再满足费米-狄拉克分布函数,当然也就不可能用一个统一的费米能级来描述准自由电子和空穴的浓度。但是,仅就导带或价带中的电子而言,它们在导带或价带内的热跃迁十分频繁,外界因素对它们的影响可以在很短的时间内被消除,使它们的能量分

布重新达到平衡。消除影响所需时间的量级通常在 $10^{-11} \sim 10^{-12}$ s,它比载流子的平均寿命(一般是微秒量级)小得多。因此,可以认为载流子在其存在的绝大部分时间内,能量分布基本达到平衡状态,分布规律基本满足费米-狄拉克分布函数。所以,仅对导带或价带而言,费米-狄拉克分布函数和费米能级仍然适用,只不过我们需要引入两个费米能级 E_{Fn} 和 E_{Fp} 来分别描述导带电子和价带电子的能量分布规律。E_{Fn} 和 E_{Fp} 是局部的费米能级,因此称为准费米能级。有了准费米能级后,非平衡状态下的载流子浓度可以用式(1-52)和式(1-53)来计算。

$$n = n_i e^{\frac{E_{Fn} - E_i}{kT}} \tag{1-52}$$

$$p = n_i e^{\frac{E_i - E_{Fp}}{kT}} \tag{1-53}$$

1.4　载流子的输运

在 1.3 节我们讨论了载流子的浓度,为了进一步分析半导体的导电性还需要了解载流子在半导体中是如何运动的。在半导体中,电子和空穴的流动将产生电流,我们把载流子的这种运动过程称为输运。输运机制有两种:漂移运动和扩散运动。本节将讨论载流子的这两种输运机制。

1.4.1　载流子的散射

晶体中的电子与晶格、电离杂质和缺陷之间存在相互作用,因此它们的运动必然不同于自由电子。不同之处主要体现在晶格、电离杂质和缺陷对电子的散射,所以在讨论漂移运动以及扩散运动前还需要了解载流子的散射机制。

晶体中的电子处于晶格形成的周期势场中,如果这个势场是严格周期性的,那么处于某一状态下的电子将一直处于这一状态下,它的运动速度和方向都保持不变。但是在实际的晶体中,晶格总是不停地做热振动,此外晶体中还可能存在各种杂质和缺陷,这些都会在严格的周期势场上叠加微扰势。这些附加的微扰势可以导致在晶体中传播的电子波的散射。散射会改变电子的运动状态,不断地散射使电子的运动状态不断发生改变。如果把载流子视为半经典粒子,载流子在晶体中的散射可以理解为:在晶体中运动的载流子,会不断与做热振动的晶格原子、杂质离子和缺陷发生碰撞,碰撞后载流子运动的速度和方向将发生改变。所以半导体中的载流子不是静止不动的,它总是做着无规则、杂乱无章的热运动。热运动在宏观上并没有沿某一方向流动,所以仅做热运动的载流子不会形成电流。散射是随机的,相邻两次散射间的平均距离称为平均自由程,两次散射间的平均时间间隔称为平均自由时间或弛豫时间。

1.4.2　载流子的漂移运动与迁移率

1. 漂移运动

给半导体材料施加电场时,载流子一方面要做无规则热运动,另一方面还会沿电场力的方向做定向运动,沿电场力方向的定向运动称为漂移运动。当电场恒定时,平均漂移运动速度也是恒定的,这与自由电子在电场作用下的运动有很大区别。恒定电场中的自由电子会在电场力方向上不断被加速。然而,晶体中有晶格、电离杂质以及缺陷的散射作用,电子仅在两次散射之间被电场加速,经过散射后速度和方向会发生改变。所以,在散射以及电场力的共同作用下载流子会以一定的平均速度沿电场力方向漂移。

如果电子的平均自由时间为 τ_{cn},电场强度为 E,那么电子从电场中获得的平均动量为

$$m_n^* v_n = -qE\tau_{cn} \tag{1-54}$$

因此,平均漂移速度为

$$v_n = -\frac{q\tau_{cn}}{m_n^*}E \tag{1-55}$$

式中:v_n 为平均漂移运动速度;m_n^* 为电子的有效质量。式(1-55)说明电子的平均漂移速度正比于外加电场强度,比例系数与电子的散射程度有关,我们可以用 μ_n 来表示这个系数,即

$$\mu_n \equiv \frac{q\tau_{cn}}{m_n^*} \tag{1-56}$$

μ_n 称为电子迁移率,单位为 $cm^2/(V \cdot s)$。引入电子迁移率后,式(1-55)可以改写为

$$v_n = -\mu_n E \tag{1-57}$$

同理,空穴在外加电场作用下的平均漂移运动速度为

$$v_p = \mu_p E \tag{1-58}$$

其中,μ_p 为空穴的迁移率,即

$$\mu_p \equiv \frac{q\tau_{cp}}{m_p^*} \tag{1-59}$$

要注意,由于电子带负电荷而空穴带正电荷,因此电子漂移运动方向与电场方向相反,而空穴则相同,所以式(1-57)中有负号,而式(1-58)中没有。

上面的分析中,我们没有使用电子的静止质量 m_0($m_0 = 9.1 \times 10^{-31}$ kg),而是使用有效质量 m^*。这是因为我们采用了1.2.1节中介绍的准经典近似分析方法。准经典近似分析方法中引入了有效质量来替代惯性质量,利用有效质量来概括晶体内部的原子核、其他电子、电离杂质和缺陷等对电子的作用。由于价带电子和导带电子与晶体内部的相互作用不同,因此,即使在同一块半导体中准自由电子的有效质量与空穴的有效质量也是不同的,当然它们的迁移率也不相同。在同一块半导体中,电子的迁移率大于空穴的迁移率,例如,300 K时本征硅的电子迁移率为 1350 $cm^2/(V \cdot s)$,空穴迁移率为 480 $cm^2/(V \cdot s)$。

2. 迁移率

半导体中载流子的散射主要由晶格的热振动以及电离杂质引起。因此,迁移率不但与材料的种类有关,还与温度以及杂质浓度有关。随着温度升高,晶格热振动增强,由晶格热振动引起的散射变得更加显著,迁移率也因此随温度的增加而减小。可以证明,晶格散射引起的迁移率反比于 $T^{3/2}$。杂质引起的散射与电离杂质浓度有关,电离杂质浓度越高,载流子被杂质散射的概率越大,因此迁移率随杂质浓度的增大而减小。附录B中给出了 300 K时硅的载流子迁移率与杂质浓度间的关系。杂质的散射还与温度有关,但是与晶格引起的散射不同,温度越高杂质造成的散射越不明显。这主要是因为在较高温度下有更多的电子具有较高的运动速度,杂质离子对这些电子的作用时间短,因此总的散射会降低。可以证明,由杂质散射引起的

迁移率与电离杂质浓度 N 成反比,而与 $T^{3/2}$ 成正比。需要注意的是,在既掺有施主杂质又掺有受主杂质的材料中,载流子的浓度取决于两种杂质的浓度差,而迁移率却与它们的浓度的总和有关,这是因为两种电离杂质都会引起载流子的散射。图 1-22 所示的为硅单晶在不同杂质浓度下载流子的迁移率随温度的变化关系。从图中可以看出,在杂质浓度较低的半导体中,晶格的散射较为显著,迁移率随温度升高而减小。在杂质浓度较高的半导体中,当温度较低时,杂质的散射较为显著,迁移率随温度升高而增大;当温度较高时,晶格的散射较为显著,迁移率随温度升高而减小。

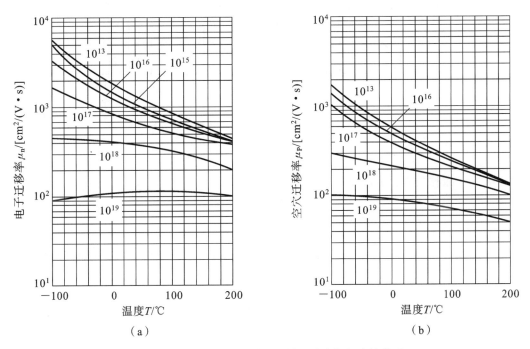

图 1-22　硅中不同杂质浓度下的迁移率与温度的关系

(a) 电子的迁移率;(b) 空穴的迁移率

　　前面对漂移运动速度的分析中,我们假设了迁移率不随电场强度的变化而变化,因此漂移速度会随电场强度的增加而线性增大,这个假设仅适用于电场强度不是很大的情况。在强电场下可以观察到,漂移速度随电场强度增加而增大的趋势会随电场强度的增大而减缓甚至饱和,这说明强电场下的迁移率会随电场强度的增加而下降。这一现象可以从平均自由时间与电场强度之间的关系来分析。根据式(1-56)或式(1-59)可知,迁移率与平均自由时间成正比,而平均自由时间又与载流子的运动速度有关。在电场强度较小的情况下,载流子从电场中获得的平均速度远小于热运动的平均速度,平均自由时间主要由平均热运动速度决定,因此,迁移率不会随电场强度的变化而变化。然而,当电场强度很大时,载流子从电场中获得的平均速度很大,当大到与平均热运动速度相当时,平均自由时间就要由这两个平均速度共同决定。因此,随着电场强度增大,载流子从电场中获得的平均速度增大,平均自由时间减小,所以,迁移率会随电场强度的增大而减小。图 1-23 所示的为硅在 300 K 时电子和空穴的漂移速度与电场强度的关系。

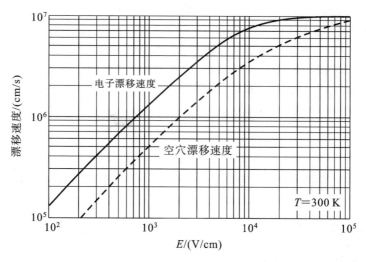

图 1-23　硅载流子漂移速度与电场强度的关系

1.4.3　漂移电流与电导率

1. 漂移电流

在电场作用下,载流子会沿电场力方向做漂移运动,由于电子和空穴是带电荷的,因此做漂移运动时会形成电流,由漂移运动形成的电流称为漂移电流。当电场强度为 E 时,根据电流密度的定义,电子和空穴的漂移电流密度为

电子漂移电流密度　　　　　　　$J_n = -qnv_n = qn\mu_n E$　　　　　　　　(1-60)

空穴漂移电流密度　　　　　　　$J_p = qpv_p = qp\mu_p E$　　　　　　　　(1-61)

其中,n 是电子浓度,p 是空穴浓度。

半导体中既有准自由电子又有空穴,所以由电场 E 引起的总漂移电流的电流密度 J 为 J_n 与 J_p 之和

$$J = J_n + J_p = (qn\mu_n + qp\mu_p)E \qquad (1\text{-}62)$$

2. 电导率

式(1-62)与欧姆定律

$$J = \sigma E \qquad (1\text{-}63)$$

比较可以发现,式(1-62)的括号部分就是半导体的电导率,即

$$\sigma = \frac{1}{\rho} = qn\mu_n + qp\mu_p \qquad (1\text{-}64)$$

式中:$qn\mu_n$ 是电子对电导率的贡献;$qp\mu_p$ 是空穴对电导率的贡献。

在杂质半导体中,多子浓度通常远远大于少子浓度,可以忽略少子对电导率的贡献,而且常温下多子浓度与杂质浓度近似相等,因此杂质半导体的电导率可以表示为

N 型半导体的电导率　　　　　　$\sigma_N = \dfrac{1}{\rho_N} \approx qn\mu_n = q\mu_n N_D$　　　　　　(1-65)

P 型半导体的电导率　　　　　　$\sigma_P = \dfrac{1}{\rho_P} \approx q p \mu_p = q \mu_p N_A$ 　　　　　　(1-66)

附录 A 显示了硅在 300 K 时的电阻率与杂质浓度的关系,这是实际工作中常用的曲线图,适用于轻补偿或非补偿的材料。

3. 方块电阻

除了电导率和电阻率以外,方块电阻也是一种描述半导体导电性能的常用方法。假设有一块长度、宽度和厚度分别为 L、W 和 d 的电阻率为 ρ 的半导体薄片,如图 1-24 所示,它的电阻可以通过式(1-67)计算

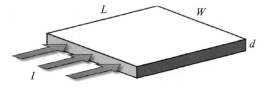

图 1-24　方块电阻示意图

$$R = \rho \frac{L}{dW} = \left(\frac{\rho}{d} \right) \frac{L}{W} \tag{1-67}$$

式(1-67)可以理解为,薄片的电阻正比于长宽比 L/W,比例系数为 ρ/d。这个比例系数就是方块电阻,用 $R_\square$ 表示

$$R_\square \equiv \frac{\rho}{d} \tag{1-68}$$

$R_\square$ 的单位为欧姆,常用符号 $\Omega/\square$ 表示。利用方块电阻,式(1-67)改写为

$$R = R_\square \frac{L}{W} \tag{1-69}$$

当 $L = W$ 时,$R = R_\square$,也就是说,方块电阻实际上表示的是一个正方形薄层边到边的电阻,而且它与正方形的边长无关。

在实际的器件中,薄层在厚度方向上的杂质分布往往是不均匀的,因此电导率在厚度方向上也是不均匀的。在这样的情况下,式(1-68)中的电阻率需要用平均电阻率替换,即

$$R_\square = \frac{\bar{\rho}}{d} = \frac{1}{q \displaystyle\int_0^d N(x) \mu \, dx} \tag{1-70}$$

式中:$N(x)$ 为杂质浓度在厚度方向上的分布函数。如果近似认为迁移率不随杂质浓度变化,则

$$R_\square = \frac{1}{q\mu} \cdot \frac{1}{\displaystyle\int_0^d N(x) \, dx} \tag{1-71}$$

从式(1-71)可以看出,方块电阻与薄层单位面积中的杂质总量 $\displaystyle\int_0^d N(x) dx$ 成反比,因此,在掺杂工艺中,常常通过测量方块电阻来确定杂质的总量。

1.4.4　扩散运动与扩散系数

除了载流子的漂移运动可以形成电流以外,载流子的扩散运动也是形成电流的一种重要的输运形式。扩散是自然界中一种常见的物理现象,如气体分子会从浓度高的区域向浓度低的区域扩散。扩散是粒子在浓度分布不均匀时,由无规则热运动导致的迁移现象。虽然载流子的运动与气体分子等粒子的运动有很大差别,但是当载流子浓度分布不均匀时,无规则热运

动同样会让它们由浓度高的区域向浓度低的区域扩散。由于载流子是带电荷的,所以载流子的扩散运动会形成电流,称为扩散电流。扩散电流与漂移电流不同,扩散电流不是在外加电场的作用下产生的,而是在浓度分布不均匀时,通过载流子的热运动实现的,因此即使没有外加电场也可以形成电流。

单位时间内,通过扩散运动穿过单位横截面积的载流子数称为扩散流密度,用 S 表示。可以证明,扩散流密度的大小正比于载流子的浓度梯度,电子和空穴的扩散流密度可以表示为

电子的扩散流密度 $\quad\quad\quad S_n = -D_n \nabla n(r)$ (1-72)

空穴的扩散流密度 $\quad\quad\quad S_p = -D_p \nabla p(r)$ (1-73)

一维情况下,式(1-72)和式(1-73)简化为

$$S_n = -D_n \frac{\mathrm{d}n(x)}{\mathrm{d}x}$$ (1-74)

$$S_p = -D_p \frac{\mathrm{d}p(x)}{\mathrm{d}x}$$ (1-75)

公式中的负号表示扩散流的方向与浓度梯度方向相反。式中,D_n、D_p 称为电子和空穴的扩散系数,单位是 cm^2/s。扩散系数 D 是描述载流子扩散能力强弱的一个参数,它与材料种类、掺杂浓度和温度有关。要注意,即使在同一块半导体中,电子和空穴的扩散系数也是不相等的。

扩散流密度乘上载流子所带的电荷量就可以得到扩散电流密度

电子的扩散电流密度 $\quad\quad J_n = -qS_n \approx qD_n \frac{\mathrm{d}n(x)}{\mathrm{d}x}$ (1-76)

空穴的扩散电流密度 $\quad\quad J_p = qS_p = -qD_p \frac{\mathrm{d}p(x)}{\mathrm{d}x}$ (1-77)

比较式(1-76)和式(1-77)可以看到,虽然它们都是由浓度高的区域向浓度低的区域扩散,但是由于它们所带的电荷不同,因此,带正电荷的电子的扩散电流密度方向与浓度梯度方向相同,而带负电荷的空穴的扩散电流密度方向与浓度梯度方向相反。

1.4.5 电流密度方程与爱因斯坦关系式

1. 电流密度方程

当浓度梯度与电场同时存在时,载流子既做扩散运动又做漂移运动,总电流密度应为扩散电流密度与漂移电流密度二者之和,即

电子电流密度 $\quad\quad\quad J_n = q\mu_n nE + qD_n \frac{\mathrm{d}n}{\mathrm{d}x}$ (1-78)

空穴电流密度 $\quad\quad\quad J_p = q\mu_p pE - qD_p \frac{\mathrm{d}p}{\mathrm{d}x}$ (1-79)

根据式(1-76)、式(1-77)、式(1-78)和式(1-79)可以得到半导体中的总电流密度

$$J = J_n + J_p = (q\mu_n n + q\mu_p p)E + q\left(D_n \frac{\mathrm{d}n}{\mathrm{d}x} - D_p \frac{\mathrm{d}p}{\mathrm{d}x}\right)$$ (1-80)

式(1-80)称为电流密度方程,它是分析器件工作原理的一个非常重要的方程。

2. 爱因斯坦关系

在讨论漂移运动与扩散运动时,我们分别用迁移率 μ 和扩散系数 D 来反映载流子进行这

两种运动的难易程度。由于载流子的扩散运动和漂移运动的难易程度都与载流子的散射密切相关,因此扩散系数与迁移率之间必然存在确定的比例关系,这就是爱因斯坦关系,即

$$\frac{D}{\mu}=\frac{kT}{q} \tag{1-81}$$

利用爱因斯坦关系,可以由迁移率计算出扩散系数,或由扩散系数计算出迁移率。严格来说,爱因斯坦关系只适用于非简并、近似平衡的情况。

1.5　连续性方程与扩散方程

前面几节中,我们讨论了载流子的浓度、输运以及非平衡载流子等方面的问题。这一节中,我们再来考虑当漂移、扩散以及非平衡载流子的产生、复合同时发生时的情况。

1.5.1　连续性方程

假设有一块 N 型半导体材料,材料中少子空穴的漂移运动、扩散运动、非平衡载流子的复合以及外界作用等因素都可以造成空穴浓度的变化,因此空穴浓度随时间的变化率为

$$\frac{\partial p}{\partial t}=\frac{\partial p}{\partial t}\Big|_{\text{diff}}+\frac{\partial p}{\partial t}\Big|_{\text{drift}}+G_{\text{p}}-U_{\text{p}} \tag{1-82}$$

式中:G_{p} 为外界作用下的空穴的产生率;U_{p} 为非平衡少子空穴的复合率;$\frac{\partial p}{\partial t}\Big|_{\text{diff}}$ 和 $\frac{\partial p}{\partial t}\Big|_{\text{drift}}$ 分别为空穴的扩散运动和漂移运动引起的浓度随时间的变化率。

下面我们来分析一维时空穴的扩散运动和漂移运动引起的空穴浓度随时间的变化率。假设在 x 处有一厚度为 Δx 的单位面积小薄层,t 时刻小薄层中空穴的数量为 $p(t)\cdot\Delta x$。如果空穴的扩散电流密度为 $J_{\text{diff}}(x)$,根据电流的定义,单位时间内从 x 处流入小薄层的空穴数量为 $J_{\text{diff}}(x)/q$,从 $x+\Delta x$ 处流出小薄层的空穴数量为 $J_{\text{diff}}(x+\Delta x)/q$。经过一段时间 Δt 后,空穴的扩散运动使小薄层中空穴的数量变为 $p(t+\Delta t)\cdot\Delta x$,因此有

$$[p(t+\Delta t)-p(t)]\Delta x=\frac{1}{q}[J_{\text{diff}}(x)-J_{\text{diff}}(x+\Delta x)]\Delta t \tag{1-83}$$

即

$$\frac{[p(t+\Delta t)-p(t)]}{\Delta t}=-\frac{1}{q}\frac{[J_{\text{diff}}(x+\Delta x)-J_{\text{diff}}(x)]}{\Delta x} \tag{1-84}$$

当 Δt 和 Δx 趋近于零时

$$\frac{\partial p}{\partial t}\Big|_{\text{diff}}=-\frac{1}{q}\frac{\partial J_{\text{diff}}}{\partial x} \tag{1-85}$$

式(1-77)代入式(1-85)可以得到空穴的扩散运动引起的空穴浓度随时间的变化率,即

$$\frac{\partial p}{\partial t}\Big|_{\text{diff}}=-\frac{1}{q}\frac{\partial J_{\text{diff}}}{\partial x}=D_{\text{p}}\frac{\partial^2 p}{\partial x^2} \tag{1-86}$$

用相同的分析方法,可以得到由空穴的漂移运行引起的空穴浓度随时间的变化率

$$\frac{\partial p}{\text{d}t}\Big|_{\text{drift}}=-\frac{1}{q}\frac{\partial J_{\text{drift}}}{\partial x}=-\mu_{\text{p}}E\frac{\partial p}{\partial x}-\mu_{\text{p}}p\frac{\partial E}{\partial x} \tag{1-87}$$

将式(1-86)、式(1-87)和式(1-50)代入式(1-82)，可以得到

$$\frac{\partial p}{\partial t}=D_{\mathrm{p}}\frac{\partial^2 p}{\partial x^2}-\mu_{\mathrm{p}}E\frac{\partial p}{\partial x}-\mu_{\mathrm{p}}p\frac{\partial E}{\partial x}+G_{\mathrm{p}}-\frac{p-p_0}{\tau_{\mathrm{p}}} \tag{1-88}$$

同理，对于电子可以得到

$$\frac{\partial n}{\partial t}=D_{\mathrm{n}}\frac{\partial^2 n}{\partial x^2}+\mu_{\mathrm{n}}E\frac{\partial n}{\partial x}+\mu_{\mathrm{n}}n\frac{\partial E}{\partial x}+G_{\mathrm{n}}-\frac{n-n_0}{\tau_{\mathrm{n}}} \tag{1-89}$$

式(1-88)和式(1-89)称为连续性方程，连续性方程反映了载流子运动的普遍规律。连续性方程结合泊松方程，以及适当的边界条件，是分析大多数器件的基本出发点。

1.5.2　扩散方程

下面我们利用连续性方程来分析一种被称为单边稳态注入的基本情形。假设有一块 N 型半导体材料，我们通过某种方式，例如使用适当频率的光照射半导体表面，或利用正向 PN 结注入等方式，从它的一个侧面注入非平衡少数载流子，而且使边界处的非平衡少子浓度始终保持在 $\Delta p(0)$。由于边界处少子浓度高于体内，因此空穴会由表面向体内扩散，扩散的同时还会不断与电子复合。因此可以推断出，非平衡少子浓度应该由表面向体内不断降低，经过一段距离后非平衡少子浓度几乎为零，如图 1-25(a)所示。

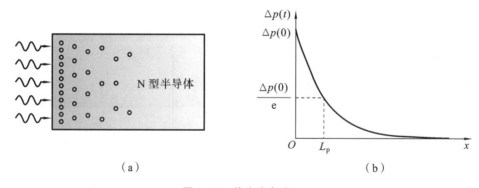

图 1-25　单边稳态注入
(a) 单边稳态注入示意图；(b) 非平衡少子分布

这样的过程中，不涉及载流子的漂移运动，以及外界因素导致的载流子的产生，因此连续性方程简化为

$$\frac{\partial p}{\partial t}=D_{\mathrm{p}}\frac{\partial^2 p}{\partial x^2}-\frac{p-p_0}{\tau_{\mathrm{p}}} \tag{1-90}$$

由于边界处非平衡载流子浓度不变，经过一段时间后，少数载流子的分布会达到稳定状态，浓度不再随时间变化，所以

$$D_{\mathrm{p}}\frac{\partial^2 p}{\partial x^2}-\frac{p-p_0}{\tau_{\mathrm{p}}}=0 \tag{1-91}$$

式(1-91)称为扩散方程，它是载流子边扩散边复合而且形成稳定分布时，载流子浓度需遵守的方程。

如果半导体的厚度无穷大，利用边界条件：$p(0)=\Delta p(0)+p_0$ 和 $p(\infty)=p_0$，解扩散方程

可以得到

$$\Delta p(x) = p(x) - p_0 = \Delta p(0) e^{-\frac{x}{L_p}} \tag{1-92}$$

式中：

$$L_p = \sqrt{D_p \tau_p} \tag{1-93}$$

由式(1-92)可以看出，非平衡载流子的浓度按指数规律由边界向体内减小。

如果把 $x = L_p$ 代入式(1-92)，可以得到 $\Delta p(L_p) = \Delta p(0)/e$，即非平衡载流子在 L_p 处的浓度衰减到表面处的 $1/e$，如图 1-25(b)所示。由此可见，L_p 是一个表述载流子浓度随扩散深度增加而衰减的特征长度，称为扩散长度。近似情况下，可以认为载流子由边界向体内扩散的平均深度为 L_p。对于电子而言，它的扩散长度为

$$L_n = \sqrt{D_n \tau_n} \tag{1-94}$$

非平衡少子由半导体表面向体内扩散，必然会产生扩散电流。将式(1-92)代入式(1-77)可以得到扩散电流的电流密度分布函数

$$J_p(x) = -qD_p \frac{\mathrm{d}\Delta p(x)}{\mathrm{d}x} = q\Delta p(0) \left(\frac{D_p}{L_p}\right) e^{-\frac{x}{L_p}} \tag{1-95}$$

式(1-95)表明，少子扩散电流密度由表面向体内按照指数规律下降，如图 1-26 所示。

值得注意的是，虽然空穴电流密度由表面向体内不断减小，但是这并不与电流连续性原理相矛盾，事实上半导体各截面处的电流是相等的。空穴电流密度的减小是由于空穴在扩散过程中不断与电子复合所致。在空穴不断向体内扩散的过程中，为了补充复合损失掉的电子，体内的电子会流向表面，使电子的电流密度由表面向体内不断增大。由此可见，总的电流密度 $J_n(x) +$ $J_p(x)$ 是保持不变的，只是电流的载体发生了转

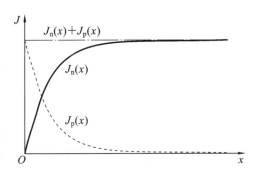

图 1-26　单边稳态注入过程中的
电流密度分布曲线

换。从图 1-26 可以看出，总的扩散电流密度应等于 $J_p(0)$，即

$$J = J_n(x) + J_p(x) = J_p(0) = q\Delta p(0) \left(\frac{D_p}{L_p}\right) \tag{1-96}$$

从式(1-96)中可以看到，单边稳态注入少数载流子时，形成的电流正比于边界处非平衡少子的浓度。

1.6　泊松方程

在分析器件特性时，经常需要分析半导体材料中的电场的分布。分析电场的分布通常会用到泊松方程，即

$$\nabla E = \frac{\rho}{\varepsilon_s \varepsilon_0} \tag{1-97}$$

一维时，式(1-97)可以简化为

$$\frac{\mathrm{d}E}{\mathrm{d}x} = \frac{\rho}{\varepsilon_s \varepsilon_0} \tag{1-98}$$

泊松方程中，ρ 是电荷的密度分布，ε_s 是半导体材料的相对介电常数，ε_0 是真空的介电常数。

半导体材料中的电荷主要有：电离施主杂质所带的正电荷、电离受主杂质所带的负电荷、空穴所带的正电荷以及电子所带的负电荷，因此半导体材料中的总电荷密度或净电荷密度为

$$\rho = q(p - n + N_D - N_A) \tag{1-99}$$

对于 N 型半导体，当非平衡少数载流子浓度远低于多子浓度时，式(1-99)可以近似为

$$\rho_N \approx q(N_D - n) \tag{1-100}$$

同理，P 型半导体中的净电荷密度可以近似为

$$\rho_P \approx -q(N_A - p) \tag{1-101}$$

式(1-100)和式(1-101)说明，当非平衡少子浓度比多子浓度低很多时，如果多子浓度和杂质浓度（同时掺有施主杂质和受主杂质时，应该用有效杂质浓度）相等时，净电荷密度为零，半导体处于电中性状态。

电流密度方程、连续性方程和泊松方程是分析器件的基础，人们常称它们为分析电子器件的三大基本方程。

思 考 题 1

1. 在量子力学中用什么来描述微观粒子的状态？为什么？
2. 什么是薛定谔方程？
3. 请从能带的角度说明导体、半导体和绝缘体在导电性能上的差异。
4. 本征载流子浓度与哪些因素有关？为什么？
5. 什么是施主杂质能级？什么是受主杂质能级？它们有何异同？
6. 试比较 N 型半导体与 P 型半导体的异同。
7. 从能带的角度说明杂质电离的过程。
8. 掺有等量施主杂质和受主杂质的半导体与本征半导体有哪些异同？
9. 什么是迁移率？什么是扩散系数？它们与哪些因素有关？二者有何关联？
10. 载流子的输运机制有哪几种？它们有何异同？
11. 什么是费米能级？什么是准费米能级？二者有何差别？
12. 什么是扩散长度？扩散长度与非平衡少数载流子寿命有何关系？
13. 分析电子器件的三大基本方程是什么？
14. 请简述半导体材料的导电机理。

习 题 1

自测题 1

1. 速度为 10^7 cm/s 的自由电子的德布罗意波长是多少？
2. 在单晶硅中分别掺入 $10^{15}/cm^3$ 的磷和 $10^{15}/cm^3$ 的硼，300 K 时电子占据杂质能级的

概率是多少? 根据计算结果检验常温下杂质几乎完全电离的假设是否合理。

3. 硅中的施主杂质浓度最高为多少时材料是非简并的。

4. 如果在单晶硅中每立方厘米掺入 10^{15} 个硼原子,请计算 300 K 时准自由电子的浓度、空穴的浓度以及费米能级与本征费米能级之差。如果掺入的是磷原子它们又是多少?

5. 有一硅单晶样品,该样品中掺有硼和磷两种杂质,浓度分别为 $10^{17}/cm^3$ 和 $10^{15}/cm^3$。该材料是 N 型半导体还是 P 型半导体? 准自由电子和空穴浓度各是多少?

6. 有 N 型和 P 型单晶硅样品各一块,掺杂浓度均为 $10^{15}/cm^3$,请计算 300 K 时这两块样品的电阻率,对比计算结果,说明为什么 N 型硅的导电性比同等掺杂的 P 型硅好。

7. 有一均匀掺杂的 N 型硅样品,实验测得其 300 K 时的电阻率为 2 Ω·cm,试估算该样品的掺杂浓度。

8. 假设有一块 N 型硅,掺杂浓度为 $10^{18}/cm^3$,其截面积和长度分别为 0.1 μm^2 和 2 μm。在样品两端加上 5 V 电压时通过样品的电流有多大? 电子电流与空穴电流的比值是多少?

9. 有一块掺杂浓度为 $10^{17}/cm^3$ 的 N 型硅样品,如果在 1 μm 的范围内空穴浓度从 $10^{16}/cm^3$ 线性降低到 $10^{13}/cm^3$,求空穴的扩散电流密度。

10. 光照射在一块掺杂浓度为 $10^{17}/cm^3$ 的 N 型硅样品上,假设光照引起的载流子产生率为 $10^{13}/cm^3$,请画出光照前后的能带图,并计算光照后少数载流子的浓度以及光照后的电阻率。已知 $\tau_n = \tau_p = 2 \mu s$,$\mu_n = 1350 \ cm^2/(V \cdot s)$,$\mu_p = 500 \ cm^2/(V \cdot s)$,$n_i = 1.5 \times 10^{10}/cm^3$。

11. 写出下列状态下连续性方程的简化形式:

(1) 载流子分布均匀、无外加电场、有光照;

(2) 无外加电场、无引起载流子产生的外因。

第 2 章　PN 结

PN 结是一种十分重要的基本结构。许多器件就是以 PN 结为核心,依赖 PN 结的特性进行工作的。例如,二极管是由一个 PN 结构成的,双极型晶体管就是由靠得很近且方向相反的两个 PN 结构成的。有些器件虽然不依赖于 PN 结的特性,但其中往往也存在 PN 结,例如,MOSFET 中的源扩散区和漏扩散区与衬底之间各包含了一个 PN 结,这些器件中的 PN 结同样会影响器件的特性。因此,掌握 PN 结的基本理论十分必要。本章首先介绍了 PN 结的基本结构,然后在分析其工作原理的基础上推导了 PN 结的伏安特性,即肖克利(Shockley)方程,最后讨论了 PN 结的击穿以及小信号特性。

2.1　PN 结的结构及其杂质分布

从结构上来看,PN 结是指在同一块半导体单晶中,N 型区(N 区)和 P 型区(P 区)的交界面以及交界面两侧的过渡区。需要说明的是,上述 PN 结是由同一种半导体单晶构成的,又称为同质结,此外由两种不同材料也可以构成 PN 结,称为异质结。这里我们着重讨论同质 PN 结的情形。

根据加工工艺的不同,PN 结中的杂质分布也不同。按杂质分布的不同,PN 结可分为突变结和缓变结两类。下面介绍这两类 PN 结的加工过程和杂质分布特点。

2.1.1　突变结

如图 2-1(a)所示,在一块掺杂浓度为 N_A 的 N 型硅片上放置铝箔,铝箔上压有石墨压块,并置于 600 ℃ 以上的烧结炉中恒温处理几分钟,然后缓慢降温。经过这样处理后,硅片中既掺有施主杂质又掺有受主杂质。施主杂质来源于 N 型硅片中原有的杂质,分布是均匀的;受主杂质来源于铝箔,分布于表面处一层很薄的再结晶层中,分布基本均匀。根据第 1 章介绍的杂质互补原则,我们主要关注的是施主杂质浓度与受主杂质浓度的差值 $N_D - N_A$,$N_D - N_A$ 的分布如图 2-1(b)所示(图中画出的是理想化的情况,实际情况要复杂得多)。图 2-1 中,x 轴的正方向是由芯片表面指向体内,表面处的 x 为零。在 $x < x_j$ 的区域,受主杂质浓度大于施主杂质浓度,即 $N_D - N_A < 0$,该区域为 P 型区;在 $x > x_j$ 的区域,$N_D - N_A > 0$,该区域为 N 型区。图中 x_j 处是 P 型区与 N 型区的交界面,表面到交界面的距离 x_j 称为该 PN 结的结深。上述加工方法称为合金法,用合金法制成的 PN 结又称为合金结。合金结杂质分布的特点是:P 型区与 N 型区交界面两侧区域的杂质分布是均匀的,交界面处突变,称这类 PN 结为突变结。突变结中,如果 N 型区和 P 型区杂质浓度差别很大,则称为单边突变结。如果 N 型区掺杂浓度远高于 P 型区,则称为 N^+P 结,反之称为 P^+N 结。

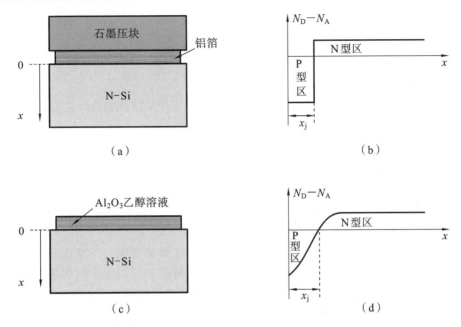

图 2-1　突变结与缓变结的形成和杂质分布

(a) 合金法示意图；(b) 突变结杂质分布；(c) 扩散法示意图；(d) 缓变结杂质分布

2.1.2　缓变结

如图 2-1(c) 所示，在一块 N 型硅片上用化学方法涂敷一层含有 Al_2O_3 的乙醇溶液，在红外线灯下干燥后，置于 1250 ℃ 的扩散炉中进行高温处理若干小时，然后缓慢降温。经过这样处理后，表面的 Al_2O_3 分解出来的铝原子在高温下扩散进入硅片中，取代部分硅原子的位置，并在 N 型硅的表面形成一层 P 型硅。加工完成后，硅片中同时掺有施主杂质和受主杂质两种类型的杂质。施主杂质来源于 N 型硅片中原有的杂质，分布是均匀的；受主杂质是通过扩散进入硅片内的，其浓度由表面到体内逐渐减小。$N_D - N_A$ 由表面到体内的分布如图 2-1(d) 所示，图中的 x_j 处，净杂质浓度 $N_D - N_A = 0$，是 P 型区与 N 型区的交界面，$x < x_j$ 的区域是 P 型区，$x > x_j$ 的区域是 N 型区。这样的加工方法称为扩散法。扩散法加工的 PN 结中，交界面两侧区域的杂质浓度是逐渐变化的，我们称这类 PN 结为缓变结。

由于加工工艺的不同，缓变结的杂质浓度分布函数往往很复杂，通常需要近似处理。常用的近似处理方法主要有两类，即突变结近似和线性缓变结近似。当表面处的杂质浓度较高，而且结深 x_j 较浅时，杂质浓度的分布类似于突变结，可以把它当作突变结处理，这样的近似方法称为突变结近似。当表面处的杂质浓度较低，而且结深较深时，杂质浓度变化缓慢，可以近似认为杂质浓度随 x 线性变化，这样的近似方法称为线性缓变结近似。线性缓变结近似中，杂质浓度的分布函数 $N(x) = N_D(x) - N_A(x)$ 被近似为线性分布，即 $N(x) \approx a(x - x_j)$，其中 a 是交界面 x_j 处的杂质浓度的梯度 $a = \dfrac{\mathrm{d}N}{\mathrm{d}x}\bigg|_{x = x_j}$。

除了上述烧结工艺和扩散工艺可以形成 PN 结以外，还有离子注入工艺及外延工艺等，这里不再赘述。

2.2　平衡 PN 结

平衡 PN 结是指处于热平衡状态下的 PN 结。在学习 PN 结伏安特性之前,首先了解热平衡状态下的 PN 结的特性是完全必要的。

2.2.1　空间电荷区的形成

在 PN 结交界面附近存在空间电荷区,空间电荷区是 PN 结的整流特性、电容特性等各种特性的主要根源。这里首先分析空间电荷区的形成过程。

从 2.1 节可以知道,PN 结交界面两侧分别是 N 型区和 P 型区。N 型区和 P 型区主要有两个不同点。第一个不同点是它们的电离杂质所带电荷的不同。N 型区中的杂质主要是施主杂质,施主杂质电离后带正电荷;而 P 型区中的杂质主要是受主杂质,受主杂质电离后带负电荷。第二个不同点是多子和少子不同。N 型区中的多子是电子,热平衡状态下电子的浓度 n_{N0} 远高于本征载流子浓度,而空穴浓度 p_{N0} 远低于本征载流子浓度,即 $n_{N0} \gg n_i$, $p_{N0} \ll n_i$;P 型区则相反,热平衡状态下空穴的浓度 p_{P0} 远高于本征载流子浓度,而电子的浓度 n_{P0} 远低于本征载流子浓度,即 $p_{P0} \gg n_i$, $n_{P0} \ll n_i$。也就是说,电子和空穴在交界面两侧存在浓度差,即电子在 N 型区一侧的浓度高于 P 型区一侧;空穴在 P 型区一侧的浓度高于 N 型区一侧。图 2-2(a)示意地画出了这两个不同点。

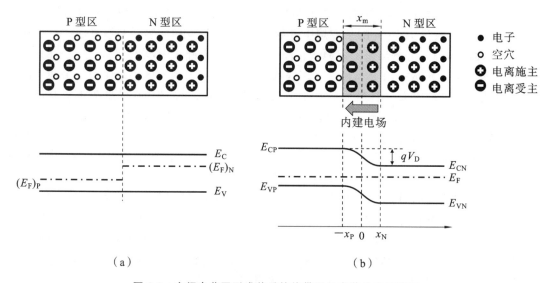

图 2-2　空间电荷区形成前后的能带图及电荷分布示意图
(a) 形成前;(b) 形成后

半导体材料中的电荷主要有:电离施主杂质所带的正电荷、电离受主杂质所带的负电荷、空穴所带的正电荷以及电子所带的负电荷。半导体材料中某区域所带净电荷的密度 qN 可以

用 $qN=qN_D+qp-qN_A-qn$ 来计算。在空间电荷区形成前,PN 结各处都有 $qN=0$,即 PN 结处处都是电中性的。在交界面附近,由于存在载流子的浓度差,N 型区的多子电子会向 P 型区扩散,P 型区的多子空穴会向 N 型区扩散。扩散发生后,交界面附近区域中,多子浓度降低,净电荷密度 qN 不再等于零,交界面附近区域成为带电荷的区域。其中,N 型区一侧所带的电荷是电离施主所带的正电荷;P 型区一侧所带的电荷是电离受主所带的负电荷,如图 2-2(b)中的阴影区域。由于电离杂质是固定在晶格格点附近的,因此这些电荷是固定电荷,称为空间电荷,空间电荷所在的区域称为空间电荷区。一般来说,空间电荷区以外的区域都是电中性的,P 型区一侧的中性区称为 P 型中性区,N 区一侧的中性区称为 N 型中性区。

空间电荷不能移动,当然也不能传导电流。尽管空间电荷不能传导电流,但它们会形成由 N 区指向 P 区的电场 E,如图 2-2(b)所示。这个电场不是由外部因素引起的,所以称为 PN 结的内建电场。

随着内建电场的建立,载流子除了做扩散运动外,在内建电场的作用下还会产生漂移运动,而且漂移运动的方向和扩散运动的方向相反。刚开始内建电场很弱,漂移电流很小。随着扩散运动的继续,空间电荷的数量逐渐增加,空间电荷区的宽度 x_m 随之增大,内建电场跟着增强,于是载流子的漂移运动也逐渐增强。最终载流子的扩散运动和漂移运动达到动态平衡,不再有载流子的净流动,或者说载流子的漂移电流等于扩散电流,没有净电流流过 PN 结。此时的 PN 达到热平衡状态,我们称处于热平衡状态的 PN 结为平衡 PN 结。

2.2.2 能带与接触电势差

1. 平衡 PN 结的能带

上面我们从载流子运动的角度描述了平衡 PN 结的形成过程,下面再从能带的变化来描述这一过程。

图 2-2 给出了 PN 结形成前后的能带图。图中,分别用 $(E_F)_N$ 和 $(E_F)_P$ 表示 PN 结形成前的 N 型区和 P 型区的费米能级,用 E_{CP} 和 E_{CN} 表示平衡 PN 结的 P 型区和 N 型区的导带底,用 E_{VP} 和 E_{VN} 表示平衡 PN 结 P 型区和 N 型区的价带顶。从图 2-2(a)可以看出,N 型区的费米能级 $(E_F)_N$ 高于 P 型区的费米能级 $(E_F)_P$,这表示 N 型区的电子填充能带的水平高于 P 型区,因此电子将逐渐流向 P 型区。随着电子逐渐流向 P 型区,$(E_F)_N$ 和 $(E_F)_P$ 的差值逐渐减小,同时 N 型区的能带相对于 P 型区的能带逐渐下移。随着这一过程的进行,直到 $(E_F)_N=(E_F)_P$ 时,两个区有了统一的费米能级 E_F,此时 PN 结达到平衡状态,如图 2-2(b)所示。

假设 PN 结形成之前的 N 型区费米能级 $(E_F)_N$ 与 P 型区费米能级 $(E_F)_P$ 之差为 qV_D,即 $qV_D=(E_F)_N-(E_F)_P$,那么当 PN 结形成统一费米能级之后,N 型区的能带相对于 P 型区的能带将整体向下平移 qV_D。其中,V_D 称为 PN 结的接触电势差或内建电势。

能带的变化也可以这样来理解:当 PN 结达到热平衡状态后,空间电荷区中存在内建电场,内建电场使 N 型区一侧的电势比 P 型区一侧的高 V_D。由于电子带负电荷,因此 N 型区导带底的电子的电势能 E_{CN} 比 P 区导带底的电子的电势能 E_{CP} 低 qV_D。如果 N 型区导带底的电子要进入 P 型区导带底,则必须越过一个能量为 qV_D 的势垒;同样,P 型区价带顶的空穴要进入 N 型区价带顶也必须越过能量为 qV_D 的势垒(注意,空穴带正电荷,因此 P 型区价带顶的空穴的电势能比 N 型区价带顶的空穴的电势能低）。这个势垒所在的区域也就是空间电荷所在的区域，所以有时也称空间电荷区为势垒区。

2. 接触电势差

接触电势差是一个非常重要的参数，接下来我们来推导接触电势差的计算公式。根据前面的分析，平衡 PN 结空间电荷区中电子的扩散电流与漂移电流之和应为零，即

$$qD_n\frac{dn}{dx}+qn\mu_n E=0 \tag{2-1}$$

利用爱因斯坦关系，上式可改写为

$$E=-\frac{kT}{q}\frac{1}{n}\frac{dn}{dx} \tag{2-2}$$

根据 $E=-\dfrac{dV}{dx}$，可得

$$V_D = V(x_N)-V(-x_P)=\int_{V(-x_P)}^{V(x_N)}dV=-\int_{-x_P}^{x_N}E(x)dx \tag{2-3}$$

式中：x_N 和 $-x_P$ 分别是空间电荷区在 N 型区和 P 型区的边界。将式（2-2）代入式（2-3）可以得到

$$V_D=\frac{kT}{q}\ln\frac{n(x_N)}{n(-x_P)} \tag{2-4}$$

对于突变结，有 $n(x_N)=n_{N0}=N_D$，$n(-x_P)=n_{P0}=\dfrac{n_i^2}{p_{P0}}=\dfrac{n_i^2}{N_A}$，代入式（2-4）可以得到突变结接触电势差的计算公式

$$V_D=\frac{kT}{q}\ln\frac{N_D N_A}{n_i^2} \tag{2-5}$$

式中：N_D 为 N 型区施主杂质浓度；N_A 为 P 型区受主杂质浓度；n_i 为本征载流子浓度；室温下热电势 kT/q 等于 0.026 V。式（2-5）表明，PN 结的接触电势差与材料种类、温度和掺杂浓度有关。从式（2-5）还可以看出，平衡 PN 结的势垒高度 qV_D 随掺杂浓度增加而增大，这一点也可以直观地从图 2-2 中看出，即 N 型区掺杂浓度越高，其费米能级 $(E_F)_N$ 越靠近导带底，P 型区掺杂浓度越高，其费米能级 $(E_F)_P$ 越靠近价带顶，于是 PN 结势垒高度 $qV_D=(E_F)_N-(E_F)_P$ 也越大。

在前面讨论 PN 结的结构时可以看到，PN 结的 N 型区与 P 型区往往同时掺有施主杂质和受主杂质。根据杂质互补原理，式（2-5）中的 N_D 应该是 N 型区的净施主杂质浓度，即 N 型区的施主杂质浓度与受主杂质浓度之差，同理 N_A 应该是 P 型区的净受主杂质浓度，即 P 型区的受主杂质浓度与施主杂质浓度之差。

对于线性缓变结，如果杂质浓度的分布函数为 $N(x)=N_D(x)-N_A(x)=ax$，空间电荷区的宽度为 x_m，则有

$$n(x_N)=N_D(x_N)-N_A(x_N)=ax_N=\frac{ax_m}{2} \tag{2-6}$$

$$n(-x_P)=\frac{n_i^2}{p(-x_P)}=\frac{n_i^2}{N_A(-x_P)-N_D(-x_P)}=\frac{n_i^2}{-a(-x_P)}=\frac{2n_i^2}{ax_m} \tag{2-7}$$

代入式（2-4）可以得到线性缓变结的接触电势差的计算公式

$$V_{\mathrm{D}} = \frac{2kT}{q} \ln\left(\frac{ax_{\mathrm{m}}}{2n_{\mathrm{i}}}\right) \tag{2-8}$$

上述推导过程中用到了线性缓变结中 $x_{\mathrm{N}} = x_{\mathrm{P}} = x_{\mathrm{m}}/2$ 的特性。

2.2.3　载流子浓度分布

1. 戴流子浓度

图 2-3 为平衡 PN 结的能带图、电势分布图及载流子浓度分布图。在图 2-3(a)中,用"+"号表示电离施主电荷,用"-"号表示电离受主电荷。由于空间电荷区中存在内建电场,因此 PN 结各处的电势不再相等,而是位置的函数,可以用 $V(x)$ 表示。若以 P 型区为电势零点,随着 x 从 $-x_{\mathrm{P}}$ 增加到 x_{N},电势 $V(x)$ 则从 0 逐渐上升到 V_{D},如图 2-3(b)所示。

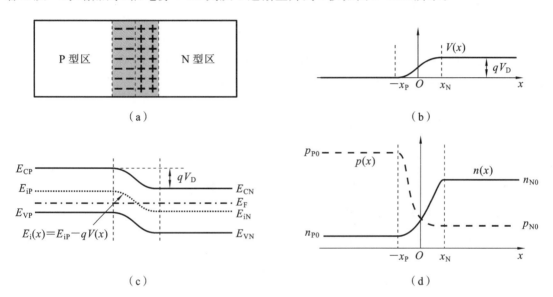

图 2-3　平衡 PN 结
(a) 势垒区;(b) 电势分布;(c) 能带图;(d) 载流子浓度分布

电势 $V(x)$ 使 PN 结中的电子的能量叠加了一个附加电势能 $-qV(x)$,导致能带发生弯曲。也就是说导带底、价带顶和本征费米能级都是位置 x 的函数,即 $E_{\mathrm{C}}(x) = E_{\mathrm{CP}} - qV(x)$,$E_{\mathrm{V}}(x) = E_{\mathrm{VP}} - qV(x)$,$E_{\mathrm{i}}(x) = E_{\mathrm{iP}} - qV(x)$,如图 2-3(c)所示。值得注意的是,在平衡 PN 结中,由于没有载流子的净流动,费米能级应该是处处相等的,如图 2-3(c)中的 E_{F}。

如果用 $n(x)$ 和 $p(x)$ 分别表示在势垒内 x 处的电子浓度和空穴浓度,利用式(1-28)和式(1-29),则有

$$n(x) = n_{\mathrm{i}} \mathrm{e}^{\frac{E_{\mathrm{F}} - E_{\mathrm{i}}(x)}{kT}} \tag{2-9}$$

$$p(x) = n_{\mathrm{i}} \mathrm{e}^{\frac{E_{\mathrm{i}}(x) - E_{\mathrm{F}}}{kT}} \tag{2-10}$$

注意:当 $x \geqslant x_{\mathrm{N}}$ 时,有 $V(x) = V_{\mathrm{D}}$,$E_{\mathrm{i}}(x) = E_{\mathrm{iP}} - qV_{\mathrm{D}} = E_{\mathrm{iN}}$,式(2-9)得到的是 N 型区平衡多数载流子浓度 n_{N0},式(2-10)得到的是 N 型区平衡少数载流子浓度 p_{N0};同理,当 $x \leqslant -x_{\mathrm{P}}$

时，$E_i(x)=E_{iP}$，式(2-9)得到的是 P 型区平衡少数载流子浓度 n_{P0}，式(2-10)得到的是 P 型区平衡多数载流子浓度 p_{P0}。由式(2-9)和式(2-10)可以得到平衡 PN 结中载流子分布的特点：从 N 型区到 P 型区，电子的浓度从 N 型区平衡多子浓度 n_{N0} 减少到 P 型区平衡少子浓度 n_{P0}；从 P 型区到 N 型区，空穴的浓度从 P 型区平衡多子浓度 p_{P0} 减少到 N 型区平衡少子浓度 p_{N0}，如图 2-3(d)所示。从图 2-3(d)还可以看出，在平衡 PN 结中，势垒区中的载流子浓度远低于中性区的，可以近似认为载流子被耗尽了，所以又常常称势垒区为耗尽区。

2. 玻尔兹曼分布关系

由式(2-9)还可以推导出平衡 PN 结中的电子在势垒区两侧的浓度有如下关系

$$\frac{n(-x_P)}{n(x_N)}=\frac{n_{P0}}{n_{N0}}=e^{-\frac{E_{iP}-E_{iN}}{kT}}=e^{-\frac{qV_D}{kT}} \tag{2-11}$$

同理，由式(2-10)可以推导出空穴在势垒区两侧的浓度的关系

$$\frac{p(x_N)}{p(-x_P)}=\frac{p_{N0}}{p_{P0}}=e^{-\frac{qV_D}{kT}} \tag{2-12}$$

式(2-11)和式(2-12)表示了同一种载流子在势垒区两边的浓度关系，称为玻尔兹曼分布关系。玻尔兹曼分布关系表明，势垒区两边同种载流子浓度的比值正比于势垒高度的指数。

2.2.4　空间电荷区中的电场

通过前面的讨论，我们知道 PN 结的空间电荷区中存在电场，这个电场与 PN 结的许多特性密切相关，下面我们利用泊松方程来具体分析空间电荷区中的电场。

1. 突变结空间电荷区中的电场

首先讨论突变结的情况。泊松方程需要用到电荷密度 ρ，在半导体材料中，电荷密度为

$$\rho(x)=q[N_D(x)+p(x)-N_A(x)-n(x)] \tag{2-13}$$

如图 2-3 所示，相对于中性区，空间电荷区中的费米能级更接近本征费米能级。根据载流子浓度与费米能级的关系可知，空间电荷区中的载流子浓度比中性区的低很多。由于空间电荷区中的载流子浓度很低，可以近似为零，这样的近似方法称为耗尽层近似。利用耗尽层近似，突变结中的电荷密度为

$$\rho(x)=\begin{cases}-qN_A, & -x_P\leqslant x\leqslant 0 \\ qN_D, & 0\leqslant x\leqslant x_N \\ 0, & 其他\end{cases} \tag{2-14}$$

将式(2-14)代入泊松方程有

$$\frac{dE(x)}{dx}=\frac{\rho(x)}{\varepsilon_s\varepsilon_0}=\begin{cases}\dfrac{-qN_A}{\varepsilon_s\varepsilon_0}, & -x_P\leqslant x\leqslant 0 \\[2mm] \dfrac{qN_D}{\varepsilon_s\varepsilon_0}, & 0\leqslant x\leqslant x_N \\[2mm] 0, & 其他\end{cases} \tag{2-15}$$

由于电场仅分布在空间电荷区内，因此 $E(-x_P)=0$，$E(x_N)=0$，以此为边界条件解方程可以得到突变结的电场的分布

$$E(x) = \begin{cases} -\dfrac{qN_A}{\varepsilon_s\varepsilon_0}(x_P + x), & -x_P \leqslant x \leqslant 0 \\[2mm] -\dfrac{qN_D}{\varepsilon_s\varepsilon_0}(x_N - x), & 0 \leqslant x \leqslant x_N \\[2mm] 0, & \text{其他} \end{cases} \tag{2-16}$$

式(2-16)中，$E(x)$ 始终小于零，表示电场的方向与 x 轴的方向相反，即电场由 N 型区指向 P 型区。式(2-16)表示的电场分布如图 2-4(a)所示。

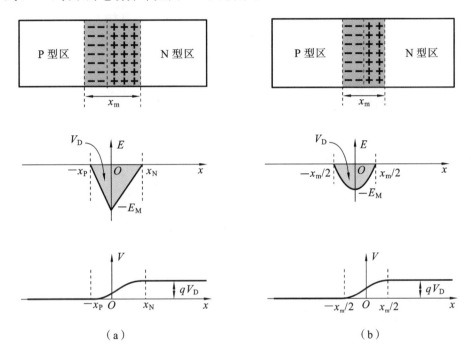

图 2-4　PN 结中的电场和电势

(a) 突变结；(b) 线性缓变结

从图 2-4(a)可以看出，电场强度 $|E|$ 随 x 线性分布，其斜率正比于杂质浓度；电场强度 $|E|$ 的最大值 E_M 出现在 $x = 0$ 处，即

$$E_M = |E(0)| = \frac{qN_A x_P}{\varepsilon_s\varepsilon_0} = \frac{qN_D x_N}{\varepsilon_s\varepsilon_0} \tag{2-17}$$

由式(2-17)还可以得到

$$qN_A x_P A = qN_D x_N A \tag{2-18}$$

式(2-18)中，A 为结面积，$qN_D x_N A$ 为空间电荷区中正电荷的总量，而 $qN_A x_P A$ 为空间电荷区中负电荷的总量。式(2-18)反映了空间电荷区中正负电荷的总量相等，实际上这也是电中性的要求。

由式(2-18)还可以得到

$$\frac{x_N}{x_P} = \frac{N_A}{N_D} \tag{2-19}$$

式(2-19)表明，突变结空间电荷区在 P 区和 N 区的厚度与掺杂浓度成反比，或者说空间电荷区主要分布在低掺杂一侧。对单边突变结而言，N^+P 结的空间电荷区基本上位于 P 型区，而

P^+N 结的空间电荷基本上位于 N 型区。

根据 $E(x) = -dV(x)/dx$，结合式(2-16)可得

$$\frac{dV(x)}{dx} = \begin{cases} \dfrac{qN_A}{\varepsilon_s\varepsilon_0}(x_P+x)\,, & -x_P \leqslant x \leqslant 0 \\[2mm] \dfrac{qN_D}{\varepsilon_s\varepsilon_0}(x_N-x)\,, & 0 \leqslant x \leqslant x_N \end{cases} \tag{2-20}$$

如果设 $-x_P$ 处的电势为 0，即 $V(-x_P)=0$，则 $V(x_N)=V_D$，以此为边界条件解方程可得

$$V(x) = \begin{cases} \dfrac{qN_A}{2\varepsilon_s\varepsilon_0}(x_P+x)^2\,, & -x_P \leqslant x \leqslant 0 \\[2mm] V_D - \dfrac{qN_D}{2\varepsilon_s\varepsilon_0}(x_N-x)^2\,, & 0 \leqslant x \leqslant x_N \end{cases} \tag{2-21}$$

从式(2-21)可以看出，电势是 x 的二次函数，如图 2-4(a)所示。

由于在 $x=0$ 处电压是连续的，因此由(2-21)还可以得到

$$\frac{qN_A x_P^2}{2\varepsilon_s\varepsilon_0} = V_D - \frac{qN_D x_N^2}{2\varepsilon_s\varepsilon_0} \tag{2-22}$$

结合式(2-19)可以得到空间电荷区宽度

$$x_N = \left[\frac{2\varepsilon_s\varepsilon_0}{q}\frac{N_A}{N_D(N_A+N_D)}V_D\right]^{\frac{1}{2}} \tag{2-23}$$

$$x_P = \left[\frac{2\varepsilon_s\varepsilon_0}{q}\frac{N_D}{N_A(N_A+N_D)}V_D\right]^{\frac{1}{2}} \tag{2-24}$$

$$x_m = x_N + x_P = \left[\frac{2\varepsilon_s\varepsilon_0}{q}\left(\frac{1}{N_A}+\frac{1}{N_D}\right)V_D\right]^{\frac{1}{2}} \tag{2-25}$$

对于单边突变结，可以忽略式(2-25)中高掺杂一侧的杂质浓度，因此

$$x_m \approx \left[\frac{2\varepsilon_s\varepsilon_0 V_D}{qN_0}\right]^{\frac{1}{2}} \tag{2-26}$$

式(2-26)中 N_0 为低掺杂区的杂质浓度，也就是说单边突变结的空间电荷区的宽度主要由低掺杂区的杂质浓度决定。

2. 线性缓变结空间电荷区中的电场

对于线性缓变结，如果杂质浓度的分布为 $N_D(x)-N_A(x)=ax$，空间电荷区的宽度为 x_m，考虑到线性缓变结中空间电荷的密度关于 $x=0$ 对称，则有 $x_N=x_P=x_m/2$，那么电荷密度分布为

$$\rho(x) = \begin{cases} qax\,, & -\dfrac{x_m}{2} \leqslant x \leqslant \dfrac{x_m}{2} \\[2mm] 0\,, & 其他 \end{cases} \tag{2-27}$$

采用上述突变结的分析方法，可以得到电场的分布为(见图 2-4(b))

$$E(x) = \begin{cases} \dfrac{qa}{2\varepsilon_s\varepsilon_0}\left[x^2-\left(\dfrac{x_m}{2}\right)^2\right]\,, & -\dfrac{x_m}{2} \leqslant x \leqslant \dfrac{x_m}{2} \\[2mm] 0\,, & 其他 \end{cases} \tag{2-28}$$

最大电场强度为

$$E_M = |E(0)| = \frac{qa}{2\varepsilon_s\varepsilon_0}\left(\frac{x_m}{2}\right)^2 \tag{2-29}$$

取 P 区电位为 0 时,电势的分布为(见图 2-4(b))

$$V(x) = \frac{qa}{6\varepsilon_s\varepsilon_0}\left[2\left(\frac{x_m}{2}\right)^3 + 3\left(\frac{x_m}{2}\right)^2 x - x^3\right], \quad -\frac{x_m}{2} \leqslant x \leqslant \frac{x_m}{2} \tag{2-30}$$

以及空间电荷区宽度

$$x_m = \left(\frac{12\varepsilon_s\varepsilon_0}{qa}V_D\right)^{\frac{1}{3}} \tag{2-31}$$

前面的推导过程针对的是平衡 PN 结的情况。如果给 PN 结两端加电压 V,而且规定:P 型区电势高于 N 型区时 $V>0$,反之 $V<0$。前面我们分析过,PN 结势垒区中的载流子浓度远低于电中性区,因此电压 V 将集中降落在势垒区,势垒区两端的电势差会由平衡时的 V_D 变为 V_D-V。也就是说,外加电压将使势垒高度发生变化,势垒高度由平衡时的 qV_D 变为 $q(V_D-V)$。由上面的推导过程可知,只需用 V_D-V 替代公式中的 V_D,这些公式就可以用于施加电压的情况了。用 V_D-V 替换式(2-25)和式(2-31)中的 V_D 后可以看到,当 $V>0$ 时空间电荷区的宽度 x_m 减小了,而当 $V<0$ 时 x_m 会增大。

2.3　理想 PN 结的伏安特性

前面讨论的 PN 结是在零偏压下的平衡 PN 结,而 PN 结在工作状态下都加有偏压的。大家熟知的整流二极管就是利用它在正、反向偏压下的导通和阻断作用把交流电转换成直流电。本小结讨论加上偏压后的 PN 结的情况。

2.3.1　正向特性

1. 少子注入过程

给 PN 结两端加正向偏压 V_F,即 P 型区接正,N 型区接负,如图 2-5(a)所示。正向偏压形成的电场的方向与 PN 结的内建电场的方向正好相反。因此,正向偏压减弱了势垒区内的电场强度,根据 2.2.3 节的分析可知,正偏 PN 结的势垒宽度会变窄,势垒高度会从 qV_D 下降到 $q(V_D-V_F)$,如图 2-5(b)所示。

由于势垒区中的电场减弱了,载流子的漂移运动减弱,势垒区中载流子的扩散运动与漂移运动不再处于动态平衡状态,出现了净的载流子扩散运动。也就是说,N 型区的电子将源源不断地扩散进入 P 型区,成为 P 型区的非平衡少数载流子,或者说空间电荷区向 P 型区注入了非平衡少数载流子电子。同理,P 型区的空穴也将不断地扩散进入 N 型区,或者说空间电荷区向 N 型区注入了非平衡少数载流子空穴。

刚才我们从扩散运动与漂移运动的角度分析了正偏 PN 结载流子的少子注入现象。从能带的角度我们同样可以得到相同结论。平衡 PN 结 N 型区中的电子浓度很大,但是由于有势垒区的存在,大部分能量低的电子都被势垒阻挡住了,仅有少量能量较高的电子可以越过势垒进入 P 型区。平衡 PN 结 P 型区中的电子要进入 N 型区虽然不需要越过势垒,但是 P 型区中电子的浓度很低,因此也仅有少量电子能够进入 N 型区。由于平衡 PN 结的费米能级处处相等,也就是说电子填充能带的水平处处相等,因此上述由 N 型区进入 P 型区的电子与由 P 型

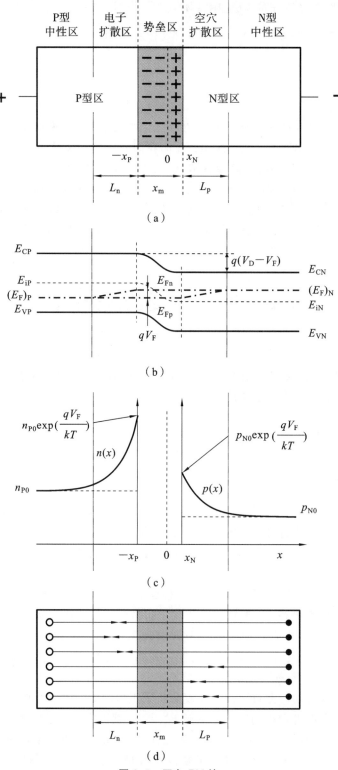

图 2-5　正向 PN 结

（a）空间电荷区；（b）能带；（c）少子分布；（d）载流子输运

区进入 N 型区的电子相当,形成的电流相互抵消,没有净的载流子流动。当加上正偏压 V_F 后,势垒高度减小了,N 型区中有更多的电子能够进入 P 型区,所以出现了电子由 N 型区注入 P 型区的现象。P 型区向 N 型区注入空穴的过程与上述类似。随着 V_F 增大,势垒高度线性降低,由费米-狄拉克分布可知,能够越过势垒的载流子的数量会随势垒高度降低而近乎以指数关系增大,因此随着 V_F 增大,注入的载流子量会急剧增大。

2. 正向 PN 结中载流子的输运

与 1.5.2 节中描述的单边稳态注入的情形一样,注入 N 型区的非平衡少子空穴会向 N 型区体内扩散,而且边扩散边复合,浓度不断下降,经过一个扩散长度后,浓度下降到空间电荷区边界处的 $1/e$,如图 2-5(c)所示。我们把势垒区两侧一个扩散长度范围内的区域称为扩散区,P 型区一侧的扩散区称为电子扩散区,N 型区一侧的扩散区称为空穴扩散区。注入过程中,N 型区体内的多子电子会向空穴扩散区输运,补充在空穴扩散区内被复合损失掉的电子。图 2-5(d)中示意地画出了上述载流子的输运过程。与上面的分析类似,注入 P 型区的非平衡少子电子也会向 P 型区体内扩散,边扩边复合,浓度不断下降,复合损失掉的空穴由 P 型区体内的多子来补充。

根据电流的连续性原理和 1.5.2 节讨论的电流载体转换现象可知,上述载流子的输运所形成的总电流在 PN 结任意截面处都是相等的,但是在不同的区域电子电流和空穴电流所占的比例是不同的。在 P 型中性区中,电流的载体是空穴;在电子扩散区中,一部分空穴会与 N 型区注入的电子复合,电流载体中空穴所占的比例逐渐减小;在势垒区中,由于势垒区很薄,可以忽略载流子的复合,因此电流载体中空穴和电子所占的比例保持不变;在空穴扩散区中,注入的空穴不断与 N 型的多子电子复合,电流载体中空穴所占比例不断减小;直到 N 型中性区中,由于空穴已经被复合完了,因此电流的载体是电子。

值得注意的是,当 PN 结加正偏电压时,注入的非平衡少子会在扩散区形成一定的积累,为了保持该区域的电中性,必然要吸引带相反电荷的多子,使扩散区中出现数量相等、分布相同的非平衡多子的积累。这时多数载流子也有了浓度差,在浓度梯度的作用下也要进行扩散,形成扩散电流。然而在讨论 PN 结的正向特性时一般不考虑这部分扩散电流,这是因为一旦多子扩散离开,电中性条件就被打破了,必然会产生电场(由非平衡多子与非平衡少子所带电荷形成的),使多子产生漂移运动,来补偿多子的扩散损失。因此,在稳定情况下,多子的扩散电流总是被这个电场导致的漂移电流所抵消。

3. 正向 PN 结中的准费米能级

在 1.3.5 节讨论过,非平衡状态下需要用电子和空穴的准费米能级表征电子和空穴的浓度。图 2-5(b)展示了在小注入条件下的正向 PN 结中的准费米能级。小注入条件是指注入的非平衡少子浓度远低于多子浓度的情况。下面我们从右到左依次来分析 N 型中性区、空穴扩散区、势垒区和电子扩散区以及 P 型中性区中的准费米能级。

(1) 在 N 型中性区中,由于从 P 型区注入 N 型区的非平衡少数载流子几乎被完全复合完了,可以认为这个区域不存在非平衡载流子,因此电子和空穴有统一的费米能级($E_F)_N$。

(2) 在空穴扩散区中,存在从 P 型区注入 N 型区的非平衡少子空穴。尽管为了保持电中性,该区域增加了与注入的非平衡少子空穴等量的非平衡多子电子,但是在小注入条件下,非平衡多子电子的浓度比热平衡时的低很多,可以近似认为电子的浓度基本上没有什么变化,因此电子的准费米能级 E_{Fn} 基本上与 N 型中性区的费米能级 $(E_F)_N$ 保持一致。

(3) 在势垒区中,因为扩散区的宽度比势垒区大得多,准费米能级的变化主要发生在扩散区,在势垒区中的变化可略而不计,因此可以认为准费米能级近似保持不变。

(4) 在电子扩散区中,由 N 型区注入的电子边向 P 型区体内扩散边复合,浓度逐渐减少,所以电子的准费米能级也逐渐降低。

(5) 在 P 型中性区中,由于非平衡电子在电子扩散区中就已经基本复合完了,所以 P 型中性区中电子的准费米能级 E_{Fn} 和空穴的准费米能级 E_{Fp} 就又一次重合,成为 P 型区的费米能级 $(E_F)_P$。对于空穴的准费米能级可以做同样的分析,这里不再赘述。要注意,加了正向偏压 V_F 后,势垒高度减小了 qV_F,所以 $(E_F)_N$ 和 $(E_F)_P$ 不再相等,两者的差值就是势垒高度的变化量,即 $(E_F)_N - (E_F)_P = qV_F$。

4. 势垒区边界处的少子浓度

当 PN 结两端加正向偏压 V_F 时,根据式(1-52)可以得到在势垒区边界 $-x_P$ 和 x_N 处的电子浓度为

$$n(-x_P) = n_i \exp\left(\frac{E_{Fn}(-x_P) - E_i(-x_P)}{kT}\right) \qquad (2-32)$$

$$n(x_N) = n_i \exp\left(\frac{E_{Fn}(x_N) - E_i(x_N)}{kT}\right) \qquad (2-33)$$

两者的比值为

$$\frac{n(-x_P)}{n(x_N)} = \exp\left(\frac{(E_{Fn}(-x_P) - E_{Fn}(x_N)) - (E_i(-x_P) - E_i(x_N))}{kT}\right) \qquad (2-34)$$

根据前面的分析,势垒区中的准费米能级几乎不变,因此有 $E_{Fn}(-x_P) - E_{Fn}(x_N) = 0$。式中 $E_i(-x_P)$ 与 $E_i(x_N)$ 的差值就是势垒高度,即 $E_i(-x_P) - E_i(x_N) = q(V_D - V_F)$。考虑小注入条件下,非平衡多子的浓度比热平衡时的低很多,可以近似认为 x_N 处的多子浓度几乎不变,即 $n(x_N) = n_{N0}$。因此,可以得到

$$n(-x_P) = n(x_N)\exp\left(\frac{-q(V_D - V_F)}{kT}\right) = n_{N0}\exp\left(-\frac{qV_D}{kT}\right)\exp\left(\frac{qV_F}{kT}\right) \qquad (2-35)$$

将式(2-11)代入式(2-35),可以得到 $-x_P$ 处的少数载流子浓度为

$$n(-x_P) = n_{P0}\exp\left(\frac{qV_F}{kT}\right) \qquad (2-36)$$

同理可以得到 x_N 处的少数载流子浓度为

$$p(x_N) = p_{N0}\exp\left(\frac{qV_F}{kT}\right) \qquad (2-37)$$

也就是说,加正向偏压后,势垒区边界处的少子浓度增大了 $e^{\frac{qV_F}{kT}}$。一般情况下,V_F 比 kT/q 大很多,所以正偏时边界处的少子浓度比平衡状态下的浓度高得多,而且会随 V_F 增大急剧增大。

2.3.2 反向特性

当 PN 结加反向偏压 V_R 时($V = -V_R$),即 P 型区接负 N 型区接正时,反向偏压在势垒区

中产生的电场的方向正好与内建电场的方向相同,增强了势垒区内的电场强度,同时势垒区变宽,势垒高度由原来的 qV_D 增加到 $q(V_D+V_R)$,如图 2-6 所示。

1. 少子抽取过程

势垒区电场的增强打破了 PN 结中载流子的漂移运动与扩散运动之间原有的平衡,增强了漂移运动,出现了净的载流子输运。这时 N 型区中的势垒区边界处($x=x_N$)的少子空穴会被势垒区中的电场扫向 P 型区,而 P 型区中的势垒区边界处($x=-x_P$)的少子电子则被扫向 N 型区。或者说势垒区从两侧的 N 型区和 P 型区中抽取了少数载流子。

和分析正向 PN 结一样,我们也可以从能带的角度分析反向 PN 结中的载流子抽取现象。平衡 PN 结中,由于势垒区的存在,从 P 型区进入 N 型区和从 N 型区进入 P 型区的电子相互抵消,没有净的载流子输运。当加上反偏压 V_R 后,势垒高度增大了,N 型区中能够进入 P 型区的电子数量急剧减少。然而电子从 P 型区进入 N 型区基本上不受势垒高度的影响,因此出现了净的电子从 P 型区流向 N 型区的现象,即 P 型区的少子电子被抽取到了 N 型区。从 N 型区抽取少子空穴的过程与上述类似。根据上述分析可知,抽取少数载流子的量几乎不受势垒高度的控制,主要与少数载流子的浓度有关,因此,随着反向偏压的增加,反向电流几乎不变。

反偏状态下,我们同样可以用 1.5.2 节中分析单边稳态注入情形的方法来分析,不同之处在于边界处的非平衡少子浓度不是正值而是负值,相当于把少子的抽取过程等效为注入了浓度为负值的非平衡少子。

2. 反向 PN 结中载流子的输运

由于空间电荷区边界处的少子被抽取,浓度降低,因此扩散区中产生的少数载流子会在浓度梯度的作用下不断流向空间电荷区边界处,形成少数载流子的扩散电流。图 2-6(c)为反向 PN 结中少数载流子的密度随位置变化的示意图。与此同时,由于扩散区中的少数载流子被抽取,扩散区不再处于电中性,因此多数载流子会被排斥向体内。图 2-6(d)示意地画出了反向 PN 结中载流子的输运过程。

3. 反向 PN 结的准费米能级

图 2-6(b)所示的为反向 PN 结的准费米能级 E_{Fn} 和 E_{Fp} 随位置的变化。可以看出,准费米能级的变化规律与正向 PN 结相似。不同之处在于:E_{Fn} 和 E_{Fp} 的相对位置发生了变化。在正向 PN 结中,$E_{Fn}>E_{Fp}$;而在反向 PN 结中,$E_{Fp}>E_{Fn}$。与正偏 PN 结类似,$(E_F)_P-(E_F)_N=qV_R$。

4. 势垒区边界处的少子浓度

在讨论 PN 结的正向特性时,我们分析了势垒区边界处的少子浓度,得到了式(2-36)和式(2-37)。采用相同的分析方法,我们同样可以得到反向 PN 结中势垒区边界处的少子浓度

$$n(-x_P)=n_{P0}\exp\left(-\frac{qV_R}{kT}\right) \qquad (2\text{-}38)$$

$$p(x_N)=p_{N0}\exp\left(-\frac{qV_R}{kT}\right) \qquad (2\text{-}39)$$

也就是说,加反向偏压时,势垒区边界处的少子浓度是平衡时的少子浓度的 $\mathrm{e}^{-\frac{qV_R}{kT}}$ 倍。通

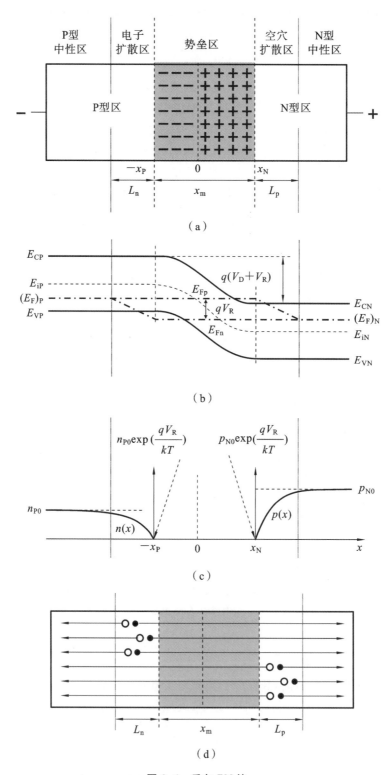

图 2-6　反向 PN 结

（a）空间电荷区；（b）能带；（c）少子分布；（d）载流子输运

常所加的反向偏压 V_R 远大于 kT/q，因此边界处的少子浓度很小，几乎为零。比较式(2-36)和式(2-38)以及比较式(2-37)和式(2-39)，可以发现它们非常相似。如果定义外加偏压为 V，正偏时 $V = V_F$，反偏时 $V = -V_R$，它们可以写成统一的形式

$$n(-x_P) = n_{P0}\exp\left(\frac{qV}{kT}\right) \tag{2-40}$$

$$p(x_N) = p_{N0}\exp\left(\frac{qV}{kT}\right) \tag{2-41}$$

2.3.3　理想 PN 结的伏安特性

1. 肖克利方程

所谓理想 PN 结就是满足下列条件的 PN 结：① 小注入条件，即注入的少子浓度比平衡多子浓度小得多；② 耗尽层近似，即外加电压全都降落在耗尽层上，耗尽层以外的半导体是电中性的，因此注入的少子在耗尽层以外只做扩散运动；③ 不考虑耗尽层中载流子的产生与复合，通过势垒区的电流密度不变；④ 玻尔兹曼边界条件，即在势垒区两端，载流子分布满足玻尔兹曼分布；⑤ 忽略半导体表面对电流的影响。

如果不加特殊说明，我们对 PN 结的论述一般均指理想 PN 结。为了简化，我们只考虑一维情况。下面将按下列步骤来推导 PN 结的伏安特性方程：① 建立连续性方程，并利用边界条件解连续性方程，得到电子扩散区和空穴扩散区中的少子密度分布函数 $p_N(x)$ 和 $n_P(x)$；② 利用少子密度分布函数计算少子扩散电流密度分布函数 $J_p(x)$ 和 $J_n(x)$；③ 利用少子扩散电流密度，得到理想 PN 结的伏安特性方程。

稳态时，根据理想 PN 结的条件，忽略扩散区中的电场，建立空穴扩散区中非平衡少子的连续性方程

$$D_p\frac{\mathrm{d}^2 p_N}{\mathrm{d}x^2} - \frac{p_N - p_{N0}}{\tau_p} = 0 \tag{2-42}$$

上面的方程中，右边第一项表示扩散积累，第二项表示复合。这个方程的含义是：单位时间、单位体积内扩散积累的少子数目等于复合损失的少子数目。利用边界条件：$x \to \infty$ 时，$p_N(\infty) = p_{N0}$ 和式(2-41)解方程可以得到空穴扩散区非平衡少子的分布函数

$$\Delta p_N(x) = p_N(x) - p_{N0} = p_{N0}\left[\exp\left(\frac{qV}{kT}\right) - 1\right]\exp\left(\frac{x_N - x}{L_p}\right) \tag{2-43}$$

式中：$L_p = \sqrt{D_p\tau_p}$ 是空穴扩散区中空穴的扩散长度。同理，电子扩散区的非平衡少子的分布函数为

$$\Delta n_P(x) = n_P(x) - n_{P0} = n_{P0}\left[\exp\left(\frac{qV}{kT}\right) - 1\right]\exp\left(\frac{x_P + x}{L_n}\right) \tag{2-44}$$

式中：$L_n = \sqrt{D_n\tau_n}$ 是电子扩散区中电子的扩散长度。从式(2-43)和式(2-44)可以看出，非平衡少数载流子浓度随 x 按指数规律变化，如图 2-5(c)和图 2-6(c)所示。特别是，当加的是较大的反偏电压时，即 $V < 0$ 且 $|V| \gg kT/q$，有 $\Delta p_N(x_N) \to -p_{N0}$ 和 $\Delta n_P(-x_P) \to -n_{P0}$，则 $p_N(x_N)$ $\to 0$ 和 $n_P(-x_P) \to 0$，即势垒区边界处的少子浓度几乎为零。

小注入时，忽略扩散区中的电场，利用式(2-43)可以得到 x_N 处的空穴扩散电流密度

$$J_{\mathrm{p}}(x_{\mathrm{N}}) = -qD_{\mathrm{p}}\left.\frac{\mathrm{d}p_{\mathrm{N}}(x)}{\mathrm{d}x}\right|_{x=x_{\mathrm{N}}} = \frac{qD_{\mathrm{p}}p_{\mathrm{N}0}}{L_{\mathrm{p}}}\left[\exp\left(\frac{qV}{kT}\right)-1\right] \tag{2-45}$$

同理，在 $-x_{\mathrm{P}}$ 处，利用式(2-44)可得电子扩散电流密度，即

$$J_{\mathrm{n}}(-x_{\mathrm{P}}) = qD_{\mathrm{n}}\left.\frac{\mathrm{d}n_{\mathrm{P}}(x)}{\mathrm{d}x}\right|_{x=-x_{\mathrm{P}}} = \frac{qD_{\mathrm{n}}n_{\mathrm{P}0}}{L_{\mathrm{n}}}\left[\exp\left(\frac{qV}{kT}\right)-1\right] \tag{2-46}$$

根据理想 PN 结的条件③，忽略势垒区的产生-复合作用，通过 $-x_{\mathrm{P}}$ 截面的电子电流密度应该等于通过 x_{N} 截面的电子电流密度。而通过 PN 结的总电流(以 x_{N} 截面为例)应为流过该截面的电子电流与空穴电流之和，即

$$J = J_{\mathrm{p}}(x_{\mathrm{N}}) + J_{\mathrm{n}}(x_{\mathrm{N}}) = J_{\mathrm{p}}(x_{\mathrm{N}}) + J_{\mathrm{n}}(-x_{\mathrm{P}}) \tag{2-47}$$

将式(2-45)、式(2-46)两式代入式(2-47)，得

$$J = J_0\left[\exp\left(\frac{qV}{kT}\right)-1\right] \tag{2-48}$$

其中

$$J_0 = \frac{qD_{\mathrm{p}}p_{\mathrm{N}0}}{L_{\mathrm{p}}} + \frac{qD_{\mathrm{n}}n_{\mathrm{P}0}}{L_{\mathrm{n}}} \tag{2-49}$$

式(2-48)就是理想 PN 结的伏安特性方程，又称为肖克利方程，其中 J_0 称为 PN 结的反向饱和电流密度。如果 PN 结的面积为 A，则通过该 PN 结的电流可表示为

$$I = I_0\left[\exp\left(\frac{qV}{kT}\right)-1\right] \tag{2-50}$$

其中

$$I_0 = A\left(\frac{qD_{\mathrm{p}}p_{\mathrm{N}0}}{L_{\mathrm{p}}} + \frac{qD_{\mathrm{n}}n_{\mathrm{P}0}}{L_{\mathrm{n}}}\right) \tag{2-51}$$

2. PN 结的整流效应

图 2-7 为肖克利方程的曲线图，从图中可以看出，PN 结具有正向导通、反向截止的整流效应。

如果给 PN 结加一个较大的反偏电压 V，即 $V < 0$ 且 $|V| \gg kT/q$，由肖克利方程可以得到 $J \approx -J_0$。也就是说，当所加反偏电压较大时，PN 结的反向电流为 J_0，而且反向电流不再随外加电压变化，反向电流是饱和的，这也是为什么我们称 J_0 为 PN 结的反向饱和电流密度的原因。分析式(2-49)还可以看到，反向饱和电流密度主要与 N 型区和 P

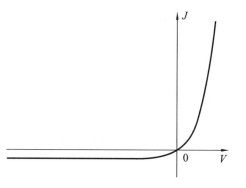

图 2-7　理想 PN 结的伏安特性

型区的少数载流子浓度有关，由于少数载流子浓度很低，所以 PN 结的反向电流很小。PN 结的反向电流小而且会饱和，说明 PN 结具有反向截止的特性。

正偏时，所加的正偏电压 V 通常为零点几伏，而常温下 $kT/q = 0.026$ V，则 $\mathrm{e}^{\frac{qV}{kT}} \gg 1$，因此式(2-48)可以简化为 $J \approx J_0\mathrm{e}^{\frac{qV}{kT}}$，即正向电流随正向电压是按指数规律变化的。当正向电压比 kT/q 大几倍时，只要略微增大正向电压，电流密度将急剧增大。例如，在室温下 $kT/q = 0.026$ V，V_{F} 只需要增加 0.06 V，电流密度 J 会增大 10 倍。这说明 PN 结具有正向导通特性。

我们可以从正偏和反偏时载流子的输运过程来理解 PN 结的正向导通、反向截止特性。

正偏时,P 型区的多子向 N 型区注入,进入空穴扩散区后边扩散边复合,形成电流。由 1.5.2 节可知,该电流的电流密度正比于势垒区边界处的非平衡少子浓度。边界处的非平衡少子浓度随外加电压的增大而指数增大,因此外加电压微小的变化会引起电流很大的变化。同理,N 型区的多子向 P 型区注入,形成的电流同样随外加电压的增大而指数增大。因此,可以认为正偏下的 PN 结处于导通状态。反偏时,空间电荷区两侧的扩散区内产生的少数载流子被空间电荷区中的电场抽取,形成反向电流。由于少数载流子浓度很低,因此反向电流很小。又由于仅空间电荷区两侧的扩散区内产生的少数载流子对反向电流有贡献,如果反偏电压较大时,被抽取的少子来不及补充,因此反向电流会饱和。所以,可以认为反偏 PN 结处于截止状态。值得注意的是,只要能够提供更多的少数载流子以供抽取,反向电流也可以很大。例如,在光敏二极管中,当有光照射时,少数载流子的产生率增大,反向电流会明显增加,利用这一特性,光敏二极管可将光信号转换为电信号;工作在放大区的双极型晶体管中,虽然集电结处于反偏状态,但是由于正偏的发射结会向集电结注入大量的少数载流子,因此流过集电结的电流并不小。

3. PN 结的导通电压

处于正向导通状态的 PN 结上的电压具有大体确定的值,这个值就称为 PN 结的导通电压,又称为阈值电压。通常人们会规定一个电流值,当 PN 结的正向电流达到这一电流值时,所加的正向电压被认为是该 PN 结的导通电压。导通电压主要与制造 PN 结的材料的禁带宽度有关,图 2-8 对比给出了 Ge、Si 和 GaAs 三种常用半导体材料制造的 P^+N 结的正向特性。这三种材料在室温下的禁带宽度依次增大,分别为 0.66 eV、1.12 eV 和 1.42 eV。由这三种材料制造的 P^+N 结的导通电压也依次增大,分别为 0.3 V、0.7 V 和 1.1 V。禁带宽度对导通电压的影响实际上反映了少子浓度对 PN 结正向电流的影响。从肖克利方程可以看到,在相同正向偏压下,平衡少子浓度 n_{P0}、p_{N0} 越大,正向电流密度越大。相同条件下,材料的禁带宽度越大,平衡少子浓度就越小,要达到规定的电流值,就必须加更高的正向电压,因此导通电压也越大。

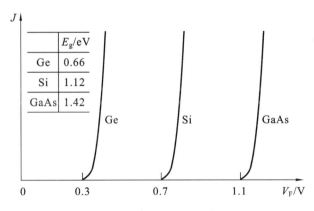

图 2-8　P^+N 结的导通电压

4. 单边突变结的伏安特性

对 P^+N 结,$n_{P0} \ll p_{N0}$,式(2-48)可简化为

$$J \approx \frac{qD_{\mathrm{p}}p_{\mathrm{N0}}}{L_{\mathrm{p}}}\left[\exp\left(\frac{qV}{kT}\right)-1\right]=\frac{qD_{\mathrm{p}}n_{\mathrm{i}}^{2}}{L_{\mathrm{p}}N_{\mathrm{D}}}\left[\exp\left(\frac{qV}{kT}\right)-1\right] \tag{2-52}$$

同理,对于 $\mathrm{N^{+}P}$ 结有

$$J \approx \frac{qD_{\mathrm{n}}n_{\mathrm{P0}}}{L_{\mathrm{n}}}\left[\exp\left(\frac{qV}{kT}\right)-1\right]=\frac{qD_{\mathrm{n}}n_{\mathrm{i}}^{2}}{L_{\mathrm{n}}N_{\mathrm{A}}}\left[\exp\left(\frac{qV}{kT}\right)-1\right] \tag{2-53}$$

式(2-52)和式(2-53)表明,单边突变结的正向电流主要是由高掺杂一侧的多子向低掺杂一侧扩散形成的。

5. 空间电荷区中空穴电流与电子电流的比值

仔细观察式(2-49)并和式(2-45)、式(2-46)比较,可以发现,反向饱和电流中的 $\frac{qD_{\mathrm{p}}p_{\mathrm{N0}}}{L_{\mathrm{p}}}$ 和 $\frac{qD_{\mathrm{n}}n_{\mathrm{P0}}}{L_{\mathrm{n}}}$ 的比值实际上是流过空间电荷区的空穴电流与电子电流的比值,即

$$\frac{J_{\mathrm{p}}(x_{\mathrm{N}})}{J_{\mathrm{n}}(-x_{\mathrm{P}})}=\frac{qD_{\mathrm{p}}p_{\mathrm{N0}}L_{\mathrm{n}}}{qD_{\mathrm{n}}n_{\mathrm{P0}}L_{\mathrm{p}}} \tag{2-54}$$

也就是说,它们的比值与外加电压无关,双极晶体管正是利用了发射结的这一特性实现电流放大的。

2.4 实际 PN 结的特性

在讨论理想 PN 结的伏安特性时,我们做了多项理想条件假设,但是在实际 PN 结中,这些因素是存在的,它们会导致实际 PN 结的伏安特性偏离理想 PN 结的伏安特性,如图 2-9 所示。从图 2-9 可以看到:① 正向小电流时,实际的电流比理想 PN 结的大;② 正向大电流时,实际的电流比理想 PN 结的小;③ 实际的反向电流比理想 PN 结的大,而且实际的反向电流是不饱和的,会随反偏电压的增大而略微增大;④ 反偏电压足够大时,实际 PN 结会出现反向电流急剧增大的情况,即出现了击穿现象。本节将从空间电荷区中的产生电流、空间电荷区中的复合电流、表面产生电流、表面复合电流、表面漏电流和大注入效应等方面讨论产生这些偏差的原因,击穿的原理将在 2.5 节中讨论。

2.4.1 空间电荷区的复合电流

通过 2.3 节的讨论,我们知道 PN 结的正向电流是由注入扩散区的少子边扩散边复合形成的,也就是说,正向电流与两个扩散区中的非平衡少子的复合有关。在实际 PN 结中,非平衡载流子除了在扩散区中复合以外,在空间电荷区中也存在复合过程,但是在理想 PN 结中这一过程被忽略了。

理想 PN 结主要考虑了两个电流成分。第一个是电子扩散区的复合电流,即在电子扩散区中来自 N 型区的电子与 P 型区的空穴复合所形成的电流,如图 2-10 中的 J_{n}。第二个是空穴扩散区的复合电流,即在空穴扩散区中来自 P 型区的空穴与 N 型区的电子复合所形成的电流,如图 2-10 中的 J_{p}。理想 PN 结的正向电流为两者之和,即 $J=J_{\mathrm{n}}+J_{\mathrm{p}}$。在实际 PN 结中,

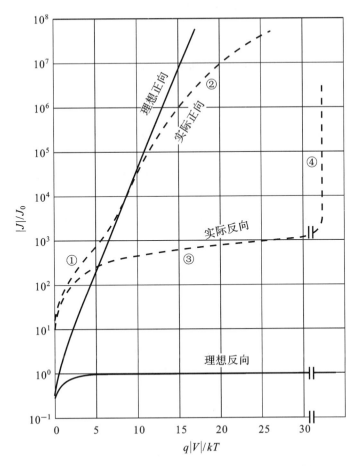

图 2-9　实际 PN 结与理想 PN 结的伏安特性曲线对比

还应该考虑空间电荷区中的复合电流，即来自 N 型区的电子和来自 P 型区的空穴在势垒区中复合而形成的电流，如图 2-10 中的 J_R，称为空间电荷区的复合电流。通过 PN 结的总电流应该增加 J_R 这一项，即 $J = J_n + J_p + J_R$。由于空间电荷区很薄，而且载流子会在空间电荷区中的电场的作用下快速穿过空间电荷区，因此 J_R 很小。所以，只有当 J_R 与 $J_n + J_p$ 相当时才能观察到它的影响。这就是小电流时，实际正向电流比理想 PN 结大的原因。

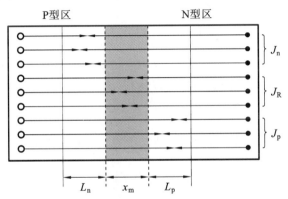

图 2-10　空间电荷区的复合电流

存在复合中心时,非平衡载流子的复合率 U 可以写为

$$U = \frac{np - n_i^2}{\tau_p(n + n_1) + \tau_n(p + p_1)} \tag{2-55}$$

复合中心是指那些能够在禁带中形成能级的杂质和缺陷。禁带中有了复合中心形成的能级后,载流子可以借助这些能级在导带和价带间跃迁,也就是说复合中心对载流子的寿命影响很大,当然也会影响非平衡载流子的复合率。式(2-55)中的 n_1 和 p_1 分别是指,当费米能级恰好与复合中心的能级 E_t 重合时,热平衡状态下的电子和空穴的浓度,即 $n_1 = n_i \exp\left(\dfrac{E_t - E_i}{kT}\right)$、$p_1 = n_i \exp\left(\dfrac{E_i - E_t}{kT}\right)$。一般来说,能级越深(即 E_t 越接近禁带中央)的复合中心越有效,所以 n_1 和 p_1 往往很小。因此,净复合率主要由载流子浓度 n 和 p 决定。

在 2.3.1 节分析了正向 PN 结的准费米能级,如图 2-5(b)所示,利用准费米能级可以得到流子的浓度为

$$n(x) = n_i e^{\frac{(E_F)_N - E_i(x)}{kT}} \tag{2-56}$$

$$p(x) = n_i e^{\frac{E_i(x) - (E_F)_P}{kT}} \tag{2-57}$$

它们的乘积为

$$np = n_i^2 e^{\frac{(E_F)_N - (E_F)_P}{kT}} = n_i^2 e^{\frac{qV_F}{kT}} \tag{2-58}$$

从式(2-56)、式(2-57)和式(2-58)可以看到,n 和 p 是 x 的函数,但是它们的乘积 np 却与 x 无关。

下面我们来比较一下空间电荷区和扩散区的非平衡载流子的复合率的大小。从式(2-55)可以看出,式(2-55)的分子与位置无关,分母中的 n_1 和 p_1 主要由复合中心的能级决定,也与位置无关。因此,净复合率随位置变化的主要原因是式(2-55)的分母中的 n 和 p 会随位置变化,也就是说,要比较空间电荷区和扩散区的非平衡载流子的复合率的大小关系,主要是比较这两个区域的 n 和 p。扩散区中 n 和 p 总有一个是多子浓度,而空间电荷区中 n 和 p 通常比两边的多子浓度低几个数量级,因此,空间电荷区的复合率往往比扩散区的复合率高出几个数量级。

接下来我们来推导空间电荷区中的复合电流的计算公式。最有效的复合中心的能级 E_t 与本征费米能级 E_i 十分接近,为了简化计算,近似认为 $E_t = E_i$,因此有 $n_1 = p_1 = n_i$。同时,近似认为 τ_n 和 τ_p 相等,即 $\tau_n = \tau_p = \tau$,于是复合率公式(2-55)可以简化为

$$U = \frac{1}{\tau}\left(\frac{np - n_i^2}{n + p + 2n_i}\right) \tag{2-59}$$

式(2-59)中的分子部分是不随位置变化的,所以它的极大值就发生在 $n + p$ 为极小值的地方。利用式(2-56)和式(2-57)对 x 求极小值,可以得到 $n + p$ 为极小值时有

$$n = p = n_i \exp\left(\frac{qV_F}{2kT}\right) \tag{2-60}$$

把式(2-60)代入式(2-59),可以得到空间电荷区中最大的复合率为

$$U_{max} = \frac{n_i}{2\tau}\frac{\exp\left(\dfrac{qV_F}{kT}\right) - 1}{\exp\left(\dfrac{qV_F}{2kT}\right) - 1} \tag{2-61}$$

一般情况下 $V_F \gg kT/q$,式(2-61)可进一步简化为

$$U_{max} = \frac{n_i}{2\tau} \exp\left(\frac{qV_F}{2kT}\right) \qquad (2\text{-}62)$$

作为近似计算,假设在势垒宽度 x_m 范围内,复合率均可用式(2-62)表示,那么空间电荷区复合电流的密度为

$$J_R = \int_0^{x_m} qU_{max}\mathrm{d}x = qx_m \frac{n_i}{2\tau} \exp\left(\frac{qV_F}{2kT}\right) \qquad (2\text{-}63)$$

理想 PN 结的正向电流是注入的非平衡少子在扩散区中复合形成的,因此又称为体内扩散电流,记为 J_D。与体内扩散电流 J_D 相比,空间电荷区复合电流 J_R 有以下两个特点:① J_R 随外加电压增加得比较缓慢,例如,外加电压增加 0.1 V,J_D 增加近 50 倍,而 J_R 才增加 7 倍,因此只有在正向小电流时,空间电荷区的复合电流才显著;② J_R 正比于本征载流子浓度 n_i,而 J_D 却正比于 n_i^2(见式(2-52)和式(2-53)),有 $J_D/J_R \propto n_i$,所以 n_i 越大,势垒区复合电流的影响越小。硅的禁带宽度比锗的大,本征载流子浓度比锗的小,因此,工作在正向小电流状态下的硅 PN 结中必须考虑复合电流的影响,这也是硅双极晶体管在小电流下电流增益会下降的原因。

2.4.2　空间电荷区的产生电流

前面我们分析了空间电荷区中载流子的复合对 PN 结正向电流的影响,下面来分析空间电荷区中载流子的产生对 PN 结伏安特性的影响。2.3 节分析了反向 PN 结中载流子的输运,即电子扩散区和空穴扩散区中产生的少数载流子被抽取,形成反向电流。也就是说,PN 结的反向电流与两个扩散区中载流子的产生有关。在 2.3 节中,我们没有考虑空间电荷区中载流子的产生过程。但是,在实际的 PN 结中,空间电荷区中同样有载流子的产生过程。由于空间电荷区中存在由 N 型区指向 P 型区的内建电场,因此,空间电荷区中产生的电子和空穴会在电场的作用下分别流向 N 型区和 P 型区,该输运过程同样对反向电流有贡献。

图 2-11 示意地画出了实际的反偏 PN 结中载流子的输运过程,图中主要有三个电流成分。第一个是空穴扩散区中产生的空穴被抽取到 P 型区,同时为了维持电中性,产生的电子向 N 型区体内输运所形成的电流,如图 2-11 中的 J_p。第二个是电子扩散区中产生的电子被抽取到 N 型区,为了维持电中性产生的空穴向 P 型区体内输运所形成的电流,如图 2-11 中的 J_n。第三个是空间电荷区中产生的电子被内建电场抽取到 N 型区,产生的空穴被抽取到 P 型区,由此形成的电流,如图 2-11 中的 J_G,称为空间电荷区的产生电流。理想 PN 结忽略了空间电荷区中载流子的产生,反向电流为 $J = J_n + J_p$,而实际 PN 结中还需要考虑 J_G,反向电流应该为 $J = J_n + J_p + J_G$。正因为空间电荷区存在产生电流,所以实际 PN 结的反向电流会比理想 PN 结的大。空间电荷区的产生电流正比于空间电荷区的宽度,而空间电荷区的宽度会随反偏电压增大而变宽,因此,实际的反向电流会随反向电压增大而增大,即实际 PN 结的反向电流是不饱和的。

从反向 PN 结的能带图(见图 2-6)可以看到,本征费米能级与电子和空穴的准费米能级各有一个交点,如果近似认为空间电荷区是这两个交点之间的区域,那么空间电荷区中,电子的准费米能级 E_{Fn} 低于本征费米能级 $E_i(x)$,而空穴的准费米能级 E_{Fp} 高于本征费米能级 $E_i(x)$。

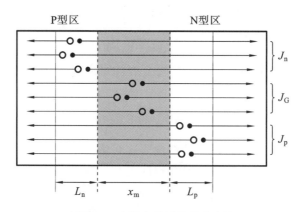

图 2-11 空间电荷区的产生电流

根据式(2-56)和式(2-57)可以得到，n 和 p 均远低于 n_i，因此忽略式(2-55)中的 n 和 p 得到

$$U = -\frac{n_i^2}{\tau_p n_1 + \tau_n p_1} \tag{2-64}$$

式(2-64)得到的非平衡载流子的复合率小于零，说明得到的实际上是非平衡载流子的产生率。如果仍然假设 $n_1 = p_1 = n_i$，$\tau_n = \tau_p = \tau$，可以得到空间电荷区中电子和空穴的产生率为

$$G = \frac{n_i}{2\tau} \tag{2-65}$$

如果空间电荷区的宽度为 x_m，由式(2-65)可以得到空间电荷区产生电流的密度

$$J_G = q x_m \frac{n_i}{2\tau} \tag{2-66}$$

下面我们来比较一下理想 PN 结的反向饱和电流和空间电荷区的产生电流的大小。理想 PN 结的反向电流是扩散区中的少子被抽取所形成的电流，因此称为体内扩散电流，记为 J_D。如果假设 $\tau_n = \tau_p = \tau$，由式(2-49)可以得到理想 PN 结的反向饱和电流为

$$J_D = q\left(\frac{D_p p_{N0}}{L_p} + \frac{D_n n_{P0}}{L_n}\right) = q\frac{n_i^2}{\tau}\left(\frac{L_p}{N_D} + \frac{L_n}{N_A}\right) \tag{2-67}$$

体内扩散电流和空间电荷区产生电流的比值为

$$\frac{J_D}{J_G} = \frac{2n_i}{x_m}\left(\frac{L_p}{N_D} + \frac{L_n}{N_A}\right) \tag{2-68}$$

从式(2-68)可以看出，n_i 越小(禁带宽度 E_g 越大)的半导体制作的 PN 结，反向电流中空间电荷区产生电流所占的比例越大。由于锗的禁带宽度较小，硅的禁带宽度较大，因此锗 PN 结的反向电流主要是体内扩散电流，而硅 PN 结的反向电流主要是空间电荷区中的产生电流。

比较式(2-66)和式(2-67)，可以看到体内扩散电流 J_D 和空间电荷区产生电流 J_G 的不同。首先，J_G 会随空间电荷区宽度 x_m 增加而增大，所以没有饱和值，而 J_D 是会饱和的。其次，J_D 与 n_i^2 成正比，而 J_G 与 n_i 成正比，由于 n_i 会随温度升高而增加，因此 J_D 和 J_G 都会随温度增加而增大，但是 J_D 比 J_G 增大得更快。

2.4.3　表面漏电流与表面复合、产生电流

实际 PN 结中，由于工艺清洁度不高等原因，表面处存在金属离子沾污，因此电流可以沿

表面在两个电极间传输,等效于并联了一个电导,如图 2-12 所示。沿表面传输的电流称为 PN 结的表面漏电流。正向和反向的 PN 结都存在表面漏电流,使正向和反向电流增大,只不过由于表面漏电流很小,正向时只有在电流很小时才有明显表现。

还有一种情况,如图 2-13 所示,在硅平面工艺中,为了防止表面沾污,常常在硅片表面制作一层起表面钝化作用的 SiO_2 薄层。SiO_2 薄层中通常会有钠离子沾污,钠离子带正电荷,称为氧化层电荷。如果氧化层电荷密度很高,会排斥 P 型硅中的空穴,使表面出现空间电荷区。表面空间电荷区使 PN 结的空间电荷区延展扩大,给 PN 结引进了附加的正向复合电流和反向产生电流。表面空间电荷区中的复合电流和产生电流称为 PN 结的表面复合电流和表面产生电流。

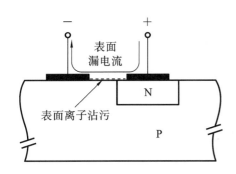

图 2-12　PN 结的表面漏电流

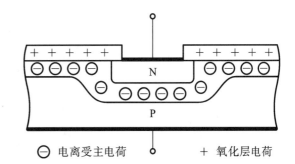

图 2-13　PN 结表面的空间电荷区

表面复合电流和表面产生电流与 2.4.1 节和 2.4.2 节中讲述的空间电荷区复合电流和产生电流类似,主要不同点在于表面空间电荷区中载流子的复合率和产生率与体内的不同。在 Si 和 SiO_2 的交界面,往往存在相当数量的位于禁带中的能级,称之为界面态。它们可以起到复合中心的作用,使表面处载流子的复合和产生作用变得更强。

2.4.4　大注入效应

在 PN 结的理想条件中有一项是小注入条件,即正向 PN 结中,注入扩散区的少子浓度远小于该区多子浓度。当正向电流很大时,小注入条件不再满足,实际 PN 结的电流会小于理想 PN 结的电流。下面我们以 N^+P 结为例来分析其原因。由于 N^+P 结的正向电流主要是 N 型区中的电子注入 P 型区形成的,因此下面只分析了 P 型区一侧的情况。

在 2.3.1 节中我们曾经提到:当 PN 结正偏时,注入的非平衡少子在扩散区形成一定的积累,为了保持该区域的电中性,必然要吸引数量相等、分布相同、带相反电荷的多子。在正向 N^+P 结中,N 型区会向 P 型区注入非平衡少数载流子电子,其分布用 $\Delta n(x)$ 表示。随着正向电流增大,空间电荷区边界处的非平衡少子浓度 $\Delta n(x_P)$ 随之增大,当 $\Delta n(x_P)$ 接近甚至超过 P 型区多子浓度 p_{P0} 时,称为大注入状态。此时,在扩散区内积累了大量的带负电荷的非平衡少子电子,扩散区不再处于电中性状态。为了维持电中性,P 型区中会形成等量的、带正电荷的非平衡多子的积累,其分布 $\Delta p(x)$ 与 $\Delta n(x)$ 基本相等,即 $\Delta p(x) \approx \Delta n(x)$,如图 2-14(a)所示。此时空穴存在浓度梯度,空穴会向体内扩散。一旦空穴离开了原来的位置,就破坏了电中性条件。于是在电子和空穴之间会形成电场,称为扩散区自建电场,其方向如图 2-14(b)中的 E 所示。在这个电场的驱使下,多子空穴会产生漂移运动。漂移运动的方向与扩散运动的方向相反,正好抵消了空穴的扩散,维持了非平衡多子的分布。此时空穴在上述浓度梯度和扩散区自建电场作用下形成的总电流为零。扩散区自建电场除了对多子起到了维持分布的作用外,对少子的运动也有影响,会使注入 P 型区的电子加速向体内输运。同时,扩散区自建电场还会使正偏电压 V_F 的一部分作用在扩散区两端。如果正偏电压作用在势垒的部分用 V_j 表示,作用在电子扩散区的部分用 V_n 表示,那么 $V_F = V_j + V_n$,如图 2-14(b)所示。

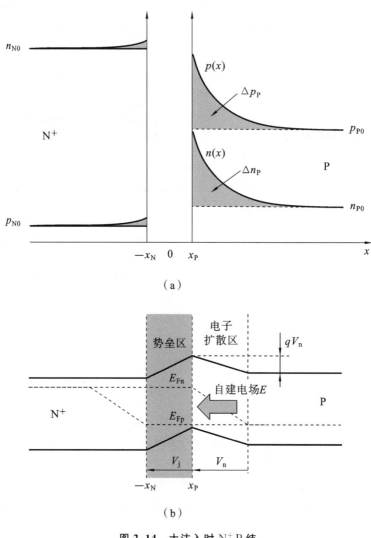

图 2-14　大注入时 N⁺P 结

(a) 载流子的分布;(b) 能带

扩散区自建电场可以利用空穴的扩散电流与在自建电场作用下的漂移电流相等来得到,即

$$qD_p \frac{\mathrm{d}p_P(x)}{\mathrm{d}x} = q\mu_p p_P(x) E(x) \tag{2-69}$$

可得

$$E(x) = \frac{D_p}{\mu_p} \frac{1}{p_P(x)} \frac{\mathrm{d}p_P(x)}{\mathrm{d}x} \tag{2-70}$$

通过 x_P 处的电子电流密度就是通过 N^+P 结的电流密度,包括扩散电流和在自建电场作用下的漂移电流两部分,即

$$J = J_n(x_P) = qD_n \frac{\mathrm{d}n_P(x)}{\mathrm{d}x}\bigg|_{x=x_P} + q\mu_n n_P(x_P)E(x_P) \tag{2-71}$$

将式(2-70)代入式(2-71),并利用 $\mathrm{d}p_P(x)/\mathrm{d}x = \mathrm{d}n_P(x)/\mathrm{d}x$ 得

$$J = qD_n\left(1 + \frac{n_P(x_P)}{p_P(x_P)}\right)\frac{\mathrm{d}n_P(x)}{\mathrm{d}x}\bigg|_{x=x_P} \tag{2-72}$$

小注入状态下,$n_P(x_P) \ll p_P(x_P)$,忽略式(2-72)括号中的第二项,可以得到

$$J = qD_n \frac{\mathrm{d}n_P(x)}{\mathrm{d}x}\bigg|_{x=x_P} \tag{2-73}$$

此时,式(2-72)还原成小注入时单边突变结的电流密度计算公式。

如果注入的电子浓度远大于 P 型区多子浓度,即 $\Delta n_P(x_P) \gg p_{P0}$,则

$$n_P(x_P) = n_{P0} + \Delta n(x_P) \approx \Delta n(x_P) \tag{2-74}$$

$$p_P(x_P) = p_{P0} + \Delta p(x_P) \approx \Delta p(x_P) \tag{2-75}$$

又由于 $\Delta n_P(x_P) = \Delta p_P(x_P)$,所以有 $n_P(x_P) = p_P(x_P)$,代入式(2-72)得

$$J = q(2D_n)\frac{\mathrm{d}n_P(x)}{\mathrm{d}x}\bigg|_{x=x_P} \tag{2-76}$$

式(2-76)说明,当注入量特别大时,扩散区自建电场对电子漂移运动等效于电子的扩散系数增大了 1 倍。

在扩散区自建电场的作用下,x_P 处空穴的势能比 P 型区内部的势能低 qV_n,如图 2-14 所示,根据玻尔兹曼分布关系有

$$n_P(x_P) = n_{P0}\exp\left(\frac{qV_j}{kT}\right) \tag{2-77}$$

又由于 x_P 处的能带比 P 区体内高 qV_n,而 E_{Fp} 相同,利用式(1-53)可以得到

$$p_P(x_P) = p_{P0}\exp\left(\frac{qV_n}{kT}\right) \tag{2-78}$$

再利用 $V = V_j + V_n$ 和 $n_P(x_P) = p_P(x_P)$ 可得

$$n_P(x_P) = p_P(x_P) = n_i\exp\left(\frac{qV}{2kT}\right) \tag{2-79}$$

如果近似认为电子在扩散区中线性分布,则

$$\frac{\mathrm{d}n_P(x)}{\mathrm{d}x}\bigg|_{x=x_P} = \frac{n_i\exp\left(\frac{qV_n}{2kT}\right) - n_{P0}}{L_n} \approx \frac{n_i}{L_n}\exp\left(\frac{qV}{2kT}\right) \tag{2-80}$$

将式(2-80)代入式(2-76)可以得到注入量特别大时 N^+P 结的伏安特性方程

$$J = J_n(x_P) = \frac{2qD_n n_i}{L_n}\exp\left(\frac{qV}{2kT}\right) \tag{2-81}$$

式(2-81)与式(2-53)比较可以看到,小注入时 $J \propto \exp\left(\dfrac{qV}{kT}\right)$,注入特别大时 $J \propto \exp\left(\dfrac{qV}{2kT}\right)$。也就是说,随着正偏电压增大,电流随电压增大而增大的趋势减缓了。综合考虑式(2-81)和

式(2-53),可以得到 $J \propto \exp\left(\dfrac{qV}{mkT}\right)$,其中 m 为 1～2 之间,而且 m 随正偏电压增大而增大。

　　综合前面的讨论,正偏时,由于少数载流子的注入,在势垒区两侧的扩散区中有非平衡少子的积累,为了维持电中性,会形成分布基本相同的非平衡多子的积累。此时,在扩散区中出现了扩散区自建电场。扩散区自建电场对 PN 结有两个方面的影响:① 加速非平衡少子向体内输运,使正向电流比理想 PN 结的大;② 扩散区中存在压降 V_n,导致作用在势垒区两端的电压 $V_j = V - V_n$ 降低了,相对于理想 PN 结,注入的少数载流子减少了,使正向电流比理想 PN 结的小。其中②的影响比①更显著,因此大注入状态下,实际 PN 结的正向电流比理想 PN 结的小。

　　在正向电流很大时,除了要考虑扩散区自建电场的影响外,两侧中性区的体电阻 R_S 也会影响伏安特性。电流流过体电阻时会产生压降 $V_R = IR_S$,此时作用在势垒区两端的电压为 $V_j = V - V_n - V_R$。当电流很小时,V_R 很小,可以被忽略。但是当电流很大时,体电阻上的压降 V_R 会明显降低作用在势垒区两端的电压 V_j,V_j 的减小会使注入的少数载流子减少,同样会导致实际 PN 结的正向电流比理想 PN 结的小。实际的 PN 结中,串联体电阻的影响常常比大注入效应的影响更显著。

2.4.5　PN 结的温度特性

　　温度对 PN 结的正向电流、正向导通电压、反向电流、反向击穿电压等都有很大的影响。下面我们来分析 PN 结的反向电流和正向电流与温度的关系。

　　PN 结的反向电流主要包括体内扩散电流 I_D 和空间电荷区的产生电流 I_G 两部分,其中 I_D 就是理想 PN 结的反向饱和电流 I_0。下面我们分别讨论它们与温度的关系。

　　理想 PN 结的反向饱和电流由式(2-51)给出,利用 $p_{N0} = \dfrac{n_i^2}{N_D}$ 与 $n_{P0} = \dfrac{n_i^2}{N_A}$,式(2-51)可以改写为

$$I_0 = Aqn_i^2 \left(\frac{D_p}{L_p N_D} + \frac{D_n}{L_n N_A} \right) \tag{2-82}$$

式(2-82)括号中的两项随温度变化不大,主要是括号前面的本征载流子浓度 n_i 随温度变化很大,n_i 与温度的关系为

$$n_i^2 = KT^3 \exp\left(-\frac{E_{g0}}{kT} \right) \tag{2-83}$$

式中:K 为常数;E_{g0} 为绝对零度时的禁带宽度。将式(2-83)代入式(2-82),可以得到反向饱和电流与温度的关系

$$I_0(T) = I_0(0) T^3 \exp\left(-\frac{E_{g0}}{kT} \right) \tag{2-84}$$

式中:$I_0(0) = AqK\left(\dfrac{D_p}{L_p N_D} + \dfrac{D_n}{L_n N_A} \right)$。

　　空间电荷区的产生电流的电流密度由式(2-66)给出,将式(2-83)代入式(2-66),再乘以结面积 A,可以得到空间电荷区产生电流与温度的关系

$$I_G = A \frac{q x_m}{2\tau} K^{\frac{1}{2}} T^{\frac{3}{2}} \exp\left(-\frac{E_{g0}}{2kT} \right) = I_{G0} T^{\frac{3}{2}} \exp\left(-\frac{E_{g0}}{2kT} \right) \tag{2-85}$$

式(2-84)和式(2-85)表明反向电流会随温度升高而增大。锗 PN 结温度每升高 10 K,反向饱和电流增加 1 倍,而硅 PN 结温度只需升高 6 K,反向饱和电流就增加 1 倍。

正向电流与温度的关系可以通过将式(2-84)代入 PN 结正向电流公式 $I_F = I_0 \exp\left(\dfrac{qV_F}{kT}\right)$ 得到

$$I_F = I_0(0) T^3 \exp\left(\frac{qV_F - E_{g0}}{kT}\right) \qquad (2\text{-}86)$$

式(2-86)说明正向电流也会随温度升高而增大。

综上所述,随着温度的升高,本征载流子浓度增大,因此 PN 结的正向和反向电流会随温度升高而增大,如图 2-15 所示。

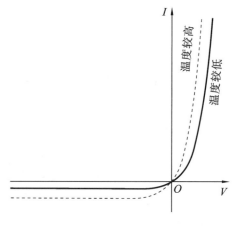

图 2-15　温度对 PN 结的伏安特性的影响

2.5　PN 结的击穿

PN 结加反向电压时电流很小,但是当反向电压增加到一定大小时,反向电流会急剧增大,如图 2-16 所示,这种现象称为 PN 结的击穿。发生击穿时的电压值称为击穿电压,用 V_B 表示。PN 结的击穿机制主要有雪崩击穿、隧道击穿和热击穿三种。本节将分别介绍这三种击穿机制及其影响因素。

2.5.1　雪崩击穿

当加在 PN 结上的反向电压逐渐增加时,空间电荷区的电场强度也随之增强,通过空间电荷区的载流子从电场中获得的能量也随之增大。载流子在晶体中运动时,会不断地与晶格原子发生碰撞。当载流子从电场中获得的能量足够大时(大于禁带宽度),这种碰撞能以一定

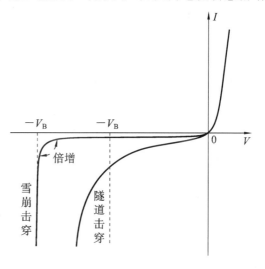

图 2-16　PN 结的击穿

概率把价带的电子激发到导带,即产生了新的电子-空穴对,称这种现象为"碰撞电离"。如果空间电荷区足够宽,碰撞电离所产生的载流子以及原有的载流子在电场的作用下再次加速,重新获得能量,然后再次碰撞,产生出第二代、第三代电子-空穴对,如此下去,空间电荷区的载流子数量迅速、成倍地增加。这种载流子的倍增过程类似雪崩,所以称为雪崩倍增效应。图 2-17 示意地画出了雪崩倍增的过程。雪崩倍增过程一旦发生,载流子的浓度迅速倍增,增加的载流子同样会被空间电荷区中的电场抽取形成反向电流,所以反向电流会急剧增大,从而发生击穿,这种由雪崩倍增效应引起的击穿称为雪崩击穿。

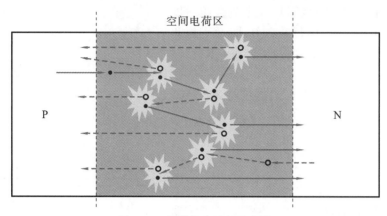

图 2-17　雪崩击穿过程示意图

　　雪崩击穿与载流子的电离率有关,电离率是一个载流子在电场作用下漂移单位距离所产生的电子-空穴对数,单位是 cm^{-1},电子的电离率用 α_n 表示,空穴的电离率用 α_p 表示。电离率与电场强度有关,电场强度越大,载流子在一个平均自由程中能够获得的能量也越大,电离率越高。不同材料的价带电子激发到导带所需的能量不同,因此电离率与材料有关。一般来说相同电场强度下,禁带宽度越大的材料,其电离率越小。图 2-18 为几种材料的电离率与电场强度间的关系曲线,从图中可以看出,电离率随电场强度增大而急剧增大。

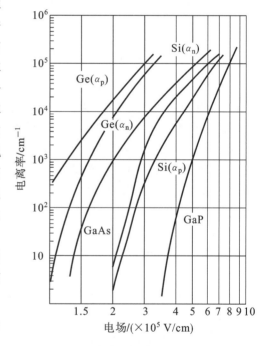

图 2-18　电离率与电场强度的关系

　　当电流 I_0 通过空间电荷区时,如果有雪崩倍增过程,那么电流会被放大 M 倍,M 称为雪崩倍增因子,即

$$M \equiv \frac{I}{I_0} \tag{2-87}$$

　　如果流过 PN 结中的电子电流和空穴电流分别为 $I_n(x)$ 和 $I_p(x)$,则总电流 I 为

$$I = I_n(x) + I_p(x) \tag{2-88}$$

根据电流的定义,单位时间内通过 x 截面的电子数为 $I_n(x)/q$。同时,每个电子流过 dx 的距离后碰撞电离产生的电子-空穴对的数量为 $\alpha_n(x)dx$。因此,单位时间内,在厚度为 dx 的小薄层中,电子通过碰撞电离产生的电子-空穴对的数量为 $\frac{I_n(x)}{q}\alpha_n(x)dx$。同理,单位时间内,空穴在厚度为 dx 的小薄层中碰撞电离出的电子-空穴对数量为 $\frac{I_p(x)}{q}\alpha_p(x)dx$。这两项的和在整个空间电荷区内积分,得到的就是单位时间内碰撞电离产生的电子-空穴对总数,即

$$\int_{-x_P}^{x_N} \frac{1}{q} \left[I_n(x)\alpha_n(x) + I_p(x)\alpha_p(x) \right] dx \tag{2-89}$$

这些新产生的载流子形成的电流为

$$I_0' = \int_{-x_P}^{x_N} \left[I_n(x)\alpha_n(x) + I_p(x)\alpha_p(x) \right] dx \tag{2-90}$$

为了简化分析，假设 $\alpha_n(x) = \alpha_p(x) = \alpha(x)$，则

$$I_0' = \int_{-x_P}^{x_N} \left[I_n(x) + I_p(x) \right] \alpha(x) dx \tag{2-91}$$

由式(2-91)与式(2-88)比较可知，方括号中的部分即为总电流 I。同时，根据电流连续性原理，PN 结中任意截面处的电流相等，因此 I 与 x 无关，可得

$$I_0' = I \int_{-x_P}^{x_N} \alpha(x) dx \tag{2-92}$$

也就是说，碰撞电离产生的电流占总电流的比例为 $\int_{-x_P}^{x_N} \alpha(x) dx$。如果没有发生碰撞电离时的电流为 I_0，那么有

$$I = I_0' + I_0 = I \int_{-x_P}^{x_N} \alpha(x) dx + I_0 \tag{2-93}$$

即

$$I = \frac{I_0}{1 - \int_{-x_P}^{x_N} \alpha(x) dx} \tag{2-94}$$

式(2-94)说明，电流 I_0 流过空间电荷区后会被放大 $\dfrac{1}{1 - \int_{-x_P}^{x_N} \alpha(x) dx}$ 倍，即雪崩倍增因子为

$$M \equiv \frac{I}{I_0} = \frac{1}{1 - \int_{-x_P}^{x_N} \alpha(x) dx} \tag{2-95}$$

式(2-95)中，随着反偏电压增大，空间电荷区中的电场增强，电离率 $\alpha(x)$ 随之增大，积分项 $\int_{-x_P}^{x_N} \alpha(x) dx$ 也不断增大。当这个积分项增大到趋近 1 时，$M \to \infty$，也就是说反向电流 $I \to \infty$，即发生了雪崩击穿，因此雪崩击穿的条件为

$$\int_{-x_P}^{x_N} \alpha(x) dx \to 1 \tag{2-96}$$

也就是说，每个载流子通过空间电荷区时，只要能碰撞电离出一对电子-空穴对，雪崩击穿过程就可以维持下去。

如果知道了电离率与电场的关系 $\alpha(E)$，结合前面讨论过的空间电荷区中电场的分布 $E(x)$，利用式(2-96)就可以推导出击穿电压的计算公式。在实际应用中，我们也常用经验公式来分析和计算各种参数。例如，用经验公式 $\alpha(E) = 1.5 \times 10^{-35} E^7$（$E$ 的单位为 V/cm，α 的单位为 cm^{-1}）来计算硅的电离率，利用这个经验公式，可以得到硅单边突变结的击穿电压 V_B 的经验公式和倍增因子与反偏电压的关系 $M(V_R)$

$$V_B = 5.3 \times 10^{13} N_0^{-3/4} \tag{2-97}$$

$$M(V_R) = \frac{1}{1 - \left(\dfrac{V_R}{V_B} \right)^4} \tag{2-98}$$

式中：N_0 为单边突变结低掺杂一侧的杂质浓度。

式(2-99)~式(2-101)给出了三个常用的经验公式。其中，式(2-99)用于计算单边突变结的击穿电压，式(2-100)用于计算线性缓变结的击穿电压，式(2-101)用于计算倍增因子 M。

$$V_B = 60\left(\frac{E_g}{1.1}\right)^{3/2} \cdot \left(\frac{N_0}{10^{16}}\right)^{-3/4} \qquad (2\text{-}99)$$

$$V_B = 60\left(\frac{E_g}{1.1}\right)^{6/5} \cdot \left(\frac{a}{3\times10^{20}}\right)^{-2/5} \qquad (2\text{-}100)$$

$$M(V_R) = \frac{1}{1-\left(\dfrac{V_R}{V_B}\right)^n} \qquad (2\text{-}101)$$

式中：N_0 为单边突变结中低掺杂区的杂质浓度；a 为线性缓变结的杂质分布斜率；n 为取值在 2~6 的常数，硅的 P^+N 和 N^+P 结 n 分别取 4 和 2，锗的 P^+N 和 N^+P 结 n 分别取 3 和 6。

从式(2-101)还可以看出，当反向偏压 V_R 接近击穿电压 V_B 时，倍增因子虽然不像击穿时那样趋近无穷大，但是也已经大于 1 了。也就是说，此时已经可以观察到明显的倍增现象（见图 2-16），而且 V_R 与 V_B 越接近，M 越大，倍增现象越明显。这主要是因为，碰撞电离过程服从一定的统计分布规律，因此载流子在通过空间电荷区时，会有一部分载流子有机会碰撞电离出新的电子-空穴对，使电流增大。

2.5.2 隧道击穿

隧道击穿（又称齐纳击穿）的物理过程与雪崩击穿不同，隧道击穿是通过电子的隧道效应产生的。反向 PN 结中，随着反偏电压的增大，势垒高度会增大，当增大到 P 型区的价带顶高于 N 型区的导带底时，P 型区价带中的能量高于 N 型区导带底的电子有一定概率通过隧道效应直接穿过势垒进入 N 型区导带，形成反向电流，如图 2-19 所示。

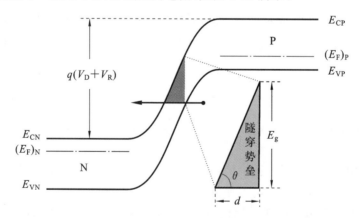

图 2-19　PN 结的隧道击穿

电子穿越势垒的概率，即隧穿概率，可以通过求解薛定谔方程得到。隧穿概率 T 的表达式为

$$T = e^{-\pi d \sqrt{m^* E_g}/2^{3/2}\hbar} \qquad (2\text{-}102)$$

式中：m^* 为电子的有效质量；E_g 为禁带宽度；d 为隧穿距离。从式(2-102)可以看出，隧穿概

率随隧穿距离 d 的增大而急剧减小。从图 2-19 可以看到,利用三角函数的知识可以得到隧穿距离 d 的计算公式

$$d = \frac{E_g}{\tan\theta} \tag{2-103}$$

式中:E_g 是禁带宽度;$\tan\theta$ 为能带倾斜的斜率。能带弯曲实际上反映了电子势能 $-qV(x)$ 的变化,因此斜率 $\tan\theta$ 就是 $-qV(x)$ 的斜率,所以有

$$\tan\theta = \frac{d[-qV(x)]}{dx} = qE \tag{2-104}$$

将式(2-104)代入式(2-103)可以得到隧穿距离与电场强度的关系:

$$d = \frac{E_g}{qE} \tag{2-105}$$

式(2-105)表明,隧穿距离与电场强度成反比。反偏电压越高,电场强度越强,能带倾斜程度越大,隧穿距离越短,隧穿概率越大。PN 结中电场强度与位置有关,因此隧穿过程主要出现在电场强度最大的区域。

由上面的分析可知,随着反向电压增大,有机会穿越势垒的 P 型区价带电子增多,这些电子穿越势垒的概率也会快速增加,由隧穿效应形成的电流也随之快速增大,最终形成击穿,这种由隧道效应引起的击穿称为隧道击穿。

隧道击穿与雪崩击穿的主要区别如下:① 隧道击穿主要取决于空间电荷区最大电场强度,而雪崩击穿除了与电场强度有关外,还与空间电荷区的宽度有关。因为空间电荷区越宽,倍增的次数越多,形成的电流也越大。② 光照对雪崩击穿有影响,而对隧道击穿基本无影响。这是因为光照产生的电子-空穴进入势垒区后也会有倍增效应。③ 隧道击穿电压随温度升高而减小,而雪崩击穿电压随温度升高而增大。这是因为温度升高,禁带宽度减小,使隧穿距离减小,电子更容穿越势垒;而温度升高,载流子的平均自由程减小,需要在更强的电场下才能积累起足够的能量来产生碰撞电离。这一现象常被用来判断 PN 结中发生的击穿是哪一种击穿。④ 隧道击穿主要出现在 N 型区和 P 型区都是高掺杂的 PN 结中,而在低掺杂的 PN 结中,发生隧道击穿前,就已经发生雪崩击穿了。这主要是因为:低掺杂时,平均自由程大,载流子更容易积累足以发生电离碰撞的能量,同时低掺杂的 PN 结的势垒宽度更宽,穿越空间电荷区的载流子产生的倍增次数越多,因此主要发生的是雪崩击穿;高掺杂时,相同电压下的最大电场强度更大,隧穿概率更高,因此主要发生的是隧道击穿。⑤ 击穿电压范围不同。一般而言,击穿电压低于 $4E_g/q$ 时,发生的是隧道击穿;击穿电压高于 $6E_g/q$ 时,发生的是雪崩击穿;击穿电压在 $4E_g/q \sim 6E_g/q$ 时,两种击穿现象同时存在。⑥ 击穿特性不同。雪崩击穿是通过载流子的倍增产生的,因此雪崩倍增过程一旦发生,电流会急剧增大,伏安特性很陡或者说很"硬";而隧道击穿是由隧道效应产生的,通过隧道效应产生的电流随电压增大的趋势相对缓慢,表现得更"软"一些,如图 2-16 所示。

2.5.3　热击穿

当电流流过 PN 结时,载流子会不断和晶格原子发生碰撞,碰撞过程中载流子会将能量传递给晶格原子,导致晶格原子热振动增强,温度升高。2.4.5 节介绍了 PN 结的电流会随着温度升高而增大。电流增大进一步导致温度升高,如此循环下去,最终会导致晶格原子脱离原有

位置,器件结构遭到破坏,致使器件失效。为了防止热击穿,通常需要使用散热、限流等保护措施控制 PN 结的温度。除了上述因电流过大导致的热击穿外,局部电流密度过高也会导致热击穿。如果加工工艺不佳,会使 PN 结上的电流密度分布不均匀,使得局部区域的电流密度偏大,导致这个区域温度升高,温度升高又使该区域电流密度进一步升高,电流更加集中于该区域,如此恶性循环,导致该区域的结构被破坏,最终导致器件失效。

　　雪崩击穿和隧道击穿与热击穿不同,前两种击穿发生后器件结构并没有受到损伤,所以外加电压降低后反向电流重新变得很小。因此,雪崩击穿和隧道击穿是非破坏性的可逆的击穿,而热击穿属于破坏性击穿。由于雪崩击穿和隧道击穿属于非破坏性击穿,因此常被用于制作某些特定功能的器件。例如,稳压二极管就是利用了 PN 结工作在击穿电压附近时,电流变化很大而电压变化很小这一特性来工作的。

2.5.4　影响击穿电压的因素

　　击穿电压是器件的一个非常重要的性能指标,很多因素都会影响击穿电压,下面介绍几个影响击穿电压的主要因素。

1. 杂质浓度对击穿电压的影响

　　雪崩击穿中,击穿条件是 $\int_{-x_P}^{x_N} \alpha(x)\mathrm{d}x \to 1$。图 2-20 为单边突变结中低掺杂一侧的电离率 α 随 x 的变化情况,$\int_{-x_P}^{x_N} \alpha(x)\mathrm{d}x$ 就是图中曲线下方的面积,即图中阴影区域的面积。由于突变结的空间电荷区中的电场强度随 $|x|$ 增大而线性减小,而电离率 $\alpha(x)$ 会随电场强度减小而迅速减小,因此电离率随 $|x|$ 增大而急剧下降,因此对 $\int_{-x_P}^{x_N} \alpha(x)\mathrm{d}x$ 有贡献的区域主要是电场强度最大处附近的区域。也就是说,最大电场强度是决定雪崩击穿电压的主要因素,最大电场强度越大,雪崩击穿电压越低。

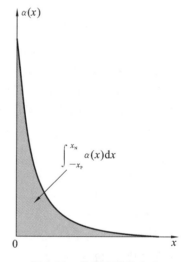

图 2-20　单边突变结中电离率 $\alpha(x)$ 的分布

　　隧道击穿中,隧穿电流与 P 型区价带电子隧穿到 N 型区导带的概率有关。隧穿概率会随隧穿距离的增加急剧减小,而隧穿距离又反比于电场强度。因此,决定隧道击穿电压的主要因素同样是最大电场强度,最大电场强度越大,隧道击穿电压越低。

　　相同电压下,PN 结空间电荷区中的最大电场强度与掺杂浓度有关,一般而言,掺杂浓度越高,最大电场强度越大。图 2-21 所示的为不同掺杂浓度的单边突变结中低掺杂一侧的电场分布。

　　图 2-21 中,电场曲线下方的面积就是 $|V_D - V|$。从图中可以看出,掺杂浓度越高,电场的斜率越大,当外加电压相同时,电场曲线下方的面积相等,因此,掺杂浓度更高的 PN 结中的最大电场强度会更大。结合前面的分析可以得到,随着掺杂浓度增加,最大电场强度增大,PN 结的雪崩击穿电压和隧道击穿电压都会随掺杂浓度的增大而降低。图 2-22 给出了几种材料

的单边突变结的击穿电压与低掺杂区杂质浓度的关系。从图中可以看出,随着掺杂浓度增加,击穿电压降低。从图中还可以看出,当掺杂浓度相同时,材料的禁带宽度越大,击穿电压越高。图中的虚线表示从雪崩击穿到隧道击穿的过渡浓度,掺杂浓度较低的 PN 结主要发生的是雪崩击穿,只有在高掺杂的 PN 结中才能观察到隧道击穿现象,在虚线附近的 PN 结击穿时两种击穿现象都存在。

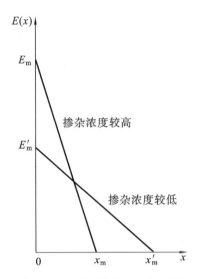

图 2-21　不同掺杂浓度的单边突
　　　　变结中的电场分布

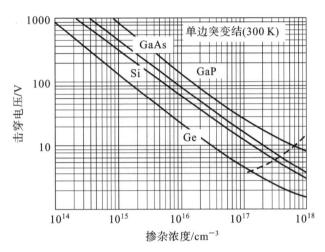

图 2-22　单边突变结击穿电压与
　　　　低掺杂区杂质浓度的关系

2. 半导体层厚度对击穿电压的影响

在实际的 PN 结中,为了降低串联体电阻,往往会限制低掺杂区的厚度。图 2-23 是一种 P^+NN^+ 的结构示意图,这种结构中多了一个高掺杂的 N 型区,目的就是为了减小串联体电阻。我们知道,随着外加反偏电压的增大,空间电荷区宽度会不断增大。又由于 N 型区的掺杂浓度远低于 P^+ 型区的,因此空间电荷区主要向 N 型区延伸。当反偏电压足够大时,空间电荷区的边界会延伸进 N^+ 型区域。图 2-23 所示的为 N 型区宽度不同的两个 PN 结中所加反偏电压相同时,电场的分布情况。注意:① 图中电场强度的斜率正比于掺杂浓度;② 由于外加电压相同,所以曲线下方面积相等。从图中可以看出,N 型区厚度小的 PN 结中的电场强度比厚度大的更高,因此更容易被击穿,击穿电压会随 N 型区厚度的减小而降低。

3. PN 结形状对击穿电压的影响

前面我们讨论的 PN 结都是平面的,而实际的

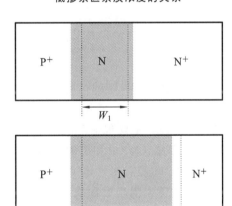

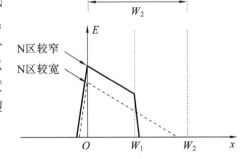

图 2-23　P^+NN^+ 结构及其电场分布

PN 结通常是一个曲面。图 2-24 示意地画出了平面工艺加工过程和制成的 PN 结。采用平面工艺加工 PN 结时,首先在衬底(或外延层)表面加工一层能阻挡杂质的薄层,如 SiO_2 层。然后在薄层上刻蚀出窗口,窗口的位置和形状与要制作的 P 型区对应。紧接着通过掺杂工艺,让杂质通过窗口进入衬底表层,形成 P 型区。从图 2-24 可以看出,通过平面工艺加工的 PN 结的底面是一个平面,但是四个边近似为柱面,四个顶角近似为球面。我们知道,曲率越大的区域电场强度越大,所以击穿首先发生在曲率大的区域。由于球面的曲率最大,柱面次之,平面最小,因此有 $E_{球} > E_{柱} > E_{平}$,所以 PN 结的击穿电压主要由球面处的击穿电压决定,而且随着曲率增大,击穿电压降低。

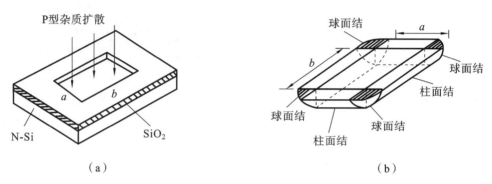

图 2-24　平面工艺加工 PN 结
(a) 加工过程示意图;(b) PN 结

2.6　PN 结的小信号特性

前面分析了 PN 结的直流特性,在电路分析中小信号分析也非常重要,因此本节主要介绍 PN 节的小信号特性。常用的 PN 结交流小信号等效电路如图 2-25 所示,主要包括串联电阻 R_S、小信号电阻(微分电阻)R_P、势垒电容 C_T 和扩散电容 C_D 四个部分。串联电阻 R_S 由两个电极与半导体接触时形成的接触电阻以及两个中性区的体电阻串联而成,小信号电阻 R_P 在 2.6.1 节中讨论,势垒电容 C_T 和扩散电容 C_D 分别在 2.6.2 节和 2.6.3 节中讨论。

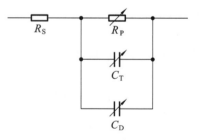

图 2-25　PN 结的交流小信号
等效电路图

2.6.1　交流小信号电导

小信号电导 G_P 或小信号电阻 R_P 定义为

$$G_P = \frac{1}{R_P} \equiv \frac{dI}{dV} \tag{2-106}$$

由式(2-106)可以看到,小信号电导实际上就是伏安特性曲线上静态工作点处的斜率。将肖克利方程代入式(2-106)就可以得到理想 PN 结的小信号电导或小信号电阻。

加正向偏压时,所加电压 V 一般比 kT/q 大很多,则 $\exp\left(\dfrac{qV}{kT}\right)\gg1$,因此肖克利方程可以近似为

$$I=I_0\left(\exp\left(\frac{qV}{kT}\right)-1\right)\approx I_0\exp\left(\frac{qV}{kT}\right)\qquad(2\text{-}107)$$

将式(2-107)代入式(2-106)可以得到正偏时的理想 PN 结的小信号电导 G_P 或小信号电阻 R_P

$$G_P=\frac{1}{R_P}=\frac{q}{kT}I_0\exp\left(\frac{qV}{kT}\right)=\frac{qI}{kT}\qquad(2\text{-}108)$$

从式(2-108)可以看出,随着电流(直流偏置电流)I 增大,小信号电导 G_P 增大,小信号电阻 R_P 减小。

加反偏电压时,所加电压一般远远大于 kT/q,反向电流为反向饱和电流 I_0,即反向电流不随外加电压变化,因此反偏时的理想 PN 结的小信号电导等于零,小信号电阻为无穷大。

2.6.2　势垒电容

从 2.3.1 节和 2.3.2 节对 PN 结空间电荷区的分析中可以知道,空间电荷区的宽度会随外加电压的变化而变化。假设外加电压为 $V+\Delta V$,其中 V 是直流偏置电压,ΔV 是叠加在偏置电压上的交流小信号部分。如果当 $\Delta V=0$ 时,空间电荷区的宽度为 x_m,正、负空间电荷的电荷量分别为 $+Q$ 和 $-Q$,那么当 $\Delta V<0$ 时,空间电荷区会向两侧延伸 Δx_N 和 Δx_P,即宽度由 x_m 增大到 $x_m+\Delta x_N+\Delta x_P$,正、负空间电荷量从 $\pm Q$ 增加到 $\pm(Q+\Delta Q)$。反之,当 $\Delta V>0$ 时,空间电荷区两侧会收缩 $\Delta x_N'$ 和 $\Delta x_P'$,即空间电荷区的宽度从 x_m 减小到 $x_m-\Delta x_N'-\Delta x_P'$,同时正、负空间电荷量从 $\pm Q$ 减小到 $\pm(Q-\Delta Q')$。图 2-26 示意地画出了上述变化过程,图中阴影区域为空间电荷区。

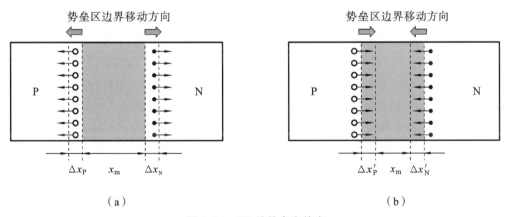

图 2-26　PN 结的电容效应

(a) 当 $\Delta V<0$ 时;(b) 当 $\Delta V>0$ 时

仔细观察图 2-26(a)中的 Δx_N 和 Δx_P 两个小薄层:当 $\Delta V=0$ 时,两个小薄层是电中性的,多子浓度近似等于热平衡多子浓度;当 $\Delta V<0$ 时,采用耗尽层近似,多子浓度近似等于零。也就是说,随着电压减小,原来存储在两个小薄层中的多子流出了小薄层,使空间电荷区宽度增大。空间电荷区宽度增大,导致正、负空间电荷增加了 ΔQ,因此,从 Δx_N 小薄层流出的电子所

带的电荷量应为$-\Delta Q$,Δx_P小薄层流出的空穴所带的电荷量应为$+\Delta Q$。从电荷存储的角度来看,上述过程相当于原来存储在Δx_N和Δx_P两个小薄层中的多子所带的电荷$\pm\Delta Q$流出了小薄层,这个过程相当于电容的放电过程。

再来仔细观察图2-26(b)中$\Delta x'_N$和$\Delta x'_P$两个小薄层:当$\Delta V=0$时,两个小薄层是空间电荷区,采用耗尽层近似时,多子浓度近似等于零;当$\Delta V>0$时,两个小薄层是电中性的,多子浓度近似等于热平衡多子浓度。也就是说,随着电压增大,多数载流子流入两个小薄层中,使空间电荷区宽度减小。空间电荷区宽度减小,导致正、负空间电荷减少了$\Delta Q'$,因此,流入Δx_N小薄层的电子所带的电荷量应为$-\Delta Q'$,流入Δx_P小薄层的空穴所带的电荷量应为$+\Delta Q'$。从电荷存储的角度来看,上述过程相当于将多子所带的电荷$\pm\Delta Q'$存储到了$\Delta x'_N$和$\Delta x'_P$两个小薄层中,这个过程相当于电容的充电过程。

上述分析可以总结为:当外加电压变化时,空间电荷区宽度会发生变化,空间电荷区宽度的变化是通过多数载流子流入(宽度减小)、流出(宽度增大)空间电荷区边界附近的小薄层来实现的,由于多数载流子带有电荷,因此,多数载流子的流入、流出相当于电容的充放电过程,因此而产生的电容称为势垒电容,记为C_T。

当电压的变化量ΔV很小时,空间电荷区宽度的变化也很小,这时PN结的势垒电容与平板电容非常相似,因此可利用平板电容计算公式来计算势垒电容。平板电容的电容值正比于平板的面积A,反比于两极板间的距离d,还与两极板间介质的介电常数ε有关,即

$$C=A\frac{\varepsilon\varepsilon_0}{d} \tag{2-109}$$

计算势垒电容C_T时,式(2-109)中的面积A相当于PN结的结面积,介电常数ε为半导体材料的介电常数ε_s,两个极板间的距离d相当于直流偏置电压V下的空间电荷区的宽度x_m,即

$$C_T=A\frac{\varepsilon_s\varepsilon_0}{x_m} \tag{2-110}$$

势垒电容与平板电容的不同之处在于:平板电容器的两个极板的间距d是不变的,而势垒电容的势垒宽度x_m却会随电压V的变化而变化,所以平板电容器的电容值是一个常数,而势垒电容是电压V的函数。因此,通常所说的势垒电容是指在某一直流电压下,当电压有一微小变化dV时,对应的电荷变化量dQ与dV的比值,即$C=dQ/dV$,称为微分电容。势垒电容与偏置电压间的关系称为势垒电容的C-V特性。

式(2-25)中的V_D用V_D-V替代后可以得到突变结耗尽层宽度x_m与电压V的关系式,将其代入式(2-110),得到突变结势垒电容的计算公式

$$C_T=A\sqrt{\frac{q\varepsilon_s\varepsilon_0 N_A N_D}{2(V_D-V)(N_A+N_D)}} \tag{2-111}$$

从式(2-111)可以看出,突变结的势垒电容与V_D-V的平方根成反比。对于单边突变结,可以忽略式(2-111)中高掺杂一侧的杂质浓度,如果低掺杂一侧的杂质浓度为N_0,则单边突变结的势垒电容为

$$C_T=A\sqrt{\frac{q\varepsilon_s\varepsilon_0 N_0}{2(V_D-V)}} \tag{2-112}$$

式(2-112)可以看出,突变结势垒电容主要由低掺杂一侧的杂质浓度N_0决定,与N_0的平方根

成正比。

　　式(2-31)中的 V_D 用 $V_D - V$ 替代后代入式(2-110)，可以得到线性缓变结的势垒电容计算公式

$$C_T = A \left[\frac{q(\varepsilon_s \varepsilon_0)^2 a}{12(V_D - V)} \right]^{\frac{1}{3}} \tag{2-113}$$

由式(2-113)可以看到，线性缓变结的 C-V 特性与突变结的不同，突变结势垒电容与 $(V_D - V)$ 的平方根成反比，而线性缓变结则是与 $(V_D - V)$ 的立方根成反比。这说明 PN 势垒电容的 C-V 特性与杂质分布有关。势垒电容随电压变化的特性，常被用于设计变容二极管。变容二极管是一种可变电抗器件，广泛应用于谐波发生、混频、检波和调制等领域。

　　我们在推导势垒电容的计算公式时，利用了耗尽层近似，得到的公式用于计算反向 PN 结的势垒电容是足够精确的。然而，在正向 PN 结中，有大量载流子流过势垒区，因此前面推导的公式将不再适用，通常采用 $4C_T(0)$ 来近似估算正偏时的势垒电容。

2.6.3　扩散电容

　　在 2.3.1 节我们讨论过，在正向 PN 结的扩散区中会有非平衡少数载流子的积累，同时为了维持电中性，也会形成等量的非平衡多数载流子的积累。随着外加电压的变化，两侧积累的非平衡载流子的量也会随之改变。由于这些非平衡载流子是带电荷的，因此当外加电压变化时，积累在扩散区中的非平衡载流子所带的电荷也会随之改变，如图 2-27 所示。图 2-27 中用阴影区域表示扩散区中积累的非平衡载流子。由于扩散区内积累的电荷数量会随外加电压的变化而变化，因此会产生电容效应，该电容称为 PN 结的扩散电容，用 C_D 来表示。与势垒电容类似，扩散电容也属于微分电容。

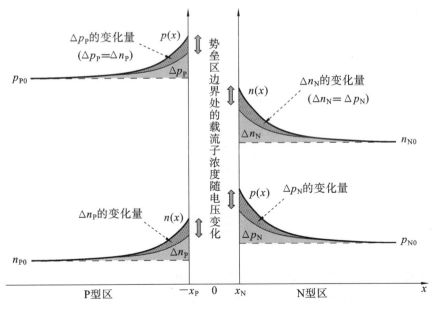

图 2-27　PN 结的扩散电容

2.3 节已经推导出了理想 PN 结中非平衡少数载流子的分布,即式(2-43)和式(2-44),因此在两个扩散区内所积累的电荷量分别为

$$Q_N = qA \int_{x_N}^{\infty} \Delta p_N(x) \, dx = qAL_p p_{N0} \left(\exp\left(\frac{qV}{kT}\right) - 1 \right) \tag{2-114}$$

$$Q_P = qA \int_{-\infty}^{-x_P} \Delta n_P(x) \, dx = qAL_n n_{P0} \left(\exp\left(\frac{qV}{kT}\right) - 1 \right) \tag{2-115}$$

式(2-114)中的 Q_N 表示,在 N 型区一侧的扩散区中存储的非平衡少子空穴和非平衡多子电子所带的电荷量分别为 Q_N 和 $-Q_N$。式(2-115)中的 Q_P 表示,在 P 型区一侧的扩散区中存储的非平衡少子电子和非平衡多子空穴所带的电荷总量分别为 $-Q_P$ 和 Q_P。式(2-114)的积分上限取 ∞ 和取 x_N+L_p 差别不大,这是因为在扩散区以外,非平衡少子浓度已经很低了,对积分影响不大,为了方便计算积分上限近似取 x_N+L_p。同理,式(2-115)的积分下限也改为 $-(x_P+L_n)$。由此可以得到两侧扩散区形成的微分电容为

$$C_{DN} = \frac{dQ_N}{dV} = \frac{Aq^2}{kT} p_{N0} L_p \exp\left(\frac{qV}{kT}\right) = \frac{Aq^2 n_i^2}{kT} \frac{L_p}{N_D} \exp\left(\frac{qV}{kT}\right) \tag{2-116}$$

$$C_{DP} = \frac{dQ_P}{dV} = \frac{Aq^2}{kT} n_{P0} L_n \exp\left(\frac{qV}{kT}\right) = \frac{Aq^2 n_i^2}{kT} \frac{L_n}{N_A} \exp\left(\frac{qV}{kT}\right) \tag{2-117}$$

式中:C_{DN} 为 N 型区一侧的扩散区形成的微分电容;C_{DP} 为 P 型区一侧的扩散区形成的微分电容。两者并联即可得到总扩散电容 C_D,即

$$C_D = C_{DP} + C_{DN} = \frac{Aq^2 n_i^2}{kT} \left(\frac{L_p}{N_D} + \frac{L_n}{N_A} \right) \exp\left(\frac{qV}{kT}\right) \tag{2-118}$$

式(2-118)说明:扩散电容随正向偏压按指数关系增加,所以加较大的正偏电压时,扩散电容起主要作用;加较大的反偏电压时,由于空间电荷区边界处的载流子浓度基本为零,非平衡载流子的分布不再随电压变化,因此扩散电容近似为零。所以,正向 PN 结的电容主要是扩散电容,而反向 PN 结则是势垒电容。

单边突变结中,高掺杂一侧的扩散电容可以忽略,即 P^+N 结的扩散电容为

$$C_D \approx C_{DN} = \frac{Aq^2 n_i^2}{kT} \frac{L_p}{N_D} \exp\left(\frac{qV}{kT}\right) \tag{2-119}$$

而 N^+P 结的扩散电容为

$$C_D \approx C_{DP} = \frac{Aq^2 n_i^2}{kT} \frac{L_n}{N_A} \exp\left(\frac{qV}{kT}\right) \tag{2-120}$$

式(2-119)和式(2-120)说明,单边突变结中,扩散电容主要是低掺杂一侧扩散区形成的扩散电容,决定扩散电容的主要是低掺杂一侧的杂质浓度。

思 考 题 2

1. 空间电荷区是如何形成的? 对载流子的输运有何影响?
2. 什么是 PN 结的接触电势差? 接触电势差与哪些因素有关?
3. 正向和反向 PN 结的能带与平衡 PN 结的能带有何区别? 为什么?
4. 正向和反向 PN 结中载流子是如何输运的? 为什么理想 PN 结的反向电流会饱和?

5. 实际 PN 结的伏安特性与理想 PN 结的有哪些不同？是哪些原因导致的？

6. 什么是雪崩击穿？什么是隧道击穿？二者有什么区别？

7. P^+N 结易于发生那种击穿？为什么？

8. 什么是扩散电容？什么是势垒电容？二者有何区别？

9. 要提高 PN 结的击穿电压可以采用哪些方法？

10. 试讨论 PN 结具有单向导电性的机理。

习　题　2

自测题 2

1. 假设分别用硅和锗制作的突变结的掺杂浓度均为 $N_D = 10^{16}/cm^3$ 和 $N_A = 10^{17}/cm^3$，它们 300 K 时的接触电势差各为多少？

2. 有一硅 PN 结，已知：N 型区的电阻率 $\rho_N = 5\ \Omega \cdot cm$，少子寿命 $\tau_p = 1\ \mu s$，P 型区的电阻率 $\rho_P = 0.1\ \Omega \cdot cm$，少子寿命 $\tau_n = 5\ \mu s$。计算 300 K 时反向饱和电流密度，空穴电流与电子电流之比，以及加 0.3 V 和 0.7 V 正向偏压时流过 PN 结的电流密度（$\mu_n = 700\ cm^2\ V^{-1}\ s^{-1}$，$\mu_p = 400\ cm^2\ V^{-1}\ s^{-1}$）。

3. 已知硅 P^+N 结中：$N_D = 10^{16}/cm^3$，$D_p = 13\ cm^2/s$，$L_p = 2 \times 10^{-3}\ cm$，$A = 10^{-5}\ cm^2$。如果规定正向电流大于 0.1 mA 时 PN 结导通，则该 PN 结的导通电压 V_t 是多少？如果是锗 P^+N 结 V_t 是多少？

4. 硅和锗制作的 P^+N 结各一个，掺杂浓度均为 $N_A = 10^{18}/cm^3$，$N_D = 10^{15}/cm^3$，已知 N 型区中：$\tau_p = 10^{-5}\ s$，$(D_p)_{Ge} = 45\ cm^2/s$，$(D_p)_{Si} = 13\ cm^2/s$。外加 5 V 反向电压时，反向饱和电流和势垒区产生电流各是多少？从中可得出什么结论？

5. 已知硅 P^+N 结中，N 型区掺杂浓度为 $10^{16}/cm^3$，厚度为 1 μm，空穴扩散长度为 5 μm，结面积为 $10^{-4}\ cm^2$，计算加 1 V 正偏电压时 N 型区内存储的非平衡少数载流子所带电荷的总量。

6. 有一扩散法制作的硅 PN 结，衬底杂质浓度为 $10^{15}/cm^3$，表面杂质浓度为 $10^{18}/cm^3$，结深为 10 μm，结面积为 $10^{-5}\ cm^2$，计算外加 -10 V 电压时的势垒电容。（提示：因为 $V_D \ll |V|$，因此可以忽略 V_D。）

7. 有一硅突变结制作的变容二极管，掺杂浓度为 $N_A = 10^{17}/cm^3$，$N_D = 10^{15}/cm^3$，面积为 $10^{-2}\ cm^2$。用该变容二极管与 2 mH 电感构成串联谐振电路，如果二极管所加反偏电压的变化范围是 1 V 到 5 V，计算这个谐振电路的谐振频率的变化范围。

第 3 章　PN 结二极管

PN 结除了具有单向导电的整流特性,同时还具有一些其他特性,将利用 PN 结整流特性以外的其他特性工作的二极管统称为特殊二极管,例如为微波和光学应用而设计和制作的特殊二极管。分别利用 PN 结的电容特性、隧道效应和雪崩特性制备的变容二极管、隧道二极管和雪崩渡越时间二极管等,可作为频率调谐器、脉冲发生器、倍频器、控制器等,它们在微波领域发挥重要作用。二极管型光器件用于探测或产生光信号,包括将光能转换为电能的太阳能电池和光电探测器,将电能转换为光能的发光二极管和激光二极管。

3.1　变容二极管

变容二极管是一种利用 PN 结电容随外加电压变化而非线性变化的可变电抗半导体器件,通过外加电压改变电抗,用作信号的开关或调制;也可以利用非线性变化特性产生外加信号的谐波;还可以对两个不同频率的信号进行参量放大或变频。变容二极管的电路符号如图 3-1 所示,本节将重点论述变容二极管的工作原理及结构特点。

图 3-1　变容二极管的
电路符号图

3.1.1　PN 结电容电压特性

当 PN 结外加直流偏置电压时,势垒区存在一定的空间电荷,当外加电压变化时,结电场和空间电荷区宽度发生变化,电荷数也发生变化。由电容的含义可知,电荷随外加电压的变化而变化的现象即为电容效应,势垒区空间电荷随电压变化而变化所形成的电容效应称为势垒电容,不同的偏置电压可获得不同的势垒电容 C_T。正向偏压下,PN 结两边 P 型区(P 区)内的空穴和 N 型区(N 区)内的电子会各自向对方扩散,并在少子扩散区内形成一定的电荷积累,其积累电荷的多少也随外加电压的变化而变化,因此扩散区内也存在电容效应,称为扩散电容 C_D。

PN 结电容不是一恒定不变的量,而是随外加电压的变化而变化。当 PN 结处于正向偏压时,其势垒电容和扩散电容随电压升高而增大;当 PN 结处于反向偏压时,由于空间电荷区边界处的载流子浓度基本为零,非平衡载流子的分布不再随电压变化,此时扩散电容近似为零;势垒电容随反向电压的升高而减小,这时 PN 结电容 C_j 完全由势垒电容 C_T 决定。

PN 结一维泊松方程表示为

$$\frac{\mathrm{d}^2\phi(x)}{\mathrm{d}x^2} = -\frac{\rho(x)}{\varepsilon\varepsilon_0} \tag{3-1}$$

为简化计算,采用耗尽层近似,则有

$$\rho(x) = q(N_D - N_A) = qN(x) \tag{3-2}$$

设定 N 区耗尽层宽度为 x_N，P 区耗尽层宽度为 x_P，势垒区边界以外电势不变，边界条件为

$$\left.\frac{d\phi(x)}{dx}\right|_{x=x_P} = \left.\frac{d\phi(x)}{dx}\right|_{x=x_N} = 0 \tag{3-3}$$

PN 结耗尽层内空间电荷量相等，符号相反，设定 PN 结面积为 A，则电荷表达式为 $Q^+ = Q^- = Q$。

$$Q = qA\int_{x_P} N(x)dx = qA\int_{x_N} N(x)dx \tag{3-4}$$

$$dQ = qAN(x)dx \tag{3-5}$$

根据边界条件，解泊松方程，可得到由外加电压引起的电位变化为

$$dV = d\phi(x) = \frac{qN(x)}{\varepsilon\varepsilon_0}(x_N - x_P)dx \tag{3-6}$$

根据定义，势垒电容为

$$C_T = \frac{dQ}{dV} = \frac{\varepsilon\varepsilon_0 A}{x_N - x_P} = \frac{\varepsilon\varepsilon_0 A}{x_m} \tag{3-7}$$

其中，$x_m = x_N - x_P$ 为 PN 结空间电荷区宽度。

由式(3-7)可见，PN 结势垒电容类似于平行板电容，由 PN 结的几何形状决定，也称几何电容。

PN 结的电容-电压特性与 PN 结杂质浓度分布有关，在耗尽层近似情况下，PN 结杂质浓度分布有突变结、线性缓变结和扩散结三种基本类型。设定 PN 结杂质浓度分布近似为指数分布，则

$$N(x) = Bx^m \tag{3-8}$$

式中：B 为系数；m 为杂质分布指数；x 在 PN 结空间电荷区宽度 x_m 内取值，即 $0 < x < x_m$，因此在空间电荷区边界 $x = 0$ 处电势为 0，在边界 $x = x_m$ 处电势为 $V_D - V_A$，V_A 为外加偏置电压，即边界条件为

$$\phi(x)|_{x=0} = 0$$
$$\phi(x)|_{x=x_m} = V_D - V_A \tag{3-9}$$

根据泊松方程有如下形式

$$\frac{d^2\phi(x)}{dx^2} = -\frac{qN(x)}{\varepsilon\varepsilon_0} = -\frac{qBx^m}{\varepsilon\varepsilon_0} \tag{3-10}$$

利用边界条件解此泊松方程可得

$$V_D - V_A = \frac{qBx_m^{m+2}}{(m+1)(m+2)\varepsilon\varepsilon_0} \tag{3-11}$$

$$x_m = \left[\frac{(m+1)(m+2)\varepsilon\varepsilon_0(V_D - V_A)}{qB}\right]^{\frac{1}{m+2}} \tag{3-12}$$

势垒电容为

$$C_T = \frac{\varepsilon\varepsilon_0 A}{x_m} = \varepsilon\varepsilon_0 A\left[\frac{qB}{(m+1)(m+2)\varepsilon\varepsilon_0(V_D - V_A)}\right]^{\frac{1}{m+2}} \tag{3-13}$$

当外加电压 $V_A = 0$ 时，为零偏二极管电容，其电容为

$$C_j(0) = \varepsilon\varepsilon_0 A\left[\frac{qB}{(m+1)(m+2)\varepsilon\varepsilon_0 V_D}\right]^{\frac{1}{m+2}} \tag{3-14}$$

令 $n=1/(m+2)$ 为变容二极管指数,则有

$$C_j = C_T = \frac{C_j(0)}{\left(1 - \dfrac{V_A}{V_D}\right)^n} \tag{3-15}$$

其中,变容二极管指数 n 取决于 PN 结杂质分布指数 m,PN 结内的杂质分布不同,结内空间电荷、电场分布和空间电荷区宽度均不同,则有不同的电容-电压变化特性。因此,PN 结两侧的杂质浓度分布决定变容二极管的指数 n,进而决定了电容随反向偏置电压变化而变化的规律。

下面分别讨论对应不同杂质分布时的电容-电压特性:

(1) 当 $m=0$ 时,$n=1/2$,$N(x)=B$ 为常数,PN 结中杂质浓度均匀分布,PN 结为突变结,电容-电压特性为

$$C_j = \frac{C_j(0)}{\left(1 - \dfrac{V_A}{V_D}\right)^{\frac{1}{2}}} \tag{3-16}$$

(2) 当 $m=1$ 时,$n=1/3$,$N(x)=Bx$,PN 结中杂质浓度为线性分布,PN 结称为线性缓变结,电容-电压特性为

$$C_j = \frac{C_j(0)}{\left(1 - \dfrac{V_A}{V_D}\right)^{\frac{1}{3}}} \tag{3-17}$$

(3) 当 $m=2$ 时,$n=1/4$;当 $m=3$ 时,$n=1/5$。将这种指数小于 $1/3$ 的 PN 结称为超缓变结。

(4) 当 $m<0$ 时,如 $m=-1$,则 $n=1$,其杂质浓度分布随 x 的增大而减小,将这种指数大于 $1/2$ 的 PN 结称为超突变结。电容-电压特性为

$$C_j = \frac{C_j(0)}{\left(1 - \dfrac{V_A}{V_D}\right)} \tag{3-18}$$

由此可知,随着 m 增大,杂质分布越陡,变容二极管的结电容随外加电压 V 的变化越小。所以在一定电压下,超突变结的电容变化大于突变结,而突变结的电容变化大于线性缓变结。对于一个扩散结变容二极管,在直流偏置电压 V_A 较小时,符合线性缓变结规律,当直流偏置电压较大时,符合突变结规律。这是由于反向电压较小时,在结附近的杂质浓度分布是线性的,而随着电压增加,PN 结向轻掺杂侧展宽,变成类似于突变结的电容-电压特性。

变容二极管的结电容特性如图 3-2 所示。根据 PN 结伏安特性,当正向电压大于二极管的导通电压时,正向电流将随电压指数增大;当反向电压高于击穿电压 V_B 时,反向电流也会急剧增大。为了避免变容二极管工作时出现电流,其工作电压一般限制在 V_D 和 V_B 之间,实际上是加反向偏置电压,为一电压控制器件。

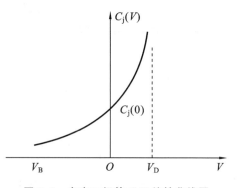

图 3-2　变容二极管 C-V 特性曲线图

3.1.2 变容二极管结构和工艺

变容二极管主要有台面和平面两种结构形式,采用的半导体材料主要有 Si 和 GaAs 两种。变容二极管管芯结构如图 3-3 所示。

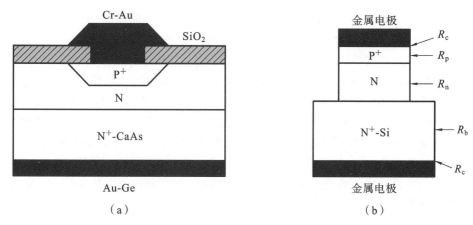

图 3-3 变容二极管管芯结构

(a) 平面结构;(b) 台面结构

变容二极管一般采用突变结,选用 N⁺ 衬底,掺杂剂的扩散系数要小,以免杂质向外延层的反扩散。衬底的电阻要尽可能低,其厚度应适当薄些。在 N⁺ 衬底上通过外延生长一层 N 型层,其掺杂浓度和外延层厚度取决于外延层电阻 R_n 和击穿电压 V_B。P⁺ 区淀积需采用浅结,高表面浓度的扩散会形成突变结。上电极可采用 Au-Ag-Zn 合金或 Cr-Au 合金与 P⁺ 层接触,下电极采用 Au-Ge 合金或 Au-Ge-Ni 合金,接触系数在 $10^{-6} \ \Omega \cdot cm^2$ 左右。

封装于管壳中的变容二极管可用图 3-4(a) 所示的等效电路来表示。图中 $C_j(V)$ 表示其电容,R_j 是结电阻,R_s 是串联电阻,C_p、L_s 分别是管壳寄生电容与引线寄生电感。由于变容二极管正常工作在反偏电压下,没有电流流过,结电阻大于 10 MΩ,一般可视为开路,若再忽略寄生参数的影响,其等效电路简化为图 3-4(b) 所示的电路。

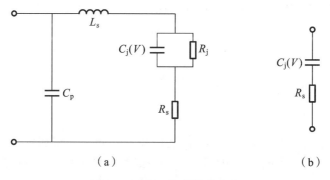

图 3-4 变容二极管等效电路

3.1.3　变容二极管主要参数

1. 串联电阻 R_s

串联电阻 R_s 是一重要参数,如图 3-4(b)所示,R_s 可用下式表示:

$$R_s = R_p + R_n + R_b + R_c \tag{3-19}$$

式中:R_p 和 R_n 分别表示势垒区以外的 P 区和 N 区的体电阻;R_b 为衬底电阻,R_c 为电极欧姆接触电阻。采用合适工艺,欧姆接触电阻值很小;R_b 为 N^+ 衬底层的等效电阻,由于衬底采用高掺杂半导体材料,R_b 很小;R_p 是 P 区等效电阻,由于 P 区较薄且高掺杂,故 R_p 也较小;R_n 是外延层 N 区等效电阻,是 R_s 的主要部分,与外延层厚度、电阻率即杂质分布规律等因素有关。因为电子的迁移率大于空穴,所以低掺杂一边选用 N-Si 或 N-GaAs,有利于降低 R_s。另外反向偏置电压 V 增加,PN 结空间电荷区加宽,则 P 区和 N 区减薄,R_n 和 R_p 减小,R_s 值随着反向偏置电压增大而减小。R_s 值一般为 $1 \sim 5\ \Omega$,对于砷化镓变容二极管,R_s 值约为硅变容二极管的 $1/3$。R_s 是一个关系到变容二极管优值和截止频率的重要参数,减小 R_s 值是变容二极管设计的重要内容。

2. 优值 Q

为计算和讨论变容二极管的优值 Q,设有电流 i 流过二极管,电容 C_j 支路有电流 i_1,R_j 支路有电流 i_2,且

$$i = i_1 + i_2 = \sqrt{2}\,I\cos(\omega t) \tag{3-20}$$

对于变化的电流来说,PN 结容抗远小于阻抗,即 $|X_c| \ll R_j$,则有

$$i_1 \approx i, \quad i_2 = \frac{X_c}{R_j}i_1 \approx \frac{X_c}{R_j}i$$

如 i、i_1、i_2 的幅值为 I、I_1、I_2,用 W_c 表示结电容 C_j 储存的电场能量,有

$$W_c = C_j V_c^2 = C_j(I_1 X_c)^2 = C_j I^2 X_c^2 \tag{3-21}$$

用 W_p 表示一个周期时间 T_c 中变容二极管所消耗的能量,有

$$W_p = I^2 R_s T_c + I_2^2 R_p T_c = \left(R_s + \frac{X_c^2}{R_p}\right)I^2 T_c \tag{3-22}$$

优值 Q 是变容二极管储存能量和消耗能量的比值,是其质量的标志,Q 越大越好,即

$$Q = 2\pi\frac{W_c}{W_p} = \frac{2\pi C_j X_c^2}{\left(R_s + \dfrac{X_c^2}{R_p}\right)T_c} \tag{3-23}$$

将容抗 $|X_c| = 1/(\omega C_j)$,$\omega = 2\pi f = 2\pi/T_c$ 代入式(3-23),得

$$Q = \frac{\omega C_j R_p}{1 + \omega^2 C_j^2 R_s R_p} \tag{3-24}$$

低频时,ω^2 项可忽略,则得 $Q = \omega C_j R_p$,即优值 Q 随角频率 ω 增加按正比例增加,并受控于结电阻 R_j,而串联等效电阻 R_s 的影响可忽略;高频时,$\omega^2 C_j^2 R_s R_p \gg 1$,则有 $Q = 1/(\omega C_j R_s)$,此时 Q 随 ω 增加而成反比例减小,并受控于串联等效电阻 R_s,由于 R_s 和 C_j 又随偏置电压 V 增加而减小,故 Q 随 V 增加而迅速增大;低频时,ω 增加,Q 值增加,而高频时,ω 增加,Q 值减小,并随频率 ω 变化有最大优值 Q_{max}。令 $\mathrm{d}Q/\mathrm{d}\omega = 0$,可求出对应最大值 Q_{max} 的频率为

$$\omega_m = 2\pi f_m = \frac{1}{C_j}\sqrt{\frac{1}{R_s R_p}} \tag{3-25}$$

代入式(3-24),可得出最大优值为

$$Q_{max} = \frac{1}{2}\sqrt{\frac{R_s}{R_p}} \tag{3-26}$$

优值 Q 还受到指数 n 值大小的影响,指数 n 值越大,杂质浓度梯度大,电容 C_j 越小,则在低频时,Q 值越小,高频时,Q 值越大,而最大值 Q_{max} 与电容无关。

3. 截止频率

一般在 $Q=1$ 时定义频率的上限和下限,由低频时,$Q=1$,得频率下限为

$$f_L = \frac{1}{2\pi C_j R_p} \tag{3-27}$$

由高频时,$Q=1$,得频率上限为

$$f_H = \frac{1}{2\pi C_j R_s} \tag{3-28}$$

f_H 也称为截止频率。考虑到 C_j 和 R_s 都随反向偏置电压增大而减小,则截止频率随电压增加而增大。当工作频率高于截止频率时,变容二极管的优值 Q 降低;在 Q 值低到一定程度后,变容二极管不能正常工作。工程上,常取变容二极管的工作频率比截止频率低 9/10 以上,来确保工作正常。

3.2　隧道二极管

隧道二极管是基于重掺杂 PN 结隧道效应而制成的半导体两端器件,隧道二极管的电路符号如图 3-5 所示。1957 年,日本的江崎玲于奈在研究锗的简并 PN 结内部电场发射时,发现了一种载流子运动的新模式,在正向特性中观察有负阻区的反常现象,他用量子力学隧道效应圆满地解释了这种现象,即在势垒区很薄的情况下,由于隧道效应,电子

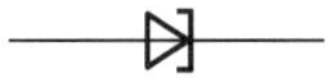

图 3-5　隧道二极管的电路符号

可能穿过禁带,形成隧道电流,这就是隧道二极管的来历。故隧道二极管也常称为"江崎二极管"。隧道二极管具有超高速、功率小、低噪声的特性,在微波放大、高速开关等电路中具有重要的应用价值。

3.2.1　隧道二极管的工作原理

隧道二极管 PN 结两侧均为掺杂浓度高达 $10^{19} \sim 10^{20}$ cm^{-3} 的简并半导体。简并掺杂半导体:N 型材料的费米能级进入导带;P 型材料的费米能级进入价带。图 3-6 为简并掺杂 PN 结的热平衡能带图,平衡时具有统一费米能级。随着掺杂浓度的增加,隧道二极管 PN 结的势垒区能带倾斜比普通 PN 结的更为严重,耗尽区的宽度会减小,势垒区厚度约为 100 Å 数量级,区内电场很强。由于费米能级以上为空态,费米能级以下状态都被电子填满,此时没有隧道电流。

利用简并半导体 PN 结的能带图可定性说明隧道二极管的特性。给 PN 结施加很小正偏电压时，E_{Fn} 相对于 E_{Fp} 向上移动，对应于图 3-7(a)所示状态，E_{Fn} 以下部分电子与 E_{Fp} 以上部分空态处于相同能量，N 区导带中的电子与 P 区价带中的空穴量子态之间对应，N 区电子会以一定的概率穿过禁带即势垒"隧道"到达 P 区，形成正向隧道电流。随着正向偏压增加，E_{Fn} 相对于 E_{Fp} 继续向上移动，N 区导带电子态与 P 区价带空态重叠更多，正向隧道电流增大。当能带重叠最多时，穿过隧道的载流子数达到最大，正向隧道电流达到峰值，对应于图 3-7(b)。正向电压进一步增加，相对 E_{Fp}，E_{Fn} 更往上移，N 区电

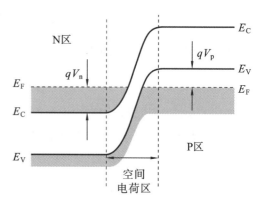

图 3-6　N 区与 P 区均为简并掺杂的
PN 结的热平衡能带图

子态与 P 区空态能量相同的量子态逐渐减小，于是穿过禁带的 N 区电子数减小，正向隧道电流减小，出现电流随着电压增大反而减小的区域，称为负微分电阻区，对应图 3-7(c)。正向偏压增加使 E_{Fn} 向上移到 N 区的电子态与 P 区空态不发生重叠时，此时能量相同的量子态数为零，正向隧道电流降到最小值，但是扩散电流仍然存在，形成谷值电流，对应图 3-7(d)。正向电压进一步增大时，势垒高度降低，则出现正常的 PN 结扩散注入电流，其随外加电压增加而

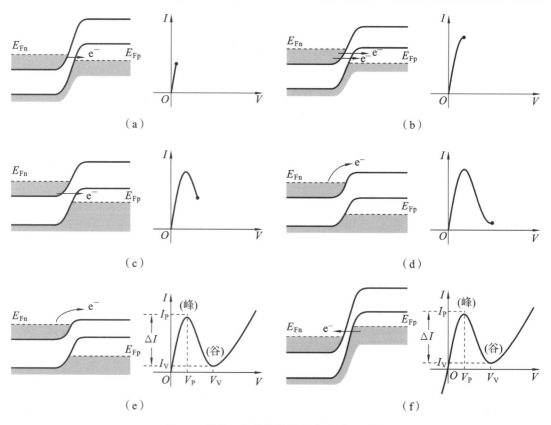

图 3-7　隧道二极管能带图及电流-电压特性

指数增加,再继续增加电压,这时会在结两侧形成高的场强分布,从而引发类似雪崩效应的载流子运动,导致电流快速增加,形成较陡的曲线,对应于图 3-7(e)。反偏使 P 区费米能级相对 N 区费米能级向上移动,使 P 区 E_{Fp} 以下部分电子态与 N 区 E_{Fn} 以上部分空态处于相同能量水平,则有 P 区的电子通过势垒隧道穿越到 N 区,形成反向隧道电流,对应于图 3-7(f)。

I_P 和 V_P 分别为峰值电流与峰值电压,I_V 和 V_V 分别为谷值电流和谷值电压。随着正向电压增加,隧穿电流会从零增加到峰值电流 I_P,随着正向偏压进一步增加,隧穿电流会逐渐减小至谷值电流 I_V,随后再随着电压的增加而上升。可见隧道二极管伏安特性曲线有两个正斜率区和一个负斜率区。从峰值电流到谷值电流范围,随正向电压增加,电流减小,出现负阻特性,为负微分电阻区。在一定的电流范围内,电压是电流的多值函数,峰值电流 I_P 与谷值电流 I_V 的值决定负阻的大小,I_P/I_V 是评价隧道二极管的一项重要指标。

3.2.2　隧道电流和过量电流

1. 隧道电流

这里主要分析正向隧道电流,即 N 区导带电子经隧道过程进入 P 区价带所形成的电流。由 N 区导带进入 P 区价带的电流 I_{CV} 应与导带 E 能级态密度 $n_c(E)$、导带中电子占据 E 能级的概率 F_c、价带 E 能级的态密度 $n_v(E)$、价带中 E 能级不被电子占据的概率 $[1-F_v(E)]$ 以及隧道概率 P 成正比,对所有能级积分,则得

$$I_{CV} = A\int_{E_v}^{E_c} F_c(E)n_c(E)P[1-F_v(E)]n_v(E)\mathrm{d}E \tag{3-29}$$

式中:A 为比例系数。

同理可得由价带经隧道过程进入导带形成的电流 I_{VC} 为

$$I_{VC} = A\int_{E_v}^{E_c} F_v(E)n_v(E)P[1-F_c(E)]n_c(E)\mathrm{d}E \tag{3-30}$$

平衡时,$I_{CV}=I_{VC}$。而在正向偏压下正向隧道电流为

$$I = I_{CV} - I_{VC} = A\int_{E_v}^{E_c}[F_c(E)-F_v(E)]Pn_c(E)n_v(E)\mathrm{d}E \tag{3-31}$$

电子穿过禁带隧道的过程与质点穿过势垒的隧道过程相同,可用量子力学原理分析,根据薛定谔方程求得电子穿过势垒的概率,即隧道概率为

$$P=\left|\frac{\psi(x_2)}{\psi(x_1)}\right|^2 = \exp\{2[\phi(x_2)-\phi(x_1)]\} \tag{3-32}$$

式中:x_1 和 x_2 是隧道势垒的边界,波函数 ψ 在势垒中随 x 衰减,$\psi=\exp\phi$,将 ψ 随 x 变化的快变化变成 ϕ 随 x 变化的慢变化。只要知道势垒的具体形式,根据

$$\frac{\mathrm{d}^2\phi}{\mathrm{d}x^2}+\left(\frac{\mathrm{d}\phi}{\mathrm{d}x}\right)^2+\frac{2m^*}{\hbar^2}[E-V(x)]=0 \tag{3-33}$$

式中:m^* 为电子有效质量;$\hbar$ 为约化普朗克常数;$V(x)$ 为势垒内势场。从 x_1 到 x_2 积分得到 $\phi(x_2)-\phi(x_1)$ 的表达式,即可求出隧道概率通用表达式:

$$P=\exp\left[-a\left(2m^*\frac{E_g}{\hbar^2}\right)^{1/2}\Delta x\right] \tag{3-34}$$

对不同形状的势垒,如三角形势垒、方形势垒或抛物线形势垒,系数 a 不同但变化不大,指数项

均正比于 $\left(2m^*\dfrac{E_g}{h^2}\right)^{1/2}\Delta x$，因此隧道概率主要取决于势垒高度 E_g（即禁带宽度）和势垒宽度 Δx，而 Δx 取决于 PN 结两侧材料的掺杂浓度，一般来说 Δx 在 100 Å 数量级才有明显的隧道效应，只有重掺杂 PN 结才可能做到这一点。

严格求出隧道电流是非常复杂的，若假设在小电压下隧道概率 P 为常数，态密度函数 $n_c(E)$ 和 $n_v(E)$ 分别随 $(E-E_c)^{1/2}$ 和 $(E_v-E)^{1/2}$ 而变，费米能级进入导带和价带的距离 qV_n 和 qV_p 等于 $2kT$，得到隧道电流为

$$I = A'P\frac{qV}{kT}(qV_n + qV_p + qV)^2 \tag{3-35}$$

式中：V 为外加电压；常数 A' 由实验与理论曲线比较确定。实际上，对于简并半导体，求出态密度、隧道概率要复杂得多。

2. 过量电流

由前面的讨论可知，当外加电压 $V \geqslant V_n + V_p$ 时，隧道电流应为零，二极管中电流是正向注入形成的电流，但实际上，在 $V = V_n + V_p$ 附近的隧道二极管电流比正向注入电流大得多，这部分电流称为过量电流。理论和实验证明，过量电流主要由谷电流和指数过量电流组成。

谷电流由能带尾部的隧道过程引起。对于简并半导体，导带和价带边尾部伸入禁带之中，态密度分布也有一个伸入禁带的尾巴，尾巴的大小与掺杂浓度有关。当掺杂浓度为 $10^{19}\ \text{cm}^{-3}$ 时，态密度尾部伸入禁带 0.1 eV 数量级。

指数过量电流是载流子经由禁带中能级发生隧道过程而引起的，它随外电压增加而指数上升，图 3-8 所示的是这种隧道过程的可能途径。N 区导带 C 处的电子可经隧道过程到达 A 处某一局部能级，然后降落到 P 区价带 D 处，C 处的电子也可以由 C 先降落到 B 处某局部能级，然后由 B 经隧道过程到达 D 处，还可以从 C 经一系列中间阶梯到达 D。所有这些中间能级都来源于晶格的不完整性。

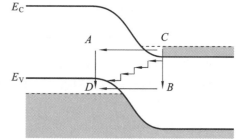

图 3-8　指数过量电流可能途径

过量电流能使隧道二极管的噪声增加，性能变坏，对应用不利，所以在制造隧道二极管的过程中总是设法尽量消除缺陷，减小过量电流。

3.2.3　等效电路及特性

隧道二极管等效电路如图 3-9 所示，它由串联电感 L_s、串联电阻 R_s、二极管电容 C 和二极管负阻 $-R$ 组成。串联电阻 R_s 包括欧姆接触电阻、引线电阻和材料体电阻，串联电感由二极管引线及器件尺寸决定，隧道二极管电容是突变结电容，其大小随外加电压的变化而变化。通常在谷值电压处测量隧道二极管的负阻，是电流电压曲线负阻区的斜率，且近似为

$$R = \frac{2V_P}{I_P} \tag{3-36}$$

式中，V_P 和 I_P 为隧道二极管峰值处的电压和电流。由等效电路可得隧道二极管的输入阻

抗为

$$Z_i = R_s + jL_s\omega + \cfrac{-R\cfrac{1}{j\omega C}}{-R+\cfrac{1}{j\omega C}} = R_s + jL_s\omega + \frac{-R}{1-j\omega RC}$$

$$= \left(R_s + \frac{-R}{1+C^2\omega^2R^2}\right) + j\left(L_s\omega + \frac{-C\omega R^2}{1+C^2\omega^2R^2}\right)$$

$$(3\text{-}37)$$

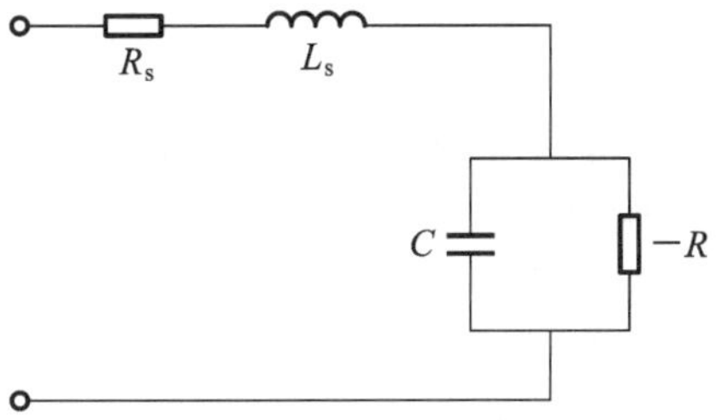

令阻抗的实部电阻部分为零,可得电阻截止频率为

$$f_r = \frac{1}{2\pi RC}\sqrt{\frac{R}{R_s}-1} \qquad (3\text{-}38)$$

令阻抗的虚部电阻部分为零,可得电抗截止频率为

$$f_x = \frac{1}{2\pi}\sqrt{\frac{1}{L_sC}-\frac{1}{R^2C^2}} \qquad\qquad\qquad (3\text{-}39)$$

图 3-9　隧道二极管等效电流图

f_r 和 f_x 是隧道二极管设计中的重要参数。

3.3　雪崩二极管

　　雪崩二极管也称为雪崩渡越时间二极管,它是利用结构比较特殊的 PN 结耗尽区载流子在强电场下的碰撞电离雪崩效应和渡越时间效应,使回路中的电流和电压反相产生负阻而获得微波振荡。1958 年,Read 提出利用雪崩倍增及载流子渡越时间效应的 N^+PiP^+ 结构器件可以产生微波振荡的理论,但由于其结构和工艺上的复杂性当时未得到实验证实。1965 年,Jobstn 等首先在一个简单的 PN 结中观察到雪崩微波振荡现象,其后不久 Lee 等制成第一只 Read 型二极管,证实了 Read 理论的正确性。经过不断地研究与应用,这类器件发展出多种结构,其工作原理也有所不同,它的基本工作模式分别有碰撞雪崩渡越时间模式、俘获等离子崩触发模式、势垒注入渡越时间模式和双速度渡越时间模式等四种,基于这四种工作模式分别构成崩越二极管,俘越二极管、势越二极管及速越二极管。本节重点介绍崩越二极管和俘越二极管的工作原理,以及结构与特性。

3.3.1　崩越二极管

1. 负阻概念

　　对于普通电阻 R,施加的电压 V 和流过电阻的电流 I 是同向的,且 $V=IR$,电阻上耗散功率为 I^2R,此电阻为正阻。如果一个器件上电流和电压是反向的,即电位降的方向与电流方向正好相反,这个器件就相当一个负阻。例如,电池中电流沿电位升高方向流动,电池相当于一个负阻,其阻值为 $-R=-V/I$,其中,负号表示电流方向与电位降方向相反;耗散功率为 $-I^2R$,其中,负号表示电池(负阻)提供能量,它是由化学能转换而来的。

　　在器件外部伏安特性上,器件的端电压增加时,流过正阻的电流增加,对于线性正阻,伏安特性为直线。对于负阻,开始时随器件端电压增加,电流也增加,随后,端电压增加时电流增加减慢,然后,端电压继续增加时,电流反而减小。其伏安特性曲线如图 3-10 所示,其中 AB 段即负阻区。如在负阻器件上加变化的电压 $v(t)$,则流过器件电流将按 $i(t)$ 变化,此时 $i(t)$ 与 $v(t)$ 正好反向,输出功率即为器件可提供的交流功率,由直流能量中的一部分转换而来。因此,负阻器件直流偏置中的部分直流能量转换成振荡信号的交流能量,在谐振腔的配合下可以维持电路振荡。

一个负阻器件工作在负阻区时,除可以产生振荡外,还有放大作用。图 3-11 所示的负阻器件由 $-R$ 表示,负载电阻为 R_L,输入交流电压为 v_i,输出交流电压为 v_o,则电压增益为

$$A_V = \frac{v_o}{v_i} = \frac{R_L}{R_L - R} = \frac{1}{1 - R/R_L} \tag{3-40}$$

因此,只要 $|R| < R_L$,则 $A_V > 1$,即有电压放大作用。当然,放大的交流能量是由直流偏置能量转换而来的。

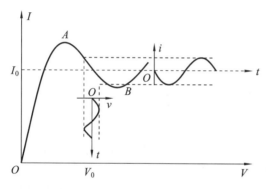

图 3-10　负阻器件的伏安特性

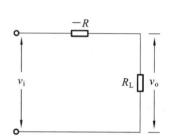

图 3-11　负阻器件放大作用原理

2. 崩越振荡机理

图 3-12(a)所示的为 $N^+ PiP^+$ 二极管结构图,图 3-12(b)所示的为相应杂质浓度分布。当外加直流电压接近二极管的反向击穿电压,且 $N^+ P$ 空间电荷区从 $N^+ P$ 结处一直展宽到 iP^+ 结处时,空间电荷区电场分布如图 3-12(c)所示,在 $N^+ P$ 结附近电场强度最大,接近于雪崩击穿临界场强。

在崩越二极管直流电压 V_0 上再叠加一个射频电压 v_a,如图 3-12(d)所示。在射频电压的正半周(与 V_0 同向的半周),二极管上电压大于击穿电压,将发生雪崩击穿。而在射频电压的负半周,二极管上电压低于临界击穿电压,不发生雪崩击穿。假设射频电压的幅值很小,在正半周产生的雪崩载流子浓度也较小,还不足以引起势垒区中电场分布发生变化,即二极管势垒区中电场分布仍由外加电压和器件中杂质分布决定。电场强度大于击穿电场的区域内发生雪崩击穿,将这一区域称为雪崩区,X_A 为雪崩区宽度。而雪崩区以外的空间电荷区 $X_A \sim X_A + W$ 内,电场强度低于击穿电场强度,不发生雪崩倍增,但此区域内电场强度足以使载流子漂移速度达到饱和速度 v_s,此区域中载流子在电场作用下以 v_s 漂移运动,将这一区域称为漂移区,W 为漂移区宽度。雪崩区碰撞电离产生大量电子和空穴,在电场作用下,电子进入 N^+ 区由电极吸收,空穴进入漂移区后以极限饱和速度渡越漂移区,渡越时间即为 $\tau = W/v_s$。在射频电压 v_a 正半周的 $0 \sim \pi/2$ 范围内,二极管上电压从临界电压不断增大,发生雪崩击穿,载流子数目不断倍增,则雪崩区电流 i_a 不断增加,如图 3-12(e)所示。在 v_a 正半周的 $\pi/2 \sim \pi$ 范围内,虽

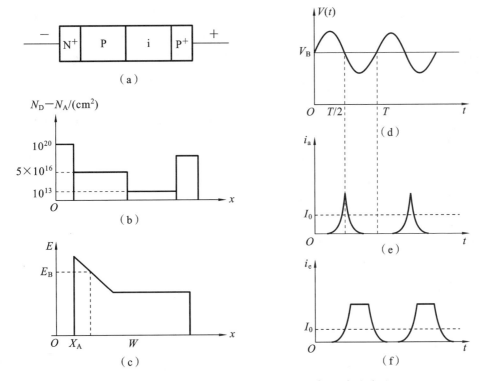

图 3-12　N^+PiP^+ 二极管结构、电场分布及电压、电流波形

然二极管反向电压值下降,但仍大于临界击穿电压,雪崩过程仍继续进行,载流子数目继续增加,雪崩区电流 i_a 仍然增加,直到射频电压变到零时,雪崩停止,i_a 达到峰值为止。雪崩区电流 i_a 相对电压 v_a 正好滞后 $\pi/2$ 的相位,为雪崩延时。

雪崩产生的载流子运动进入漂移区,由于漂移区中电场强度低于临界击穿电场强度,不再发生新的雪崩,电荷量不再增加,载流子以饱和速度渡越漂移区,即漂移中是数值恒定、匀速前进的漂移电流 i_e,如图 3-12(f)所示。此电流持续的时间即为载流子通过漂移区的渡越时间 τ。由于崩越二极管的外电路常是调谐在电流 i_e 基波的谐振电路,i_e 基波成分的相位相对于雪崩区电流 I_a 的相位延迟了 $\pi/2$,称为漂移区延时。其数值与漂移区宽度 W 有关,W 越大,漂移区延时也就越大。适当选择 W 值,可使外电流 i_e 比雪崩区电流 i_a 正好滞后 $\pi/2$ 的相位,使崩越二极管端电流 i_e 与射频电压 v_a 之间的相位差为 π,则崩越二极管呈现出最大的负阻特性。

值得指出的是,在外电路中除了由通过二极管漂移区引起的电流 i_e 外,还有 PN 结电容的充放电电流,由于其不产生相移,则在说明崩越二极管负阻特性时不予考虑。

3. 崩越二极管的特性

(1)崩越二极管的效率:定义为交流输出功率 P_a 与电源提供的直流功率 P_b 之比,即 $\eta=\dfrac{P_a}{P_b}\times100\%$。在理想崩越二极管的尖脉冲近似(即载流子电流由雪崩区尖脉冲电流所产生)条件下,崩越二极管的效率约为 $1/\pi$ 或 30%。实际崩越二极管中,很多因素使效率大大降低,其效率一般在 20% 以下,这些因素包括空间电荷效应、反向饱和电流效应、少数载流子注入电流效应、趋肤效应和未耗尽外延层串联电阻效应等。由雪崩倍增产生的空穴正电荷使雪崩区电位升高,与外电场方向相反,使雪崩区电场强度降低,可能使雪崩过程过早结束,减小由雪崩提供的相位延迟,从而减小交流输出功率使效率下降。反向电流可使雪崩建立得太快,引起雪崩相位延迟减小,使效率下降。当崩越二极管工作频率增加到毫米波范围时,电流将局限于衬底表面的趋肤深度内流动,则衬底有效电阻增加,且沿二极管的半径有一个电压降,在二极管中引起非均匀电流分布,增加有效串联电阻,使效率降低。未耗尽外延层增加了串联电阻,使耗散功率增加,输出功率减小,功率转换效率下降。

(2)崩越二极管输出功率:发生雪崩击穿时的临界电场强度 E_{B} 和载流子极限漂移电流速度 v_{s} 对输出功率影响很大,前者决定二极管上的最大电压 V_{B},后者决定流过二极管的最大电流 I_{m}, $V_{\mathrm{B}}=E_{\mathrm{B}}W$, $I_{\mathrm{m}}=qnAv_{\mathrm{s}}$,则最大输出功率为

$$P_{\mathrm{m}}=V_{\mathrm{B}}I_{\mathrm{m}}=qnAv_{\mathrm{s}}E_{\mathrm{B}}W \tag{3-41}$$

式中: A 为器件的面积; W 为耗尽层的厚度。

3.3.2　俘越二极管

俘越二极管是以俘获等离子体雪崩触发渡越模式工作的雪崩二极管,与崩越二极管相比,俘越二极管具有效率高、功率大的特点,故又称为高效模式。简单的俘越二极管结构如图3-13所示的 N^+ PP^+ 突变结。

1. 俘越模式工作机理

俘越二极管基本物理过程是当雪崩二极管在足够大的信号状态下工作,靠近 PN 结的窄雪崩区中产生的雪崩载流子以饱和速度在雪崩区中向前运动时,在二极管的空间电荷区内产生一个移动的雪崩区,如其运动速度 v_x 大于载流子的饱和漂移速度 v_{s},雪崩区移动过去后,在原来的空间电荷区

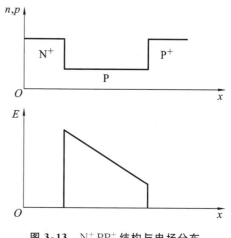

图 3-13　N^+PP^+ 结构与电场分布

内遗留下大量雪崩产生的电子和空穴,即俘获等离子。它们除极少数复合外,大部分在电场作用下以很高的电流密度被抽出,空间电荷内电场又恢复到雪崩前状态。下次大信号时又产生载流子雪崩,这样一次又一次地重复进行而产生振荡。可见,崩越模式对俘获二极管起着触发起振的作用。将俘越二极管的工作周期分为三个阶段:

(1)充电阶段。

大的反向偏压下,雪崩区的电场强度由于碰撞电离产生的带电粒子浓度很大而降低到很低的程度,而雪崩区右侧 P 区的电场强度将迅速增大。再加大管子的偏压,右侧增加的电场强度将可以达到击穿电场以上,因而再次引起雪崩击穿。雪崩击穿产生的电荷又使新的雪崩区电场强度降低,右侧电场强度又会升高,再次引起雪崩击穿,直到整个管子长度全部发生雪崩击穿为止。一个雪崩击穿电场强度的峰值 E_{a} 迅速在管内向右传播,形成在管内传播的雪崩冲击波前,管子的过压状态是触发起雪崩冲击波前的条件。低电场下载流子的饱和漂移速度

很小,而雪崩冲击波前过程很快,因而雪崩区载流子的漂移可以忽略,碰撞电离产生的带电粒子好像被俘获在雪崩区一样,管内形成俘获等离子状态,此时管内电场强度几乎为零,雪崩停止。

（2）恢复阶段。

恢复阶段是雪崩波前移出空间电荷区到被俘获等离子体移出二极管的阶段。雪崩俘获的等离子体中空穴和电子浓度分别为 p 和 n,它们在外电场 E 作用下运动形成电流,由于雪崩产生的载流子浓度 p 和 n 较大,在外加电场作用下,电子向 N^+ 漂移运动移出空间电荷区,空穴向 P^+ 漂移运动移出空间电荷区,而一般外加电场足以使载流子漂流速度达到极限饱和速度 v_s,则有较大的传导电流。

（3）持续阶段。

俘获等离子体在耗尽区中消失,即载流子移出二极管后,二极管将处于高电压小电流状态,进入持续阶段,在此状态下建立起碰撞雪崩所需的电压,并直到再次进入充电阶段为止。

可见,以俘越模式工作的二极管,电流大时,电压小(恢复阶段),电流小时,电压大(持续阶段),所以其具有功耗小、效率高的特点。

2. 俘越器件的结构及制造

俘越器件的严格设计应根据连续性方程、电流输运方程、泊松方程及材料工艺参数和器件结构,进行分析计算。但这样相当复杂和极不方便。根据简化模型将俘越二极管的设计归纳为 6 个关系式。

（1）P^+NN^+ 型 N 区宽度 W 与基频 f 的关系式为 $W = 0.07 v_s / f$,载流子饱和漂移速度 $v_s \approx 10^7 \text{ cm} \cdot \text{s}^{-1}$,则可根据使用频率确定二极管 N 区宽度,如 $f = 700 \text{ MHz}$,N 区应具有约 10 μm 的宽度。

（2）N 区杂质浓度 N_D 与 N 区宽度的关系式为 $N_D W = 0.4 \dfrac{\varepsilon \varepsilon_0}{q} E_B$。

（3）二极管面积 A 与基频时输出功率 P 的关系式为 $P = 0.1 \varepsilon \varepsilon_0 v_s E_B^2 A$。

（4）二极管的偏流为 $I_d = q v_s N_D A$。

（5）击穿电压为 $V_B = \left(E_B - \dfrac{q N_D W}{2 \varepsilon \varepsilon_0} \right) W$。

（6）基频电路阻抗为 $Z = \dfrac{0.4 V_B}{I_d}$。

根据对二极管功率、频率的要求及可能达到的效率,可以从以上关系式中找出二极管有源区宽度、外延层杂质浓度、击穿电压、面积及基频阻抗的范围,为俘越模式二极管设计提供参考。

3.4　PN 结太阳能电池

3.4.1　光生伏特效应

根据波粒二象性,光波能够被看成粒子,通常称为光子。光子的能量是 $E = h\nu$,其中 h 是普朗克常数,ν是频率。光子能够和晶格作用,也能够和杂质还有半导体内部的缺陷作用,将其能量转换成焦耳热。当光子和价电子发生碰撞时,释放的能量足够将电子激发到导带,这就产生了电子-空穴对,形成过剩载流子。

当用光照射半导体时,光子可以被半导体吸收,也有可能穿透半导体,这将取决于光子能量和半导体禁带宽度E_g。如果光子能量小于E_g,则将不能被吸收。在这种情况下,光将会透射过材料,此时半导体表现为光学透明。如果光子能量大于E_g,光子则能和价电子作用,把电子激发到导带。这种作用能够在导带里产生一个电子,在价带里产生一个空穴,即一对电子-空穴对。对于不同的$h\nu$值,这个吸收过程如图 3-14 所示。当$h\nu \geqslant E_g$时,产生一对电子-空穴对,额外的能量作为电子或空穴的动能,在半导体中将以焦耳热的形式散失掉。

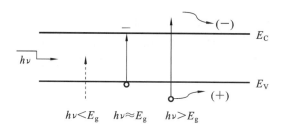

$$h\nu < E_g \qquad h\nu \approx E_g \qquad h\nu > E_g$$

图 3-14 半导体中因吸收光而产生电子-空穴对

PN 结太阳能电池是直接把太阳光能转换成电能的器件,工作原理主要依据光生伏特效应,简称光伏效应,本质是吸收光辐射而产生电动势的现象。光伏效应要满足两个条件:第一,半导体材料对一定波长的入射光有足够的光吸收系数α,即要求入射光子的能量大于或等于半导体材料的禁带宽度E_g,使入射光子能被半导体吸收而激发出光生非平衡的电子空穴对;第二,具有光伏结构,即有一个内建电场所对应的势垒区。在光照下,半导体中的原子因吸收光子能量而受到激发。在$h\nu \geqslant E_g$的情况下,PN 结及其附近可能产生电子-空穴对,PN 结势垒区存在较强的内建电场,使势垒区内产生的光生空穴以及从 N 区扩散进势垒区内的光生空穴都向 P 区作漂移运动,因而带动了结区右边的 N 区约一个少子扩散长度范围内的光生空穴向势垒区边界作扩散运动。同时,此内建电场也使势垒内的光生电子以及从 P 区扩散进势垒区内的光生电子,都向 N 区作漂移运动,因而带动了结区左边的 P 区结一个少子扩散长度范围内的光生电子向势垒区边界作扩散运动。势垒区的存在,推进非平衡少子的上述漂移运动及扩散运动,形成定向的光生电流I_L,阻挡非平衡多子离开本区的反方向运动。势垒区的重要作用是,分离了两种不同电荷的光生非平衡载流子,在 P 区内积累非平衡空穴,而在 N 区内积累非平衡电子。产生一个与平衡 PN 结内建电场相反的光生电场,于是在 P 区和 N 区间建立了光生电动势(或称光生电压)V_{PH}。

3.4.2　PN 结太阳能电池基本特性

图 3-15 所示的是带有负载的 PN 结太阳能电池。即使施加零偏压,在空间电荷区也存在电场。入射光的照射能够在空间电荷区产生电子-空穴对,它们将被电场扫过,从而在图中的反偏区形成光电流I_L。光电流I_L在负载上产生电压降,这个电压降可以使 PN 结正偏。这个正偏电压产生一个图中所示的正偏电流I_F。在反偏情况下,净 PN 结电流为

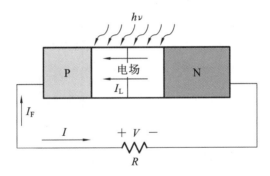

图 3-15　带有负载的 PN 结太阳能电池

$$I = I_L - I_F = I_L - I_S\left[\exp\left(\frac{eV}{kT}\right) - 1\right] \tag{3-42}$$

这里运用了理想 PN 结二极管 I-V 方程。随着二极管加正偏电压,空间电荷区的电场变弱,但是不可能变为零或者改变方向。光电流总是沿反偏方向的,因此太阳能电池的电流也总是沿反偏方向的。

当 PN 结短路时,$R=0$,所以 $V=0$。这时所得的电流是短路电流 I_{sc},即 $I=I_{sc}=I_L$;当 PN 结开路,即 $R \to \infty$ 时,净电流是零,得到开路电压。光电流正好被正向结电流抵消,因此可以得到 $I=0=I_L - I_S\left[\exp\left(\frac{qV_{oc}}{kT}\right) - 1\right]$,同时还可得开路电压 V_{oc} 为

$$V_{oc} = \frac{kT}{q}\ln\left(1 + \frac{I_L}{I_S}\right)$$

根据光电池的电流-电压特性关系式(3-42),得到相应的特性曲线,如图 3-16(a)所示。在图中可得短路电压和开路电压。传送到负载上的功率是

$$P = IV = I_L V - I_S\left[\exp\left(\frac{qV_{oc}}{kT}\right) - 1\right]V \tag{3-43}$$

通过令 P 的导数为零,即 $\mathrm{d}P/\mathrm{d}V=0$,可以求出负载上最大功率时的电流和电压值。利用式(3-43)可得

$$\frac{\mathrm{d}P}{\mathrm{d}V} = 0 = I_L - I_S\left[\exp\left(\frac{eV_m}{kT}\right) - 1\right] - I_S V_m\left(\frac{e}{kT}\right)\exp\left(\frac{eV_m}{kT}\right) \tag{3-44}$$

这里,V_m 是产生最大功率时的电压。也可以将式(3-44)写成如下形式

$$\left(1 + \frac{V_m}{V_t}\right)\exp\left(\frac{eV_m}{kT}\right) = 1 + \frac{I_L}{I_S} \tag{3-45}$$

V_m 值可通过反复试验获得。图 3-16(b)显示了最大功率矩形,其中 I_m 是在 $V=V_m$ 时的电流。

太阳能电池的转换效率定义为输出电能与入射光能的比值。对于最大功率输出:$\eta = \frac{P_m}{P_{in}}$ $\times 100\% = \frac{I_m V_m}{P_{in}} \times 100\%$。太阳能电池中可能的最大电流和可能的最大电压分别为 I_{sc} 和 V_{oc}。

比率 $\frac{I_m V_m}{I_{sc} V_{oc}}$ 称为占空系数,它是太阳能电池可实现功率的量度,具有代表性的占空系数为 0.7～0.8。

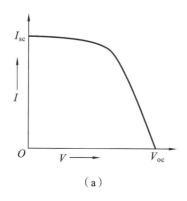
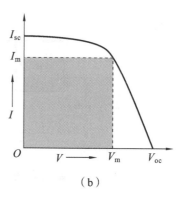

图 3-16　PN 结太阳能电池的电流-电压特性曲线和最大功率矩形

常见的 PN 结太阳能电池只有一个禁带宽度,因此能量小于 E_g 的光子对电池的输出功率没有影响,但能量大于 E_g 的光子对电池的输出功率有影响,大于 E_g 的那部分能量最终将以焦耳热的形式耗散掉。硅 PN 结太阳能电池的最大效率大约为 28%,一些非理想因素,如串联电阻和半导体表面的反射,会把转换系数降低 $10\%\sim15\%$。

3.5　发光二极管

光子和固体中的电子有三种基本的相互作用过程:感应吸收、自发发射和受激发射。如图 3-17 所示,E_1 和 E_2 为一个原子内的两个能级,E_1 对应于基态,E_2 对应于激发态,$h\nu_{12}=E_2-E_1$,则在这两个能态之间的任何跃迁,必涉及光子的辐射或吸收。在室温下,固体内的大多数原子处于基态,当有一个能量恰等于 $h\nu_{12}$ 的光子入射这个系统时,系统原先的状态将受到扰动,一个原处于基态 E_1 的原子将会吸收光子而过渡到激发态 E_2,这个能量状态的改变,即为吸收过程,如图 3-17(a)所示。在激发态的原子是不稳定的,经过一短暂的时间,不需外来的激发,它就会跃迁至基态,并释放出一个能量为 $h\nu_{12}$ 的光子,这个过程称为自发发射,如图 3-17(b)所示。当一个能量为 $h\nu_{12}$ 的光子撞击一个处于激发态的原子时,该原子可受激而跃迁至基态,并且释放出一个与入射光子同相位、能量为 $h\nu_{12}$ 的光子,这个过程称为受激发射,如图 3-17(c)所示。太阳能电池的工作过程是吸收。发光二极管(light emitting diode,LED)的主要工作过程是自发发射,激光二极管则是受激发射。

太阳能电池可以把光能转换成电能,也就是光子产生过剩电子和空穴,从而形成电流,我们也可以给 PN 结加电压形成电流,一次产生光子和光输出。这种反转机制称为注入电致发光。采用这种机制制造的二极管就为发光二极管(LED)。LED 的基本结构是一个 PN 结。在正向偏置下,电子由 N 侧注入,空穴由 P 侧注入。其内建电势被降低到与偏置电压 V 相同的值,于是注入载流子能够跨越结区,成为过剩少数载流子。在结区附近,过剩载流子浓度高于平衡值因而发生复合。发光二极管能在紫外、可见或红外区域发射自发辐射。LED 输出的光谱波长具有相对较宽的波长范围,一般为 $30\sim40$ nm。若输出光是可见光,则发射谱会很窄,以至于可以观察到一些特殊颜色。可见光 LED 广泛应用于电子仪器设备与使用者之间的

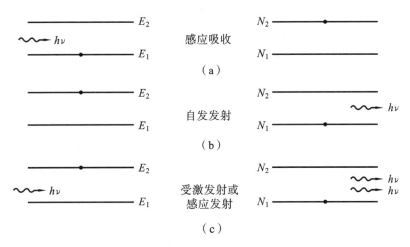

图 3-17　两能级间的三种基本跃迁过程

信息载体；白光 LED 已经用于道路照明，并且成为液晶平板显示器背光源的关键组件；当蓝光、绿光和红光 LED 的成本降低后（尤其是蓝光 LED），LED 在固态照明应用上有潜力取代传统光源；而红外 LED 则应用于光隔离器、光纤通信和医疗方面。

　　LED 通常是由 Ⅲ-Ⅴ 族化合物，如 GaAs、GaP 等制成，且直接带隙半导体，如 GaAs 和 GaN 优于间接带隙半导体，如 Si。在直接带隙半导体中，少子为纳秒寿命；而在间接带隙半导体中，少子为毫秒寿命。在直接带隙材料中，电子和空穴通过带与带间的直接复合就可以发射光子，发射波长是 $\lambda = \dfrac{hc}{E_g} = \dfrac{1.24}{E_g}\mu m$，其中 E_g 是禁带宽度，单位为 eV。当在 PN 结上加电压时，电子和空穴被注入空间电荷区，成为过剩少子。这些过剩少子扩散到中性区并与多数载流子复合。如果这个复合是直接的带与带间的复合，就有光子发射。二极管的扩散电流是正比于复合率的，因此发射光子的强度也将正比于理想二极管的扩散电流。在砷化镓为基的 LED 中，电致发光首先在 P 区发生，因为电子的注入效率比空穴的高。

　　内量子效率是产生发光的二极管电流的一部分。内量子效率是注入效率的函数，以及辐射复合与总复合的百分比的函数。在正偏二极管中有三种成分的电流：少数载流子电子扩散电流、少数载流子空穴扩散电流以及空间电荷复合电流。这些电流的表达式分别是

$$
\begin{cases}
J_n = \dfrac{eD_n n_{p0}}{L_n}\left[\exp\left(\dfrac{eV}{kT}\right) - 1\right], \\[2mm]
J_p = \dfrac{eD_p n_{n0}}{L_p}\left[\exp\left(\dfrac{eV}{kT}\right) - 1\right], \\[2mm]
J_R = \dfrac{en_i W}{L_p}\left[\exp\left(\dfrac{eV}{2kT}\right) - 1\right],
\end{cases}
\tag{3-46}
$$

　　一般来说，空间电荷区的电子、空穴通过禁带中央附近的陷阱复合，并且是非辐射过程。由于在砷化镓中发光主要是由于少子电子的复合，我们可以定义注入效率为电子电流与总电流之比

$$
\gamma = \frac{J_n}{J_n + J_p + J_R}
\tag{3-47}
$$

式中: γ 是注入效率。我们可以通过如下方法使得注入效率 γ 趋于 1:采用 J_p 只占二极管电流很小的一部分,以及给二极管加上足够的正偏,这样 J_p 也只是总电流中很小的一部分。

一旦电子被注入 P 区,并不是所有的电子都将辐射复合。我们定义辐射复合和非辐射复合的比率分别为

$$R_r = \frac{\Delta n}{\tau_r}, \quad R_{nr} = \frac{\Delta n}{\tau_{nr}}$$

这里 τ_r 和 τ_{nr} 分别是辐射复合寿命和非辐射复合寿命,Δn 是过剩载流子浓度。总复合率为

$$R = R_r + R_{nr} = \frac{\Delta n}{\tau} = \frac{\Delta n}{\tau_r} + \frac{\Delta n}{\tau_{nr}} \tag{3-48}$$

式中: τ 是有效过剩载流子寿命。

辐射效率定义为辐射复合的分数。我们可以写成

$$\eta = \frac{R_r}{R_r + R_{nr}} = \frac{\dfrac{1}{\tau_r}}{\dfrac{1}{\tau_r} + \dfrac{1}{\tau_{nr}}} = \frac{\tau}{\tau_r} \tag{3-49}$$

式中: η 是辐射效率。非辐射复合率正比于 N_i,N_i 是禁带中非辐射陷阱的密度。显然,随着 N_i 的减小,辐射效率将会增加。内量子效率就可以写为:

$$\eta_i = \gamma \eta$$

辐射复合率正比于 P 型掺杂。随着 P 型掺杂的增加,辐射复合率也增加。由于注入效率随着 P 型掺杂的增加而下降,因此,有一个最适宜的掺杂可以使内量子效率达到最大。

LED 的一个非常重要的参数是外量子效率。产生的光子实际上是从半导体发出的。外量子效率通常是一个比内量子效率小得多的数。一旦光子在半导体中产生,光子就有可能遇到三种损耗机制:光子在半导体里被吸收、菲涅尔损耗以及临界角损耗。

光子可以向任何方向发射。由于发射光子能量必须满足 $h\nu \geqslant E_g$,因此这些光子可以被半导体材料再吸收。大多数光子实际上是从表面发射出去的,然后又重新被吸收。光子必须从半导体中发射到空气中,这些光子必须透射过介质界面。$\bar{n}_2$ 是半导体的折射系数,$\bar{n}_1$ 是空气的折射系数。反射系数为

$$\Gamma = \left(\frac{\bar{n}_2 - \bar{n}_1}{\bar{n}_2 + \bar{n}_1}\right)^2 \tag{3-50}$$

这种效应称为菲涅尔损耗。反射系数 Γ 是被反射回半导体的入射光子的一部分。

LED 的输出信号的波长由半导体材料的禁带宽度决定。GaAs 为直接带隙材料,其禁带宽度为 1.42 eV,产生的波长为 0.873 μm。

3.6　激光二极管

LED 的光子输出归因于电子从导带到价带的跃迁放出了能量,LED 光子发射是自发的。当一个电子在高能级状态时,入射光子和电子相互作用,使得电子回到低能级,向低能级跃迁

会产生光子,这个过程是由光子引起的,称为受激发射或者感应发射。受激发射的过程产生两个光子,得到光增益或光放大。

当热平衡时,半导体中的电子分布由费米统计决定。根据玻尔兹曼常数,如图 3-17 所示,$E_2 > E_1$,热平衡时 $N_2 < N_1$。吸收和受激跃迁的可能性相同,被吸收的光子数目与 N_1 成正比,被发射的光子数目与 N_2 成正比。为获得光放大或者发生激光作用,必须有 $N_2 > N_1$,这称为分布反转。因其与平衡条件下的情况恰好相反,所以需考虑获得大光电场能量密度和实现分布反转的方法,这样与自发发射和吸收相比,受激发射占主导。所以要实现受激辐射,必须满足下列三个条件:① 形成粒子数反转分布状态,即高能态的电子数足够的大于低能态的粒子数;② 通过光反馈,例如,形成光谐振腔的光反馈,或周期性分布反馈的光反馈,都能使受激辐射光子增生,从而产生激光振荡;③ 满足一定的阈值条件,以使光子增益大于或等于光子损耗。

3.6.1　粒子数的反转分布

如果 PN 结两边都是简并掺杂,在正向同质二极管中,就能够获得分布反转和激光作用。图 3-18(a)为热平衡时简并掺杂的 PN 结能带图,在 N 区中,费米能级位于导带内,在 P 区中,费米能级位于价带。图 3-18(b)为正偏时 PN 结的能带图。在 PN 结同质二极管中,增益系数可表示为

$$\gamma(\nu) \propto \left\{ 1 - \exp\left[\frac{h\nu - (E_{Fn} - E_{Fp})}{kT} \right] \right\} \tag{3-51}$$

为使 $\gamma(\nu) > 1$,则 $h\nu < (E_{Fn} - E_{Fp})$,所以 PN 结必须是简并掺杂的,同时要求 $h\nu \geqslant E_g$。在 PN 结附近,有一个分布反转发生的区域,在大量空状态的上方,导带中有大量的电子。如果带与带间的复合发生,就会发射光子,其能量 $h\nu$ 的范围为 $E_g \sim (E_{Fn} - E_{Fp})$。

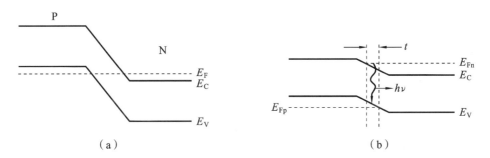

图 3-18　激光二极管能带示意图
(a) 简并掺杂 PN 结平衡时能带图;(b) 正偏伴随光子发射的简并 PN 结能带图

在同质结 LED 中,光子可以向任何方向发射,这降低了外量子效率。器件特性的显著提高可以通过把发射的光子限制在靠近结的一个区域里,该区域可以通过施加一个光学电绝缘波导来实现。这个基本器件是一个三层双异质结结构,称为双异质结激光器。双异质结激光器的例子如图 3-19(a)所示,在 P 型 GaAs 和 N 型 AlGaAs 两层之中有一层很薄的 P 型 GaAs。图 3-19(b)所示的为一个正偏二极管的简化能级。电子从 N 型 AlGaAs 注入 P 型

GaAs 中,由于导带的势垒阻止了电子扩散到 P 型 GaAs 区中,所以分布反转很容易实现。辐射复合被限制在 P 型 GaAs 区中,由于 GaAs 的折射率比 AlGaAs 的大,所以光波总被限制在 GaAs 区中,如图 3-19(c)、(d)所示。由于半导体垂直于 N-AlGaAs-P-GaAs 结,所以该光学腔很容易实现。

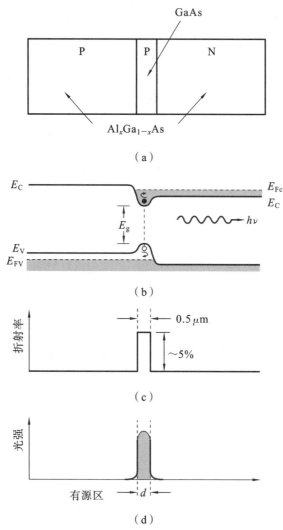

图 3-19　双异质结激光器

（a）基本结构;（b）正偏下的能带图;（c）整个结构折射率的变化;（d）光在电绝缘波导上的限制

3.6.2　光反馈和激光振荡

结型激光器中,垂直于结面的两个严格平行的抛光晶体解理面和另一对与之垂直的平行粗糙面构成了所谓的法布里-珀罗谐振腔,如图 3-20 所示。两个平行的抛光晶体解理面是谐振腔的反射镜面,后一对粗糙平面用来消除主要方向以外所产生的激光作用。

结型激光器的有源区内,自发辐射产生射向各个方向的光子,其中大部分光子穿出有源区

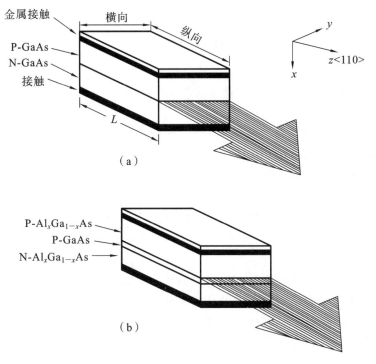

图 3-20　含法布里-珀罗腔的半导体激光器结构

（a）固质结激光器；（b）双异质结（DH）激光器

而损失了，也有小部分光子在反射镜面之间来回反射，形成两列反向传播的光波的叠加，即在谐振腔内形成驻波。设谐振腔长度为 L，半导体折射率为 n，λ/n 是光波在半导体中的波长。光波在谐振腔内谐振的结果，只允许半波长的整数倍正好等于 L 的驻波存在，不符合该条件的波逐渐损耗，而满足 $m\left(\dfrac{\lambda}{2n}\right)=L$（其中 m 为整数）的一系列特定波长的辐射波在谐振腔内形成振荡。

思 考 题 3

1. PN 结势垒电容与平行板电容有何异同？PN 结扩散电容和势垒电容有什么区别？
2. 说明隧道二极管的工作原理。
3. 描述在隧道二极管的电流—电压特性图中，负阻区域是如何形成的。
4. 叙述崩越二极管是怎样产生微波振荡的？
5. 比较停越二极管与崩越二极管有什么不同。
6. 讨论太阳能电池在什么情况下是正向偏压。
7. 在 LED 中，如何获得不同的颜色。
8. 比较讨论 LED 和激光二极管的区别。
9. 说明激光二极管中粒子数反转的概念。

习　题　3

自测题 3

1. 硅 N^+P 变容二极管，外延层杂质浓度为 5×10^{16} cm^{-3}，求其击穿电压 V_B，零偏时电容 $C_j(0)$ 和击穿电压下的电容 $C_j(V_B)$。

2. N 区和 P 区均为重掺杂的隧道二极管，画出以下几种情况下的能带图：(a) 零偏置；(b) $0 < V < V_P$；(c) $V_P < V < V_V$；(d) $V > V_V$。

3. 已知一个硅崩越二极管的漂移区长度 $L = 10$ μm，电子饱和速度 $v_s = 10^7$ cm/s，试计算其最小振荡频率。

4. 在 $T = 300$ K 时的硅 PN 结，其参数为：$N_A = 5 \times 10^{18}$ cm^{-3}，$N_D = 10^{16}$ cm^{-3}，$D_n = 25$ cm^2/s，$D_p = 10$ cm^2/s，$\tau_{n0} = 5 \times 10^{-7}$ s，$\tau_{p0} = 10^{-7}$ s，光电流密度 $J_L = I_L/A = 15$ mA/cm^2。计算硅太阳能电池的开路电压。

5. 要制造一个输出功率为 200 mW，工作频率为 30 GHz，工作电压为 30 V 的 P^+NN^+ 型俘越二极管，试确定其外延层厚度 W_n、外延层杂质浓度 N_D 和 P^+N 结面积 A。

6. 计算能够在下列半导体材料中产生电子-空穴对的光源的最大波长 λ。(a) Si；(b) Ge；(c) GaAs；(d) InP。

第 4 章 双极晶体管

现在主流集成电路(IC)中的电子器件有两大类:双极晶体管(bipolar junction transistor,BJT)和场效应晶体管(field effect transistor,FET),从其所使用的主体材料和加工工艺与尺寸而言,它们都是半导体器件和微电子器件。BJT 是构成双极集成电路基本单元器件,被广泛应用于电子、通信、网络、计算机及自动化等各个领域。

双极晶体管即两种极性的载流子(电子与空穴)都参与导电的半导体器件,通常简称晶体管。1948 年由美国 Bell 实验室 W. Shockley、J. Bardeen、W. Bratten 三位科学家所发明,经过半个多世纪的发展,已成为最重要的一类基本电子器件。虽然随着大规模集成电路(LSI)和超大规模集成电路(VLSI)的快速发展,MOSFET(metal oxide semiconductor FET)的应用已大大超过了双极器件,但双极晶体管的基本理论在于描述和分析器件内部电子与空穴两种载流子的输运规律,这对于 FET 等其他半导体器件具有普遍意义,而且双极晶体管在高速、大功率、化合物异质结器件以及模拟集成电路等领域还有相当广泛的应用及发展前景。

本章主要讲述双极晶体管的结构、类型及其工作原理,电流放大系数和直流 I-V 特性,频率特性和开关特性以及大电流特性等。

4.1 双极晶体管的结构

4.1.1 晶体管的基本结构

双极晶体管种类繁多,就基本结构而言,其管芯都是由两个背对背且相距极近的 PN 结所构成:将这两个 PN 结分别称为发射结和集电结,两个 PN 结将晶体管划分为发射区、基区和集电区 3 个区域。所谓发射区,主要是用来发射载流子(电子或空穴)的;基区为基本工作区,其功能是对载流子进行输运与控制;集电区则是用来收集载流子。由 3 个区引出的 3 个电极相应称为发射极、基极和集电极,分别用 E、B、C 表示。根据各区导电类型的不同,晶体管有两种形式:NPN 型与 PNP 型。晶体管基本结构的示意图及其电路符号如图 4-1 所示。

不同类型的导电区域是通过不同的掺杂来实现的。根据掺杂工艺方法的不同,晶体管各区的杂质分布也就不同。归纳起来可以分为两大类:一类为基区杂质是均匀分布的,另一类为基区杂质是非均匀分布的。这两种杂质分布规律,将导致晶体管内载流子的分布及传输规律不同,从而使器件的电学特性有所差异。

早期的合金结晶体管,采用合金工艺烧结而成,其结构与杂质分布如图 4-2(a)所示。合金管的特点是 3 个区内杂质分布都是均匀的,且在 PN 结交界面处杂质类型发生突变,即发射结与集电结都是突变结,x_{je} 和 x_{jc} 分别表示发射结和集电结的结深。因其基区杂质分布均匀,故

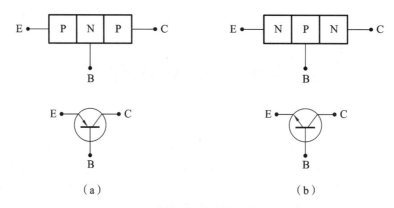

图 4-1　双极晶体管结构示意图及电路符号

（a）PNP 晶体管；（b）NPN 晶体管

又称为均匀基区晶体管，其基本原理是晶体管理论的基础。

平面型晶体管是采用平面工艺制造而成，比如在硅单晶片上应用外延、氧化、光刻、扩散、镀膜等工艺进行加工制作。例如，在 N^+N 外延片上进行受主杂质扩散以获得 P 型基区，再在 P 型层上进行高浓度施主杂质扩散得到 N^+ 型发射区。由于发射区和基区杂质分布都是非均匀的，故称为非均匀基区晶体管或缓变基区晶体管。其器件结构及其杂质分布如图 4-2(b) 所示，其发射结与集电结都是缓变结。

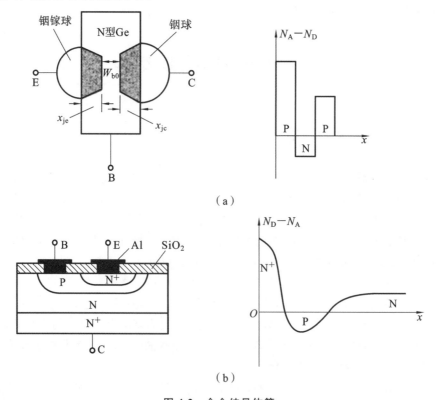

图 4-2　合金结晶体管

（a）平面型晶体管；（b）结构和杂质分布示意图

在集成电路工艺中制造的双极晶体管的实际结构并不像图 4-2 所示的那么简单,图 4-3 为集成电路中的 NPN 型双极晶体管的截面图。各端口的引线要做在表面上,同时为了降低半导体的电阻,在生长 N 型外延层之前通过扩散工艺形成重掺杂的 N^+ 型掩埋层,掩埋层的作用是在晶体管的有效集电区和上端的集电极接触之间形成低电阻通道。由于一片半导体晶片上要制造多个双极晶体管,晶体管彼此之间必须隔离开来。外延层的掺杂类型与衬底的掺杂相反,NPN 晶体管的隔离是通过在晶体管周边深扩散 P 型掺杂而完成。在电路中最大负电位加在 P 型衬底上,由于 N 型外延层处于更高的电位,通过一个反偏的 PN 结使晶体管与集成电路上的其他器件实现了电隔离。在更先进的设计中,通过二氧化硅隔离代替了横向的 PN 结。

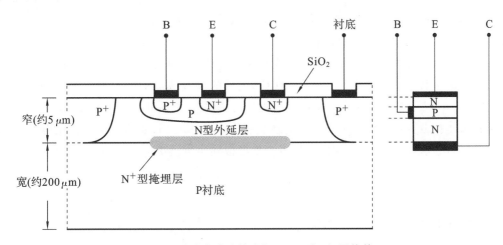

图 4-3　集成电路中的常规 NPN 型双极晶体管

4.1.2　晶体管的结构特点

虽然晶体管是由两个 PN 结构成,但并非任意组合的两个 PN 结都能实现晶体管的放大作用。当 NPN 结构中的一个 PN 结加上一定的正向电压 V_E,这时 PN 结的势垒高度将降低,载流子的扩散占了优势,若该 PN 结为 N^+P,就有大量电子从 N 区注入 P 区,形成很大的正向电流从该 PN 结流过,且正向电流 I_E 随 V_E 按指数规律迅速上升,这时正向结电阻 r_e 很小,如图 4-4(a)所示。与此同时给另一 PN 结加上反向电压 V_C,PN 结的势垒高度增大,载流子的漂移将占优势,势垒区附近的少数载流子在强电场的作用下被扫过 PN 结,P 型区电子被扫到 N 型区,N 型区的空穴被扫到 P 区,从而形成反向电流 I_R,反向电流 I_R 很小,并随反向电压的增大很快达到饱和。反向 PN 结的结电阻很大,如图 4-4(b)所示。

若两个 PN 结之间的距离即中间 P 区的宽度为 W_b,P 区少数载流子电子的扩散长度为 L_{nb}。当 $W_b > L_{nb}$,亦即中间 P 区的宽度较大时,从正向 PN 结注入 P 区的电子,在到达反向 PN 结之前已经全部在 P 区复合掉了,使大的正向电流只在正向 PN 结的 P 区和 N 区之间流过。因此,这两个 PN 结基本上还是互不相关的。在第一个回路中流过的电流是大的正向电流 I_E;在第二个回路中流过的电流是很小的反向电流 I_R。这种 NPN 结构是不能起放大作用

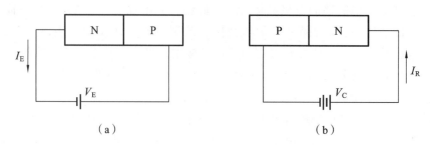

图 4-4　正向偏置发射结和反向偏置集电结

的。因为输入端的电流很大,输出端电流很小,而且互不相关,从第一个 PN 结注入的单向大电流在中间的连接区域即 P 区被衰减掉了,无法从输入端传输到输出端,只不过是两个背对背连接的二极管而已,如图 4-5(a)所示。

为使两个 PN 结的连接具有不衰减的电流传输作用,必须使两个 PN 结紧紧连在一起,即两个结的距离也就是基区宽度应远远小于中间区域的少数载流子的扩散长度,即满足 $W_b \ll L_{nb}$。由于基区很窄,这样从正向 PN 结即发射结注入的电子在基区只有极少部分被复合掉,绝大部分都能扩散到达反向 PN 结即集电结势垒区的边缘,并被集电结势垒区的强电场扫到 N 型集电区,形成远远大于 PN 结反向电流的集电极输出电流 I_C,实现了电流的传输,如图 4-5(b)所示。

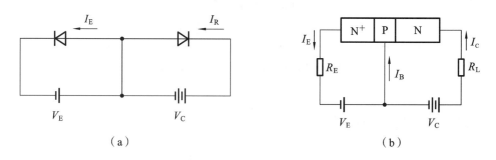

图 4-5　不同基区宽度的晶体管结构特点

(a)"背对背"连接的二极管;(b) $W_b \ll L_{nb}$ 的晶体管

同时,发射结在正向电压作用下,其注入是双向的,在发射区向基区正向注入非平衡少数载流子的同时,基区也会向发射区反向注入非平衡少数载流子,只是载流子的极性不同而已。但是,基区向发射区注入的非平衡载流子是由基极电流提供的,不能形成输出的集电极电流,对器件的放大作用没有贡献。故为了增大输出电流和输入电流之比,还必须使由发射区向基区的正向注入远大于由基区向发射区的反向注入,这就要求发射区的掺杂浓度 N_E 远大于基区的掺杂浓度 N_B,一般要比基区高 $10^2 \sim 10^4$ 倍。

综上所述,双极晶体管在结构上具有两大特点:① $W_b \ll L_{nb}$;② $N_E/N_B \geqslant 10^2$。在应用于电路时,还必须使其发射结正向偏置,集电结反向偏置,才能实现对微弱电信号良好的放大作用。常用晶体管发射区、基区、集电区的杂质浓度的典型值依次为 10^{19} cm^{-3}、10^{17} cm^{-3}、10^{15} cm^{-3} 左右。

4.2　双极晶体管的放大作用

双极晶体管的基本功能是在电路中对电流、电压或功率具有放大作用。这是由于晶体管具有上述的结构特点,同时也与其所处的工作条件有关。本节将在 PN 结理论的基础上通过对晶体管内部载流子运动的描述与分析,阐明晶体管放大作用的微观机制。为简便起见,以 NPN 型均匀基区晶体管为例来讨论。

4.2.1　直流电流放大系数和晶体管内载流子的传输

晶体管在实际应用中,有三种不同的接法,即共基极连接、共发射极连接和共集电极连接,以 NPN 型晶体管为例,如图 4-6 所示。在这三种接法中,发射结均为正偏,集电结均为反偏。最常用的是共发射极连接,共集电极接法用得较少。由于各自的输入输出端不一样,故放大特性也不一样。

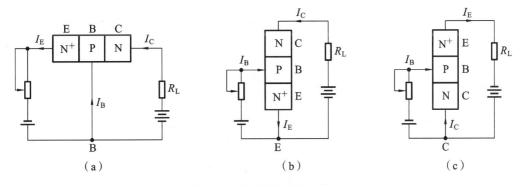

图 4-6　晶体管的三种连接法
(a) 共基极;(b) 共发射极;(c) 共集电极

在共基极连接的状态下,以基极为公共端并接地,发射极为电流的输入端,集电极为电流的输出端。发射极电流为 I_E,集电极电流为 I_C,则有

$$\alpha_0 = \frac{I_C}{I_E} \tag{4-1}$$

式中:α_0 称为共基极直流电流放大系数。电流放大系数也常称电流增益。

若以发射极为公共端并接地,基极为电流的输入端,集电极为电流的输出端,则为共射极连接。晶体管集电极电流 I_C 与基极电流 I_B 之比,表示共射极直流电流放大系数 β_0,即

$$\beta_0 = \frac{I_C}{I_B} \tag{4-2}$$

晶体管的放大功能是在外加直流偏置电压的作用下,内部载流子输运和分配的结果。明确电子与空穴在经由晶体管发射结的注入,通过基区的扩散与复合,再经集电结的传输这一系列作用的微观过程,就能深入理解双极晶体管的放大原理,并建立放大系数和晶体管结构参数之间的定量关系。对于 NPN 型晶体管,在正常的放大工作状态下,发射结为正偏,集电结为

反偏,在外加电压作用下,其内部载流子包括电子与空穴的输运和相应电流分量如图4-7所示。

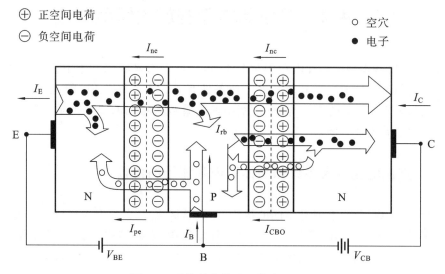

图 4-7　晶体管内载流子传输过程图

发射结为 N^+P 结,正偏时将有大量的电子从发射区注入基区,相应的电子电流为 I_{ne};到达基区的载流子将在靠近发射结一边积累起来,使这里的少子密度高于平衡密度,成为过剩载流子,并在基区一边扩散,一边与空穴复合,形成一定的密度梯度。由于基区的宽度远小于少子的扩散长度,绝大部分电子都会扩散到达集电结边缘,复合的只是极少,基区复合电流为 I_{rb}。在发射结正向电压作用下,也有空穴从 P 型基区注入发射区,并高于发射区的平衡空穴密度,当空穴从高密度向低密度扩散时,也有一部分空穴与发射区的电子复合,使空穴流转换成为电子流,成为发射极电流的一部分,通过发射结的空穴电流为 I_{pe}。

一方面,集电结加的是较高的反向电压,到达集电结附近的电子都会在集电结强电场的作用下被拉入集电区,流经集电区电子电流为 I_{nc},并从集电极流出,构成集电极电流的主要部分。另一方面,集电结反偏,根据 PN 结理论,在集电结势垒区两边,即其相应少子的一个扩散长度范围内会有空穴-电子产生。这些电子和空穴在电场作用下相向流动,N 型集电区的空穴将流向基区,基区的电子也将流向集电区。如果集电结是 P^+N 结,将主要是集电区空穴流向基区。这部分由集电结势垒区附近的扩散区产生的电子与空穴,构成反向饱和电流 I_{CBO}。

根据电路理论,晶体管各极电流与其内部的各电流分量应遵从下列关系:

$$I_E = I_{ne} + I_{pe} \tag{4-3}$$

$$I_C = I_{nc} + I_{CBO} \tag{4-4}$$

$$I_B = I_{pe} + I_{rb} - I_{CBO} \tag{4-5}$$

式中, $I_{ne} = I_{nc} + I_{rb}$,由以上三式可得

$$I_E = I_B + I_C \tag{4-6}$$

即发射极电流由集电极电流和基极电流两部分组成,且发射极电流 I_E 比集电极电流 I_C 大,而基极电流 I_B 最小。推导可得

$$\beta_0 = \frac{I_C}{I_B} = \frac{I_C}{I_E - I_C} = \frac{\dfrac{I_C}{I_E}}{1 - \dfrac{I_C}{I_E}} = \frac{\alpha_0}{1 - \alpha_0} \tag{4-7}$$

综上所述，晶体管的电流放大过程主要是发射结的注入和基区的输运，为了说明晶体管内载流子的输运和放大效果，提出注入效率、基区输运系数、集电区倍增因子三个参数。

1. 发射效率 γ_0

从发射结注入的电流有电子电流 I_{ne} 和空穴电流 I_{pe}，但只有正向注入的 I_{ne} 中的大部分能到达集电区，构成 I_C 的主要部分，它显然对放大有贡献。因此，从电流的传输和放大来看，I_{ne} 越大越好，I_{pe} 则越小越好。为了表示有效注入电流在总的发射极电流中所占的比例，定义发射效率 γ_0 为

$$\gamma_0 = \frac{I_{ne}}{I_E} = \frac{I_{ne}}{I_{ne} + I_{pe}} \tag{4-8}$$

2. 基区输运系数 β_0^*

从发射结发射的电子电流 I_{ne} 并不能全部到达集电区，在基区还要复合损失掉一部分，为了增大集电极的输出电流，基区复合应越少越好。为了表明传输过程中效率的高低，定义基区输运系数 β_0^* 为

$$\beta_0^* = \frac{I_{nc}}{I_{ne}} = \frac{I_{ne} - I_{rb}}{I_{ne}} = 1 - \frac{I_{rb}}{I_{ne}} \tag{4-9}$$

3. 集电区增倍因子 α^*

当晶体管集电区由于掺杂浓度低、电阻率较高，外加电压将有一部分降落在集电区，在这一电压作用下，集电区的少子空穴将流向集电结，使 I_C 增大。为了说明集电极总电流 I_C 与到达集电结的电子电流 I_{nc} 之比，引进集电区增倍因子 α^*，其定义为

$$\alpha^* = \frac{I_C}{I_{nc}} \tag{4-10}$$

一般来说，忽略反向饱和电流 I_{CBO}，$\alpha^* = 1$；当集电区杂质浓度很低、电阻率很高的情况下，$I_C > I_{nc}$，故 $\alpha^* > 1$。

当集电结反向偏压接近雪崩击穿电压时，集电结势垒区将产生雪崩倍增效应，使通过集电结的电流增大，集电极电流迅速增大，因此在电流放大系数中还应乘以雪崩倍增因子 M。但在晶体管的正常偏置情况下，不存在雪崩倍增效应，故令 $M = 1$。

4.2.2　共基极与共射极直流电流放大系数

1. 共基极直流电流放大系数 α_0

考虑到发射效率 γ_0 及基区输运系数 β_0^* 的作用，并令 $\alpha^* = 1$ 及 $M = 1$，则共基极直流电流放大系数 α_0 可表示为

$$\alpha_0 = \frac{I_C}{I_E} = \frac{I_{ne}}{I_E} \cdot \frac{I_{nc}}{I_{ne}} \cdot \frac{I_C}{I_{nc}} = \gamma_0 \cdot \beta_0^* \tag{4-11}$$

代入 γ_0 及 β_0^* 的表示式，并取近似可得

$$\alpha_0 = \gamma_0 \cdot \beta_0^* = 1 - \frac{I_{pe}}{I_{ne}} - \frac{I_{rb}}{I_{ne}} \tag{4-12}$$

由式(4-12)可知，共基极直流电流放大系数 α_0 随发射效率 γ_0 及基区输运系数 β_0^* 的增大

而增大。由于 I_{pe}、I_{ne} 都是不可避免的,故一般当 γ_0 趋近于 1,β_0^* 趋近于 1 时,α_0 趋近于 1,但总是小于 1 且接近 1,而不可能等于 1;通常 α_0 为 $0.95\sim0.995$,I_C 小于并尽可能接近于 I_E。故晶体管共基极电路没有电流放大作用。

在共基极电路的输出端接上负载 R_L,得到如图 4-8 所示的等效电路。在其输入回路中,由于发射结加有正向电压 V_{BE},产生正向电流 I_E,其正向结电阻 r_e 很小;在输出回路,由于集电结加的是反向电压,反向结电阻 r_c 很大,集电极电流由 $\alpha_0 I_E$ 和 I_{CBO} 两部分组成,但 I_{CBO} 很小可忽略不计,故输出回路相当于集电结电阻和电流源 $\alpha_0 I_E$ 形成并联电路。因此,晶体管共基极连接时的输入电压和输入功率分别为

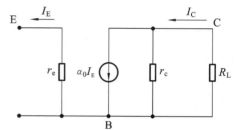

图 4-8　晶体管共基极等效电路

$$V_i = I_E r_e, \quad P_i = I_E^2 r_e \tag{4-13}$$

而相应的输出电压和输出功率则分别为

$$V_o = I_C R_L, \quad P_o = I_C^2 R_L \tag{4-14}$$

故由以上各式便可求其电压增益和功率增益分别为

$$K_V = \frac{I_C R_L}{I_E r_e} \tag{4-15}$$

$$K_P = \frac{I_C^2 R_L}{I_E^2 r_e} \tag{4-16}$$

为使晶体管的输出功率最大,负载电阻 R_L 必须与晶体管输出阻抗 r_c 匹配,不考虑交流阻抗,近似为 $R_L = r_c$,由于晶体管共基极连接时集电结结电阻 r_c 很大,发射结电阻 r_e 很小,故有 $R_L \gg r_e$;虽然 $I_C < I_E$,使得电流放大系数 α_0 小于 1;但 $K_V > 1$,$K_P > 1$,即有电压放大及功率放大。故晶体管共基极电路没有电流放大作用,但可有电压放大及功率放大作用。

2. 共射极直流电流放大系数 β_0

晶体管共射极直流电流放大系数 β_0 可表示为

$$\beta_0 = \frac{\alpha_0}{1-\alpha_0} \approx \frac{1}{1-\alpha_0} = \left(\frac{I_{pe}}{I_{ne}} + \frac{I_{rb}}{I_{ne}}\right)^{-1} \tag{4-17}$$

由于 α_0 趋近于 1,故共射极电流放大系数 β_0 远大于 1,一般为 $20\sim200$,理论上可以更大。故晶体管共射极电路既可作为电流放大,也可作为电压放大及功率放大。

由以上分析可知,欲提高双极晶体管的电流放大系数 α_0 或 β_0,主要在于提高发射效率 γ_0 及基区输运系数 β_0^*,为此要尽可能减小发射结的反向注入电流 I_{pe} 及基区复合电流 I_{rb}。因而有必要进一步深入分析晶体管内各电流分量与其结构参数的定量关系,以便设计及制造出性能更好的晶体管。

4.3　双极晶体管电流增益

电流增益即电流放大系数 α_0、β_0,是双极晶体管放大性能的基本参数。根据式(4-12)及式

(4-17),为了分析 α_0、β_0 和晶体管结构参数的定量关系,需确定 I_{ne}、I_{pe}、I_{rb} 及 I_{nc} 等电流与结构参数的关系式,而这些电流主要基于非平衡少数载流子的扩散及复合作用。首先分析晶体管内各区载流子的密度分布,求出非平衡少数载流子密度分布的解析表达式,然后得出各电流密度的分布。基本方法是在一维理想模型下求解晶体管内各区非平衡少子的连续性方程,以得出载流子密度分布,再利用电流输运方程即可求得各电流的表达式。

4.3.1 均匀基区晶体管直流电流增益

设所求 NPN 晶体管为均匀基区晶体管,如图 4-9(a)所示,基区、发射区和集电区的有效宽度分别为 W_b、W_e、W_c;发射区和发射结势垒区的边界为 x_e,集电区和集电结势垒边界为 x_c。基区以基区和发射结势垒区的边界为坐标原点,x 为坐标轴;发射区及集电区分别以 x'、x'' 为坐标轴,x_e、x_c 分别为坐标原点。NPN 晶体管平衡态时能带如图 4-9(b)所示。

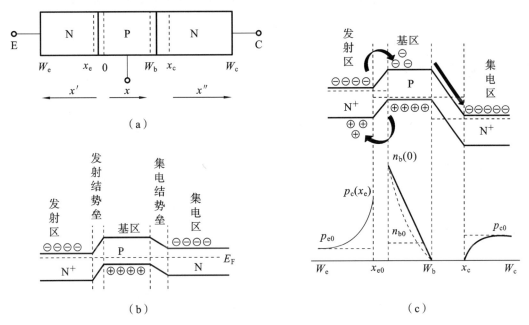

图 4-9 NPN 晶体管一维理想模型

(a)一维模型坐标;(b)NPN 晶体管平衡时能带图;(c)NPN 晶体管放大偏置时能带图及少数载流子密度分布

采用一维理想模型,近似条件如下所示:

(1)发射结和集电结均为理想突变结,且都是平行平面结,两结的面积相等;

(2)发射区、基区、集电区的杂质密度分别为 N_E、N_B、N_C,都为均匀分布,且 $N_E > N_B > N_C$;

(3)势垒区的宽度远小于少子的扩散长度。则势垒区的复合作用忽略不计,通过势垒区的电流不变;

(4)外加电压全部降落在发射结和集电结势垒区。势垒区以外为电中性区,没有电场;

(5)电流为小注入,注入基区的少子密度比基区的多子密度小得多。

当晶体管处于放大工作状态时,发射结加正向偏压 V_{BE},发射结势垒高度降低,通过发射结的载流子其扩散作用将大于漂移作用,形成非平衡载流子的注入,则发射结两侧即基区和发射区边界处都有过剩载流子积累；发射结边界 $x=0$ 及 $x=x_e$ 处的非平衡少数载流子密度应分别为 $n_b(0)=n_{b0}\,e^{qV_{BE}/kT}$ 及 $p_e(x_e)=p_{e0}\,e^{qV_{BE}/kT}$。这些非平衡少数载流子在由密度高处向密度低处扩散时将与多子不断复合，从而形成一稳定分布，其扩散电流的大小与注入少子的密度梯度直接相关，要求得扩散电流必先求其少子的密度分布。集电结加反向偏压 $V_{CB}(-V_{CB}=V_{BC})$，集电结势垒高度升高，在结边界处即 $x=W_b$ 及 $x=x_c$ 处，非平衡少数载流子被抽出，其密度分别为 $n_b(W_b)=n_{b0}\,e^{-qV_{CB}/kT}$，$p_c(x_c)=p_{c0}\,e^{-qV_{CB}/kT}$；因通常集电结反偏较高，边界处的少子密度实际上近似为 0。

1. 少子密度分布

在 P 型基区，其非平衡少数载流子电子的分布遵循下述连续性方程：

$$D_{nb}\frac{d^2 n_b(x)}{dx^2}-\frac{n_b(x)-n_{b0}}{\tau_{nb}}=0 \tag{4-18}$$

式中：D_{nb}、τ_{nb} 分别为基区少子电子的扩散系数和寿命。由于基区电子的扩散长度

$$L_{nb}=\sqrt{D_{nb}\tau_{nb}}$$
$$n_b(x)-n_{b0}=\Delta n_b(x)$$

则以上方程又可表示为

$$\frac{d^2 n_b(x)}{dx^2}-\frac{\Delta n_b(x)}{L_{nb}^2}=0 \tag{4-19}$$

此方程为二阶线性齐次方程。其通解如下

$$\Delta n_b(x)=Ae^{-x/L_{nb}}+Be^{x/L_{nb}} \tag{4-20}$$

根据基区少子的边界值

$$x=0 \text{ 时}, \quad n_b(0)=n_{b0}\,e^{qV_{BE}/kT}$$
$$x=W_b \text{ 时}, \quad n_b(W_b)=n_{b0}\,e^{qV_{BC}/kT}$$

以此作为边界条件，即可求得上述通解中的常数 A 和 B，即

$$A=\frac{n_{b0}(e^{qV_{BE}/kT}-1)e^{W_b/L_{nb}}-n_{b0}(e^{qV_{BC}/kT}-1)}{e^{W_b/L_{nb}}-e^{-W_b/L_{nb}}}$$

$$B=\frac{-n_{b0}(e^{qV_{BE}/kT}-1)e^{-W_b/L_{nb}}+n_{b0}(e^{qV_{BC}/kT}-1)}{e^{W_b/L_{nb}}-e^{-W_b/L_{nb}}}$$

将 A、B 之值代入通解表达式中，即可得到基区非平衡状态下少子电子的分布函数：

$$n_b(x)-n_{b0}=\frac{n_{b0}(e^{qV_{BE}/kT}-1)\left[e^{(W_b-x)/L_{nb}}-e^{-(W_b-x)/L_{nb}}\right]}{e^{W_b/L_{nb}}-e^{-W_b/L_{nb}}}$$
$$+\frac{n_{b0}(e^{qV_{BC}/kT}-1)(e^{x/L_{nb}}-e^{-x/L_{nb}})}{e^{W_b/L_{nb}}-e^{-W_b/L_{nb}}} \quad (0\leqslant x\leqslant W_b) \tag{4-21}$$

若以双曲函数表示，则为

$$n_b(x)-n_{b0}=\frac{n_{b0}(e^{qV_{BE}/kT}-1)\sinh\left(\frac{W_b-x}{L_{nb}}\right)+n_{b0}(e^{qV_{BC}/kT}-1)\sinh\left(\frac{x}{L_{nb}}\right)}{\sinh(W_b/L_{nb})} \tag{4-22}$$

上式描述的曲线如图 4-9(c)虚线所示。

由于 $W_b\ll L_{nb}$，故将双曲函数展开成级数并按 $\sinh z\approx z$ 取一级近似；又因为 V_{BC} 为负值，且 $|V_{BC}|\gg kT/q$，有 $e^{qV_{BC}/kT}\approx 0$，从而可得

$$n_{\mathrm{b}}(x) - n_{\mathrm{b}0} \approx n_{\mathrm{b}0}\,(\mathrm{e}^{qV_{\mathrm{BE}}/kT} - 1)\left(1 - \frac{x}{W_{\mathrm{b}}}\right) - n_{\mathrm{b}0}\frac{x}{W_{\mathrm{b}}} \tag{4-23}$$

或

$$n_{\mathrm{b}}(x) \approx n_{\mathrm{b}0}\,\mathrm{e}^{qV_{\mathrm{BE}}/kT}\left(1 - \frac{x}{W_{\mathrm{b}}}\right) \quad (0 \leqslant x \leqslant W_{\mathrm{b}}) \tag{4-24}$$

式(4-24)说明,在一定的近似条件下,基区少子密度近似为线性分布。即从 $x=0$, $n_{\mathrm{b}}(0) = n_{\mathrm{b}0}\,\mathrm{e}^{qV_{\mathrm{BE}}/kT}$ 下降到 $x=W_{\mathrm{b}}$, $n_{\mathrm{b}}(W)=0$, 其密度梯度为一常数,如图 4-9(c)直线所示,与指数分布比较,实际上是忽略了基区的复合。

同理,在发射区其少子空穴密度分布的扩散方程为

$$\frac{\mathrm{d}^2 P_{\mathrm{e}}(x')}{\mathrm{d}x'^2} - \frac{P_{\mathrm{e}}(x') - P_{\mathrm{e}0}}{L_{\mathrm{pe}}^2} = 0 \quad (x' \geqslant x_{\mathrm{e}}) \tag{4-25}$$

式中: $P_{\mathrm{e}0}$ 为发射区平衡空穴密度; $L_{\mathrm{pe}} = \sqrt{D_{\mathrm{pe}}\tau_{\mathrm{pe}}}$, 为发射区少子空穴的扩散长度。利用下述边界条件

$$\begin{cases} P_{\mathrm{e}}(0) = P_{\mathrm{e}}(x_{\mathrm{e}}) = P_{\mathrm{e}0}\,\mathrm{e}^{qV_{\mathrm{BE}}/kT} \\ P_{\mathrm{e}}(W_{\mathrm{e}}) = P_{\mathrm{e}0} \end{cases} \tag{4-26}$$

即可求得发射区非平衡少数载流子空穴的密度分布为

$$P_{\mathrm{e}}(x') - P_{\mathrm{e}0} = \frac{P_{\mathrm{e}0}\,(\mathrm{e}^{qV_{\mathrm{BE}}/kT} - 1)\sinh\dfrac{W_{\mathrm{e}} - x'}{L_{\mathrm{pe}}}}{\sinh\dfrac{W_{\mathrm{e}}}{L_{\mathrm{pe}}}} \quad (x' \geqslant x_{\mathrm{e}}) \tag{4-27}$$

当 $W_{\mathrm{e}} \ll L_{\mathrm{pe}}$, 上式可近似为

$$P_{\mathrm{e}}(x') - P_{\mathrm{e}0} = \frac{P_{\mathrm{e}0}}{W_{\mathrm{e}}}(\mathrm{e}^{qV_{\mathrm{BE}}/kT} - 1)(W_{\mathrm{e}} - x') \quad (x' \geqslant x_{\mathrm{e}}) \tag{4-28}$$

在集电区,非平衡少子同样是空穴,其连续性方程为

$$\frac{\mathrm{d}^2 P_{\mathrm{c}}(x'')}{\mathrm{d}x''^2} - \frac{P_{\mathrm{c}}(x'') - P_{\mathrm{c}0}}{L_{\mathrm{pc}}^2} = 0 \tag{4-29}$$

式中: $L_{\mathrm{pc}} = \sqrt{D_{\mathrm{pc}}\tau_{\mathrm{pc}}}$。解此方程的边界条件为

$$\begin{cases} x'' = 0, \quad p_{\mathrm{c}}(0) = p_{\mathrm{c}}(x_{\mathrm{c}}) = P_{\mathrm{c}0}\,\mathrm{e}^{qV_{\mathrm{BC}}/kT} \approx 0 \\ x'' = \infty, \quad P_{\mathrm{c}}(\infty) = P_{\mathrm{c}}(W_{\mathrm{c}}) = P_{\mathrm{c}0} \end{cases} \tag{4-30}$$

于是在 $W_{\mathrm{c}} > L_{\mathrm{PC}}$ 的条件下,可求得集电区非平衡少子空穴密度分布如下:

$$P_{\mathrm{c}}(x'') - P_{\mathrm{c}0} = P_{\mathrm{c}0}\,(\mathrm{e}^{qV_{\mathrm{BC}}/kT} - 1)\mathrm{e}^{-x''/L_{\mathrm{pc}}} \approx -P_{\mathrm{c}0}\,\mathrm{e}^{-x''/L_{\mathrm{pc}}} \tag{4-31}$$

2. 电流密度分布

在求得晶体管内各区少子密度分布的基础上,就可以求解相应的电流密度分量。根据理想模型的假设,在势垒区以外,晶体管的其他各区都是电中性区,即没有电场存在,故少子只有依靠密度的不均匀性而扩散,扩散运动导致了载流子的流动,即产生了电流。

不妨先来考虑基区电子扩散电流密度,按照电流输运方程,由式(4-22)求出相应的少子电子密度梯度,又电流方向与梯度方向相同,即可得基区电子扩散电流密度为

$$J_{\mathrm{nb}}(x) = qD_{\mathrm{nb}}\frac{\mathrm{d}n_{\mathrm{b}}(x)}{\mathrm{d}x} = -\frac{qD_{\mathrm{nb}}}{L_{\mathrm{nb}}}\left[\frac{n_{\mathrm{b}0}\,(\mathrm{e}^{qV_{\mathrm{BE}}/kT} - 1)\cosh\left(\dfrac{W_{\mathrm{b}} - x}{L_{\mathrm{nb}}}\right) - n_{\mathrm{b}0}\,(\mathrm{e}^{qV_{\mathrm{BC}}/kT} - 1)\cosh\dfrac{x}{L_{\mathrm{nb}}}}{\sinh(W_{\mathrm{b}}/L_{\mathrm{nb}})}\right]$$

$$\tag{4-32}$$

基区电子电流的边界值为

$$x=0, \quad J_{nb}(0)=-\frac{qD_{nb}n_{b0}}{L_{nb}}\left[\coth\frac{W_b}{L_{nb}}(e^{qV_{BE}/kT}-1)-\operatorname{csch}\frac{W_b}{L_{nb}}(e^{qV_{BC}/kT}-1)\right]$$

(4-33)

$$x=W_b, \quad J_{nb}(W_b)=-\frac{qD_{nb}n_{b0}}{L_{nb}}\left[\operatorname{csch}\frac{W_b}{L_{nb}}(e^{qV_{BE}/kT}-1)-\coth\frac{W_b}{L_{nb}}(e^{qV_{BC}/kT}-1)\right]$$

当$(W_b/L_{nb})\ll1$时,双曲函数展开成泰勒级数,并取一级近似,有 $\cosh\left(\frac{W_b-x}{L_{nb}}\right)\approx1, \cosh\frac{x}{L_{nb}}$ $\approx1, \sinh\frac{W_b}{L_{nb}}\approx\frac{W_b}{L_{nb}}$,则

$$J_{nb}(x)\approx-\frac{qD_{nb}}{L_{nb}}\left[\frac{n_{b0}(e^{qV_{BE}/kT}-1)-n_{b0}(e^{qV_{BC}/kT}-1)}{\frac{W_b}{L_{nb}}}\right]$$

$$\approx-\frac{qD_{nb}n_{b0}}{W_b}(e^{qV_{BE}/kT}-e^{qV_{BC}/kT})$$

(4-34)

又因为$|V_{BC}|\gg kT/q$,且$V_{BC}<0$,所以 $e^{qV_{BC}/kT}\approx0$,故得

$$J_{nb}\approx-\frac{qD_{nb}n_{b0}}{W_b}e^{qV_{BE}/kT}$$

(4-35)

说明在近似条件下,基区中电子电流密度与x无关,J_{nb}为一常数,实质上是忽略了少子电子的复合而转换为空穴电流的部分。当考虑这忽略的一部分,则基区$J_{nb}(x)$随着x增大而有所下降。

发射区空穴电流方向与密度梯度方向相反,有

$$J_{pe}(x')=-qD_{pe}\frac{dp_e(x')}{dx'}$$

(4-36)

由式(4-27)可得

$$\frac{dP_e(x')}{dx'}=-\frac{P_{e0}}{L_{pe}}(e^{qV_{BE}/kT}-1)\frac{\cosh\dfrac{W_e-x'}{L_{pe}}}{\sinh\dfrac{W_e}{L_{pe}}}\quad(x'\geqslant x_e)$$

$$J_{pe}(x')=\frac{qD_{pe}P_{e0}}{L_{pe}}(e^{qV_{BE}/kT}-1)\frac{\cosh\left(\dfrac{W_e-x'}{L_{pe}}\right)}{\sinh(W_e/L_{pe})}\quad(x'\geqslant x_e)$$

(4-37)

当$x'=x_e=0$时

$$J_{pe}(x_e)=\frac{qD_{pe}P_{e0}}{L_{pe}}(e^{qV_{BE}/kT}-1)\frac{1}{\tanh(W_e/L_{pe})}$$

(4-38)

当$W_e\gg L_{pe}$,则$\tanh(W_e/L_{pe})\approx1$,有

$$J_{pe}(x_e)=\frac{qD_{pe}P_{e0}}{L_{pe}}(e^{qV_{BE}/kT}-1)$$

(4-39)

当$W_e\ll L_{pe}$,则$\tanh(W_e/L_{pe})\approx W_e/L_{pe}$,有

$$J_{pe}(x_e)=\frac{qD_{pe}P_{e0}}{W_e}(e^{qV_{BE}/kT}-1)$$

(4-40)

$J_{pe}(x_e)$是空穴电流密度的最大值,它沿着x'方向减小,因为它通过与电子复合而逐渐转换成电子电流。

同理,集电区空穴电流密度为

$$J_{pc}(x'') = -qD_{pc}\frac{\mathrm{d}p_c(x'')}{\mathrm{d}x''} \tag{4-41}$$

由式(4-31)，集电区空穴的密度梯度为

$$\frac{\mathrm{d}p_c(x'')}{\mathrm{d}x} = -\frac{P_{c0}}{L_{pc}}(e^{qV_{BC}/kT}-1)e^{-\frac{x''}{L_{pc}}} \quad (x''\geqslant x_c) \tag{4-42}$$

代入后可得

$$J_{pc}(x'') = \frac{qD_{pc}P_{c0}}{L_{pc}}(e^{qV_{BC}/kT}-1)e^{-\frac{x''}{L_{pc}}} \quad (x''\geqslant x_c) \tag{4-43}$$

故集电区边界的空穴电流密度即为

$$x'' = x_c = 0$$

$$J_{pc}(x_c) = \frac{qD_{pc}P_{c0}}{L_{pc}}(e^{qV_{BC}/kT}-1) \tag{4-44}$$

$J_{pc}(x_c)$ 是 $J_{pc}(x'')$ 的最大值，随着 x'' 增加，J_{pc} 减小，集电区的空穴电流不断转换为电子电流。电流的方向与 x'' 轴方向相反。实际上即是反偏集电结反向饱和电流密度的一部分，对于 P^+N 结，则是其主要部分。

3. 均匀基区晶体管电流增益

通过上述分析，已求得晶体管内各区的电流密度分量及其边界值，由此就可进一步求出其直流电流增益。对于均匀基区晶体管，其发射效率 γ_0 为

$$\gamma_0 = \frac{I_{ne}}{I_E} = \frac{J_{ne}}{J_E} = \frac{1}{1+\dfrac{J_{pe}}{J_{ne}}} \tag{4-45}$$

因 $J_{pe} = J_{pe}(x_e)$，$J_{ne} = J_{nb}(0)$，考虑到 x'_e 和 x 方向相反，故 J_{pe} 和 J_{ne} 方向实际相同，故 J_{ne} 取正值，即有

$$\frac{J_{pe}}{J_{ne}} = \frac{J_{pe}(x_c)}{J_{nb}(0)} = \frac{(qD_{pe}P_{e0}/L_{pe})(e^{qV_{BE}/kT}-1)\dfrac{1}{\tanh(W_e/L_{pe})}}{\dfrac{qD_{nb}n_{b0}}{L_{nb}}\left[\coth\left(\dfrac{W_b}{L_{nb}}\right)(e^{qV_{BE}/kT}-1)-\operatorname{csch}\left(\dfrac{W_b}{L_{nb}}\right)(e^{qV_{BC}/kT}-1)\right]} \tag{4-46}$$

因为 $V_{BC}<0$，且 $|V_{BC}|\gg\dfrac{kT}{q}$，又 $e^{qV_{BE}/kT}\gg1$，故有

$$\frac{J_{pe}}{J_{ne}} = \frac{D_{pe}P_{e0}L_{nb}}{D_{nb}n_{b0}L_{pe}}\cdot\frac{\tanh(W_b/L_{nb})}{\tanh(W_e/L_{pe})} \tag{4-47}$$

$$\gamma_0 = \frac{1}{1+\dfrac{J_{pe}}{J_{ne}}} = \frac{1}{1+\dfrac{D_{pe}P_{e0}L_{nb}}{D_{nb}n_{b0}L_{pe}}\cdot\dfrac{\tanh(W_b/L_{nb})}{\tanh(W_e/L_{pe})}} \tag{4-48}$$

因为 $W_b\ll L_{nb}$，所以 $\tanh\left(\dfrac{W_b}{L_{nb}}\right)\approx\dfrac{W_b}{L_{nb}}$；因为 $W_e\ll L_{pe}$，所以 $\tanh\left(\dfrac{W_e}{L_{pe}}\right)\approx\dfrac{W_e}{L_{pe}}$；又 $n_{b0}=\dfrac{n_i^2}{N_B}$，$P_{e0}=\dfrac{n_i^2}{N_E}$；$\dfrac{D_{pe}}{\mu_{pe}}=\dfrac{D_{nb}}{\mu_{nb}}=\dfrac{kT}{q}$，令 $\dfrac{D_{pe}}{D_{nb}}=\dfrac{\mu_{pe}}{\mu_{nb}}\approx\dfrac{\mu_{pb}}{\mu_{ne}}$，则有

$$\gamma_0 = \frac{1}{1+\dfrac{D_{pe}N_BW_b}{D_{nb}N_EW_e}} \approx \frac{1}{1+\dfrac{\rho_e W_b}{\rho_b W_e}} = \frac{1}{1+\dfrac{R_{\square e}}{R_{\square b}}} \tag{4-49}$$

式中：$\rho_e=\dfrac{1}{q\mu_{ne}N_E}$；$\rho_b=\dfrac{1}{q\mu_{pb}N_B}$；$R_{\square e}=\dfrac{\rho_e}{W_e}$；$R_{\square b}=\dfrac{\rho_b}{W_b}$。$R_{\square e}$，$R_{\square b}$ 分别称为发射区、基区的方块

电阻,表示一正方形片状材料所具有的电阻,单位为 $\Omega/\square$。

因 $J_{nc} = J_{nb}(W_b)$,并可作如下近似:

$$J_{nb}(W_b) = -\frac{qD_{nb}n_{b0}}{L_{nb}}\left[\operatorname{csch}\left(\frac{W_b}{L_{nb}}\right)(e^{qV_{BE}/kT}-1) - \coth\left(\frac{W_b}{L_{nb}}\right)(e^{qV_{BC}/kT}-1)\right]$$

$$\approx -\frac{qD_{nb}n_{b0}}{L_{nb}}\left[\operatorname{csch}\left(\frac{W_b}{L_{nb}}\right)(e^{qV_{BE}/kT}-1) + \coth\left(\frac{W_b}{L_{nb}}\right)\right] \tag{4-50}$$

晶体管的基区输运系数 β_0^* 为

$$\beta_0^* = \frac{J_{nc}}{J_{ne}} = \frac{J_{nb}(W_b)}{J_{nb}(0)} = \frac{\dfrac{qD_{nb}n_{b0}}{L_{nb}}\left[\operatorname{csch}\left(\dfrac{W_b}{L_{nb}}\right)(e^{qV_{BE}/kT}-1) + \coth\left(\dfrac{W_b}{L_{nb}}\right)\right]}{\dfrac{qD_{nb}n_{b0}}{L_{nb}}\left[\operatorname{csch}\left(\dfrac{W_b}{L_{nb}}\right) + \coth\left(\dfrac{W_b}{L_{nb}}\right)(e^{qV_{BE}/kT}-1)\right]} \tag{4-51}$$

因为 $e^{qV_{BE}/kT} \gg 1$,故将式(4-51)中 1 忽略,故得

$$\beta_0^* = \frac{e^{qV_{BE}/kT} + \cosh\left(\dfrac{W_b}{L_{nb}}\right)}{1 + e^{qV_{BE}/kT}\cosh\left(\dfrac{W_b}{L_{nb}}\right)}$$

又因为 $W_b \ll L_{nb}$,便有 $e^{qV_{BE}/kT} \gg \cosh\left(\dfrac{W_b}{L_{nb}}\right)$,则

$$\beta_0^* \approx \frac{1}{\cosh\left(\dfrac{W_b}{L_{nb}}\right)} = \operatorname{sech}\left(\frac{W_b}{L_{nb}}\right) \tag{4-52}$$

将双曲函数展开成级数并取前两项即得

$$\beta_0^* \approx \frac{1}{1 + \dfrac{W_b^2}{2L_{nb}^2}} \approx 1 - \frac{W_b^2}{2L_{nb}^2} \tag{4-53}$$

将式(4-49)及式(4-53)代入式(4-11),并忽略高次项,于是可求得均匀基区晶体管共基极直流电流放大系数

$$\alpha_0 = \gamma_0\beta_0^* \approx \frac{1}{1 + \dfrac{D_{pe}N_B W_b}{D_{nb}N_E W_e} + \dfrac{W_b^2}{2L_{nb}^2}} \tag{4-54}$$

或者

$$\alpha_0 = \left(1 + \frac{\rho_e W_b}{\rho_b W_e}\right)^{-1}\left(1 - \frac{W_b^2}{2L_{nb}^2}\right) \approx \left(1 - \frac{\rho_e W_b}{\rho_b W_e}\right)\left(1 - \frac{W_b^2}{2L_{nb}^2}\right) \approx 1 - \frac{\rho_e W_b}{\rho_b W_e} - \frac{W_b^2}{2L_{nb}^2} \tag{4-55}$$

式中利用了 $\left(1 + \dfrac{\rho_e W_b}{\rho_b W_e}\right)^{-1} \approx \left(1 - \dfrac{\rho_e W_b}{\rho_b W_e}\right)$ 这一近似。

共射极直流电流放大系数 β_0 由下式便可求得

$$\beta_0 = \frac{\alpha_0}{1 - \alpha_0} \approx \frac{1}{1 - \alpha_0}$$

$$\frac{1}{\beta_0} = \frac{1 - \alpha_0}{\alpha_0} \approx 1 - \alpha_0 = \frac{D_{pe}N_B W_b}{D_{nb}N_E W_e} + \frac{W_b^2}{2L_{nb}^2} \approx \frac{\rho_e W_b}{\rho_b W_e} + \frac{W_b^2}{2L_{nb}^2} \tag{4-56}$$

式中:第一项为发射结空穴电流与电子电流之比,称为发射效率项;第二项为基区复合电流与发射结电子电流之比,称为体复合项。

4.3.2 缓变基区晶体管直流电流增益

平面晶体管的发射区和基区都是采用扩散工艺或离子注入工艺制作而成的。因而其杂质分布都是按照一定的函数规律而变化的,故称缓变基区晶体管。图 4-10 为外延平面晶体管的杂质分布示意图。由图可见,基区和发射区杂质分布具有一定梯度,发射结及集电结都是缓变结。在缓变基区晶体管中,由于杂质分布规律不同,则其电流放大特性也会有所不同,电流增益的表达式存在差别。

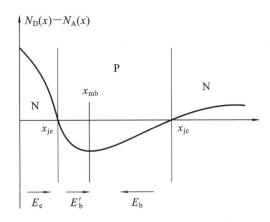

图 4-10 外延平面管杂质分布及各区杂质自建电场

由于基区杂质分布不均,存在浓度梯度,在 NPN 晶体管中,其多数载流子是空穴,它的分布也就存在密度梯度,导致多子从高密度向低密度作扩散运动,即从基区中近发射结一边向集电结一边扩散;由于集电结势垒区强电场的阻碍,多子不能越过集电结,而在其附近积累,从而破坏了基区中原有的电中性,使得基区中靠近集电结一边因多子(空穴)的积累而呈正电性,在发射结一边因多子(空穴)的流走而呈负电性,正、负电之间就产生了电场,并称为基区杂质自建电场,用 E_b 表示,如图 4-10 所示。由于电场的方向是从集电结指向发射结,故阻止了基区中空穴的继续扩散,而将其漂移回原来的位置。对于一定结构的晶体管而言,基区多子因浓度梯度的扩散运动和由电场导致的漂移运动终将达到动态平衡,即空穴的漂移电流和扩散电流相抵消。这时,基区杂质自建电场达到稳定,具有定值。

杂质自建电场的存在,对于发射结注入的非平衡少数载流子会带来一定的作用。它会加速少子电子在基区中的运动,加速电子流向集电区,即注入基区的电子除作扩散运动外,还作漂移运动,使基区少子电流为扩散电流与漂移电流之和,故称加速电场,这部分基区称为加速区。因此,这种缓变基区晶体管也称为漂移晶体管,与均匀基区的扩散晶体管相区别。

此外,由于基区中杂质浓度的峰值并不在发射结处的基区边界,而是在图 4-10 所示的 x_{mb} 处,根据以上分析,不难理解在 x_{mb} 左边,也会存在一自建电场 E_b',其方向如图中所示,因方向恰与 E_b 相反,所以它会阻止电子流向集电区,故称阻滞电场,这一部分基区就称为阻滞区。一般晶体管中的阻滞区所占比例很小,为简化分析,通常不考虑它对载流子运动的影响,也就是说,我们仍可近似认为基区中净杂质密度的峰值在发射结处。

在平面管的发射区同样存在着杂质浓度梯度,所以发射区中也存在一个杂质自建电场

E_e，其方向由发射区表面指向发射结，对由基区注入发射区的空穴是阻滞场，在该电场作用下，空穴电流虽然也有扩散和漂移两部分，但方向相反。

由于基区净空穴电流为零，即

$$J_{pb}(x) = q\mu_{pb}p_b(x)E_b(x) - qD_{pb}\frac{\mathrm{d}p_b(x)}{\mathrm{d}x} = 0$$

故基区自建电场为

$$E_b(x) = \frac{kT}{q} \cdot \frac{1}{p_b(x)} \cdot \frac{\mathrm{d}p_b(x)}{\mathrm{d}x} = \frac{kT}{q} \cdot \frac{1}{N_B(x)} \cdot \frac{\mathrm{d}N_B(x)}{\mathrm{d}x} \tag{4-57}$$

假设基区杂质按指数分布，即

$$N_B(x) = N_B(0)\mathrm{e}^{-(\eta/W_b)x} \tag{4-58}$$

式中：$N_B(0)$ 为基区发射结边界的杂质浓度，即仍以基区与发射结势垒区的边界为坐标原点；η 称为电场因子。由式（4-58）可得

$$\eta = \ln\frac{N_B(0)}{N_B(W_b)} \tag{4-59}$$

式中：$N_B(W_b)$ 为基区集电结边界的杂质浓度；η 反映了基区自建电场的强弱，对于均匀基区晶体管，$\eta = 0$。

在指数分布近似下，基区杂质自建电场为

$$E_b(x) = -\frac{kT}{q} \cdot \frac{\eta}{W_b} \tag{4-60}$$

在自建加速电场 E_b 的作用下，电子在基区兼有扩散和漂移两种运动，即基区中电子电流由扩散电流和漂移电流两部分组成，可以表示为

$$J_{nb}(x) = q\mu_{nb}n_b(x)E_b(x) + qD_{nb}\frac{\mathrm{d}n_b(x)}{\mathrm{d}x} \tag{4-61}$$

将 $E_b(x)$ 的表示式代入式（4-61），两边同乘以 $N_B(x)$，并在 $x \rightarrow W_b$ 内积分，即得

$$\int_x^{W_b} J_{nb}N_B(x)\mathrm{d}x = qD_{nb}\int_x^{W_b}\left[n_b(x)\frac{\mathrm{d}N_B(x)}{\mathrm{d}x} + N_B(x)\frac{\mathrm{d}n_b(x)}{\mathrm{d}x}\right]\mathrm{d}x \tag{4-62}$$

由于基区很薄，基区复合很小，可以近似认为流过基区的电流密度为常数，即忽略基区复合电流，认为基区电子电流与位置 x 无关，并且在 $x = W_b$ 处，$n_b(W_b) \rightarrow 0$，故式（4-62）可写成

$$\frac{J_{nb}}{qD_{nb}}\int_x^{W_b} N_B(x)\mathrm{d}x = -n_b(x)N_B(x) \tag{4-63}$$

即

$$n_b(x) = \frac{-J_{nb}}{qD_{nb}N_B(x)} \cdot \int_x^{W_b} N_B(x)\mathrm{d}x \tag{4-64}$$

基区杂质分布 $N_B(x)$ 为指数函数分布时有

$$n_b(x) = \frac{-J_{nb}}{qD_{nb}} \cdot \frac{W_b}{\eta}\left[1 - \mathrm{e}^{-\frac{\eta}{W_b}(W_b - x)}\right] \tag{4-65}$$

式（4-65）说明缓变基区晶体管基区非平衡少子为非线性分布，且与 η 有关。η 越大，基区杂质分布越陡峭，自建电场越大，对载流子的漂移作用越强，故少子分布越平坦，少子浓度梯度越小，说明漂移电流所占比例越大，扩散电流则越小，只在靠近集电结处扩散电流所占比例才大，如图 4-11 所示。

因为 $J_{ne} = J_{nb}(0)$，故以 $x = 0$ 代入式（4-64），则基区电子电流为

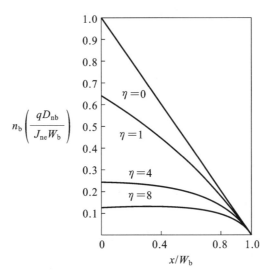

图 4-11　不同电场因子下基区中少子分布

$$J_{ne} = -qD_{nb} \frac{N_B(0) n_b(0)}{\int_0^{W_b} N_B(x)\,dx} = -\frac{qD_{nb} n_i^2 e^{qV_{BE}/T}}{\int_0^{W_b} N_B(x)\,dx} \tag{4-66}$$

式(4-66)利用了基区少子电子边界值 $n_b(0) = n_{b0} e^{qV_{BE}/kT}$ 这一结果。

在单位时间内,单位基区面积上少子复合的数量等于单位面积基区中少子总数除以少子寿命 τ_{nb},对基区的少子分布 $n_b(x)$ 在坐标 $0 \sim W_b$ 范围内积分即为单位面积基区中的少子总量。基区中的复合电流密度为单位时间、单位基区面积上的少子复合数与电荷量 q 的乘积。因此,基区的复合电流可以由下式直接求得

$$I_{rb} = Aq \int_0^{W_b} \frac{n_b(x)}{\tau_{nb}}\,dx = \frac{Q_B}{\tau_{nb}} \tag{4-67}$$

式中:$Q_B = Aq \int_0^{W_b} n_b(x)\,dx$ 为基区非平衡少子电荷总量。将式(4-65)代入式(4-67),设发射结面积为 A_e,即得

$$I_{rb} = \frac{A_e J_{ne} W_b^2}{D_{nb} \tau_{nb}} \left(\frac{\eta - 1 + e^{-\eta}}{\eta^2} \right) = \frac{I_{ne} W_b^2}{\lambda L_{nb}^2} \tag{4-68}$$

式中:$\dfrac{1}{\lambda} = \dfrac{\eta - 1 + e^{-\eta}}{\eta^2}$;$L_{nb}^2 = D_{nb} \tau_{nb}$,$L_{nb}$、$\tau_{nb}$ 分别为基区少子电子的扩散长度及寿命。

发射区杂质自建电场 $E_e(x')$ 与均匀基区晶体管的一样,以 x_e 为坐标轴 x' 的原点,即

$$E_e(x') = -\frac{kT}{q} \cdot \frac{1}{N_E(x')} \cdot \frac{dN_E(x')}{dx'} \tag{4-69}$$

其方向由发射区表面指向发射结,即与 x' 方向相反。在该电场作用下,空穴电流扩散和漂移两部分方向相反,即

$$J_{pe}(x') = q\mu_{pe} P_e(x') \cdot E_e(x') - qD_{pe} \cdot \frac{dP_e(x')}{dx'} \tag{4-70}$$

将式(4-69)代入,即得

$$J_{pe}(x') = qD_{pe} \cdot \frac{1}{N_E(x')} \cdot \frac{d}{dx'} \left[N_E(x') \cdot P_e(x') \right] \tag{4-71}$$

将 $J_{pe}(x')$ 看成常数,并在 $x \rightarrow W_e$ 之间积分,则有

$$J_{pe}(x') = qD_{pe} \frac{\int_{x_e}^{W_e} d[N_E(x') \cdot P_e(x')]}{\int_{x_e}^{W_e} N_E(x') dx'} \tag{4-72}$$

边界条件为

$$\begin{cases} x' = x_e = 0, & N_E(x_e) P_e(x_e) = n_i^2 e^{qV_{BE}/kT} \\ x' = W_e, & N_E(W_e) P_e(W_e) = n_i^2 \end{cases}$$

将上述边界值代入,即可求得

$$J_{Pe} = \frac{qD_{pe} n_i^2}{\int_{x_e}^{W_e} N_E(x') dx} (e^{qV_{BE}/kT} - 1) \approx \frac{qD_{pe} n_i^2}{\int_0^{W_e} N_E(x') dx'} e^{qV_{BE}/kT} \tag{4-73}$$

集电区杂质是均匀分布的,也与均匀基区晶体管的情况相同,此处不再赘述。

根据上述结果即可得到缓变基区晶体管直流电流增益,对于缓变基区晶体管同样有 $\alpha_0 = \gamma_0 \beta_0^* \alpha^* M$,一般情况下仍取 $\alpha_0 = \gamma_0 \beta_0^*$。

根据 J_{ne} 和 J_{pe} 在同一坐标轴中它们的方向实际相同,故缓变基区晶体管发射效率 γ_0 为

$$\gamma_0 = \frac{1}{1 + \dfrac{J_{pe}}{J_{ne}}} = \frac{1}{1 + \dfrac{D_{pe} \int_0^{W_b} N_B(x) dx}{D_{nb} \int_0^{W_e} N_E(x') dx'}} = \frac{1}{1 + \dfrac{D_{pe} \overline{N_B} W_b}{D_{nb} \overline{N_E} W_e}} \approx \frac{1}{1 + \dfrac{q\mu_{pb} \overline{N_B} W_b}{q\mu_{ne} \overline{N_E} W_e}}$$

$$= \frac{1}{1 + \dfrac{\overline{\rho_e} W_b}{\overline{\rho_b} W_e}} \tag{4-74}$$

式(4-74)仍然利用了 $\dfrac{D_{pe}}{D_{nb}} = \dfrac{\mu_{pe}}{\mu_{nb}}$ 这一关系,同时假设 $\dfrac{\mu_{pe}}{\mu_{nb}} \approx \dfrac{\mu_{pb}}{\mu_{ne}}$,同样也可用工艺参数方块电阻表示为

$$\gamma_0 = \frac{1}{1 + \dfrac{R_{\square e}}{R_{\square b}}} \tag{4-75}$$

式中

$$R_{\square e} = \frac{1}{q\mu_{ne} \int_0^{W_e} N_E(x') dx'} = \frac{1}{q\mu_{ne} \overline{N_E} W_e} = \frac{\overline{\rho_e}}{W_e}$$

$$R_{\square b} = \frac{1}{q\mu_{pb} \int_0^{W_b} N_B(x) dx} = \frac{1}{q\mu_{pb} \overline{N_B} W_b} = \frac{\overline{\rho_b}}{W_b}$$

式中:$\overline{N_E}$ 为发射区内的平均杂质浓度;$\overline{\rho_e}$ 为发射区平均电阻率;$\overline{N_B}$ 为基区平均杂质浓度;$\overline{\rho_b}$ 为基区平均电阻率。

缓变基区晶体管的基区输运系数 β_0^* 为

$$\beta_0^* = \frac{I_{nc}}{I_{ne}} = 1 - \frac{I_{rb}}{I_{ne}} = 1 - \frac{W_b^2}{\lambda L_{nb}^2} \tag{4-76}$$

当 $\eta \rightarrow 0$ 时,$\dfrac{N_B(0)}{N_B(W_b)} = 1$,$\dfrac{\eta - 1 + e^{-\eta}}{\eta^2} = \dfrac{1}{2}$,则式(4-76)中 $\lambda = 2$,$\beta_0^* = 1 - \dfrac{1}{2}\left(\dfrac{W_b}{L_{nb}}\right)^2$,即为均

匀基区情况。当 η 很大时，$\dfrac{1}{\lambda}=\dfrac{1}{\eta}$，$\beta_0^*\approx 1-\dfrac{1}{\eta}\left(\dfrac{W_b}{L_{nb}}\right)^2$。电场因子的存在，即基区杂质存在浓度梯度，$N_B(0)>N_B(W_b)$，使基区输运系数变大，这是因为基区产生了杂质自建电场，加速了电子的扩散，减小了基区体复合电流。

由此可求得缓变基区晶体管直流电流放大系数 α_0、β_0 分别为

$$\alpha_0=\gamma_0\cdot\beta_0^*=\dfrac{1}{\left(1+\dfrac{D_{pe}\overline{N}_B W_b}{D_{nb}N_E W_e}\right)}\left[1-\dfrac{1}{\lambda}\left(\dfrac{W_b}{L_{nb}}\right)^2\right]\approx 1-\dfrac{D_{pe}\overline{N}_B W_b}{D_{nb}N_E W_e}-\dfrac{1}{\lambda}\left(\dfrac{W_b}{L_{nb}}\right)^2$$

$$=1-\dfrac{\overline{\rho_e}W_b}{\rho_b W_e}-\dfrac{1}{\lambda}\left(\dfrac{W_b}{L_{nb}}\right)^2=1-\dfrac{R_{\square e}}{R_{\square b}}-\dfrac{W_b^2}{\lambda L_{nb}^2} \tag{4-77}$$

$$\dfrac{1}{\beta_0}=\dfrac{1-\alpha_0}{\alpha_0}\approx 1-\alpha_0=\dfrac{R_{\square e}}{R_{\square b}}+\dfrac{1}{\lambda}\left(\dfrac{W_b}{L_{nb}}\right)^2 \tag{4-78}$$

4.3.3　影响电流增益的因素

根据双极晶体管的直流电流增益 α_0、β_0 和 W_b、N_E、N_B 等结构参数之间的定量关系，明确了提高双极晶体管电流增益的主要途径。

（1）减小基区宽度 W_b，是提高放大系数 α_0、β_0 的主要方面。在同样的注入下，基区越窄，载流子密度梯度越大，自建电场也越大，有利于载流子的扩散。此外，基区越窄，基区的复合损失越小，因而基区输运系数越大。

（2）增大发射区的杂质浓度与基区杂质浓度比，即增大 N_E/N_B 也是提高放大系数的重要方面。对于缓变基区晶体管，一般发射区表面杂质浓度要比基区扩散层表面杂质浓度高两个数量级。在具体工艺控制中，提高杂质浓度比，可以提高 N_E 或降低 N_B，但降低基区浓度 N_B，会使基区电阻增大，从而使功率增益下降，噪声系数上升，大电流特性变坏。一般都采用提高发射区杂质浓度，但不能超过杂质在硅中的固溶度，如取 $N_E=5\times10^{19}\ \mathrm{cm}^{-3}$。

（3）提高基区电场因子 η，即增大基区杂质自建电场将加快基区载流子的输运，也会使电流放大系数得以提高。实际上是提高基区的杂质浓度梯度，增大基区两侧杂质浓度之比。

（4）基区少子寿命及其迁移率也是影响电流放大系数的因素之一，由公式不难看出，基区少子寿命越长，扩散长度就越大，复合得越慢，复合损失越少，则放大系数越大。

但是，这些定量关系式是在一些因素被忽略的理想状态下得到的，在一定的条件下，这些因素将会对放大系数带来影响，因此必须予以考虑。

1.　发射结势垒复合

在影响放大系数的许多其他因素中，首先是发射结势垒复合对发射效率的影响。理想条件下，假设通过势垒区的电流不变，即忽略了势垒复合电流。事实上，当晶体管处于放大工作状态，发射结外加正向偏压，就有大的正向电流通过发射结势垒区，势垒区内载流子密度将高于平衡密度，这时必有净的复合率存在。由于势垒区很窄，如果流过的电流很大，复合电流可忽略不计；如果流过的正向电流很小，则复合电流相对于正向电流则不能忽略，将使发射效率有明显的减小，势垒复合电流有可能比注入基区的电子电流还大。考虑了势垒复合电流 I_{re} 的存在，发射极电流应为

$$I_E = I_{ne} + I_{pe} + I_{re} \tag{4-79}$$

则

$$\gamma_0 = \frac{I_{ne}}{I_{ne} + I_{pe} + I_{re}} = \frac{1}{1 + \frac{I_{pe}}{I_{ne}} + \frac{I_{re}}{I_{ne}}} \tag{4-80}$$

发射结势垒宽度为 x_{me}，势垒区内 $np = n_i^2 e^{qV_{BE}/kT}$，令 $n = p$，$\tau_n = \tau_p$，故复合率为 $R = \frac{n_i}{2\tau_n} e^{qV_{BE}/2kT}$，则发射结势垒复合电流应为

$$I_{re} = A_e q x_{me} \frac{n_i}{2\tau_n} e^{qV_{BE}/2kT} \tag{4-81}$$

代入式(4-66)和式(4-80)，设 $\int_0^{W_b} N_B(x)\mathrm{d}x = \bar{N}_B W_b$，故有

$$\gamma_0 = \frac{1}{1 + \frac{R_{\square e}}{R_{\square b}} + \frac{x_{me} W_b \bar{N}_B}{2L_{nb}^2 n_i} e^{-qV_{BE}/2kT}} \tag{4-82}$$

由此可见，考虑了势垒复合电流后，在小电流下，发射效率变小，则电流放大系数随之降低。但随着电压增加，正向电流增大，势垒宽度变窄，势垒复合便可以忽略。另外，势垒复合与本征载流子密度有关。对于 Ge 器件，本征载流子密度较大，故其势垒复合可以忽略；对于硅器件，本征载流子密度较小，其势垒复合已成为小电流下电流增益下降的主要原因。

2. 发射区重掺杂效应

提高发射区掺杂浓度能增大发射效率，但是发射区杂质浓度并不是越高越好。这一方面受到固溶度的限制；另一方面发射区过重的掺杂，还会带来一些附加的效应，以至于掺杂过重，反而使发射效率下降，致使在基区宽度很小，在输运系数基本上等于 1 的情况下，放大系数也有可能达不到要求。

发射区重掺杂导致发射效率下降的原因主要是禁带变窄和俄歇(Auger)复合这两种附加效应。在重掺杂的半导体中，由于杂质密度很高，杂质原子互相间靠得很近，杂质电离后的电子有可能在杂质原子之间产生共有化运动。一般情况下，杂质能级是孤立的，而在重掺杂的情况下，将扩展成为杂质能带，杂质能带中的电子通过杂质原子之间的共有化运动而导电，杂质能级形成能带以后，和原半导体的能带发生交叠，形成新的简并能带，使能带延伸到禁带之中，结果使禁带宽度变窄。设原带隙宽度为 E_g，变窄后的带隙宽度为 E_g'，则带隙变小量为

$$\Delta E_g = E_g - E_g'$$

禁带变窄与杂质浓度 $\sqrt{N_E}$ 成正比，为

$$\Delta E_g = \frac{3q^3}{16\pi\varepsilon_s}\left(\frac{N_E}{\varepsilon_s kT}\right)^{1/2} \tag{4-83}$$

同时本征载流子密度与带隙宽度直接相关：

$$n_{ie}^2 = N_c N_v \exp\left(-\frac{E_g - \Delta E_g}{kT}\right) = n_i^2 \exp(\Delta E_g/kT) \tag{4-84}$$

因此，重掺杂半导体中的有效本征载流子密度 n_{ie} 比轻掺杂半导体中的本征载流子密度 n_i 高，并且是杂质浓度的函数。对于杂质浓度变化的非均匀半导体，如发射区，n_{ie} 是位置的

函数,杂质浓度高的地方 n_{ie} 也高,少子空穴的密度也是随位置而变化,使得发射区有效杂质浓度为

$$N_{eff}(x) = N_E(x)\frac{n_i^2}{n_{ie}^2} = N_E(x)\exp(-\Delta E_g/kT) \tag{4-85}$$

即发射区有效杂质浓度降低,导致发射效率下降,即

$$\gamma_0 = \cfrac{1}{1+\cfrac{\overline{D}_{pe}\displaystyle\int_0^{W_b} N_B(x)\,\mathrm{d}x}{\overline{D}_{nb}\displaystyle\int_0^{W_e} N_{eff}(x')\,\mathrm{d}x'}} \tag{4-86}$$

以上分析说明,在一定范围内,提高发射区的杂质浓度,能使发射效率增高,电流放大系数增大;但发射区的掺杂浓度也不能太高,否则将由于禁带变窄使发射效率下降,从而使放大系数变小。

同时,俄歇复合也会对发射效率产生影响。不同于通过复合中心间接复合的 SHR (Shockley、Hall、Read)复合,俄歇复合是一种带间的直接复合。重掺杂半导体硅中,少数载流子寿命还要受到俄歇复合的影响,在 N 型重掺杂发射区中复合率与平衡载流子密度的平方成正比。发射区重掺杂,施主杂质浓度升高,多数载流子电子密度也相应增加,使俄歇复合迅速增加,少子空穴的寿命缩短,扩散长度减小,从而使注入发射区的空穴密度增加,注入空穴电流增大,故发射效率进一步降低。

当 SHR 复合和俄歇复合两种机制同时存在时,发射区少子空穴寿命为

$$\frac{1}{\tau_p} = \frac{1}{\tau_S} + \frac{1}{\tau_A} \tag{4-87}$$

式中:τ_S 为 SHR 复合寿命,典型值 $\tau_S = 10^{-7}$;τ_A 为俄歇复合寿命。

对于 N-Si,有

$$\tau_A = \frac{1}{C_n n_0^2}, \quad C_n = 1.7\times10^{-31}\ \mathrm{cm^6/s}$$

式中:n_0 为 N-Si 的平衡电子密度,C_n 为俄歇复合系数。

对于 P-Si,有

$$\tau_A = \frac{1}{C_p p_0^2}, \quad C_p = 1.2\times10^{-31}\ \mathrm{cm^6/s}$$

式中:p_0 为 P-Si 的平衡空穴密度,C_p 为俄歇复合系数。

若取 $N_E = 10^{19}\ \mathrm{cm^{-3}}$,则有 $\tau_A = \dfrac{1}{1.7\times10^{-31}\times10^{19\times2}} = \dfrac{1}{1.7}\times10^{-7}$,比 τ_T 略小。但若使掺杂浓度进一步升高,复合过程将逐渐由俄歇复合支配,使发射效率下降。

俄歇复合及禁带变窄效应的影响与发射结结深及电流大小有关。结深增加,俄歇复合和禁带变窄效应对发射效率的影响减弱,这是因为发射区的杂质密度自表面向内逐渐降低。在同样的表面浓度下,结越深,靠近基区的那部分发射区杂质分布越平缓,浓度越低,由基区注入的少子空穴在到达由俄歇复合和禁带变窄所支配的重掺杂区以前,已经由复合中心复合完了。由于结比较深,发射区比较宽,发射区表面那部分高杂质密度区,已经影响不到注入的空穴电流。一般地,W_e 较大,以 SHR 为主,重掺杂效应可忽略;W_e 中等,SHR 复合、禁带变窄、俄歇复合三种因素都需考虑;W_e 较小($<2\ \mu m$),禁带变窄效应为主,其他效应可以忽略。电流较

小，SHR复合为主；电流中等或较大，三种因素都要考虑。总之，电流小或 W_e 大时，可以不考虑禁带变窄、俄歇复合的影响，其他都需考虑。为避免重掺杂效应的影响，发射区的杂质浓度宜控制在 $N_D=10^{19}\sim10^{20}$ cm^{-3}，一般在 5×10^{19} cm^{-3} 左右。

3. 基区表面复合

晶体管处于放大状态，发射结注入基区的少数载流子电子在通过基区时，要与基区的多子空穴复合损失掉一部分。载流子的运动实际上是三维运动，复合一方面通过体内进行，同时，通过基区的表面也会损失一部分，如果表面缺陷较多，复合就越快。设基区表面复合电流为 I_{sb}，它由发射结附近的非平衡载流子密度及基的表面状况决定，可表示为

$$I_{sb}=qSA_s n_b(0)=qSA_s n_{b0}\,\mathrm{e}^{qV_{BE}/kT} \tag{4-88}$$

式中：S 为表面复合速率；A_s 为基区表面有效复合面积。因此，表面复合对基区输运系数的影响可表示为

$$\beta_0^*=\frac{I_{ne}-I_{rb}-I_{sb}}{I_{ne}}=1-\frac{I_{rb}}{I_{ne}}-\frac{I_{sb}}{I_{ne}} \tag{4-89}$$

由此可知，基区表面复合使基区输运系数变小，从而导致电流放大系数下降。为了减小表面复合对放大系数的影响，就要减小基区宽度 W_b 和有效复合面积 A_s 及复合速率 S。故要改善表面状况，必须减小表面缺陷及杂质沾污，提高工艺水平，保证超净的工艺环境。

4. 基区宽变效应

发射结势垒复合、发射区重掺杂效应以及基区表面复合，对放大系数的影响反映了晶体管内部结构包括杂质密度、基区宽度、载流子的寿命、结面积等因素和放大系数的关系；晶体管工作时，两个结都有外加电压，因此，晶体管的放大性能还密切地依赖于偏置电压的影响。

基区宽度调变效应，简称基区宽变效应，表示基区有效宽度随外加电压变化而变化的现象。当晶体管处于放大工作状态时，发射结处于正向偏置，集电结处于反向偏置，而且反向偏压 V_{CB} 较高。随着反偏电压的升高，集电结空间电荷区宽度增加，使有效基区宽度减小，一方面使基区复合电流密度 J_{rb} 减小，从而使基区输运系数增大；另一方面基区非平衡载流子密度梯度增大，使通过发射结的注入电流密度 J_{ne} 增大，从而使发射效率增大，电流增益变大，输出电流 I_C 随之增大，如图4-12所示。而当反偏电压降低，集电结空间电荷区宽度随之减小，导致有效基区宽度增加，使基区输运系数及发射效率减小，因而导致电流增益变小，则 I_C 变小。这种基区有效宽度随集电结偏压变化而变化的现象即是基区宽度调变效应，也称 Early（厄尔利）效应。其效果将使得晶体管的电流增益随外加电压的变化而变化，降低放大性能的线性度，致使信号失真。随着现代晶体管结构尺寸越来越小，基区宽度调变效应格外受到关注。

将具有明显基区宽变效应晶体管的共射极输出特性曲线上 $V_{BC}=0$ 点的切线与 V_{CE} 轴负方向交于一点，该点电压称为 Early 电压，以 V_{EA} 表示，如图4-13所示。显然，共射极输出特性曲线越平坦，V_{EA} 越大，说明基区宽度调变效应越小；如果曲线族基本上是平行的，V_{EA} 将很大，说明基本上没有基区调变效应；相反，如果曲线倾斜得很厉害，V_{EA} 很小，则说明基区宽度调变效应很严重，因此，Early 电压反映了基区宽度调变效应对电流放大系数的影响。

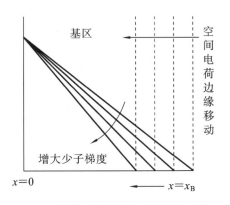

图 4-12　随集电结空间电荷区宽度变化，
基区宽度与少子浓度梯度的变化

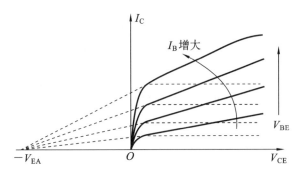

图 4-13　基区宽度调变效应下
电流-电压特性曲线

4.4　反向直流参数与基极电阻

双极晶体管的反向直流参数是指反向截止电流及反向击穿电压，是晶体管的基本性能参数。反向截止电流不受信号控制，增加了器件的空载功耗，对放大没有贡献，故越小越好；击穿电压标志着晶体管可外加电源电压的高低，决定输出电流及功率的大小，故尽可能高些。基极电阻是晶体管的重要参数之一，它增加了器件本身的功率损耗，不仅会影响功率增益，还会增大噪声系数，要求越小越好。

4.4.1　BJT 反向截止电流

反向截止电流定义为，晶体管某两个电极间加反向电压，另一电极开路时流过管中的电流，也常称反向漏电流。由于晶体管有 3 个电极，故可定义 3 个反向截止电流。如图 4-14 所示，当集电极开路，发射极与基极间反偏时，流过发射极基极间的反向电流称为 I_{EBO}，即发射结的反向饱和电流。同理，发射极开路，集电极和基极间反偏时，流过集电极与基极间的反向电流称为 I_{CBO}，即集电结的反向饱和电流。当基极开路，集电极和发射极间加反向偏压时，流过集电极与发射极之间的反向电流则称为 I_{CEO}。在晶体管的性能参数中，常规定在一定测试条件下，即反向电压为某一常数时的电流值为其反向漏电流。

晶体管的反向电流 I_{EBO} 和 I_{CBO} 与单个 PN 结的反向电流基本相同，分别为发射结和集电结的反向饱和电流。与单个 PN 结的反向电流相比，I_{CEO} 存在些许差别，集电结反偏，发射结有很弱的正偏，$I_E = I_C = I_{CEO}$，$I_B = 0$。流过发射结的电流包括电子电流 I_{ne} 和空穴电流 I_{pe}，流过集电结的电流为 I_{nc} 和 I_{CBO}，I_{CBO} 为单个集电结反偏时的反向电流，在这里可看成流过集电结的空穴电流。空穴从集电区被强电场扫到基区，并流向发射结，中和发射结空间电荷区的离化受主。在正向发射结的注入作用下，经过基区，到达集电结的电子电流即为 $\alpha_0 I_E$，可得

$$I_C = I_{CEO} = \alpha_0 I_E + I_{CEO} = \alpha_0 I_{CEO} + I_{CBO}$$

$$I_{CEO} = \frac{I_{CBO}}{1-\alpha_0} = (1+\beta_0) I_{CBO}$$

$$(4-90)$$

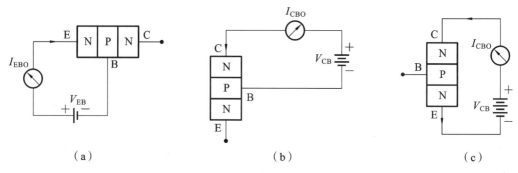

图 4-14　晶体管三个反向截止电流

(a) I_{EBO}；(b) I_{CEO}；(c) I_{CEO}

一般 I_{EBO} 比 I_{CBO} 小或相近,而 I_{CEO} 则要大些。硅实际晶体管反向电流应包括反向扩散电流 I_{rd}、势垒产生电流 I_{rg} 和表面漏电流 I_s,即

$$I_R = I_{rd} + I_{rg} + I_s \tag{4-91}$$

因反向扩散电流 I_{rd} 与 n_i^2 成正比,故硅晶体管比锗晶体管的反向扩散电流小得多,主要由势垒产生电流 I_{rg} 和表面漏电流 I_s 决定。在正常工艺条件下,对于合格产品反向电流一般为纳安级。双极晶体管的反向电流主要由材料和工艺决定,同时也随温度的升高而急剧增大,故为了减小反向电流应严格控制工艺条件和使用温度。

4.4.2　BJT 反向击穿电压

根据 PN 结击穿理论,当反向电压升高到一定值时,反向电流就会急剧上升,即会发生击穿,这时的电压称为击穿电压。反向击穿电压定义为,晶体管某一极开路,另二极之间所能承受的最大反向电压。由于晶体管有三个极,故有三个击穿电压。

(1) 集电极开路,发射极与基极间所能承受的最大反向电压称为 BV_{EBO},即发射结的反向击穿电压。发射结两边掺杂浓度较高,且为单边结,一般可近似为单边突变结,根据突变结的击穿电压公式可知:高阻边的杂质浓度越低,击穿电压越高;基区的杂质浓度 N_B 越低,则 BV_{EBO} 越高。由于晶体管的发射结一般工作在正偏压下,故对其击穿电压要求不高,而且基区杂质浓度较高,BV_{EBO} 通常在 20 V 以内。

(2) 发射极开路,集电极与基极间所能承受的最大反向电压称为 BV_{CBO},实际上就是集电结的反向击穿电压。对于硅平面管,其基区杂质浓度 N_B 总是高于集电区的杂质浓度 N_C,故 BV_{CBO} 由 N_C 决定,若为突变结近似,则 N_C 越低,BV_{CBO} 越高。由于在电路中集电极一般作为输出端,常和电源负极相连,使集电结处于反偏状态,故 BV_{CEO} 的值较高。

(3) 基极开路,集电极与发射极间所能承受的最大反向电压称为 BV_{CEO}。由于在电路中共射极连接用得较多,BV_{CEO} 作为 C、E 之间所能承受的最大反向电压,反映了晶体管所能输出功率的大小。外加电压 V_{CE} 使集电结反偏,发射结处于弱正偏状态,集电极-发射极间的击穿本质上还是集电结的击穿,但又和 BV_{CBO} 不同。当 V_{CE} 较高时,集电结空间电荷区 x_{mc} 内出现雪崩倍增效应,考虑这一效应后,通过集电结的电流都应乘上倍增因子 M,即

$$I_C = \alpha_0 I_E M + I_{CBO} M$$

在基极开路情况下，$I_C = I_E$，故上式为

$$\begin{cases} I_C = \alpha_0 I_C M + I_{CBO} M \\ I_C = \dfrac{I_{CBO} M}{1 - \alpha_0 M} \end{cases} \tag{4-92}$$

可见，当 $\alpha_0 M \to 1$ 时，$I_C \to \infty$，发生了击穿现象。也就是说，当 $\alpha_0 M \approx 1$ 时，在集电极与发射极间所加的反向电压即为 BV_{CEO}。由于 α_0 是接近于 1 的数，所以，M 只要稍比 1 大，就能满足 $\alpha_0 M = 1$。例如，$\alpha_0 = 0.98$ 时，M 只要等于 1.02，$\alpha_0 M$ 就近似等于 1。M 值小，说明集电结只要发生小量倍增，就会引起 I_C 剧增而发生击穿现象。因 BV_{CBO} 为集电结雪崩倍增因子 M 趋于无穷大时集电结上外加反向偏压，所以，M 稍大于 1 时发生击穿的集电结反向电压显然要比 BV_{CBO} 小。

$1 - \alpha_0 M = 0$，集电结产生雪崩击穿。根据雪崩倍增因子的经验公式：

$$M = \frac{1}{1 - \left(\dfrac{V}{V_B}\right)^n}$$

此时，外加电压 $V = BV_{CEO}$，击穿电压 $V_B = BV_{CBO}$，则有

$$M = \frac{1}{1 - \left(\dfrac{BV_{CEO}}{BV_{CBO}}\right)^n} = \frac{1}{\alpha_0} \tag{4-93}$$

$$BV_{CEO} = \sqrt[n]{1 - \alpha_0} \cdot BV_{CBO} = \frac{BV_{CBO}}{\sqrt[n]{1 + \beta_0}}$$

式中：n 为常数。对于集电结高阻区为 N 型的硅管，$n = 4$；高阻区为 P 型时，$n = 2$。对于锗管则分别为 3 和 6。

在实际应用的共射极连接电路中，常常会在输入端口的基极和射极之间接入一电阻 R_B，或反向偏置电源加电阻，或使基极和射极短路，如图 4-15(a) 所示，相应的击穿电压分别为 BV_{CER}、BV_{CEX}、BV_{CES}。在测试击穿电压时，常会出现图 4-15(b) 所示的负阻现象，电压增大，电流减小，即晶体管在发生击穿后通过一段负阻区而达到稳定电压 V_{SUS}，也称为维持电压。

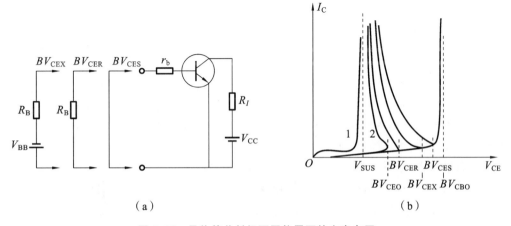

图 4-15　晶体管共射极不同偏置下的击穿电压

近似认为，电流放大系数 α_0 只随 I_C 变化而变化，在 I_C 较小时，空间电荷区的复合作用对 α_0 的影响比较显著，α_0 较小。但随着 I_C 增大，这种影响逐渐减弱，α_0 随 I_C 上升而增大。在大电流时，由于大注入效应的影响，α_0 又随 I_C 增大而降低。

将式(4-92)对 V_{CE} 求导，可以得到 C-E 间的动态电阻表达式为

$$r_{CE} = \frac{dV_{CE}}{dI_C} = \frac{(1-\alpha_0 M)^2 - I_{CBO}M^2 \dfrac{d\alpha_0}{dI_C}}{I_{CBO} \dfrac{dM}{dV_{CE}}} \tag{4-94}$$

r_{CE} 与 dM/dV_{CE} 和 $d\alpha_0/dI_C$ 有关，因此，M 随 V_{CE} 的变化而变化和 α_0 随 I_C 的变化而变化将会引起动态电阻 r_{CE} 的变化。因为 dM/dV_{CE} 总是正值，式(4-94)中分母总是正值。当 V_{CE} 增加到接近于 BV_{CEO} 时，M 明显增大，但电流 I_C 很小且几乎不变，则 α_0 不变，$d\alpha_0/dI_C \approx 0$，而 $(1-\alpha_0 M)^2$ 减小，直到 $\alpha_0 M = 1$ 时 $r_{CE} = 0$，对应于图 4-15(b)曲线 2 所示的峰值，集电结发生击穿，此时 $V_{CE} = BV_{CEO}$。发生击穿后，I_C 迅速增大，引起 α_0 增大，使 $(1-\alpha_0 M)^2 - I_{CBO}M^2 \dfrac{d\alpha_0}{dI_C} < 0$，$r_{CE} < 0$，出现负阻特性，即电流 I_C 增加，电压 V_{CE} 下降。当 I_C 较大时，随着 I_C 增大，$d\alpha_0/dI_C$ 减小，再次使 $(1-\alpha_0 M)^2 - I_{CBO}M^2 \dfrac{d\alpha_0}{dI_C} = 0$，从而再次使 $r_{CE} = 0$，电压出现谷值，即为维持电压 V_{SUS}。电压到达谷值后，I_C 再继续增大时，$d\alpha_0/dI_C < 0$，所以 $r_{CE} > 0$，随 I_C 增加而增大。

在谷值处，根据 $(1-\alpha_0 M)^2 - I_{CBO}M^2 \dfrac{d\alpha_0}{dI_C} = 0$，可得

$$\frac{1}{M} = \alpha_0 + \left(I_{CBO}\frac{d\alpha_0}{dI_C} \right)^{1/2} \tag{4-95}$$

同时，根据雪崩倍增因子的经验公式得到谷值处的 M 值为

$$M = \frac{1}{1 - \left(\dfrac{V_{SUS}}{BV_{CBO}} \right)^n} \tag{4-96}$$

所以，由式(4-95)和式(4-96)得

$$V_{SUS} = BV_{CBO}\left[1 - \alpha_0 - \left(I_{CBO}\frac{d\alpha}{dI_C} \right)^{1/2} \right]^{1/n} \tag{4-97}$$

可见 $V_{SUS} < BV_{CEO}$，当 $I_{CBO}\dfrac{d\alpha_0}{dI_C}$ 很小可以忽略时，有

$$V_{SUS} \approx BV_{CBO}(1-\alpha_0)^{1/n} = BV_{CEO}$$

由于 I_{CBO} 小，晶体管的负阻区范围很小，维持电压 V_{SUS} 比 BV_{CEO} 下降较小值。

BV_{CES} 是基极短路时 C-E 间的击穿电压，图 4-16 为测试 BV_{CES} 的电路示意图，图中 r_b 是晶体管基区本身的电阻，称为基极电阻。当基极短路时，反向电流 I_{CEO} 有一部分通过 r_b 流出基极，形成基极电流 I_B，发射结正向偏置，即 r_b 上的压降比晶体管基极开路时的低，发射区注入基区的电子就少，要达到 $I_C \to \infty$，即发生击穿，要求雪崩倍增因于 M 值增大，所需外加电压

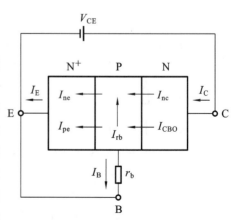

图 4-16 测试 BV_{CES} 的电路示意图

比开路时的高,故 $BV_{CES}>BV_{CEO}$。

类似上面的分析,BV_{CER} 是基极接上 R_B 时 C-E 间的击穿电压。当基极接上 R_B 共发射极击穿电压后,发射结的正向偏压比短路时的高,发射区注入基区电子多,集电极电流大,C-E 击穿时,M 值要求比短路时的低些,故 $BV_{CER}<BV_{CES}$。

BV_{CEX} 是基极除串接 R_B 外,还串接负电源时,C-E 间的击穿电压。由于电源存在,使发射结正向偏压降低,I_C 减小,故 $BV_{CER}<BV_{CEX}$。

综合上面分析,得到下面的一般规律:

$$BV_{CEO}<BV_{CER}<BV_{CEX}<BV_{CES}<BV_{CBO} \tag{4-98}$$

随着现代集成电路中晶体管的尺寸越来越小,基区宽度已减至亚微米以下,对于硅 NPN 平面晶体管,当外延层厚度太薄时,造成集电区厚度 W_c 过薄,当集电结发生雪崩击穿之前,空间电荷区 x_{mc} 已扩展到衬底 N^+ 层,即外延层穿通。集电结两边杂质浓度高,使集电结击穿。设定外延层穿通电压为 V_{PT},即此时的击穿电压为

$$BV_{CBO}=V_{PT}=V_B\left[\frac{W_c}{x_{mc}}\left(2-\frac{W_c}{x_{mc}}\right)\right] \tag{4-99}$$

式中,V_B 为集电结雪崩击穿电压,x_{mc} 为电压 V_B 时的集电结空间电荷区宽度,W_c 为集电区厚度。

而且对于横向 PNP 管,N 型基区为低掺杂,在有外加偏压时,其发射结和集电结的势垒区都向基区扩展。外加电压使发射结和集电结的势垒区在基区相连时的物理现象称为基区穿通。在将集电结近似为单边突变结且基区杂质浓度较集电区低的情况下,穿通电压 V_{PT} 可表示为

$$V_{PT}=\frac{qN_BW_b^2}{2\varepsilon_s\varepsilon_0} \tag{4-100}$$

显然,晶体管在反向偏置下,一旦发生基区穿透其反向电流就会急剧增加,不管这时是否发生 PN 结的击穿,都可认为出现了击穿现象:基区穿通后,集电区与发射区之间的电位差为 V_{PB}(表现为 BV_{CEO}),若 V_{CB} 继续增加,在 $V_{CB}>V_{PB}$ 后,发射结反偏。当发射结反向偏压达到击穿电压 BV_{EBO} 时,发射结发生雪崩击穿,碰撞电离产生大量载流子,其中空穴被集电结电场扫入集电区,使集电极电流急速增大,晶体管集电结击穿。因此,如果基区穿通比集电结雪崩击穿先发生,那么就会降低晶体管的雪崩击穿电压,此时集电结击穿电压为:$BV_{CBO}=V_{PB}+BV_{EBO}=BV_{CEO}+BV_{EBO}$。为了避免基区穿通,就应使基区宽度大于或等于集电结发生雪崩击穿时的势垒宽度,即满足

$$W_b\geqslant\left(\frac{2\varepsilon_0\varepsilon_sV_B}{qN_B}\right)^{\frac{1}{2}} \tag{4-101}$$

式中:V_B 为集电结的雪崩击穿电压。

4.4.3　BJT 基极电阻

1. 基极电阻的产生

晶体管是三端器件,发射极旁边有基极。发射极电流垂直于发射结平面流过,而基极电流则平行于结平面流过。由于横向尺寸比纵向尺寸大得多,基极电流流过基区薄层时,具有一定电阻,即基极电阻。由于沿发射结结面的基极电流在基区所流经的路程不一样,基极电流和电

压分布是不均匀且逐渐扩展开来的,故基极电阻又称基极扩展电阻。基极电流流过基极电阻时,会产生电压降,这个电压降是平行于发射结面的横向电压降。如图 4-17(a)所示,由于基极电阻不均匀,故不同区域的电压降也不一样,所以基极电阻一般用平均电压降和平均电流的比值来表示。显然,基极电阻的大小,与基极电流的流向有关,也与管芯的结构及基区电阻率的分布有关。

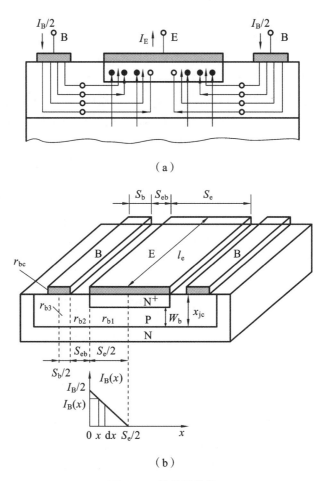

（a）

（b）

图 4-17　梳状晶体管

（a）基极电流示意图;（b）基极电阻计算模型

2. 梳状晶体管的基极电阻

设梳状结构管芯有 n 个发射条及 $n+1$ 个基极条,其单元结构的图形如图 4-17(b)上部所示,具有对称结构,且以发射区中心为对称轴。因此,可以先计算半个单元的基极电阻,然后通过并联得到一个单元的电阻,最后将 n 个单元并联,便可得到晶体管总的基极电阻。图中发射条的长、宽分别为 l_e 及 S_e,基极条的长、宽则分别为 l_e 及 S_b,它们的间距为 S_{eb},其他结构参数如图 4-17(b)中部所示。根据电流流向的特点,将半个单元的基极电阻分成 4 个子区域来考虑,相应的电阻分别为 r_{b1}、r_{b2}、r_{b3} 及 r_{bc}。其中 r_{b1} 为内基区电阻;r_{b2} 为发射区边缘和基极接触孔边缘之间的电阻;r_{b3} 为基极接触孔下面的基区电阻;r_{bc} 为基区金属电极条和半导体的接触电阻。

　　r_{b1} 和 r_{b3} 具有相同特点,在这两个子区域内,电流分布不均,可以采用平均电压法或平均功率法来计算。根据平均电压法,设 r_{b1} 子区域内的基极电流为线性分布,发射结边沿的电流最大,为 $I_B/2$,中心的电流为 0,则对于内基区某一点 x 基极电流为

$$I_B(x) = \frac{I_B}{2}\left(1 - \frac{x}{S_e/2}\right) \tag{4-102}$$

如图 4-17(b)下部所示,若内基区平均电阻率为 $\overline{\rho_b}$,在 x 处 $\mathrm{d}x$ 薄层内的微分电阻

$$\mathrm{d}R = \frac{\overline{\rho_b}\mathrm{d}x}{l_e W_b} = \frac{R_{\square b}}{l_e}\mathrm{d}x \tag{4-103}$$

式中:$R_{\square b}$ 为内基区方块电阻或称薄层电阻,$R_{\square b} = \dfrac{\overline{\rho_b}}{W_b}$。故 $\mathrm{d}R$ 上的微分电压降为

$$\mathrm{d}V_b(x) = I_B(x)\mathrm{d}R$$

再从 $0 \to x$ 积分,则得基区内 x 处的电位为

$$V_b(x) = \frac{I_B}{2}\left(x - \frac{x^2}{S_e}\right)\frac{R_{\square b}}{l_e} \tag{4-104}$$

将式(4-104)在 $0 \sim S_e/2$ 内积分,并在 $0 \sim S_e/2$ 内取平均,即得 r_{b1} 子区域内的平均电压降为

$$\overline{V_b(x)} = \frac{1}{S_e/2}\int_0^{S_e/2} V_b(x)\mathrm{d}x = \frac{I_B S_e R_{\square b}}{12 l_e} \tag{4-105}$$

则可得 r_{b1} 如下:

$$r_{b1} = \frac{\overline{V_b(x)}}{I_B/2} = \frac{R_{\square b} S_e}{6 l_e} \tag{4-106}$$

同理可求 r_{b3} 为

$$r_{b3} = \frac{R_{\square B} S_b}{6 l_e} \tag{4-107}$$

式中:$R_{\square B}$ 为外基区方块电阻,$R_{\square B} = \dfrac{\overline{\rho_B}}{x_{jc}}$;$\overline{\rho_B}$ 为整个基区扩散层的平均电阻率;x_{jc} 即集电结结深。

　　r_{b2} 和 r_{bc} 都是均匀的,可用欧姆定律直接计算,结果如下:

$$r_{b2} = \frac{R_{\square B} S_{eb}}{l_e} \tag{4-108}$$

$$r_{bc} = \frac{2R_C}{S_b l_e} \tag{4-109}$$

式中:R_C 为金属和半导体的接触系数,Ω/cm^2。于是,一个发射条、两个基极条单元的基极电阻为

$$r_b = \frac{1}{2}(r_{b1} + r_{b2} + r_{b3} + r_{bc}) \tag{4-110}$$

　　对于 n 个发射条、$n+1$ 个基极条的梳状结构晶体管的基极电阻,即为 n 个单元电阻的并联,有

$$r_b = \frac{1}{n}\left(\frac{R_{\square b} S_e}{12 l_e} + \frac{R_{\square B} S_{eb}}{2 l_e} + \frac{R_{\square B} S_b}{12 l_e} + \frac{R_C}{S_b l_e}\right) \tag{4-111}$$

3. 减小基极电阻的措施

　　基极电阻 r_b 的值越小越好,如果大了,不仅会增大饱和压降,而且还会影响发射极的发射

效率,降低功率增益,增大噪声等。

由式(4-111)可知,降低 r_b 的措施是:① 减小发射区条宽、基极电极条宽,以及减小它们之间的距离与增加条长,但这会受到工艺条件的限制;② 增加发射极条数 n,但会受到面积的限制;③ 降低基区方块电阻,即提高基区扩散层的杂质浓度,但这会降低发射效率,影响 α_0、β_0,也会降低击穿电压。因此,在器件的设计中,应全面考虑各种参数的综合要求,对结构参数取一适当的值,以达到优化设计的目的。

4.5　双极晶体管直流伏安特性

双极晶体管直流伏安特性即是晶体管在直流偏置下,其端电流和电压间的函数关系。这对于双极晶体管的应用和电子电路设计都是很重要的。本节将在导出均匀基区晶体管理想伏安特性方程的基础上,进一步就其常用的特性曲线予以简要分析。

4.5.1　均匀基区晶体管直流伏安特性

在 4.3 节的理论分析中,已得出了晶体管内部各区电子电流和空穴电流的方程式,据此不难得到其端电流的方程式。晶体管有三个端电流,求得其中任何两个电流,即可得到另一电流。依据电流连续性原理,通过晶体管中某一截面的电子电流和空穴电流的比值可不同,但通过任一截面上的总电流相等。因此,可选取晶体管中某一特殊的截面来求其端电流,如选用发射结结面来求发射极电流,选用集电结结面来求集电极电流。但电子电流或空穴电流在各不同截面上的值可有不同。将式(4-32)、式(4-37)和式(4-43)所表示的各区电子电流密度、空穴电流密度作成曲线如图 4-18 所示。

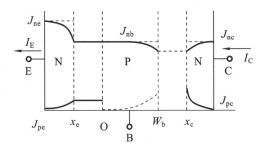

图 4-18　晶体管内各区电子、空穴电流密度

在忽略势垒复合电流时,$J_{ne}=J_{nb}(0)$,$J_{nc}=J_{nb}(W_b)$,$J_{pe}=J_{pe}(x_e)$,$J_{pc}=J_{pc}(x_c)$;选定势垒区边界这一截面,并设发射结和集电结面积相等,即 $A_e=A_c=A$;由晶体管的结构特点,有 $W_b\ll L_{nb}$,故有 $\coth\left(\dfrac{W_b}{L_{nb}}\right)\approx\dfrac{L_{nb}}{W_b}$,$\operatorname{csch}\left(\dfrac{W_b}{L_{nb}}\right)\approx\dfrac{L_{nb}}{W_b}$;则发射极电流 I_E、集电极电流 I_C 可分别表示如下:

$$I_E = A_e(J_{ne}+J_{pe})$$
$$= -A\left[\frac{qD_{nb}n_{b0}}{L_{nb}}\coth\left(\frac{W_b}{L_{nb}}\right)+\frac{qD_{pe}p_{e0}}{L_{pe}}\right](e^{qV_{BE}/kT}-1)$$
$$+ A\left[\frac{qD_{nb}n_{b0}}{L_{nb}}\operatorname{csch}\left(\frac{W_b}{L_{nb}}\right)\right](e^{qV_{BC}/kT}-1)$$
$$= -A\left[\left(\frac{qD_{nb}n_{b0}}{W_b}+\frac{qD_{pe}p_{e0}}{L_{pe}}\right)(e^{qV_{BE}/kT}-1)-\frac{qD_{nb}n_{b0}}{W_b}(e^{qV_{BC}/kT}-1)\right] \tag{4-112}$$

$$I_C = A_c(J_{nc} + J_{pc})$$

$$= -A\left[\frac{qD_{nb}n_{b0}}{L_{nb}}\operatorname{csch}\left(\frac{W_b}{L_{nb}}\right)\right](e^{qV_{BE}/kT}-1)$$

$$+A\left[\frac{qD_{nb}n_{b0}}{L_{nb}}\coth\left(\frac{W_b}{L_{nb}}\right)+\frac{qD_{pc}p_{c0}}{L_{pc}}\right](e^{qV_{BC}/kT}-1)$$

$$= -A\left[\frac{qD_{nb}n_{b0}}{W_b}(e^{qV_{BE}/kT}-1)-\left(\frac{qD_{nb}n_{b0}}{W_b}+\frac{qD_{pc}p_{c0}}{L_{pc}}\right)(e^{qV_{BC}/kT}-1)\right] \quad (4\text{-}113)$$

在放大工作状态时,$V_{BE}>0$,$V_{BC}<0$,且一般满足 $|V_{BC}|\gg\dfrac{kT}{q}$,故上式(4-112)和式(4-113)可近似为

$$I_E = -A\left[\left(\frac{qD_{nb}n_{b0}}{W_b}+\frac{qD_{pe}p_{e0}}{L_{pe}}\right)(e^{qV_{BE}/kT}-1)+\frac{qD_{nb}n_{b0}}{W_b}\right] \quad (4\text{-}114)$$

$$I_C = -A\left[\frac{qD_{nb}n_{b0}}{W_b}(e^{qV_{BE}/kT}-1)+\left(\frac{qD_{nb}n_{b0}}{W_b}+\frac{qD_{pc}p_{c0}}{L_{pc}}\right)\right] \quad (4\text{-}115)$$

这是在理想情况下,晶体管工作在放大态时的直流特性方程。分析此二式可知 I_C 和 I_E 很接近,故 $I_B = I_E - I_C$,其值很小。

以上各式说明双极晶体管的端电流与其电压具有指数关系,与 PN 结的直流伏安特性相似;但是,晶体管是由两个相距很近的 PN 结构成,其端电流应与二结的结电流有关,上式也反映了晶体管的直流特性和单个 PN 结的直流伏安特性有不同,两个结之间存在相互影响。此外,式中的"−"号表示 NPN 晶体管的电流是从发射极流出,与原先所设基区 x 方向相反。

4.5.2 双极晶体管的特性曲线

晶体管的特性曲线是用图示方法来描述其端电压和各极电流之间的函数关系,不仅直观地表示出晶体管直流性能的优劣,同时也反映晶体管内部所发生的物理过程。因此,在实际生产和应用过程中常通过测试特性曲线来评价和确定晶体管的质量指标。晶体管常用特性曲线有两种:输入特性曲线和输出特性曲线。

不同组态的晶体管,其特性曲线是不同的,但无论哪种组态,当它们工作在放大状态时,都必须使发射结正向偏置,集电结反向偏置。共基极电路的输入阻抗很小,只有几十欧,而输出阻抗很高,达几兆欧,其电流增益小于 1,故温度稳定性好,失真小。共射极电路有很大的电流增益,功率增益更大,但其输入阻抗比共基极的大,约 1 kΩ,而输出阻抗比共基极的小,为几十千欧,使用较方便。这里主要介绍晶体管的共基极和共射极的特性曲线,并以 NPN 管为例。

1. 输入特性曲线

输入特性表示输入电流与输入电压之间的关系,对共基极组态,即 I_E-V_{BE} 特性;对共射极组态,即 I_B-V_{BE} 特性。先讨论共基极输入特性曲线。

共基极输入特性曲线如图 4-19(a)所示。由图可见,当集电结反偏电压 V_{CB} 一定时,输入电流 I_E 随输入电压 V_{BE} 按指数规律增加,与正向 PN 结特性类似,实际上 I_E-V_{BE} 特性就是发射结的正向特性。但是它与单个 PN 结之间还是有区别的,即这里集电结上的电压 V_{CB} 对 I_E-V_{BE} 关系有一定的影响,从图中看到,随 V_{CB} 增大,I_E 的增加更快,或者说在同一 V_{BE} 下,V_{CB} 越高,则 I_E 越大。这是基区宽变效应所致,当 V_{CB} 变大时,集电结势垒区展宽,使基区有效宽度减

小,因而基区少子浓度梯度增加,引起发射区向基区正向注入的电子电流 I_{ne} 增加,从而使发射极电流 I_E 随之增大。

图 4-19(b)所示的是共射极输入特性曲线,即基极电流 I_B 和输入端电压 V_{BE} 的关系曲线。它也与 PN 结的正向特性类似,其与单个 PN 结正向特性的差别也在于有邻近结即集电结的影响。当 $V_{CE}=0$ 时,相当于发射结与集电结两个正向 PN 结并联,故 I_B-V_{BE} 特性与 PN 结正向特性类似,但与共基极组态不同之处在于:当 V_{CE} 增大时,集电结反向偏压增高,导致基区宽变效应,使基区有效宽度减小,基区的复合电流 I_{rb} 减小,因此 I_B 减小。在输入特性曲线上,表现为在同样的 V_{BE} 下,V_{CE} 越大,I_B 越小。此外,对 $V_{CE}=0$ 时的 I_B-V_{BE} 曲线,若同时有 $V_{BE}=0$,因这时两个 PN 结上的偏压均为零,没有任何电流在晶体管中流动,故 $I_B=0$;对 $V_{CE}\neq0$ 的 I_B-V_{BE} 曲线,当 $V_{BE}=0$ 时,发射结没有任何注入,即 I_{ne}、I_{pe} 都是 0,基区也就不存在少子复合电流,即 $I_{rb}=0$,但这时集电结上反偏压 $V_{CB}\neq0$,在结中流过反向电流 I_{CBO},由基极流出,故 $I_B=-I_{CBO}$。

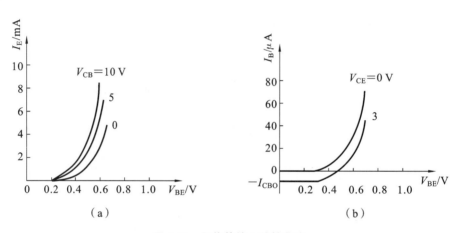

图 4-19　晶体管输入特性曲线
(a)共基极连接;(b)共射极连接

2. 输出特性曲线

输出特性曲线表示晶体管在一定的输入电流下,输出电流与输出电压之间的关系,故为不同输入电流的曲线簇。对共基极组态,即为不同 I_E 时,输出电流 I_C 和输出端电压 V_{CB} 的关系曲线;对共射极组态,即不同 I_B 时,I_C 和 V_{CE} 的关系曲线。

共基极组态的 I_C-V_{CB} 特性曲线如图 4-20(a)所示。由图可知,当 I_E 为不同的值时,I_C 随 V_{CB} 的变化规律大致相同,但一定 V_{CB} 下,I_E 越大,则 I_C 越大。当 $I_E=0$,即发射极开路时,发射结没有任何注入,但此时集电结反偏,流过反向电流 I_{CBO},故 $I_C=I_{CBO}$,这时的输出特性实际上就是集电结的反向特性。随着 I_E 的增加,I_C 按 $\alpha_0 I_E$ 的规律增加,但 $\alpha_0\approx1$,所以 I_C 基本上与 I_E 同样增加。当 I_E 一定时,I_C 基本上不随 V_{CB} 变化,这是因为 I_C 是靠收集 I_E 中传输到集电结的那部分电流 I_{nc} 而构成的,故 I_E 一定时,I_C 也基本恒定;当 V_{CB} 减小直到集电结变成正偏后,集电结收集能力降低,I_C 迅速下降;当 V_{CB} 增大,到达集电结雪崩击穿电压时,晶体管发生击穿,对 $I_E=0$ 的 I_C-V_{CB} 曲线,击穿电压为 BV_{CBO}。

图 4-20(b)所示的是共射极的输出特性曲线,即当输入电流 I_B 为一定值时,I_C-V_{CE}关系

曲线。由图可知,这时电流增益很大,$\beta_0 = \dfrac{\Delta I_C}{\Delta I_B}$;当 $I_B = 0$,即基极开路时,晶体管中流过的电流 I_C 很小,为穿透电流,即 $I_C = I_{CEO} = (1 + \beta_0)I_{CBO}$,它大于集电结反向电流 I_{CBO},这是因为输出电压 V_{CE} 虽然主要降落在集电结上,使集电结反偏,但由 I_{CBO} 流到基区的空穴的积累使发射结正偏,因而发射结有正向注入电流 I_{ne},它输运到集电结,从而使 I_E 大于 I_{CBO}。随着 I_B 增加,集电极电流按 $\beta_0 I_B$ 的规律增加。当 V_{CE} 增大时,由于基区宽变效应使 β_0 增大,特性曲线发生倾斜;当 V_{CE} 增大到集电结发生雪崩倍增时,晶体管击穿,I_C 迅速增大,$I_B = 0$ 时的 I_C-V_{CE} 曲线的击穿电压就是 BV_{CEO},它小于 BV_{CBO},有 $BV_{CEO} = \dfrac{BV_{CBO}}{\sqrt[n]{1 + \beta_0}}$;$V_{CE}$ 在两个结上分压,当 V_{CE} 减小到某一值时,集电结将达到零偏压,若 V_{CE} 进一步降低,集电结就会变成正偏压,使集电结收集能力迅速减弱,因而集电极电流迅速下降。

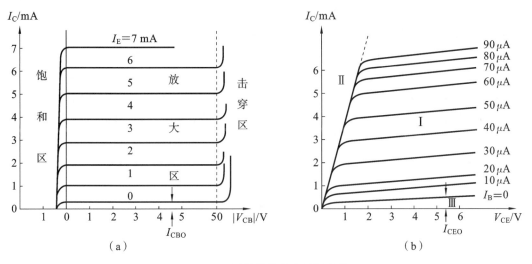

图 4-20　晶体管的输出特性曲线

（a）共基极连接；（b）共射极连接

　　比较可知,两种组态输出特性曲线的共同之处是:当输入电流一定时,两种组态的输出电流基本上保持不变,即随输出电压的变化很微弱,只有输入电流改变时,输出电流才随之变化。因此,晶体管的输出电流受输入电流控制,是一种电流控制器件。

　　两组输出特性曲线不同之处。

　　(1) 共射极输出特性中,输入电流 I_B 较小的变化量,就会引起输出电流 I_C 较大的变化;而共基极输出特性中,输出电流 I_C 的改变量基本与输入电流 I_E 的变化量相等。因为共射极电流增益远大于共基极电流增益。

　　(2) 共射极输出特性曲线随输出电压的增大逐渐上升,而共基极特性曲线基本上保持水平。这是因为基区宽变效应对共射极电流增益 β_0 的影响比对共基极电流增益 α_0 的影响大得多。例如,基区宽变效应使 α_0 从 0.99 稍稍增大到 0.998 时,$\beta_0\left(\text{等于} \dfrac{\alpha_0}{1 - \alpha_0}\right)$ 则由 99 变化为 499。因此,基区宽变效应对共射极输出特性曲线影响显著,对共基极特性曲线则可以忽略。在共射极输出曲线中 $I_B = 0$ 那条曲线的上升则是由于 $I_{CEO} = (1 + \beta_0)I_{CBO}$,$\beta_0$ 随 V_{CE} 增大而导

致 I_{CEO} 曲线上升。共基极输出特性曲线的斜率比共射极的小,说明共基极晶体管的输出阻抗比共射极的大。

(3) 随着输出电压的减小,共射极特性曲线在 V_{CE} 下降为零之前,输出电流 I_C 已经开始下降,而共基极特性曲线在 $V_{CB}=0$ 时还保持水平,直到 V_{CB} 为负值时才开始下降。这是因为,在共射组态中,输出电压 V_{CE} 是降落在集电结和发射结上的,即 $V_{CE}=V_{CB}+V_{BE}$。对于 $I_B\neq0$ 的情况,Si 晶体管发射结偏压 V_{BE} 近似恒定在 0.7 V(对 Ge 管为 0.3 V)。因此,当 V_{CE} 减小到 0.7 V 时,集电结上偏压 $V_{CB}\approx0$。这时集电结虽然为零偏,但依靠势垒区的自建电场仍然可以全部收集从基区输运过来的载流子,因此集电极电流不会显著减小。但是,当 V_{CE} 进一步减小到低于 0.7 V 时,集电结变为正偏,削弱了势垒区内的电场,其收集能力降低,因而 I_C 迅速下降。这就说明为什么共射极组态中,V_{CE} 下降为零之前,输出电流就已迅速减小。同样的分析可知,在共基极组态中,当 $V_{CB}=0$ 时,零偏的集电结仍有电流收集能力,I_C 不会明显下降,只有 V_{CB} 变为负值,即 $V_{CB}<0$ 时,集电结才变为正偏,收集能力减弱,从而 I_C 才开始迅速下降。

由图 4-20 可以看出,根据发射结、集电结的偏压情况,可将晶体管输出特性曲线分成三个区域,对应三种不同的工作状态:① 当发射结正偏,即 $V_{BE}>0$ 时,集电结反偏,即 $V_{BC}<0$,晶体管工作在放大状态,输出电流不随电压而变化,对共射极有 $I_C=\beta_0 I_B$,称为放大区,以 Ⅰ 表示;② 当发射结正偏,即 $V_{BE}>0$ 时,集电结也正偏,即 $V_{BC}>0$,晶体管工作在饱和状态,输出端即 C、E 二极间的压降 V_{CE} 很小,集电极电流 I_C 基本上不受基极电流影响,仅由 V_{CE} 决定,称为饱和区,以 Ⅱ 表示;③ 当发射结反偏,即 $V_{BE}<0$ 时,集电结也反偏,即 $V_{BC}<0$,晶体管工作在截止状态,特点是晶体管的输出电流很小,仅为反向漏电流,称为截止区,以 Ⅲ 表示。

4.6　双极晶体管频率特性

双极晶体管在电路中具有信号放大和开关两大主要功能,在这一基础上,形成模拟和数字两大电路系统。在实现信号放大的应用中,BJT 输入的通常是交流小信号,即信号电压幅度远小于热电势 kT/q,室温下约为 26 mV,比直流偏置电压小得多,相应的交流电流也会比直流偏置下的电流小得多。这时 BJT 工作在正向有源区,作为线性放大,输入信号电流、输出信号电流、输入信号电压及输出信号电压之间可近似为线性变化关系。随着信号频率升高,晶体管的放大特性要发生变化,如放大系数减小、相移增加等,这些变化的主要原因是势垒电容与扩散电容的充放电。当晶体管的放大能力下降到一定程度时,则无法使用,这表明使用频率有一个极限。本节主要讨论频率对晶体管性能的影响,频率参数包括截止频率、特征频率、功率增益和最高振荡频率等。

4.6.1　交流小信号电流传输

晶体管工作在交流小信号状态下,其信号电压叠加在直流偏置电压之上,输出总电流应是直流分量和交流分量之和。如图 4-21 所示,以 NPN 晶体管共基极连接为例,其输入总电压表示为

$$v_{BE}(t)=V_{BE}+\nu_{be}(t)$$

式中：$\nu_{be}(t)$ 一般为正弦交变分量，即

$$\nu_{be}(t)=\nu_{be}\,e^{jwt}$$

这时，集电极总输出电流如下：

$$i_C(t)=I_c+i_c(t)$$

式中：I_c 为直流分量；$i_c(t)$ 为正弦交流分量。

　　当信号频率较低时，如低频或中频频段，作为准静态近似，即认为交流下电流和电压的函数关系与直流下电流随电压的变化规律相同。在本节分析中，将交流变量看成是准静态下的直流量来处理，虽然所得结果与实际测量值存在些误差，但这样处理不仅给理论分析及设计计算带来方便，而且误差也在允许范围内。

　　由于加在晶体管的电压和通过的电流都随时间而变化，故晶体管内发射结和集电结上的偏压及电荷分布都将随时间而变化。如图 4-22 所示，发射结上的偏压随时间而变化，发射结的势垒宽度也将随时间而变，根据 PN 结电容理论，这可以看成是发射结的势垒电容，通过晶体管发射结的电流要对发射结势垒电容进行充、放电，其中，负电荷由发射区的电子填充，正电荷则由基区的空穴填充，从而形成发射结势垒电容的电流分量。因此，与直流下的情况不同，发射极交流电流分量应包括三个分量：$i_e=i_{ne}+i_{pe}+i_{C_{TE}}$。其中，$i_{C_{TE}}$ 表示发射结势垒电容的分流。

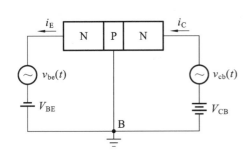

图 4-21　NPN 管共基极交流小信号电路

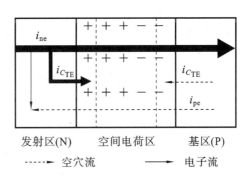

图 4-22　发射结内交流小信号电流传输

　　同样，正向偏压下发射结向基区和发射区注入的非平衡载流子浓度也会随结上电压而按指数规律变化，即基区和发射区储存的电荷量也会随时间而改变，如图 4-23(a) 所示，这可以看成是发射结的扩散电容，以 C_{DE} 表示。

　　C_{DE} 定义为在集电结偏压为常数时，发射结扩散区电荷 Q_{DE} 与发射结电压的微分量之比。设外加偏压下，发射区和基区积累电荷分别为 Q_E、Q_B，因为 $Q_{DE}=Q_B+Q_E$，且 $Q_B\gg Q_E$，所以 $Q_{DE}\approx Q_B$，$C_{DE}=\left.\dfrac{\partial Q_{DE}}{\partial V_{BE}}\right|_{V_{BC}}\approx\left.\dfrac{\partial Q_B}{\partial V_{BE}}\right|_{V_{BC}}$。考虑到扩散电容的影响，注入基区的电流除了包括基区的体复合电流 i_{rb} 外，还应包括扩散电容 C_{DE} 的充、放电电流。因为基区是电中性的，其多子空穴由基极电流随时维持与电子等量的变化，因而扩散电容 C_{DE} 的电流 $i_{C_{DE}}$ 是基极电流的分量。

　　同时，由于集电结偏压的变化会导致基区宽变效应，使有效基区宽度随时而变，也会导致基区积累电荷的变化，故定义当发射结偏压为常数时，基区电荷与集电结电压的微分量之比为集电结扩散电容 C_{DC}，如图 4-23(b) 所示。故流入基区的电子电流 i_{ne} 还应包括集电结扩散电

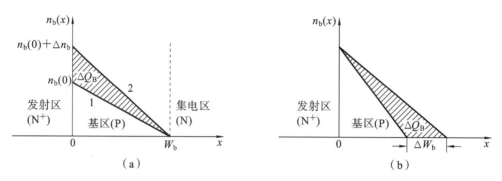

图 4-23　基区积累电荷的变化

(a) C_{DE}；(b) C_{DC}

容 C_{DC} 的充、放电电流 $i_{C_{DC}}$。由于 C_{DC} 很小，一般可忽略不计。在一定的频率范围内，i_{ne} 中的绝大部分电子是会传输到集电区的。因此，通过发射结注入的电子电流 i_{ne} 应为

$$i_{ne} = i_{rb} + i_{C_{DE}} + i_{C_{DC}} + i_{nc}(0) \tag{4-116}$$

式中：$i_{nc}(0)$ 为流经集电结势垒区与基区边界的电子电流。在直流稳态情况下，通常都认为流过集电结势垒区两边的电流相等，这实际上是假定载流子以无穷大的速度通过集电结势垒区。但事实上载流子的速度是一个有限值，故载流子通过集电结势垒区是需要时间的，在动态情况下，电流的幅度和相位均随时间而变，因此，对于某一时刻 t，集电结势垒区两边的电流并不相等。

集电结势垒区同样存在势垒电容 C_{TC}，设集电结势垒区靠集电区一边的电子电流为 $i_{nc}(x_{mc})$，则电子流在向集电极传输的同时，还必须响应 C_{TC} 的充、放电，而相应的电流则由基极电流提供，从而形成电流 $i_{C_{TC}}$，因此，$i_{nc}(x_{mc}) = i_{C_{TC}} + i_c$。

因此，交流小信号下晶体管内电流传输如图 4-24 所示。综上所述，为了响应交流下各种电容充、放电的需要，基极电流将变为

$$i_b = i_{pe} + i_{rb} + i_{C_{TE}} + i_{C_{DE}} + i_{C_{TC}} + i_{C_{DC}} \tag{4-117}$$

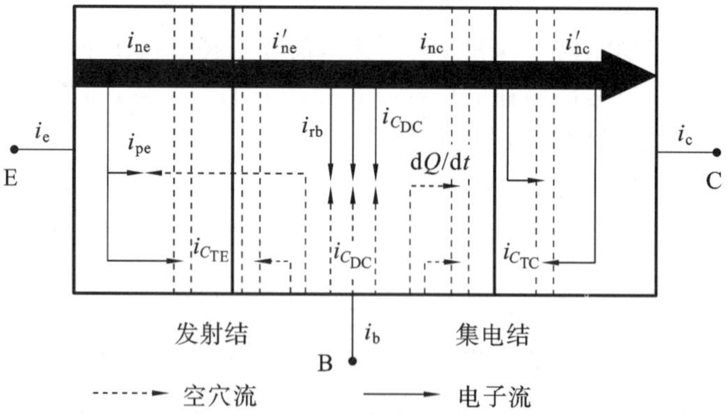

图 4-24　NPN 晶体管内交流小信号电流传输

由此可知，在同样的发射极电流下，由于基极电流的增大，将使得输出电流减小，即意味着电流放大系数的降低。其原因就在于晶体管内存在势垒电容和扩散电容。

4.6.2　交流小信号传输延迟时间

晶体管发射结和集电结都存在势垒电容及扩散电容,当输入交变信号时,电容随之充、放电,这一充、放电所需的时间必然造成信号传输的延迟。同时,荷载交变信号的载流子以有限速度经过器件一定的区间,如基区、集电结空间电荷区等,需要一定的渡越时间,也会增加信号的延迟时间,从而给器件的使用频率带来限制。本征晶体管主要存在四个延迟时间:发射极延迟时间、基区渡越时间、集电极延迟时间及集电结势垒区渡越时间。延迟时间的存在必然会影响其交流电流增益,由于电容的容抗随信号频率的升高而下降,故频率越高,容抗越小,电容的充、放电电流越大,则晶体管的交流电流增益下降得越厉害。

1. 发射效率 γ 及发射结延迟时间 τ_e

根据发射效率的定义,在交流下考虑到电容的充放电电流,有

$$\gamma=\frac{i_{ne}}{i_{ne}+i_{pe}+i_{C_{TE}}}\bigg|_{V_{CB}}=\frac{i_{ne}}{i_{ne}+i_{pe}}\frac{1}{1+\left(\frac{i_{C_{TE}}}{i_{ne}+i_{pe}}\right)}=\frac{\gamma_0}{1+\frac{i_{C_{TE}}}{i_{ne}+i_{pe}}} \tag{4-118}$$

式中: γ_0 表示直流发射效率。

在共基极连接下,势垒电容 C_{TE} 的充、放电过程可看成通过和发射结电阻构成的并联回路进行,如图 4-25 所示。设输入信号的角频率为 ω ,由此可得

$$i_{C_{TE}}\left(\frac{1}{j\omega C_{TE}}\right)=(i_{ne}+i_{pe})r_e$$

所以

$$\frac{i_{C_{TE}}}{i_{ne}+i_{pe}}=j\omega r_e C_{TE}$$

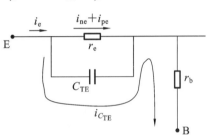

图 4-25　晶体管交流信号下发射结等效电路

代入式(4-118),有

$$\gamma=\frac{\gamma_0}{1+j\omega r_e C_{TE}}, \quad |\gamma|=\frac{\gamma_0}{\sqrt{1+(\omega r_e C_{TE})^2}} \tag{4-119}$$

式中: $r_e C_{TE}$ 称为发射极延迟时间,即发射结势垒电容的充、放电时间,以 τ_e 表示, $\tau_e=r_e C_{TE}$ 。 r_e 为发射结的动态电阻,或称微分电阻,常简称发射结电阻,定义为集电结偏压不变的情况下,发射结正向偏压的变化量与发射极电流变化量之比,即 $r_e=\frac{\partial V_{BE}}{\partial I_E}\bigg|_{V_{CB}}$ 。式中的 V_{BE} 及 I_E 应看成准静态参数,根据 $I_E=I_{E0}e^{qV_{BE}/kT}$,可得 $r_e=\frac{kT}{qI_E}$ 。由发射结延迟时间表示的发射效率为

$$\gamma=\frac{\gamma_0}{1+j\omega\tau_e} \tag{4-120}$$

则 $|\gamma|=\frac{\gamma_0}{\sqrt{1+(\omega r_e C_{TE})^2}}$,相位角 $\varphi=-\arctan(\omega\tau_e)$,由此可知,随着频率升高, $|\gamma|$ 减小,令 $|\gamma|=\frac{\gamma_0}{\sqrt{2}}$ 时的信号频率为发射极截止频率,以 ω_e 表示,故有

$$\omega_e=\frac{1}{\tau_e}=\frac{1}{r_e C_{TE}} \tag{4-121}$$

当 $\omega=\omega_e$ 时,$\varphi=45°$,则流过结电阻的电流和势垒电容的充、放电电流相等。

2. 基区输运系数 β^* 及基区渡越时间 τ_b

交流时,由于 C_{DE} 的充放电影响,i_{ne} 如式(4-116)所示,若令 $i'_{ne}=i_{nc}(0)+i_{rb}$,则有

$$\beta^*=\frac{i_{nc}(0)}{i_{ne}}\bigg|_{V_{CB}}=\frac{i_{nc}(0)}{i_{ne}(0)+i_{rb}+i_{C_{DE}}}=\frac{i_{nc}(0)}{i'_{ne}+i_{C_{DE}}} \tag{4-122}$$

扩散电容 C_{DE} 的充、放电过程亦通过和发射结电阻 r_e 构成的并联回路进行,故可近似认为 $\frac{i_{C_{DE}}}{i'_{ne}}$ $=\mathrm{j}\omega C_{DE}r_e$。将式(4-122)的分子、分母同除以 i'_{ne},并令 $\frac{i_{nc}(0)}{i'_{ne}}=\beta_0^*$,则得

$$\beta^*=\frac{\beta_0^*}{1+\mathrm{j}\omega C_{DE}r_e} \tag{4-123}$$

式中:$C_{DE}r_e$ 称为渡越时间,亦为发射结扩散电容 C_{DE} 的充放电时间,以 τ_b 表示,即 $\tau_b=r_eC_{DE}$。由于发射结扩散电容 C_{DE} 主要是基区非平衡载流子电子随结上偏压的改变引起的,对于均匀基区晶体管有 $Q_B=\frac{1}{2}AqW_bn_{b0}\mathrm{e}^{qV_{BE}/kT}$,由此可得

$$C_{DE}=\frac{\mathrm{d}Q_B}{\mathrm{d}V_{BE}}=\frac{1}{2}AqW_bn_{b0}\frac{q}{kT}\mathrm{e}^{qV_{BE}/kT}$$

由于 $I_{ne}=\frac{AqD_{nb}n_{b0}\mathrm{e}^{qV_{BE}/kT}}{W_b}$,令 $I_{ne}\approx I_E$,即设发射效率为 1 的条件下,对于均匀基区晶体管

$$C_{DE}=\frac{I_Eq}{kT}\frac{W_b^2}{2D_{nb}}\approx\frac{W_b^2}{2r_eD_{nb}}$$

对于缓变基区晶体管同样可求得

$$C_{DE}=\frac{W_b^2}{\lambda r_eD_{nb}}$$

从而求得基区渡越时间为

$$\tau_b=r_eC_{DE}=\frac{W_b^2}{\lambda D_{nb}}$$

对于均匀基区晶体管,$\lambda=2$。故有

$$\beta^*=\frac{\beta_0^*}{1+\mathrm{j}\omega\tau_b}=\frac{\beta_0^*}{1+\mathrm{j}\omega\dfrac{W_b^2}{2D_{nb}}}$$

$$|\beta^*|=\frac{\beta_0^*}{\sqrt{1+(\omega\tau_b)^2}},\quad \varphi=-\arctan(\omega\tau_b) \tag{4-124}$$

信号频率越高,$|\beta^*|$ 越小。令 $|\beta^*|=\frac{\beta_0^*}{\sqrt{2}}$ 时的频率为渡越截止频率,以 ω_b 表示,即得 $\omega_b=\frac{1}{\tau_b}=$ $\frac{1}{r_eC_{DE}}$。当 $\omega=\omega_b$ 时,$\omega\tau_b=1$,$\varphi=-45°$。

3. 集电结势垒区输运系数 β_d 及其延迟时间 τ_d

集电结处于反向偏置,势垒区较宽,势垒区的电场较强,一般认为载流子电子以饱和漂移速度 v_{sl} 通过势垒区,对于 NPN 晶体管,设达到集电结势垒边界的电子电流为 $i_{nc}(0)$,通过势垒区的电流密度为 $J_{nc}=qn_cv_{sl}$,交流信号下,电流密度 J_{nc} 随时间而变,即电子密度 n_c 随时间而

变,故集电结势垒区的电荷分布也会随时间而变,使得同一时刻集电结势垒区在集电区一边的信号电流 $i_{nc}(x_{mc})$ 会滞后于基区一边边界的电流 $i_{nc}(0)$,这一滞后时间称为集电结势垒区延迟时间 τ_d。若电子渡越集电结势垒区的时间为 τ_s,集电结势垒区的宽度为 x_{mc},有

$$\tau_s = \frac{x_{mc}}{v_{sl}}, \quad \tau_d = \frac{\tau_s}{2} = \frac{x_{mc}}{2v_{sl}}$$

式中:v_{sl} 为电子饱和漂移速度,对 Si 器件,$v_{sl} \approx 10^7$ cm/s。

若设集电极输出交流短路时,集电结势垒区两边交流电流之比为集电结势垒区输运系数 β_d,则

$$\beta_d = \frac{i_{nc}(x_{mc})}{i_{nc}(0)}\bigg|_{V_{CB}} = \frac{1}{1 + j\omega\tau_d} = \frac{1}{1 + j\omega\dfrac{x_{mc}}{2v_{sl}}} \tag{4-125}$$

集电结势垒输运截止角频率 $\omega_d = \dfrac{1}{\tau_d} = \dfrac{2v_{sl}}{x_{mc}}$。

4. 集电区衰减因子 α_c 及集电极延迟时间 τ_c

集电区的电子电流包括集电结势垒电容 C_{TC} 的充、放电电流 $i_{C_{TC}}$ 和集电极电流 i_c;亦是集电极输出电流只是集电结输运电流的大部分。定义集电区衰减因子 α_c,以表示在输出对交流短路时,集电极电流 i_c 和集电结边界电流 $i_{nc}(x_{mc})$ 之比,即

$$\alpha_c = \frac{i_c}{i_{nc}(x_{mc})}\bigg|_{V_{CB}} = \frac{i_c}{i_c + i_{C_{TC}}} = \frac{1}{1 + \dfrac{i_{C_{TC}}}{i_c}} \tag{4-126}$$

由图 4-26 所示的晶体管共基极输出端等效电路可知,在输出端交流短路的情况下,集电区体电阻 r_{cs} 与 C_{TC} 相当于并联,根据

$$\frac{i_{C_{TC}}}{i_c} = \frac{r_{cs}}{\dfrac{1}{j\omega C_{TC}}} = j\omega r_{cs} C_{TC}$$

$$\alpha_c = \frac{1}{1 + j\omega r_{cs} C_{TC}} = \frac{1}{1 + j\omega\tau_c} \tag{4-127}$$

式中,τ_c 为集电极延迟时间,$\tau_c = r_{cs} C_{TC}$,r_{cs} 为集电区体电阻,若集电区电阻率为 ρ_c,集电区的宽度和集电结的面积分别为 W_c、A_c,则 $r_{cs} = \dfrac{\rho_c W_c}{A_c}$。集电极截止角频率

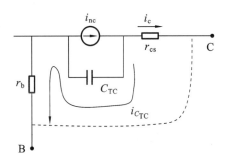

图 4-26　交流信号下共基极
输出端等效电路

$\omega_c = \dfrac{1}{\tau_c} = \dfrac{1}{r_{cs} C_{TC}}$。

实际上 τ_c 是 C_{TC} 的充、放电时间,由于集电区掺杂较低,体电阻 r_{cs} 较大,当交流信号通过 r_{cs} 时,会产生交变电压降,使集电结的偏压变化,即对 C_{TC} 充电或放电。随着频率的升高,电容的容抗减小,充、放电电流增大,使 $|\alpha_c|$ 减小。

4.6.3　交流小信号电流增益

共基极交流短路电流增益定义为集电极输出交流短路,即 v_{CB} 为常数时,集电极交流电流

i_c 与输入交流电流 i_e 之比,在小信号情况下,也可以表示为 I_E 与 I_C 的微分量之比,即

$$\alpha = \left. \frac{i_c}{i_e} \right|_{V_{CB}} = \left. \frac{\mathrm{d}I_C}{\mathrm{d}I_E} \right|_{V_{CB}} \qquad \qquad (4\text{-}128)$$

同理,共射极交流短路电流增益定义为集电极输出交流短路时,集电极交流输出电流 i_c 与基极输入交流电流 i_b 之比,在小信号情况下,也可表示为 I_C 与 I_B 的微分量之比,即

$$\beta = \left. \frac{i_c}{i_b} \right|_{V_{CE}} = \left. \frac{\mathrm{d}I_C}{\mathrm{d}I_B} \right|_{V_{CE}} \qquad \qquad (4\text{-}129)$$

由于交流电流或电压都是复数,不仅有幅值的变化,也有相位的差别,因此,交流电流增益都是复数,常用分贝来表示其模的大小,即

$$\begin{aligned} \alpha &= 20\lg|\alpha| \quad (\mathrm{dB}) \\ \beta &= 20\lg|\beta| \quad (\mathrm{dB}) \end{aligned} \qquad \qquad (4\text{-}130)$$

1. 共基极交流电流放大系数

$$\alpha = \frac{i_c}{i_e} = \frac{i_{ne}}{i_e} \times \frac{i_{nc}(0)}{i_{ne}} \times \frac{i_{nc}(x_{mc})}{i_{ne}(0)} \times \frac{i_c}{i_{nc}(x_{mc})} = \gamma \cdot \beta^* \cdot \beta_d \cdot \alpha_c$$

$$\alpha = \frac{\gamma_0 \beta_0^*}{(1+\mathrm{j}\omega\tau_e)(1+\mathrm{j}\omega\tau_b)(1+\mathrm{j}\omega\tau_c)(1+\mathrm{j}\omega\tau_d)} \qquad (4\text{-}131)$$

分母相乘并忽略的高次项,可得

$$\alpha = \frac{\alpha_0}{1+\mathrm{j}\omega(\tau_e+\tau_b+\tau_c+\tau_d)} = \frac{\alpha_0}{1+\mathrm{j}\omega\tau_{ec}} \qquad (4\text{-}132)$$

因此,交流共基极电流增益为复数,其模和相角分别为

$$|\alpha| = \frac{\alpha_0}{\sqrt{1+(\omega\tau_{ec})^2}}, \qquad \varphi = -\arctan(\omega\tau_{ec})$$

式中:τ_{ec} 表示共基极连接时,发射极和集电极之间总的传输延迟时间,即 $\tau_{ec}=\tau_e+\tau_b+\tau_c+\tau_d$,随着频率 ω 的增加,延迟时间 τ_{ec} 增长,$|\alpha|$ 将减小。

2. 共射极交流电流放大系数

根据共射极电流放大系数 β 和 α 的关系,可有

$$\beta = \left. \frac{i_c}{i_b} \right|_{V_{CE}} = \left. \frac{\alpha_e}{1-\alpha_e} \right|_{V_{CE}} \qquad \qquad (4\text{-}133)$$

式中:α_e 是共射极连接下输出端,即 C 和 E 间交流短路时相应的共基极电流放大系数。由于运用在交流小信号情况下时,C 和 E 相连,当发射结信号电压变化时,在对发射结势垒电容 C_{TE} 充、放电的同时,也会对集电结势垒电容 C_{TC} 充、放电,使得发射极的传输延迟时间增加为 τ_e',$\tau_e'=r_e(C_{TE}+C_{TC})$。所以

$$\alpha_e|V_{CE} = \frac{\alpha_0}{1+\mathrm{j}\omega(\tau_e'+\tau_b+\tau_c+\tau_d)} = \frac{\alpha_0}{1+\mathrm{j}\omega\tau_{ec}'} \qquad (4\text{-}134)$$

将式(4-134)的结果代入式(4-133),整理即得

$$\beta = \frac{\alpha_0}{1-\alpha_0+\mathrm{j}\omega\tau_{ec}'} = \frac{\alpha_0}{(1-\alpha_0)\left[1+\dfrac{\mathrm{j}\omega\tau_{ec}'}{(1-\alpha_0)}\right]} = \frac{\beta_0}{1+\mathrm{j}\beta_0\omega\tau_{ec}'} \qquad (4\text{-}135)$$

相应的模及相角分别如下:

$$|\beta| = \frac{\beta_0}{\sqrt{1+(\beta_0\omega\tau'_{ec})^2}}, \qquad \varphi = -\arctan(\beta_0\omega\tau'_{ec})$$

信号频率越高,延迟时间越长,晶体管共射极交流电流增益越小。

4.6.4　双极晶体管频率特性参数

晶体管的交流电流放大系数随工作频率的升高而减小,其基本规律如图 4-27 所示。当频率较小时,电流放大系数变化较小,可近似认为保持在直流的数值不变。在频率超过一定值后,其电流放大系数将随着频率的上升而明显下降。当 α 或 β 下降到一定值时,就失去了晶体管的放大功能,因此要对它的使用频率提出限制,同时为进一步提高晶体管的工作频率寻求有效途径。引入共基极截止频率、共射极截止频率及特征频率、最高振荡频率等参数来描述 BJT 的频率特性。

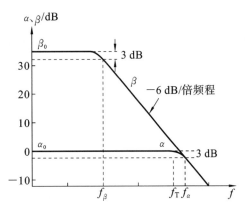

图 4-27　晶体管交流电流放大系数随频率的变化

1. 晶体管共基极截止频率

当晶体管共基极交流短路电流放大系数 α 下降到低频值 α_0 的 $\frac{1}{\sqrt{2}}$ 时的频率称为共基极截止频率,或称为 α 截止频率,以 f_α 表示。即当 $|\alpha| = \frac{\alpha_0}{\sqrt{2}}$ 时,$f = f_\alpha$。若用 dB 为单位,则 $|\alpha|_{(dB)} = 20\lg\frac{\alpha_0}{\sqrt{2}} = 20\lg\alpha_0 - 3$ dB,表示当工作频率升高到 α 截止频率时,共基极交流电流增益将比直流 α_0 下降3 dB,如图 4-27 所示。

由 $|\alpha| = \frac{\alpha_0}{\sqrt{1+(\omega\tau_{ec})^2}}$,当 $\omega\tau_{ec} = 1$ 时,$\omega = \omega_a$,所以

$$\omega_a = \frac{1}{\tau_{ec}} = \frac{1}{\tau_e + \tau_b + \tau_c + \tau_d} \tag{4-136}$$

将各项延迟时间的表达式代入式(4-136),则 α 截止频率 f_α 为

$$f_\alpha = \frac{\omega_a}{2\pi} = \frac{1}{2\pi\left(r_e C_{TE} + \frac{W_b^2}{\lambda D_{nb}} + \frac{x_{mc}}{2v_{sl}} + r_{cs}C_{TC}\right)} \tag{4-137}$$

相应的共基极电流增益及其模与相位角也可分别表示为

$$\alpha = \frac{\alpha_0}{1+j\frac{f}{f_\alpha}}, \qquad |\alpha| = \frac{\alpha_0}{\sqrt{1+\left(\frac{f}{f_\alpha}\right)^2}}, \qquad \varphi = -\arctan\left(\frac{f}{f_\alpha}\right)$$

2. 共射极截止频率及特征频率

当晶体管共基极交流短路电流放大系数 β,下降到低频值 β_0 的 $\frac{1}{\sqrt{2}}$ 时的频率称为共基极截

止频率,或称为 β 截止频率,以 f_β 表示。若用 dB 为单位,则在 f_β 频率下工作, $|\beta|$ 将比直流 β_0 下降 3 dB,即 $|\beta|_{(\mathrm{dB})}=20\lg\dfrac{\beta_0}{\sqrt{2}}=20\lg\beta_0-3$ dB,如图 4-27 所示。

共射极交流电流增益的模为 $|\beta|=\dfrac{\beta_0}{\sqrt{1+(\beta_0\omega\tau'_{ec})^2}}$,于是可得

$$\beta_0\omega\tau'_{ec}=1,\quad \omega=\omega_\beta=\frac{1}{\beta_0\tau'_{ec}}$$

$$\omega_\beta=\frac{1}{\beta_0\tau'_{ec}}=\frac{1}{\beta_0\,(\tau'_e+\tau_b+\tau_d+\tau_c)} \tag{4-138}$$

代入各有关延迟时间表示式,则得共射极截止频率 f_β 为

$$f_\beta=\frac{\omega_\beta}{2\pi}=\frac{1}{2\pi\beta_0\left[r_e\,(C_{TE}+C_{TC})+\dfrac{W_b^2}{\lambda D_{nb}}+\dfrac{x_{mc}}{2v_{sl}}+r_{cs}C_{TC}\right]} \tag{4-139}$$

由 f_β 表示的共射极电流增益 β 及其模与相位角分别为

$$\beta=\frac{\beta_0}{1+\mathrm{j}\dfrac{f}{f_\beta}},\quad |\beta|=\frac{\beta_0}{\sqrt{1+\left(\dfrac{f}{f_\beta}\right)^2}},\quad \varphi=-\arctan\left(\frac{f}{f_\beta}\right)$$

因为 $|\beta|$ 较 $|\alpha|$ 大得多,所以当 $f=f_\beta$ 时, $|\beta|$ 下降得并不多,故 f_β 并非共射极连接时晶体管工作频率的极限。定义特征频率 f_T ,它表示共射极交流电流增益 $|\beta|=1$ 时的频率,说明在工作频率达到 f_T 时,晶体管已没有电流放大功能。

当 $f=f_T$ 时, $|\beta|=\dfrac{\beta_0}{\sqrt{1+(\beta_0\omega\tau'_{ec})^2}}=\dfrac{1}{\sqrt{\left(\dfrac{1}{\beta_0}\right)^2+(\omega\tau'_{ec})^2}}=1$,因为 $\dfrac{1}{\beta_0}\ll1$,可忽略不计,所以 $\omega_T=\dfrac{1}{\tau'_{ec}}$,则得

$$f_T=\frac{\omega_T}{2\pi}=\frac{1}{2\pi(\tau'_e+\tau_b+\tau_d+\tau_c)}=\frac{1}{2\pi\left[r_e\,(C_{TE}+C_{TC})+\dfrac{W_b^2}{\lambda D_{nb}}+\dfrac{x_{mc}}{2v_{sl}}+r_{cs}C_{TC}\right]} \tag{4-140}$$

由式(4-139)和式(4-140)可得 f_T 和 f_β 的关系如下:

$$f_T=\beta_0 f_\beta \tag{4-141}$$

所以,晶体管的特征频率要比共射极截止频率高得多。比较式(4-137)和式(4-140)可以看出 $f_\alpha>f_T$;但当 $C_{TE}\gg C_{TC}$ 时,有 $\tau'_e\approx\tau_e$,故有 $f_\alpha\approx f_T$,说明特征频率略小于或接近共基极截止频率。因此,对于同一晶体管 f_α 、 f_β 、 f_T 三者之间的大小为 $f_\beta<f_T\leqslant f_\alpha$ 。

根据 $\beta=\dfrac{\beta_0}{1+\mathrm{j}\dfrac{f}{f_\beta}}$,当工作频率较高,符合 $f\gg f_\beta$,即 $\dfrac{f}{f_\beta}\gg1$ 时,式中的 1 可忽略之,故近似可得 $\beta=\dfrac{f_\beta\beta_0}{\mathrm{j}f}=\dfrac{f_T}{\mathrm{j}f}$,取 β 的模,即得

$$f_T=|\beta|f \tag{4-142}$$

式中: $|\beta|f$ 称为增益带宽乘积,即对于给定的晶体管, f_T 一定,为常数,在高频下,晶体管的增益带宽乘积为一常数。所以,随着频率的升高, $|\beta|$ 线性下降,即频率每升高一倍,则 $|\beta|$ 减小6 dB,因此也称此为 6 dB/倍频关系。图 4-27 表示出了这一关系。通过增益带宽乘积,可以

在较低的频率下测得某一双极晶体管的特征频率 f_T，或者已知 f_T，可预估某一工作频率下晶体管共射极放大系数 β 的大小。

3. 功率增益及最高振荡频率

晶体管工作在高频电路中，如应用于放大、振荡及倍频等，要求具有优良的功率放大性能，在一定的频率下其功率增益越大越好。但晶体管的功率增益也会随信号频率的升高而下降。晶体管的特征频率反映了共发射极连接晶体管的电流放大系数为 1 时的极限频率，在此频率下，晶体管还存在功率放大。因此，讨论当功率增益为 1 时的极限频率即为晶体管的最高振荡频率。

晶体管输出功率 P_o 与输入功率 P_i 之比称为功率增益，以 K_p 表示，则

$$K_p = \frac{P_o}{P_i} \tag{4-143}$$

若用 dB 作单位，则 $K_p = 10\lg\dfrac{P_o}{P_d}(\text{dB})$。

在共射极连接的情况下，当输入信号源内阻和晶体管的输入电阻 r_b 匹配时，有 $P_i = i_b^2 r_b$，若输出负载为 Z_L，则 $P_o = i_c^2 Z_L$，i_c 是通过负载 Z_L 的电流，因此

$$K_p = \left|\frac{i_c}{i_b}\right|^2 \frac{Z_L}{r_b} \tag{4-144}$$

当负载 Z_L 和晶体管的输出阻抗共轭匹配时，具有最大功率增益，或称最佳功率增益，以 K_{pm} 表示。共轭匹配输出时，考虑到负载的影响，可以求证 $\dfrac{i_c}{i_b} = \dfrac{\beta}{2}$，同时可证明晶体管共射极输出阻抗 $Z_o = \dfrac{1}{\mathrm{j}\omega(1+\beta)C_C} = \dfrac{1}{\omega_T C_C + \mathrm{j}\omega C_C}$，则其共轭匹配负载 $Z_L = \dfrac{1}{\omega_T C_C - \mathrm{j}\omega C_C}$，取实部代入式 (4-144)，则

$$K_{pm} = \left|\frac{\beta}{2}\right|^2 \frac{1}{\dfrac{\omega_T C_C}{r_b}} = \frac{1}{4} \cdot \frac{f_T^2}{f^2} \frac{1}{2\pi f_T r_b C_C} = \frac{f_T}{8\pi f^2 r_b C_C} \tag{4-145}$$

式中：C_C 为集电极总输出电容。由此可知，晶体管共射极最佳功率增益与特征频率成正比，与基极电阻和输出端电容之积成反比，与工作频率平方成反比，即频率越高，功率增益越小。

当 $K_{pm} = 1$ 时，$f = f_M$，称 f_M 为晶体管最高振荡频率，即共射极最佳功率增益为 1 时的频率。由此易得

$$f_M^2 = \frac{f_T}{8\pi r_b C_C} \quad，即 \quad f_M = \sqrt{\frac{f_T}{8\pi r_b C_C}} \tag{4-146}$$

又因 $\dfrac{f_T}{8\pi r_b C_C} = K_{pm} f^2$，故有

$$f_M = \sqrt{K_{pm} f^2} \tag{4-147}$$

$K_{pm} f^2 = \dfrac{f_T}{8\pi r_b C_C}$ 称为晶体管的高频优值，或称功率增益带宽积。高频优值是一常数，它仅取决于晶体管本身的参数，反映了晶体管工作在高频时的功率放大能力。

4. 提高频率特性的途径

要改善 BJT 的频率特性，提高其截止频率及特征频率，需要从材料选择、结构设计、工艺

制作以及工作点的选择等多方面考虑,以减小晶体管高频下的延迟时间 τ_e、τ_b、τ_c 及 τ_d。在这四个时间中,一般以 τ_b 最大,欲减小 τ_b,主要是减小基区的宽度 W_b 和提高基区的电场因子 η 以增大 λ,同时要增大基区少子的扩散系数,故在提高 $N_B(0)$ 的时候要注意不致使 D_{nb} 下降。由于 τ_e、τ_c 与势垒电容 C_{TE}、C_{TC} 等有关,故要减小晶体管的势垒电容,主要在于减小发射结结面积 A_e 及集电结结面积 A_c,还要适当减小集电区的电阻率 ρ_c 及其宽度 W_c,以减小集电区串联电阻 r_{cs},可使 τ_e、τ_c 减小。由于发射结电阻 r_e 及集电结势垒区宽度 x_{mc} 与工作点(I_C,V_{CE})有关,故要选择合适的工作电压与电流。此外,还要减小各种寄生参数,如管壳寄生电容 C_x、延伸电极电容 C_{pad} 等。

要提高功率增益,可通过提高 f_T、减小 r_b 和 C_c 等方法来实现即减小 W_b,增大 λ,即增大 η,如增大基区杂质浓度梯度,减小 ρ_c 和 W_c 以减小集电区串联电阻 r_{cs} 等,使 f_T 得以提高。减小发射极和集电极的面积 A_e、A_c,是减小结电容的有效方法,可减小总的集电极输出电容 C_C,减小 r_b 也是提高功率增益不容忽视的方面。由于 $\mu_n > \mu_p$,所以高频管一般选用 NPN 型晶体管。同时还需选用合适的工作点,即选择正确的偏置电压 V_{CE} 与电流 I_C,使器件的性能得以更好地发挥。

4.7 双极晶体管的开关特性

4.7.1 双极晶体管的开关原理

如果晶体管在截止态和饱和态(或放大态)之间快速转换,则可起到电子开关的作用。晶体管在晶体管开关电路中,通常采用共射极连接,图 4-28(a)所示的为一典型的晶体管共射极开关电路,图 4-28(b)所示的为该晶体管的共射极输出特性曲线。

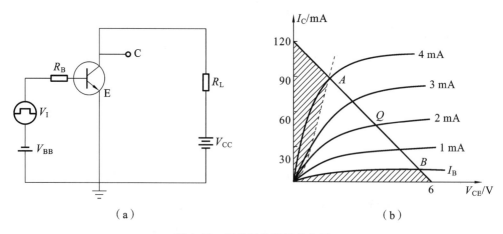

图 4-28 双极晶体管开关应用

(a)晶体管共射极开关电路;(b)共射极输出特性曲线

　　设 R_L 为开关电路的负载，V_{CC} 为输出回路的电源，$R_L = 50\ \Omega$，$V_{CC} = 6\ \mathrm{V}$，令 $V_{CE} \approx 0$，则有 $I_C \approx V_{CC}/R_L = 6/50\ \mathrm{A} = 120\ \mathrm{mA}$；令 $I_C = 0$，有 $V_{CE} = V_{CC} = 6\ \mathrm{V}$，则在输出特性曲线上可作出其负载线 AB。选择不同的工作点，晶体管将工作在不同的工作状态，对应于特性曲线上不同的工作区：当输入回路中没有信号输入，即 $V_I = 0$，由于 V_{BB}、V_{CC} 的作用，使晶体管发射结、集电结均处于反向偏置状态，即 $V_{BE} \leqslant 0$，$V_{BC} \leqslant 0$；故输入、输出回路中只有很小的反向饱和电流，为 $I_B = I_{CBO} + I_{EBO}$，$I_C = I_{CBO}$。则晶体管工作在输出特性曲线 $I_B = 0$ 以下的截止区。

　　当晶体管输入端加上一正脉冲 V_I，其发射结、集电结上的偏压分别为 $V_{BE} > 0$，$V_{BC} < 0$，这时输入基极电流为

$$I_B = \frac{V_I - V_{BB} - V_{BE}}{R_B} \tag{4-148}$$

若 V_I 大小合适，使 $I_C = \beta_0 I_B$，则晶体管工作在输出特性曲线的 A、B 之间处于放大工作状态。

　　当电路中的 R_B、V_I 等参数的选取使 I_B 足够大时，有

$$I_B > \frac{V_{CC}}{\beta_0 R_L} \tag{4-149}$$

式中：$V_{CC}/R_L = I_{CS}$，I_{CS} 称为集电极饱和电流。令

$$I_{BS} = \frac{I_{CS}}{\beta_0} = \frac{V_{CC}}{\beta_0 R_L} \tag{4-150}$$

I_{BS} 称为临界饱和基极电流。由于晶体管本身放大能力及外电路负载的限制，集电极的最大电流只能趋近 I_{CS}，相应的基极电流为 I_{BS}；这时，基极电流提供的空穴恰能补充基区和发射区"非子"复合所需要的空穴电荷，即形成基区复合电流 I_{rb} 和通过发射结注入的空穴电流 I_{pe}，满足 $I_{CS} = \beta_0 I_{BS}$，晶体管处于临界饱和状态。这时，发射结正偏，集电结零偏，即 $V_{BE} > 0$，$V_{BC} = 0$，晶体管内非平衡少子浓度分布如图 4-29(a)所示。

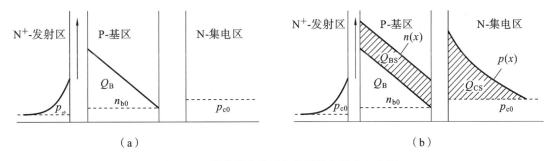

图 4-29　晶体管内非平衡少子浓度分布示意图

(a) 临界饱和态电荷分布示意图；(b) 饱和态超量储存电荷分布示意图

　　当基极电流大于 I_{BS} 时，晶体管将处于过驱动状态。令过驱动基极电流为 I_{BX}，则 $I_{BX} = I_B - I_{BS}$，过驱动基极电流使晶体管内部产生大量的非平衡载流子，但集电极电流已达到饱和值 I_{CS}，不能再增加，故这些载流子就会在晶体管内堆积起来，当它们填充到发射结、集电结空间电荷区时，就会使其宽度变窄，使发射结上的正向偏压进一步升高，使集电结由零偏压转变为正偏压，结果发射结和集电结都会具有正向注入作用，于是，就会在基区和集电区产生超量储存电荷，分别为 Q_{BS} 和 Q_{CS}，如图 4-29(b)所示，这时晶体管处于饱和状态。

　　为表示晶体管的饱和的程度，定义参数 S 为饱和深度，也称为过驱动因子，有

$$S = \frac{I_B}{I_{BS}} = \frac{I_B}{V_{CC}/\beta_0 R_L} \tag{4-151}$$

显然，S 越大，饱和越深，产生的超量储存电荷越多。

当晶体管工作在截止区时，输出回路中仅有很小的反向漏电流，外加电压几乎全部降落在晶体管上，为高压小电流状态，故晶体管截止，即关态；而当晶体管工作在饱和区时，集电极的电流很大，达到饱和，输出端 C、E 之间的压降很小，为低压大电流状态，这时晶体管导通，即开态。当信号使晶体管在这两种状态之间转换，就能起到电子开关的作用，为饱和型开关。同时，晶体管工作在放大区时，也可看作为低压大电流的导通状态，即开态。故当晶体管在截止和放大两种状态间转换时，也能起到电子开关的作用，常称非饱和型开关。与饱和型开关相比，非饱和型开关开关时间短，但抗干扰能力较差。

共射极连接状态下，当晶体管处于饱和状态时，可画出其共射极饱和态等效电路，如图4-30所示。输入端基极和发射极之间的压降称为正向压降，以 V_{BES} 表示；输出端集电极和发射极之间的电压降，常称反向饱和压降，以 V_{CES} 表示。从开关使用考虑，总是希望其正向压降和饱和压降小些好。

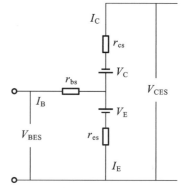

图 4-30　饱和态晶体管等效电路

正向压降 $V_{BES} = V_E + I_B r_{bs} + I_E r_{es} \approx V_E + I_B r_{bs}$，式中，$r_{bs}$ 为晶体管工作在饱和态时的基极电阻；r_{es} 为饱和态时的发射区串联电阻，由于发射区掺杂浓度高，故其很小，可忽略不计；V_E 为晶体管发射结压降，与电流有关。

反向饱和压降 $V_{CES} = V_E - V_C + r_{es} I_E + r_{cs} I_C \approx V_{CE} + r_{cs} I_C$，式中，$V_C$ 为集电结压降；r_{cs} 为集电区体电阻。所以为了降低开关晶体管饱和压降，应选择集电区电阻率低的材料，同时，在保证击穿电压的情况下减小集电区厚度 W_c，并且要尽量降低各区与电极金属层的接触电阻。另外，增大饱和深度也可减小饱和压降 V_{CES}，因为饱和深度因子 S 越大，过驱动程度提高，驱动电流增大，储存电荷增多，进而 V_C 提高，使 V_{CES} 下降。

4.7.2　晶体管的开关过程和开关时间

在开关电路中，当基极电路没有输入信号时，基极回路电压 V_{BB} 使发射结处于反偏，晶体管截止；某时刻 t_0，输入一正的脉冲信号电压 V_1，使之导通，在输出端立即产生一相位相反且被放大了的输出电压 V_O。但实际的输出波形总会延迟于输入波形，如图4-31所示。当脉冲信号加入以后，输出电流 I_C 并不立即上升到 I_{CS}，而是过了一段时间，到 t_1 时才上升到 $0.1I_{CS}$，上升也是逐渐增加，到 t_2 时为 $0.9I_{CS}$，然后才达到 I_{CS}。t_3 时刻，脉冲信号去掉，I_C 也并不立即减小，而是维持 I_{CS} 一段时间，直到 t_4 才开始下降为 $0.9I_{CS}$，到 t_5 时才下降到 $0.1I_{CS}$，并逐渐下降到接近 0，此后，输入回路的负偏压 V_{BB} 使发射结又恢复到负偏压状态，晶体管重回截止状态。将上述开关过程分为延迟、上升、储存及下降 4 个子过程。

（1）延迟过程：从 t_0 时刻脉冲信号加入，到 t_1 时刻集电极电流达到 $0.1I_{CS}$。脉冲信号加入以前，发射结、集电结均处于反向偏置，相应的势垒区宽度较宽；正脉冲加入后，幅值为 V_1，产生过驱动基极电流 I_{B1}，但开始时并没有形成集电极电流 I_C，因为首先要使发射结由负偏变

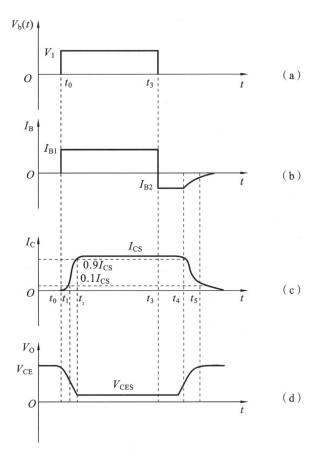

图 4-31　晶体管开关响应特性曲线

(a) 输入电压波形；(b) 基极电流波形；(c) 集电极电流波形；(d) 输出电压波形

为零偏乃至正偏。一般将集电极电流 $I_C = 0.1I_{CS}$ 时的发射结偏压称为正向导通电压 V_{J0}，或称微导通电压。对于硅 PN 结，V_{J0} 约为 $0.5\ \mathrm{V}$。同时集电结上的负偏压也相应从 $-(V_{CC} + V_{BB})$ 降低为 $-(V_{CC} - V_{J0})$。所以，发射结和集电结势垒区都相应变窄，相当于要给发射结势垒电容 C_{TE} 和集电结势垒电容 C_{TC} 充电；基极电流提供的空穴用以中和发射结和集电结势垒区中基区一边的负空间电荷，而正的空间电荷将由相应的电子流去填充。伴随着这一过程的进行，基区的少子密度也会由低于平衡值逐渐增加到与 $0.1I_{CS}$ 相适应的 $n_b(t_1)$，如图 4-32(a)、(b) 所示。基极电流提供的空穴使基区的多子达到相应的积累，以维持电中性，这相当于给扩散电容 C_{DE} 充电。从 t_0 时刻基极正脉冲输入，到 t_1 时刻 I_C 上升到 $0.1I_{CS}$ 所需的时间称为延迟时间，以 t_d 表示，$t_d = t_1 - t_0$。

（2）上升过程：集电极电流从 $I_C = 0.1I_{CS}$ 增加到 t_2 时 $I_C = 0.9I_{CS}$ 的过程。在这一过程中，由于基极电流 I_{B1} 大于 I_{BS}，将继续向发射结势垒电容 C_{TE} 充电，使其正向偏压继续升高，从 V_{J0} 上升到通常的导通电压 $0.7\ \mathrm{V}$ 左右。同时集电结电压由 $-(V_{CC} - V_{J0})$ 上升至接近零偏压，即继续给 C_{TC} 充电。基区积累电子电荷则由 $n_b(t_1)$ 增加到 $n_b(t_2)$，即继续给扩散电容 C_{DE} 充电，如图 4-32(c) 所示，此外基区复合电流也会增加。I_C 从 t_1 时的 $0.1I_{CS}$ 上升到 t_2 时的 $0.9I_{CS}$ 所需的时间称为上升时间，以 t_r 表示，$t_r = t_2 - t_1$。

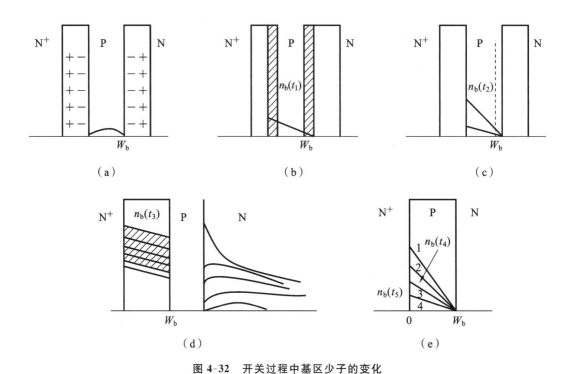

图 4-32   开关过程中基区少子的变化

(a) t_0 前晶体管截止;(b) 延迟过程;(c) 上升过程;(d) 储存过程;(e) 下降过程

（3）储存过程:为 t_3 时刻去掉脉冲信号,到集电极电流下降到 $0.9I_{CS}$ 的过程。上升过程后,大于 I_{BS} 的基极电流还将对 C_{TE}、C_{TC}、C_{DE} 继续充电,不但发射结正向偏压有所增高,集电结也将由负偏转为零偏,并进而达到 $0.5\ \mathrm{V}$ 左右的正向偏压,通过正偏集电结就会向基区注入电子,向集电区注入空穴,使得基区、集电区产生超量储存电荷 Q_{BS} 及 Q_{CS},如图 4-32(d)所示。直至晶体管进入稳定的饱和状态,集电极电流达到 I_{CS}。当 t_3 时基极脉冲信号去掉,首先就必须使超量储存电荷 Q_{BS} 及 Q_{CS} 从基区和集电区消失。当 $V_b(t)$ 突然去掉,超量储存电荷并不会立即消失,I_{CS} 也不会立即变小。这时基极电流将成为反向抽出电流 I_{B2},其方向和 I_{B1} 相反,从基极流出,大小为 $I_{B2}=\dfrac{V_{BB}+V_{BE}}{R_B}$。$I_{B2}$ 用于泻放基区、集电区超量储存的空穴,相应的超量储存电子则从集电极流出,这时基区及集电区非平衡少子的复合也会加速超量储存电荷的消失。在超量储存电荷泻放过程中,基区电荷密度梯度不变,集电极电流仍维持在饱和值 $I_{CS}\approx V_{CC}/R_L$。这意味着发射结注入电子减小,发射结注入电流由 $I_E=I_{CS}+I_{B1}$ 变为 $I_E+I_{B2}=I_{CS}$。随着载流子不断被抽出和复合,Q_{BS} 及 Q_{CS} 逐渐消失后,发射结正偏就会降低,集电结偏压也会由正偏转为零偏,并进一步变为负偏,相当于势垒电容 C_{TE} 和 C_{TC} 放电。这时,晶体管脱离饱和态,进入放大态,到 t_4 时集电极电流从 I_{CS} 下降到 $0.9I_{CS}$。从 t_3 时去掉脉冲信号到 t_4 时 I_C 下降到 $0.9I_{CS}$ 所需的时间称为储存时间,以 t_s 表示 $t_s=t_4-t_3$。

（4）下降过程:为集电极电流从 $0.9I_{CS}$ 下降到 $0.1I_{CS}$ 的过程,相当于上升过程的逆过程。晶体管进入放大态后,基区积累电荷已大为减少,故 I_{B2} 很快衰减,如图 4-31(b)所示;基区少子密度从 t_4 时的 $n_b(t_4)$ 很快下降到 t_5 时的 $n_b(t_5)$,如图 4-32(e)所示。基区积累电荷减少,浓度梯度下降,使 I_C 从 $0.9I_{CS}$ 减小到 $0.1I_{CS}$,即相当于 C_{DE} 的放电过程。同时,集电结反向偏压升高,势垒区增宽,意味着势垒电容 C_{TC} 放电。发射结正向偏压减小,由 0.7 V 减小到微导通电压 V_{J0},势垒区增宽,即为势垒电容 C_{TE} 放电。虽然下降过程中,基极电流 I_{B2} 减小很快,但仍从基极流出,进一步抽出空穴,电子仍从集电极流出。同时,基区电子和空穴的复合,也加速了放电进程。下降过程后,V_{BB} 使晶体管的发射结又处于反偏状态,集电结恢复为反偏(V_{CC} + V_{BB}),晶体管由放大区进入截止区,从而使晶体管完成了从截止到导通再到截止的开关过程。I_C 从 t_4 时的 $0.9I_{CS}$ 下降到 t_5 时的 $0.1I_{CS}$ 所需的时间称为下降时间,以 t_f 表示,$t_f = t_5 - t_4$。

晶体管开关过程需要的时间即是开关时间。延迟时间 t_d 和上升时间 t_r 之和又称为开启时间 t_{on},$t_{on} = t_d + t_r$;储存时间 t_s 和下降时间 t_f 之和又称为关断时间 t_{off},$t_{off} = t_s + t_f$。一般开关晶体管的开关时间在纳秒数量级,且 $t_{off} > t_{on}$。开关时间是影响开关速度的根本原因,有必要分析开关时间产生的因素,求得有关开关时间的估算公式,以便得到提高开关速度的途径。

由于晶体管的开关过程表现出高度的非线性,故不能像以往那样通过求解非平衡少数载流子连续性方程的方法得到有关的电流密度,而是将晶体管看成一电荷控制器件,以其各中性区的非平衡载流子电荷作为控制变量,依据电荷守恒原理,建立某区电荷同各极电流之间的比例关系式,即为电荷控制方程。求解开关时间时,主要考虑某一时刻基区瞬态电荷总量的变化和端电流的电荷控制方程,通过各个具体开关过程电流的变化求解方程便可得到相应的开关时间。至于少子电荷具体如何分布并不重要。

由基区少子连续性方程可求得基极电流,即

$$i_b = \frac{\partial Q_B}{\partial t} + \frac{Q_B}{\tau_{nb}} \tag{4-152}$$

式中:Q_B 为基区非平衡载流子电荷总量;τ_{nb} 为基区非平衡电子寿命。该式表示瞬态基极电流所提供的电荷用于增加基区电荷的积累及补充基区内部非平衡少数载流的复合损失。

(1)延迟时间。

可进一步将延迟时间细分为两个阶段:第一阶段是从基极输入正脉冲的 t_0 时刻到晶体管开始导通的 t' 时刻,此时 $I_C \approx 0$,这段时间记为 t_{d1},此后,I_C 由 0 上升到 t_1 时的 $0.1I_{CS}$,所需的时间记为 t_{d2},总延迟时间为 $t = t_{d1} + t_{d2}$。

在 t_{d1} 时间内,基极驱动电流为 $I_{B1} = \dfrac{V_I - V_{BB}}{R_B}$,并保持恒定,发射结偏压由 $-V_{BB}$ 上升到 V_{J0},集电结上的偏压则由 $-(V_{CC} + V_{BB})$ 变为 $-(V_{CC} - V_{J0})$。结上电压的变化即意味着空间电荷区宽度的变化,亦即意味着对发射结和集电结势垒电容的充电。故由电荷控制方程可得

$$I_{B1} = \frac{dQ_{TE}}{dt} + \frac{dQ_{TC}}{dt} = C_{TE}\frac{dV_{BE}}{dt} + C_{TC}\frac{dV_{BC}}{dt} \tag{4-153}$$

将式(4-153)在结电压 V_{BE} 和 V_{BC} 的变化范围内积分,即得延迟时间 t_{d1} 如下:

$$t_{d1} = \frac{V_{DC}C_{TE}(0)}{I_{B1}(1-n_E)}\left[\left(1+\frac{V_{BB}}{V_{DE}}\right)^{1-n_E} - \left(1-\frac{V_{J0}}{V_{DE}}\right)^{1-n_E}\right]$$
$$+ \frac{V_{DE}C_{TC}(0)}{I_{B1}(1-n_C)}\left[\left(1+\frac{V_{CC}+V_{BB}}{V_{DE}}\right)^{1-n_C} - \left(1+\frac{V_{CC}-V_{J0}}{V_{DE}}\right)^{1-n_C}\right] \tag{4-154}$$

式中:V_{DE}、V_{DC} 分别为发射结和集电结的内建电势,可取 0.8 V;V_{J0} 为 PN 结微导通电压,对于硅约为 0.5 V;$C_{TE}(0)$、$C_{TC}(0)$ 则分别为零偏压下的发射结和集电结势垒电容。

在 t_{d2} 时间内,I_{B1} 继续向晶体管内注入电荷,发射结由负偏压升为正偏压,基区内开始积累电荷,I_C 由 0 上升到 $0.1I_{CS}$,即晶体管处于放大态,因这时 $i_b = I_{B1}$,放大态电荷控制方程应为

$$I_{B1} = \left(\frac{1}{\omega_T} + \bar{C}_{TC} R_L \right) \frac{dI_C}{dt} + \frac{I_C}{\beta_0} \tag{4-155}$$

将 I_C 在 t' 的值 0 和 t_1 的值 $0.1I_{CS}$ 依次代入此方程的通解式,即可求得延迟时间 t_{d2} 为

$$t_{d2} = \beta_0 \left(\frac{1}{\omega_T} + \bar{C}_{TC} R_L \right) \ln \frac{I_{B1} \beta_0}{I_{B1} \beta_0 - 0.1 I_{CS}} \tag{4-156}$$

从 t_{d1}、t_{d2} 两表示式来分析影响延迟时间的因素,主要有以下两点:① 发射结初始状态结偏压负值越大,或两个结的结电容越大,则由关态到开态需要补充的可动电荷数越多,当 I_{B1} 一定时,t_d 越长;② I_{B1} 增大时,单位时间可提供的电荷数增加,可使延迟时间 t_d 减小。

(2) 上升时间。

在上升时间内,基极电流 I_{B1} 继续向发射结势垒电容充电,发射结电压进一步升高,由开始导通时的 0.5 V 上升到约 0.7 V。此时发射区向基区注入的少数载流子的数目以及基区少子的浓度梯度也都随之增加,与之相对应的 I_C 也不断增大;同时,I_{B1} 还会继续向集电结空间电荷区充电,导致结上负偏压 V_{BC} 降低,直至接近零偏压,使晶体管进入饱和态边缘。集电极输出电流从 t_1 时刻的 $0.1I_{CS}$ 增大到 t_2 时刻的 $0.9I_{CS}$,这时晶体管处于放大态,$i_b = I_{B1}$,仍可由放大态电荷控制方程(4-155)求其开关时间。将 t_1 及此时的 I_C 值 $0.1I_{CS}$ 和 t_2 及其 I_C 值 $0.9I_{CS}$ 分别代入其通解式,即得上升时间为

$$t_r = t_2 - t_1 = \beta_0 \left(\frac{1}{\omega_T} + \bar{C}_{TC} R_L \right) \ln \frac{I_{B1} \beta_0 - 0.1 I_{CS}}{I_{B1} \beta_0 - 0.9 I_{CS}} \tag{4-157}$$

由式(4-157)可以分析出影响上升时间的因素主要有以下四个方面:① 结电容 C_{TE}、C_{TC} 的大小,影响着向两个空间电荷区充入的电荷量;② 基区宽度 W_b 决定着建立一定的基区少子浓度梯度所需要的电荷量;③ 基区少子寿命影响着复合损失所需的电荷量;④ 基极充电电流 I_{B1} 的大小决定着充电速度。

(3) 储存时间。

储存时间也包括两个时间段,即超量储存电荷消失所需的时间 t_{s1} 和集电极电流由最大值 I_{CS} 下降到 $0.9I_{CS}$ 所需的时间 t_{s2},总的储存时间 $t_s = t_{s1} + t_{s2}$。

当 $t = t_3$ 时,去掉基区回路的正脉冲信号 V_1,发射结突然处于反偏($-V_{BB}$)状态,基区回路中将产生与 I_{B1} 方向相反的电流 I_{B2},$I_{B2} = \frac{V_{BB} + V_{BE}}{R_B} \approx \frac{V_{BB}}{R_B}$。$I_{B2}$ 即超量储存电荷从晶体管内泻放的抽出电流。而且在 Q_{BS} 及 Q_{CS} 未被抽完之前,基区中电子浓度梯度不会改变,即 I_{CS} 基本保持不变。退出饱和态的电荷控制方程为

$$-I_{B2} = \frac{Q_B}{\tau_{nb}} + \frac{Q_X}{\tau_s} + \frac{dQ_X}{dt} \tag{4-158}$$

由于饱和态时,$\frac{Q_B}{\tau_{nb}} = I_{BS} = \frac{I_{CS}}{\beta_S} \approx \frac{I_{CS}}{\beta_0}$,$\beta_S$ 是临界饱和态时的电流增益,β_S 略小于正常放大时的 β_0。式(4-158)可化成

$$\frac{Q_X}{\tau_s} + \frac{dQ_X}{dt} = -\left(I_{B2} + \frac{I_{CS}}{\beta_S} \right) \tag{4-159}$$

利用 $t = t_3$ 时,$Q_X = \tau_s I_{BX} = \tau_s (I_{B1} - I_{BS}) = \tau_s \left(I_{B1} - \frac{I_{CS}}{\beta_0} \right)$,以及 $t = t_3'$ 时,$Q_X = 0$ 这些边界条件可求解上述微分方程,由 $t_{s1} = t_3' - t_3$,从而解得储存时间 t_{s1},即

$$t_{s1} = \tau_s \ln\left(\frac{I_{B1} + I_{B2}}{I_{B2} + I_{CS}/\beta_0}\right) \tag{4-160}$$

式中：τ_3 为饱和时间常数。

储存时间 t_{s2} 中，晶体管已进入放大工作状态，但其基极电流 i_b 仍为反向抽出电流 I_{B2}，故这时放大态电荷控制方程应为

$$-I_{B2} = \left(\frac{1}{\omega_T} + \bar{C}_{TC}R_L\right)\frac{dI_C}{dt} + \frac{I_C}{\beta_0} \tag{4-161}$$

将 $t = t'_3$，$I_C = I_{CS}$ 及 $t = t_4$，$I_C = 0.9I_{CS}$ 分别代入式(4-161)，因 $t_{s2} = t_4 - t'_3$，即可求得 t_{s2} 如下：

$$t_{s2} = \beta_0\left(\frac{1}{\omega_T} + \bar{C}_{TC}R_L\right)\ln\left(\frac{I_{CS} + I_{B2}\beta_0}{0.9I_{CS} + I_{B2}\beta_0}\right) \tag{4-162}$$

由以上分析可见，影响储存时间长短的因素有两个方面：① 晶体管进入饱和状态时积存的超量存储电荷的多少，即与 I_{B1}、饱和深度、基区宽度 W_b、集电区厚度 W_c 等因素有关；② 关断过程中超量存储电荷消失的快慢，则由 I_{B2} 的大小、少子寿命 τ_{pe} 等因素决定。

（4）下降时间。

下降时间为 t_4 到 t_5 时间段，这时晶体管已退出饱和态，进入放大态。但基极电流 i_b 仍保持 I_{B2}，以抽出基区仍存储的电荷 Q_B，使基区电子及空穴的浓度梯度逐渐下降，I_C 由 $0.9I_{CS}$ 下降到 $0.1I_{CS}$。其电荷控制方程仍如式(4-161)所示，将 $t = t_4$，$I_C = 0.9 I_{CS}$ 以及 $t = t_5$，$I_C = 0.1I_{CS}$ 分别代入其通解，即可求得下降时间如下：

$$t_f = t_5 - t_4 = \beta_0\left(\frac{1}{\omega_T} + \bar{C}_{TC}R_L\right)\ln\left(\frac{0.9I_{CS} + I_{B2}\beta_0}{0.1I_{CS} + I_{B2}\beta_0}\right) \tag{4-163}$$

影响开关速度的内因是晶体管的结构、材料的性质，包括基区、集电区电荷的积累及消失，垫垒电容、扩散电容的充、放电，超量储存电荷的积累及泻放，载流子的复合等；外因是外电路的驱动和抽取，包括 V_{BB}、R_B、V_{CC}、R_L 等因素。故可从下述诸方面提高双极晶体管的开关速度。

（1）掺金。尤其是对 NPN 管掺金更为有利。金在 N 型硅中起受主作用，接受电子成 Au^-，俘获空穴。在 P 型硅中，有大量空穴，金起施主作用，失去电子，为 Au^+，俘获电子。τ_{pc} 由掺金浓度决定，但对空穴的俘获能力是对电子俘获能力的一倍，故对 NPN 结构的器件，Au 对 τ_{pc} 影响较大，对 τ_{nb} 影响小，不至于给电流增益带来不利的影响；

（2）在保证集电结耐压的情况下，尽量减薄外延层厚度，降低外延层电阻率，以减小集电区少子寿命；

（3）减小结面积 A_e、A_c，以减小 C_{TE}、C_{TC}，这可有效缩短 t_d、t_r、t_f；

（4）减小基区宽度 W_b，从而减小 Q_B，可使 t_r、t_f 大为减小；

（5）减小集电极宽度 W_c（$L_{PC} > W_c$），使超量储存电荷 Q_{CS} 减少，则 t_s 减小；

（6）加大 I_{B1}，可缩短 t_d、t_r。但 I_{B1} 太大会使饱和过深，一般控制 $S = 4$ 来选择适当的 I_{B1}；

（7）加大 I_{B2}，反向抽取快，可缩短 t_s、t_f；

（8）使晶体管工作在临界饱和态。这样就不会有超量存储电荷，t_s 趋于零。但此时 C、E 之间的压降较高；

（9）在 V_{CC} 与 I_{B1} 一定时，选择较小的 R_L 可使晶体管不致进入太深的饱和态，有利于缩短 t_s。但 R_L 减小会使 I_{CS} 增大，从而延长了 t_s、t_f，并增大了功耗。

四个开关时间中存储时间最长，缩短了存储时间也就大幅度地缩短了整个开关时间，

也就是说减小 t_s 成了减小整个开关时间的关键。由以上所列,缩短存储时间主要是以下几点:① 开启时,在保证导通的前提下,I_{B1} 不要太大,即不要让晶体管饱和程度太深,以减少 Q_{BS} 和 Q_{CS};② 在外延结构的晶体管中,在保证集电结耐压的前提下,尽可能地减小外延层厚度;而在无外延层结构当中,应设法减小集电区少子扩散长度 L_{pc},其目的都是为了减少超量存储电荷的储存空间;③ 加大抽取电流;④ 缩短集电区少子寿命 τ_{pc}。对于硅 NPN 晶体管,采用掺金工艺可以有效缩短 τ_{pc},减小饱和时间常数 τ_s,从而提高开关速度。

4.8　等效电路模型

双极晶体管是一种非线性电子器件,其电流电压特性具有指数函数关系。为了电路设计计算的方便,一般将器件用较为简单的恒流源、恒压源、二极管和电容、电阻等线性元件组成的等效电路来代替,即建立器件的等效模型。这不仅能简化电路的设计,更便于计算机的辅助设计(CAD)与模拟。由于电路的功能各有不同,晶体管使用在不同的电路中表现出来的性能也就不同,或者不同研究者对问题的处理方法有所不同,故晶体管的模型有许多种,有直流模型、交流模型,也有瞬态模型;有小信号模型,也有大信号模型;有 EM 模型、GP 模型,还有 SPICE 模型等。

4.8.1　Ebers-Moll 模型

Ebers-Moll 模型常简称为 EM 模型,是双极晶体管的经典模型之一。由 J. J. Ebers 和 J. L. Moll 于 1954 年提出。EM 模型是非线性直流模型,适应于晶体管直流下的各种工作状态。由于没有考虑电荷储存效应及电阻,也未考虑晶体管中的各种效应,故是一种最简单的模型。

1. E-M 方程

EM 模型是将双极晶体管的电流看作为一个正向晶体管和一个倒向晶体管叠加后各自所具有的电流并联而成。在共基连接的状态下,当晶体管的发射结正偏即 $V_{BE}>0$,集电结零偏即 $V_{BC}=0$,称之为正向晶体管;同理,当集电结正偏即 $V_{BC}>0$,发射结零偏即 $V_{BE}=0$,则称之为倒向晶体管。设端电流流进晶体管为电流的正向,由式(4-112)和式(4-113)不难得出正向晶体管和倒向晶体管端电流的表示式。

设正向晶体管的发射极电流为 I_{EF},常简称为 I_F,集电极电流为 I_{CF},共基极电流放大系数为 α_F,则有

$$\alpha_F=\frac{I_{CF}}{I_{EF}} \tag{4-164}$$

$$I_{EF}=I_F=I_{ES}(e^{qV_{BE}/kT}-1) \tag{4-165}$$

$$I_{CF}=\alpha_F I_{EF}=\alpha_F I_{ES}(e^{qV_{BE}/kT}-1) \tag{4-166}$$

式中:I_{ES} 称为集电极短路时发射极反向饱和电流。对比式(4-112)可得

$$I_{ES}=A\left(\frac{qD_{nb}n_{b0}}{W_b}+\frac{qD_{pe}p_{e0}}{L_{pe}}\right) \tag{4-167}$$

同理,定义倒向晶体管发射极电流为 I_{ER},常简称为 I_R,集电极电流为 I_{CR}。共基极电流放大系数为 α_R,则有

$$\alpha_R = \frac{I_{CR}}{I_{ER}} \qquad (4\text{-}168)$$

由式(4-113)可得

$$I_{ER} = I_R = I_{CS}(e^{qV_{BC}/kT} - 1) \qquad (4\text{-}169)$$

$$I_{CR} = \alpha_R I_{ER} = \alpha_R I_{CS}(e^{qV_{BC}/kT} - 1) \qquad (4\text{-}170)$$

式中:I_{CS} 称为发射极短路时集电结的反向饱和电流。对比式(4-113)可得

$$I_{CS} = A\left(\frac{qD_{nb}n_{b0}}{W_b} + \frac{qD_{pc}p_{c0}}{L_{pe}}\right) \qquad (4\text{-}171)$$

将双极晶体管看成正向晶体管和倒向晶体管的叠加,且正向与倒向晶体管均为 NPN 管,如图 4-33(a)所示,则其端电流均以流入为正方向,可表示如下:

$$I_E = -I_{EF} + I_{CR} = -I_F + \alpha_R I_R \qquad (4\text{-}172)$$

$$I_C = I_{CF} - I_{ER} = \alpha_F I_{EF} - I_{ER} \qquad (4\text{-}173)$$

代入式(4-165)、式(4-169),即得 EM 方程

$$I_E = -I_{ES}(e^{qV_{BE}/kT} - 1) + \alpha_R I_{CS}(e^{qV_{BC}/kT} - 1) \qquad (4\text{-}174)$$

$$I_C = \alpha_F I_{ES}(e^{qV_{BE}/kT} - 1) - I_{CS}(e^{qV_{BC}/kT} - 1) \qquad (4\text{-}175)$$

上述方程对应的等效电路如图 4-33(b)所示。

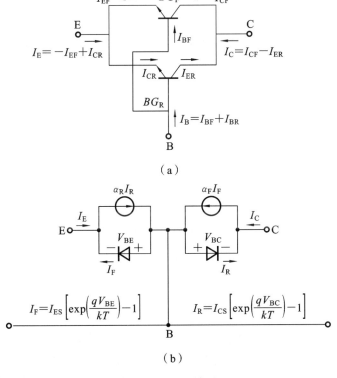

（a）

（b）

图 4-33　EM 模型

（a）正向晶体管和倒向晶体管叠加；（b）等效电路

如果考虑到 NPN 管电流的实际方向,则式(4-174)中各项符号相反,即发射极电流实际是从管中流出,应为 $I_E = I_{ES}(e^{qV_{BE}/kT} - 1) - \alpha_R I_{CS}(e^{qV_{BC}/kT} - 1)$。比较式(4-112)和式(4-113),可以看出

$$\alpha_F I_{ES} = \alpha_R I_{CS} = A \frac{qD_{nb}n_{b0}}{W_b} \tag{4-176}$$

在实际器件中,一般都有 $\alpha_F > \alpha_R$,故有 $I_{CS} > I_{ES}$。

2. EM1 模型

式(4-174)及式(4-175)是以晶体管某二极短路时的反向饱和电流来表示端电流的 EM 方程;同样也可以某一极开路时的反向饱和电流来表示 EM 方程。如对 I_{EBO},有 $I_C = 0$,$V_{BE} < 0$,且有 $|V_{BE}| \gg \dfrac{kT}{q}$,由此条件及式(4-174)、式(4-175),得

$$I_{EBO} = (1 - \alpha_F \alpha_R) I_{ES} \tag{4-177}$$

同理,对于 I_{CBO},有 $I_E = 0$,$V_{BC} < 0$,且有 $|V_{BC}| \gg \dfrac{kT}{q}$,再代入式(4-174)及式(4-175),于是有

$$I_{CBO} = (1 - \alpha_F \alpha_R) I_{CS} \tag{4-178}$$

亦即

$$I_{ES} = \frac{I_{EBO}}{1 - \alpha_F \alpha_R} \tag{4-179}$$

$$I_{CS} = \frac{I_{CBO}}{1 - \alpha_F \alpha_R} \tag{4-180}$$

将 I_{ES}、I_{CS} 分别以上述有关式代入式(4-174)及式(4-175)中,并经一定的数学处理,就能得到

$$I_E = \alpha_R I_C + I_{EBO}(e^{qV_{BE}/kT} - 1) \tag{4-181}$$

$$I_C = \alpha_F I_E - I_{CBO}(e^{qV_{BC}/kT} - 1) \tag{4-182}$$

式(4-181)和式(4-182)说明,晶体管的发射极电流和集电极电流都可以用一个恒流源和一个 PN 结二极管的并联电路来表示,这就是 Ebers-Moll 模型,常称 EM1 模型。对于 NPN 管,相应的等效电路如图 4-34 所示。该模型适合于双极晶体管放大、截止及饱和 3 种不同的工作状态,只要将某一工作状态下具体的偏压条件代入式(4-181)及式(4-182)中就能得到相应的 EM 方程及其等效电路。

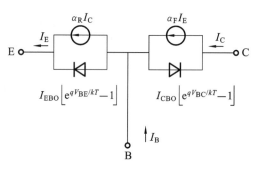

图 4-34 EM1 模型

4.8.2 Gummel-Poon 模型

Gummel-Poon 模型简称 G-P 模型,是基区电流密度方程积分的结果,反映晶体管电流的电荷控制属性,与 PN 结中的电荷控制方程具有同样的思想。Gummel-Poon 模型相对 Ebers-Moll 模型更多地考虑到双极晶体管的物理特性,可以反映更多的非理想效应,能方便地处理非均匀基区晶体管。G-P 模型有更多的参数,模型精度更高。

1. 电荷控制方程表达式

在缓变基区晶体管中，NPN 晶体管的基区电子流密度如式（4-61）所示，基区为非均匀掺杂，基区中存在自建电场，电场如式（4-57）所示。小注入时，空穴浓度就是受主杂质浓度。如图 4-9 所示，基区内建电场由集电区指向发射区，电场为负值，该电场会帮助电子渡越基区。将式（4-57）代入式（4-61），同时结合由爱因斯坦关系，式（4-61）变为

$$J_n = \frac{qD_{nb}}{p(x)}\left[n(x)\frac{\mathrm{d}p(x)}{\mathrm{d}x} + p(x)\frac{\mathrm{d}n(x)}{\mathrm{d}x}\right] = \frac{qD_{nb}}{p(x)} \cdot \frac{\mathrm{d}(pn)}{\mathrm{d}x} \tag{4-183}$$

可写为

$$\frac{J_n p(x)}{qD_{nb}} = \frac{\mathrm{d}(pn)}{\mathrm{d}x} \tag{4-184}$$

在基区中对式（4-184）积分，并假定电子电流密度和扩散常数为定值，可得

$$\frac{J_n}{qD_{nb}}\int_0^{W_b} p(x)\mathrm{d}x = \int_0^{W_b}\frac{\mathrm{d}p(x)\mathrm{d}n(x)}{\mathrm{d}x}\mathrm{d}x = p(W_b)n(W_b) - p(0)n(0) \tag{4-185}$$

假设发射结正偏且集电结反偏，则 $n_b(0) = n_{b0}\,\mathrm{e}^{qV_{BE}/kT}$ 和 $n(W_b) = 0$。注意到 $n_{b0}\,p = n_i^2$，于是式（4-185）可写为

$$J_n = \frac{qD_{nb}n_i^2\exp(V_{BE}/kT)}{\int_0^{W_b}p(x)\mathrm{d}x} \tag{4-186}$$

分母的积分是基区多子电荷的总数，也称为准中性基区多子空穴的总数，定义为基区 Gummel 数，记为 Q_B。

对发射区做同样的分析，我们会发现 NPN 晶体管的发射极空穴电流密度为

$$J_P = \frac{-qD_{pe}n_i^2\exp(V_{BE}/kT)}{\int_0^{x_E}n(x')\mathrm{d}x'} \tag{4-187}$$

分母的积分是发射区多子电荷的总数，定义为发射区 Gummel 数，记为 Q_E。

由于 Gummel-Poon 模型中的电流是基极和发射极电荷积分的函数，这个对于非均匀掺杂的晶体管来说，电流的大小很容易确定。

由式（4-184）可得

$$I_C = \frac{AqD_{nb}\left[p(W_b)n(W_b) - p(0)n(0)\right]}{\int_0^{W_b}p(x)\mathrm{d}x}$$

$$= \frac{AqD_{nb}n_i^2}{\int_0^{W_b}p(x)\mathrm{d}x}\left[\exp(qV_{BE}/kT) - \exp(qV_{BC}/kT)\right]$$

令

$$Q_{B0} = \int_0^{W_b}p(x)\mathrm{d}x\bigg|_{V_{BE}=0,\,V_{BC}=0} \tag{4-188}$$

则 Q_{B0} 为平衡时基区多子空穴的总数。

令

$$I_S = \frac{AqD_{nb}n_i^2}{Q_{B0}} \tag{4-189}$$

其中，I_S 为集电结零偏置时发射结的反向饱和电子电流，或者是发射结零偏时集电结的反向

饱和电子电流。

下式与 E-M 模型非常相似,即

$$I_{\mathrm{C}} = \frac{I_{\mathrm{S}} Q_{\mathrm{B0}}}{Q_{\mathrm{B}}} \left[\exp(q V_{\mathrm{BE}}/kT) - \exp(q V_{\mathrm{BC}}/kT) \right] = I_{\mathrm{F}} - I_{\mathrm{R}} \tag{4-190}$$

式中:I_{F} 称为正向传输电流;I_{R} 称为反向传输电流。

$$I_{\mathrm{F}} = \frac{I_{\mathrm{S}} Q_{\mathrm{B0}}}{Q_{\mathrm{B}}} \left[\exp(q V_{\mathrm{BE}}/kT) - 1 \right] \tag{4-191}$$

$$I_{\mathrm{R}} = \frac{I_{\mathrm{S}} Q_{\mathrm{B0}}}{Q_{\mathrm{B}}} \left[\exp(q V_{\mathrm{BC}}/kT) - 1 \right] \tag{4-192}$$

G-P 模型的核心问题是对基区电荷 Q_{B} 的分析,基区电荷与结电压一起决定端电流的大小。

利用 Gummel-Poon 模型还可以分析非理想效应,如厄尔利效应和大注入情况。由于集电结电压会改变基区宽度,因此,V_{BC} 引起的 Q_{B} 变化会导致式(4-186)中电子流密度随集电结电压的变化而变化,即前面章节讨论的基极宽度调制效应,或者厄尔利效应。如果发射结电压过大,小注入条件不再满足,就会出现大注入的情况。在这种情况下,基区空穴的浓度由于剩余空穴的浓度的增加而增加。Q_{B} 的增加会引起电子流密度的增加。Gummel-Poon 模型可以被用于描述晶体管的基本工作情况和非理想效应。

2. 基区电荷分析

准中性基区的电荷可以分解为

$$Q_{\mathrm{B}} = qA \int_0^{W_{\mathrm{b}}} p_{\mathrm{B}}(x)\,\mathrm{d}x = Q_{\mathrm{B0}} + Q_{\mathrm{jE}} + Q_{\mathrm{jC}} + Q_{\mathrm{dE}} + Q_{\mathrm{dC}} \tag{4-193}$$

式中:Q_{B0} 如式(4-188)中定义,表示为发射结和集电结零偏置时准中性基区的电荷;Q_{jE} 和 Q_{jC} 为与两个结的势垒电容相关的电荷,即由于结电压改变引起空间电荷区宽度变化从而导致准中性基区电荷改变的部分;Q_{dE} 和 Q_{dC} 为与结扩散电容相关的电荷,与两个结注入基区的电荷有关。

注入电荷可以用传输电流表示,即

$$Q_{\mathrm{dE}} = B\tau_{\mathrm{b}} I_{\mathrm{F}} \tag{4-194}$$

$$Q_{\mathrm{dC}} = \tau_{\mathrm{br}} I_{\mathrm{R}} \tag{4-195}$$

式中:τ_{b} 为基区渡越时间;B 为基区展宽系数,小注入时,$B=1$,大注入时,$B>1$;τ_{br} 为反向基区渡越时间。

由于集电区掺杂浓度最低,很难实现大注入,因此这里基区展宽系数为 1。

式(4-193)中的前三项可以用 Q_1 表示,即

$$Q_1 = Q_{\mathrm{B0}} + Q_{\mathrm{jE}} + Q_{\mathrm{jC}} \tag{4-196}$$

后两项可以用 Q_2 表示,即 $Q_2 = Q_{\mathrm{dE}} + Q_{\mathrm{dC}} = B\tau_{\mathrm{b}} I_{\mathrm{F}} + \tau_{\mathrm{br}} I_{\mathrm{R}}$,代入式(4-191)和式(4-192),有

$$Q_2 = \frac{Q_{\mathrm{B0}} I_{\mathrm{S}}}{Q_{\mathrm{B}}} \left\{ B\tau_{\mathrm{b}} \left[\exp(q V_{\mathrm{BE}}/kT) - 1 \right] + \tau_{\mathrm{br}} \left[\exp(q V_{\mathrm{BC}}/kT) - 1 \right] \right\} \tag{4-197}$$

令

$$I_{\mathrm{S}} \left\{ B\tau_{\mathrm{b}} \left[\exp(q V_{\mathrm{BE}}/kT) - 1 \right] + \tau_{\mathrm{br}} \left[\exp(q V_{\mathrm{BC}}/kT) - 1 \right] \right\} = Q_2' \tag{4-198}$$

则 Q_{B} 可以表示为

$$Q_{\mathrm{B}} = Q_1 + Q_{\mathrm{B0}} Q_2' / Q_{\mathrm{B}} \tag{4-199}$$

解得

$$Q_B = \frac{Q_1}{2} + \frac{Q_1}{2}\sqrt{1 + \frac{4Q_{B0}Q'_2}{Q_1^2}} \qquad (4\text{-}200)$$

放大状态下，$V_{BE} \gg k_B T/q$，$V_{BC} \ll 0$，所以有

$$I_C \approx I_F = \frac{Q_{B0} I_S}{Q_B}\left[\exp(qV_{BE}/kT) - 1\right] \qquad (4\text{-}201)$$

小注入时，$Q_B \approx Q_1$，所以有

$$I_C \approx I_F = \frac{Q_{B0} I_S}{Q_1}\left[\exp(qV_{BE}/kT) - 1\right] \qquad (4\text{-}202)$$

大注入时，式（4-200）近似为

$$Q_B \approx \sqrt{Q_{B0} Q'_2} \approx \sqrt{Q_{B0} I_S B \tau_b}\,\exp(qV_{BE}/2kT) \qquad (4\text{-}203)$$

将式（4-203）代入式（4-190），可得

$$I_C \approx \sqrt{\frac{Q_{B0} I_S}{B\tau_b}}\,\exp(qV_{BE}/2kT) \qquad (4\text{-}204)$$

可见，大注入时，电流随电压增加的速度变慢了，因为指数中的因子为 2。

3. NPN 晶体管 G-P 模型的电路图

图 4-35 为考虑串联电阻的 G-P 模型电路图。G-P 模型是 SPICE 软件的基础。

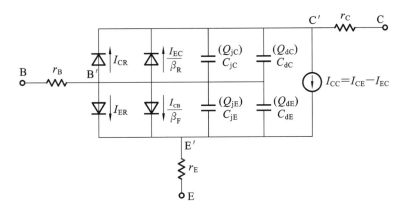

图 4-35　G-P 模型电路图

4.9　双极晶体管大电流特性

为使双极晶体管电路的输出功率大，要求晶体管能输出较大的电流，但大电流工作的晶体管电流放大系数和截止频率都要下降。如图 4-20（b）所示晶体管直流电流放大系数 β_0，在 I_C 比较小时，β_0 随着 I_C 的增大稍有增加，而当 I_C 增大到一定值后，进一步增大电流反而会引起 β_0 迅速下降，电流放大系数 β_0 的这一变化，反映在它的输出特性曲线上就是输出特性曲线疏密不均匀，电流很小或很大时曲线较为密集，即说明 β_0 变小。由于大电流时晶体管电流放大系数的显著下降会引起增益下降、失真加大等不良后果，因此，为了保证晶体管能正常工作就需对晶体管的工作电流加以限定，研究 β_0 下降的原因，以提高晶体管的使用电流。

4.9.1　大注入效应

类似于 PN 结中对于大注入的定义,以 NPN 型晶体管为例,大注入是指从发射区注入到基区的少数载流子电子 Δn_b 的密度很大,与基区中的多数载流子空穴密度接近甚至更大的情况。由于大量载流子注入到基区,产生基区电导调制效应和自建电场。N_B 为基区的杂质浓度,有时也将 $\Delta n_b = N_B$ 时称为临界大注入,而将 $\Delta n_b \gg N_B$ 时称为大注入。

1. 基区电导调制效应

由于在大注入条件下,注入到 P 型基区的少子电子浓度接近甚至超过基区多子空穴的平衡浓度,为了维持电中性,基区将有大量的空穴积累并维持与电子相同的浓度梯度,即 $\Delta p_b = \Delta n_b$。空穴浓度的大量增加使得基区电阻率显著下降,即电导增加,且随着注入的变化而变化。基区电导随注入而变化的现象称为基区电导调制效应。

若小注入时基区电阻率为

$$\rho_b = \frac{1}{q\mu_{pb}p_b} = \frac{1}{q\mu_{pb}N_B} \tag{4-205}$$

小注入条件下,基区的多子也会随少子的注入而有等量增加,但由于注入很小可以忽略不计;而在大注入情况下,增加的非平衡多子和原来的平衡浓度相当甚至更高,所以必须考虑其带来的影响。则大注入时基区电阻率应为

$$\rho_b' = \frac{1}{q\mu_{pb}(p_{b0}+\Delta p_b)} = \frac{1}{q\mu_{pb}N_B\left(1+\dfrac{\Delta n_b}{N_B}\right)} = \rho_b\,\frac{1}{1+\dfrac{\Delta n_b}{N_B}} \tag{4-206}$$

式中:$\dfrac{\Delta n_b}{N_B}$ 称为注入比。所以,$\dfrac{\Delta n_b}{N_B}$ 的增加会使 ρ_b' 变小,也就是电导率 σ_b' 变大。由于 $\Delta n_b(x) = n_b(x) - n_{b0}$,$n_b(0) = n_{b0}\mathrm{e}^{qV_{BE}/kT}$,所以 V_{BE} 的增加会引起 $n_b(0)$ 的增加,在一定的 N_B 下会促使产生大注入效应。

2. 大注入基区自建电场

由于基区中的空穴与电子有相同的分布梯度,故这些空穴就会和电子一样从浓度高的发射结一边向集电结扩散,这些带正电的空穴受到集电结势垒区电场的排斥,因此,不能通过集电结而只能在靠近集电结的基区边界积累起来,从而在基区中形成一个从集电结指向发射结的自建电场 E_{bn},称为大注入自建电场,图 4-36 给出了 E_{bn} 电场的方向。大注入自建电场的产生会阻碍空穴的扩散,将空穴拉回原处,引起空穴的漂移电流,其方向与空穴的扩散电流方向相反。当电场增强到空穴漂移电流与扩散电流大小相等时,这两个电流将相互抵消,达到动态平衡的稳定状态,电场也就趋于稳定。因稳定时有 $q\mu_{pb}p_b(x)E_{bn} = qD_{pb}\dfrac{\mathrm{d}\Delta p_b(x)}{\mathrm{d}x}$,所以

$$E_{bn} = \frac{D_{pb}}{\mu_{pb}} \cdot \frac{1}{p_b(x)}\frac{\mathrm{d}\Delta p_b(x)}{\mathrm{d}x} \tag{4-207}$$

由于基区大注入自建电场的方向是由集电结指向发射结,故对基区电子运动的作用与对空穴的作用相反,它会加速基区电子的扩散,使基区电子兼有扩散和漂移两种运动,从而加速电子在基区的输运过程,基区的电子电流不仅有扩散电流,还有漂移电流。为此,非均匀掺杂

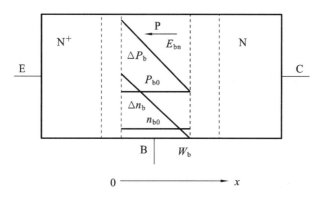

图 4-36　大注入时基区电子和空穴分布

的缓变基区晶体管也称为漂移晶体管。

3. 大注入时的发射效率

由于大注入时存在基区电导调制效应和基区自建电场,无论对电流放大系数 β_0 还是频率特性都会造成影响。

若忽略发射结势垒复合和基区表面复合,小注入时均匀基区晶体管电流增益为 $\beta_0^{-1} = \dfrac{\rho_e W_b}{\rho_b W_e} + \dfrac{W_b^2}{2L_{nb}^2}$,式中第一项由发射效率 γ_0 决定,称为发射效率项;第二项由输运系数 β_0^* 决定,称为输运系数项。大注入时,考虑基区电导调制效应,用式(4-206)表示的 ρ_b' 代替 ρ_b,于是得

$$\frac{\rho_e W_b}{\rho'_b W_e} = \frac{\rho_e W_b}{\rho_b W_e}\left(1 + \frac{\Delta n_b}{N_B}\right) \tag{4-208}$$

所以,与小注入相比,注入比 $\dfrac{\Delta n_b}{N_B}$ 越大时,γ_0 越小,从而使得 β_0 随注入的增大而变小。发射效率随发射极电流增加而降低的物理模型是:注入到基区的少子增加,引起基区多子以同样程度的增加,相当于基区中杂质浓度增加,从而导致发射效率降低。

4. 大注入时的输运系数

发射结注入基区的电子电流 I_{ne} 需考虑大注入自建电场所引起的漂移电流,应为

$$I_{ne} = A_e\left[qD_{nb}\frac{\mathrm{d}\Delta n_b(x)}{\mathrm{d}x} + q\mu_{nb}\Delta n_b(0)E_{bn}\right] \tag{4-209}$$

在 $n_b(x)$ 为线性分布的近似条件下,令 $\left.\dfrac{\mathrm{d}n_b(x)}{\mathrm{d}x}\right|_{x=0} = \dfrac{\Delta n_b(0)}{W_b}$,并将式(4-207)的 E_{bn} 代入,因 $\dfrac{D_{pb}}{\mu_{pb}} = \dfrac{D_{nb}}{\mu_{nb}}$,又因 $\Delta p_b(x) = \Delta n_b(x)$,经整理后即得

$$I_{ne} = A_e\left[qD_{nb}\frac{\mathrm{d}n_b(x)}{\mathrm{d}x} + \frac{qD_{nb}\Delta n_b(0)\mathrm{d}\Delta p_b(x)}{p_b(0)\mathrm{d}x}\right] = A_e qD_{nb}\frac{\Delta n_b(0)}{W_b}\left[1 + \frac{\Delta n_b(0)}{N_B + \Delta n_b(0)}\right] \tag{4-210}$$

输运系数项可表示为基区内复合电流 I_{rb} 和电子电流 I_{ne} 之比,即 $\dfrac{I_{rb}}{I_{ne}} = \dfrac{W_b^2}{2L_{nb}^2}$,基区复合电流可表示为 $I_{rb} = \dfrac{Q_B}{\tau_{nb}} = \dfrac{q\Delta n_b(0)W_b A_e}{2\tau_{nb}}$,于是大注入下的运输系数项为

$$\frac{I_{rb}}{I_{ne}}=\frac{W_b^2}{2L_{nb}^2}\left[\frac{1+\dfrac{\Delta n_b(0)}{N_B}}{1+2\dfrac{\Delta n_b(0)}{N_B}}\right] \tag{4-211}$$

对于缓变基区晶体管,因大注入时,$p_b(x)=N_B(x)+\Delta n_b(x)$,由式(4-207),自建电场应为

$$E_{bn}=\frac{kT}{q}\frac{1}{(N_B(x)+\Delta n_b(x))}\frac{d(N_B(x)+\Delta n_b(x))}{dx}$$

$$=\frac{kT}{q}\frac{1}{(N_B(x)+\Delta n_b(x))}\frac{dN_B(x)}{dx}+\frac{kT}{q}\frac{1}{(N_B(x)+\Delta n_b(x))}\frac{d\Delta n_b(x)}{dx} \tag{4-212}$$

即可看成由杂质自建电场和大注入自建电场构成。小注入条件下$\dfrac{\Delta n_b}{N_B}\to 0$,杂质自建电场起作用;当$\dfrac{\Delta n_b(0)}{N_B}\gg 1$,即极大注入时,有$\dfrac{kT}{q}\dfrac{1}{(N_B(x)+\Delta n_b(x))}\dfrac{dN_B(x)}{dx}\approx 0$,其杂质自建电场已被湮没,基区电场和均匀基区晶体管一样,为大注入自建电场

$$E_{bn}=\frac{kT}{q}\frac{1}{N_B(x)+\Delta n_b(x)}\frac{d\Delta n_b(x)}{dx} \tag{4-213}$$

可以求证,这时注入基区的电子电流和均匀基区晶体管一样,由式(4-209)可得

$$I_{ne}=2A_e q D_{nb}\frac{\Delta n_b(0)}{W_b} \tag{4-214}$$

由式(4-211)及式(4-214)可以看出,大注入时,由于基区自建电场加速了基区电子的扩散,减少了复合,提高了输运效率,故$\dfrac{I_{rb}}{I_{ne}}$减小,输运系数β_0^*增大,从而使得电流放大系数β_0比小注入时增大。

5. 大注入时的电流增益及特征频率

注入比$\dfrac{\Delta n_b}{N_B}$增大,β_0一方面随基区输运系数的增加而增加,同时又随发射效率项的减小而减小。应用表明,大电流下主要是基区电导调制效应引起发射效率γ_0下降这一因素起主导作用,对于结构一定的双极晶体管,在大注入下,电流放大系数β_0呈现随注入增大而下降的变化趋势。

BJT 频率特性中,发射结电阻r_e正比于$1/I_E$,发射极延迟时间τ_e正比于r_e,因此τ_e正比于$1/I_E$,随着注入电流增加,τ_e减小,使f_T升高。在小电流下,由于r_e很大,使τ_e增大,因此f_T下降。

再考察电阻在基区的渡越时间τ_b。根据定义,基区中的电子电流为基区中积累的电子总数除以τ_b,而渡越时间τ_b可由$\dfrac{I_{rb}}{I_{ne}}=\dfrac{W_b^2}{\lambda L_{nb}^2}=\dfrac{\tau_b}{\tau_{nb}}$求出。因$L_{nb}^2=D_{nb}\tau_{nb}$,对于均匀基区晶体管$\lambda=2$,故小注入下基区渡越时间为$\tau_b=\dfrac{W_b^2}{2D_{nb}}$;大注入下,根据大注入下输运系数表达式(4-211)求得$\tau_b=\dfrac{W_b^2}{4D_{nb}}$。比较可知,均匀基区晶体管的特征频率$f_T$在大注入下会提高。对于缓变基区晶体管,小注入下$\tau_b=\dfrac{W_b^2}{\lambda D_{nb}}$,由于大注入自建电场的作用破坏了原来的基区杂质自建电场,基

区少子完全受大注入自建电场的作用而和均匀基区情况一样,基区渡越时间 τ_b 也趋于 $\frac{W_b^2}{4D_{nb}}$。

当 $\lambda > 4$ 时,小注入下的 τ_b 明显小于 $\frac{W_b^2}{4D_{nb}}$。故缓变基区晶体管在大注入时基区渡越时间变长,从而使得 f_T 下降。大注入效应对特征频率 f_T 的影响主要由基区渡越时间 τ_b 引起。

4.9.2　有效基区扩展效应

大电流下有效基区宽度随电流增大而增大的现象称为有效基区扩展效应,也称集电结空间电荷限制效应或 Kirk 效应。在大电流密度下通过集电结势垒区的电子密度会相应增大,使势垒中原来可近似认为自由载流子基本耗尽的电荷分布发生显著的变化。以 NPN 型晶体管为例,x_{mc} 表示集电结势垒区宽度,x_{mcb} 表示 x_{mc} 在 P 型基区一边的宽度,x_{mcc} 表示 x_{mc} 在 N 型集电区一边的宽度。基区和集电区的杂质浓度分布分别为 N_B(受主杂质浓度)和 N_C(施主杂质浓度)。根据势垒区中电荷量相等的原理,有 $qN_Bx_{mcb}=qN_Cx_{mcc}$。在小注入时,注入到基区的少子很少,因此通过集电结势垒区的载流子也很少,它们与 N_B 和 N_C 相比可忽略,前面等式依旧成立。大注入时,通过集电结势垒区的电子密度很大,与 N_B 相比已不能忽略,且通过势垒区的速度有限,因此需要一段时间。于是,自由载流子通过势垒区会使区中电荷发生变化,此时,集电结靠基区测的电荷量变为 $q(N_B+n_c)x'_{mcb}$,其中 n_c 为通过集电结势垒区的电子密度,x'_{mcb} 为此时在基区侧的势垒厚度;集电区一侧的电荷量是 $q(N_C-n_c)x'_{mcc}$。若 $N_C \gg N_B \approx n_c$,$N_C-n_c \approx N_C$,$x'_{mcc} \approx x_{mcc}$,则 $q(N_B+n_c)x'_{mcb}=qN_Cx_{mcc}$,因此 $x'_{mcb} < x_{mcb}$。定义 $W_{cib}=x_{mcc}-x'_{mcc}$,称为感应基区宽度。在大电流密度下,$\Delta W_b > 0$,有效基区宽度 $W_{eff}=W_b+W_{cib}$,这就是有效基区扩展效应。

设晶体管具有 N^+-P-N^--N^+ 四层结构,各区都是均匀掺杂,且发射结和集电结皆为突变结,晶体管的集电结势垒区结构如图 4-37(a)所示。在大电流密度下是当集电结势垒中漂移通过的电子密度增大到等于甚至超过集电区杂质浓度 N_C 时,势垒区一定范围内的净空间电荷就会减小到零,甚至改变极性。集电结势垒区就会一直扩展到 N^+ 衬底,并向 N^+ 衬底收缩。集电结外加反向偏压 V_{CB} 为一定值且比较高时,其势垒区的电场强度较大,在这样的电场作用下,载流子将以饱和漂移速度经过势垒区,若通过集电结的漂移电流密度为 J_c,则 $J_c=qn_cv_{sl}$,式中,v_{sl} 为电子饱和漂移速度,n_c 表示通过集电结势垒区的电荷密度,则 $n_c=\frac{J_c}{qv_{sl}}$。由 PN 结原理,势垒区两边的电荷总量相等而极性相反,考虑到可动电荷 qn_c 随 J_c 线性增加,当 J_c 增大到一定值,使 n_c 和集电区杂质浓度 N_C 相比不可忽略时,需计入电荷总量,即 $q(N_B+n_c)x'_{mcb}=q(N_C-n_c)x'_{mcc}$。

势垒区的电场分布也将随电流密度 J_c 而变化,由泊松方程 $\frac{dE}{dx}=-\frac{q(N_C-n_c)}{\varepsilon_s\varepsilon_0}$ 和 $\frac{dE}{dx}=\frac{q(N_B+n_c)}{\varepsilon_s\varepsilon_0}$,代入 $n_c=\frac{J_c}{qv_{sl}}$ 即可解得

$$E(x)=\frac{q}{\varepsilon_s\varepsilon_0}\left(N_C-\frac{J_C}{qv_{sl}}\right)x+E(0) \tag{4-215}$$

式中:$E(0)$ 为集电结冶金结结面所在处,即 $x=0$ 时的电场强度,即:

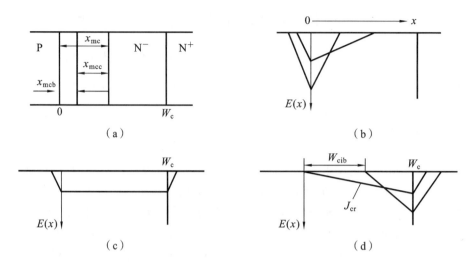

图 4-37　强场下集电结势垒区的扩展与电场分布

$$E(0) = -\frac{q}{\varepsilon_s \varepsilon_0}\left(N_C - \frac{J_c}{q v_{sl}}\right)x_m$$

由式(4-215)可知,相应于一定的 J_c,$E(x)$ 呈线性分布。

　　当 $n_c < N_C$ 时,随着 J_c 的增大,n_c 会有所增加,从而导致负空间电荷区 x_{mcb} 变窄,而正空间电荷区 x_{mcc} 增宽。在外加偏压 V_{CB} 为常数的条件下,其电场强度 $E(x)$ 的分布将发生图 4-37(b)所示的变化。x_{mcc} 的增加会大于 x_{mcb} 的变窄,最大电场强度 $E_m(0)$ 将降低。

　　当 J_c 增加使 $n_c = N_C$ 时,并令此时的集电极电流密度为 J_{c0},即有 $J_c = qN_C v_{sl} = J_{c0}$。因为 $N_C - n_c = 0$,故整个集电区的净电荷密度为 0,由 $\dfrac{dE}{dx} = 0$,则 N$^-$ 一侧空间电荷区电场强度为常数,如图 4-37(c)所示。这时正的空间电荷区将移至 N$^+$ 衬底,负空间电荷区仍在 x_{mcb} 内,只是其宽度因为 n_c 的值增大而变得更窄。集电区的电场强度可由下式求得

$$E = \frac{V_D + V_{CB}}{W_c} \tag{4-216}$$

式中:V_D 为集电结内建电势差;W_c 为 N$^-$ 集电区的宽度。

　　当 $n_c > N_C$ 时,集电区的电荷极性变为净的负空间电荷,原负空间电荷区将移至集电区,衬底中正空间电荷区将有所增宽,使集电结势垒区结面从集电结(PN)收缩到集电区与衬底交界的高低结(N$^-$ N$^+$ 结),如图 4-37(d)所示。令集电结冶金结处电场强度为 0,即 $E(0) = 0$ 时的电流密度为有效基区扩展效应的临界电流密度,以 J_{cr} 表示。将式(4-215)在 $0 \sim W_c$ 范围内积分,并代入有关条件即可得

$$J_{cr} = q v_{sl}\left[N_C + \frac{2\varepsilon_0 \varepsilon_s}{q W_c^2}(V_D + V_{CB})\right] \tag{4-217}$$

一般情况下,W_c 不会太小,N_C 也不会太低,方括号中前项将远大于后项,故可取 $J_{cr} \approx q v_{sl} N_C = J_{c0}$。如果集电极电流更大,即 J_c 大于 J_{cr},则负空间电荷区将会向衬底界面收缩,并变窄,衬底内的正空间电荷区进一步增宽。负空间电荷区以外的集电区则变为准中性区,可看成原中性基区的延伸,称为感应基区,如图 4-37(d)中的 W_{cib}。使得有效基区宽度明显增加。在感应基区为 W_{cib} 时,相当于集电区宽度 W_c 变为 $(W_c - W_{cib})$,将此值代入式(4-217),即

$$J_c = q v_{sl} \left[N_C + \frac{2\varepsilon_0 \varepsilon_s (V_D + V_{CB})}{q(W_c - W_{cib})} \right] \tag{4-218}$$

联立式(4-217)及式(4-218),可求得感应基区宽度如下式所示

$$W_{cib} = W_c \left[1 - \left(\frac{J_{cr} - q v_{sl} N_C}{J_c - q v_{sl} N_C} \right)^{1/2} \right] \tag{4-219}$$

有效基区宽度则为 $W_b = W_{b0} + W_{cib}$。

显然大注入有效基区扩展效应使得基区有效宽度明显增加,载流子渡越基区时间增加,使得基区输运系数下降,导致大电流下电流增益 β_0 下降。高频下,大注入时,工作电流较大,r_e 较小,集电区减薄 W_{cib} 使 r_{cs} 减小,则发射结延迟时间和集电区延迟时间可以忽略。基区宽度扩展 W_{cib} 使基区的渡越时间 τ_b 增大,特征频率主要由载流子在基区的渡越时间决定,f_T 随注入电流的增加而快速下降。因此,必须使晶体管的最大电流密度限制在临界电流密度 J_{cr} 以下。

4.9.3　发射极电流集边效应

大注入时基极电流也较大,由于基极电阻的存在,基极电流通过基极电阻时产生压降,使发射结中心部位的偏置电压低于边缘部分,中心的注入电流密度小于边缘部分,产生发射极电流集边效应,也称为基极电阻自偏压效应。

以单发射双基极条晶体管为例,其结构示意图如图 4-38 所示。晶体管基极电流平行于结面,横向流过基区,晶体管的基区为一薄层,具有一定的电阻,即基极电阻;因此,当这个横向的漂移电流通过时就会产生一定的电压降,且靠近结边缘流过的电流压降小,从结中心流过的电流压降大,使得发射结边缘的偏压大于中心的偏压;而发射极电流是垂直于结面纵向流过发射结的电流,根据 $I_E = I_{E0} e^{q V_{BE}/kT}$,因发射结边缘的 V_{BE} 比中心的大,故从发射结边缘流过的发射极电流将大于从中心流过的电流。

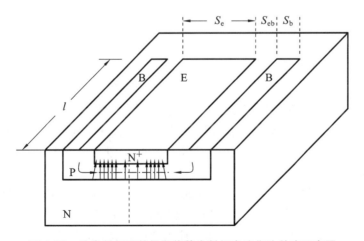

图 4-38　单发射极双基极晶体管发射极电流集边效应示意图

设发射极条边缘到中心处的横向压降为 kT/q 时所对应的发射极条宽为发射极有效半条宽 S_{eff},则发射极有效条宽为 $2S_{eff}$。根据上述分析,基极电流 I_B 因基极电阻 r_b 在基区内所产

生的压降导致发射结上偏压的变化,发射极电流 I_E 由结上偏压确定;为此可导出发射极半条宽为

$$S_{eff} = 1.32 \left[\frac{(kT/q)W_b}{\rho_b(1-\alpha_0)J_E(0)} \right]^{\frac{1}{2}} \quad (4\text{-}220)$$

式中:$J_E(0)$ 表示发射结中心电流密度。若发射极边缘的电流设为峰值电流 J_{EP},由定义知 $J_{EP} = eJ_E(0) \approx 2.718J_E(0)$,代入式(4-220)即得

$$S_{eff} = 2.176 \left[\frac{(kT/q)(W_b\beta_0)}{\rho_b J_{EP}} \right]^{\frac{1}{2}} \quad (4\text{-}221)$$

由于发射极电流在发射结分布不均,真正起发射作用的发射结有效面积,常常要比结构上的发射结实际面积小得多。

同理,由于发射极金属电极条薄而细长,在大电流注入时,发射极电流在电极条长方向也会产生一定的压降,引起发射极上实际作用的电压降低。当电极条上的压降超过一定值时,电极条上发射的电流就大为下降。定义发射极电极端部至根部的电位差等于 kT/q 时所对应的发射极条长称为发射极有效条长,记为 l_{eff}。在功率管中,为了提高电流容量,发射极都是由若干小发射极条并联而成。对于 n 条发射极条的电极,要求 $\frac{I_E}{n}R_m \leqslant \frac{kT}{q}$,由于发射极电流在条长方向分布不均匀,$R_m$ 表示近似电极条的平均电阻,设 ρ_m 为金属电极的电阻率,金属电极条宽为 S_m,金属电极的薄层电阻为 $R_{\square m}$,且 $R_{\square m} = \rho_m/W_m$,$W_m$ 为金属条厚度。在发射极电流随电极条长呈线性分布的近似下,则金属电极条上的平均电阻为

$$R_m = \frac{1}{3}\rho_m \frac{l_e}{W_m S_m}$$

即

$$R_m = \frac{l_e R_{\square m}}{3S_m} \quad (4\text{-}222)$$

当 $l_e = l_{eff}$,每一条上的电流为 (I_E/n),可导出有效发射极条长为

$$l_{eff} = \frac{3nS_m kT}{I_E R_{\square m} q} \quad (4\text{-}223)$$

4.9.4　最大集电极电流

由前面的论述已知,双极晶体管在大电流下工作时会发生大注入效应、有效基区扩展效应及发射极电流集边效应等三大效应。但在同一晶体管中这三大效应不大可能同时发生,究竟先发生哪一效应要视晶体管本身的结构及工作状态决定,但无论发生哪一效应都将会限制晶体管的使用电流。

(1) 基区在发射结边界处的注入少子浓度等于基区杂质浓度时的发射极电流密度,称为大注入效应临界电流密度,即大注入限制的最大发射极电流密度,以 J_{EM} 表示。对于均匀基区晶体管,将 $\Delta n_b(0) = N_B$ 代入式(4-210),得大注入效应临界电流密度为

$$J_{EM} = 1.5qD_{nb}\frac{N_B}{W_b} \quad (4\text{-}224)$$

对于缓变基区晶体管,取基区杂质浓度的平均值 $\overline{N}_B$ 代替式(4-224)中的 N_B 即可。

(2) 为了衡量晶体管电流放大系数在大电流下的下降程度,定义共射极直电流放大系数

β_0 下降到最大值 β_{0m} 的一半时所对应的集电极电流为集电极最大电流 I_{CM}。即当 $\beta_0 = \dfrac{\beta_{0m}}{2}$，$I_C = I_{CM}$。$I_{CM}$ 的大小说明晶体管大电流特性的优劣，是功率晶体管的重要性能指标。按照受有效基区扩展效应的限制来确定，一般规定基区开始扩展时的临界电流密度为最大集电极电流密度，在强场的情况下，J_{CM} 可根据式（4-217）并近似由式 $J_{cr} \approx qv_{sl}N_C = J_{c0}$ 计算。即

$$J_{CM} = J_{cr} = qN_C v_{sl} \tag{4-225}$$

若按照受大注入效应的限制来确定，即令大注入效应临界电流密度为最大集电极电流密度，实际上是基区电导调制效应限制的最大发射极电流密度，则由式（4-224）有

$$J_{CM} = J_{EM} = 1.5qD_{nb}\frac{\overline{N}_B}{W_b} \tag{4-226}$$

对同一晶体管，设计时应按上述各式求出发生基区电导调制效应及有效基区扩展效应所对应的最大电流密度，选其中临界电流密度较小者作为 J_{CM} 的上限。

（3）发射极电流集边效应说明发射结边缘是发射电流最有效的部分，因此晶体管发射极的总周长 L_E 成为决定晶体管电流容量的重要因素。在许多情况下，常根据所要求的电流容量 I_{CM} 来设计晶体管发射极的电极图形与尺寸。单位发射极周长所具有的电流称为线电流密度，以 J_{CML} 表示，则

$$J_{CML} = \frac{I_{CM}}{L_E} = \frac{I_{CM}}{2nl_e} = J_{CM}S_{eff} \tag{4-227}$$

式中：l_e 为发射极电极条长；n 为条数。在忽略发射极条两端的发射作用时，发射极总周长为 $L_E = 2nl_e$，发射结的有效面积 $A_{eff} = 2S_{eff}l_e n$。根据式（4-221），令其中 $J_{EP} = J_{CM}$，代入式（4-226），即得

$$J_{CML} = 2.176\left[\frac{(kT/q)W_b\beta_0 J_{CM}}{\rho_b}\right]^{\frac{1}{2}} \tag{4-228}$$

便可由集电极最大电流密度求出线电流密度，由式（4-267）求得发射极总周长 L_E，再根据有效条宽 S_{eff}，取一合适的有效条长 l_{eff} 和条数 n。则双极晶体管的管芯平面图形的设计基本可定。

思 考 题 4

1. 试论双极晶体管为何具有对微弱电信号的放大能量？如何提高 BJT 的电流放大系数？

2. 以 NPN 硅平面管为例，说明在正常放大运用下，从发射极进入的电子流，在晶体管的发射区、发射结势垒区、基区、集电结势垒区和集电区的传输过程中，以什么运动形式通过这些区域。

3. 双极晶体管是一种电流控制器件，说明在共发射极运用下，输入的电流 I_B 的变化怎样控制输出电流 I_C 的变化。

4. 描述基区宽度调整效应对双极晶体管的电流-电压特性产生影响的物理机制。

5. BV_{EBO}、BV_{CBO} 和 BV_{CEO} 各自的含义是什么？三者具有怎样的大小关系？如何提高 BJT 的击穿电压？

6. 分析缓变基区晶体管基区自建电场的来源、方向、大小和作用。

7. 试述晶体管的基极电阻是怎样产生的，对 BJT 的特性有哪些影响，怎样减小 BJT

的 r_b。

8. 解释高频下 BJT 的电流放大系数为何会下降。

9. 以 PNP 型双极晶体管为例,画出高频晶体管内部各分电流的流向图。

10. 双极晶体管 f_α、f_β、f_T、f_M 是如何定义的,它们之间有什么关系?

11. 如何提高双极晶体管的特征频率?

12. 分析讨论双极晶体管的基区宽度 W_b 和基区掺杂浓度 N_B 与哪些特性有关。

13. 试述有哪些途径可以提供 BJT 的开关速度。

习 题 4

自测题 4

1. 证明:发射区和集电区端电流,在基区宽度远远大于基区少子扩散长度的极限条件下,退化为理想二极管电流-电压的表达式。

2. 以 NPN 均匀基区晶体管为例,画出在下面各种偏压条件下,发射区、基区和集电区内少数载流子浓度分布示意图。① 发射结正偏,集电结反偏;② 发射结反偏,集电结反偏;③ 发射结正偏,集电结正偏;④ 发射结反偏,集电结正偏。

3. 假定:$D_\mathrm{E}=D_\mathrm{B}$,$L_\mathrm{E}=L_\mathrm{B}$,发射区宽度与基区宽度相同。试确定发射区掺杂浓度和基区掺杂浓度之比,使发射效率 $\gamma=0.9967$。

4. 一个理想 NPN 双极晶体管,已知各电流分量如下:$I_\mathrm{Ep}=3$ mA、$I_\mathrm{En}=0.01$ mA、$I_\mathrm{Cp}=2.99$ mA、$I_\mathrm{Cn}=0.001$ mA。计算下列各值:① 发射效率;② 基区输运系数;③ 共基连接电流增益 α_0;④ I_CBO;⑤ 共射电流增益 β_0;⑥ I_CEO。

5. 一个理想 PNP 双极晶体管,发射区、基区和集电区的掺杂浓度分别为 10^{19} cm^{-3}、10^{17} cm^{-3} 和 5×10^{15} cm^{-3};少子寿命分别为 10^{-8} s、10^{-7} s 和 10^{-6} s,假设发射结与集电结有效结面积为 0.05 mm^2,且发射结正向偏压为 0.6 V,求晶体管共基电流增益。$D_\mathrm{ne}=1$ cm^2/s,$D_\mathrm{pb}=10$ cm^2/s,$D_\mathrm{nc}=2$ cm^2/s,基区宽度为 0.5 μm。

6. 一个 NPN 缓变基区晶体管,$N_\mathrm{E}=10^{18}$ cm^{-3},$N_\mathrm{B}(0)=2\times10^{16}$ cm^{-3},$N_\mathrm{B}(W_\mathrm{b})=N_\mathrm{C}=10^{15}$ cm^{-3},发射区宽度和基区宽度分别为 0.5 μm 与 0.6 μm,$D_\mathrm{pe}=10$ cm^2/s,$D_\mathrm{nb}=25$ cm^2/s,$\tau_\mathrm{nb}=5\times10^{-17}$ s,求电流增益 β_0。

7. NPN 硅平面晶体管,已知集电区掺杂浓度 $N_\mathrm{C}=4\times10^{15}$ cm^{-3},基区及发射区宽度均为 2 μm,$N_\mathrm{B}(0)=2\times10^{17}$ cm^{-3},基区掺杂浓度近似为线性分布,取 $\overline{N}_\mathrm{B}=N_\mathrm{B}(0)/2$,若发射区平均电阻率为 0.005 $\Omega\cdot$cm,基区多子与少子的迁移率分别为 $\mu_\mathrm{pb}=500$ cm^2/(V·s),$\mu_\mathrm{nb}=600$ cm^2/(V·s),基区少子寿命 $\tau_\mathrm{nb}=15$ μs。试求,其 γ_0 及共射极电流放大系数 β_0。在 β_0 的计算中,若 $\lambda=4$,与计算结果进行比较。

8. 一个 NPN 硅平面晶体管,基区宽度为 1 μm,基区杂质浓度呈线性分布,若要求 β^* 不小于 0.975,试求:① 基区电子扩散长度 L_nb 应不小于多少微米? ② 如果 $D_\mathrm{nb}=14$ cm^2/s,则基区电子寿命应不小于多少微秒?

9. 硅 NPN 型均匀基区晶体管,发射结面积 $A_\mathrm{e}=10^{-3}$ cm^2,基区杂质浓度 $N_\mathrm{B}=10^{17}$ cm^{-3},$W_\mathrm{b}=0.8$ μm,$\tau_\mathrm{nb}=10^{-8}$ s,室温(300 K)下,发射结正向电压为 0.7 V,设发射效率 $\gamma_0=0.995$,求该晶体管的 I_B、I_C 及共基极电流放大系数 α_0。(令 $I_\mathrm{CBO}=0$,$\mu_\mathrm{nb}=525$ cm^2/(V·s))

10. 一高频双极晶体管工作于 240 MHz 时,其共基极电流放大系数为 0.68,若该频率为 f_α,试求其 $\beta=5$ 时的工作频率(设 $\tau'_e=\tau_e$)。

11. 已知 NPN 晶体管共射极电流增益 $\beta_0=100$,在工作频率 20 MHz 下测得 $\beta=60$;试计算:① f_β 及 f_T;② 工作频率上升到 400 MHz 时 β 下降到多少。

12. 有一晶体管 $\beta_0=50$,工作在 $V_{CC}=5$ V、$R_L=1$ kΩ 的共发射极电路中,当基极电流 $I_B=50$ μA 时,试问:① 该晶体管是否进入饱和态? ② 若负载 R_L 改为 5 kΩ 又将如何?

第5章 结型场效应晶体管

结型场效应晶体管(junction field-effect transistor,JFET)分为两大类:第一种是 PN 结场效应晶体管,即 PNJFET,简称 JFET。它是在 N 型或 P 型半导体基片上制作一对 PN 结及相应的金属电极,两个 PN 结之间具有导电沟道,通过改变外加于 PN 结的反向偏压,以改变 PN 结耗尽区的厚度,从而达到改变沟道区载流子密度以控制沟道输出电流的目的,其结构如图 5-1(a)所示。由于导电沟道在晶片内部,故又称为体内场效应晶体管。第二种是金属-半导体场效应晶体管,即 MESFET(metal-semiconductor field-effect transistor)。它与 JFET 的区别在于用金属-半导体结替代 PN 结作为栅结,亦称为金-半接触结场效应晶体管。它已广泛应用于高频和微波领域,并成为化合物半导体器件的主流,常见材料为 GaAs。

JFET 和 MESFET 都是利用栅结的外加电压控制耗尽层厚度进而控制两个欧姆结之间的电流。由于这两种结构在反偏时空间电荷区厚度随外加电压变化的规律相似,因此它们的工作原理是相同的。下面以 JFET 为例进行讨论,其结果适用于 MESFET。

5.1 JFET 结构与工作原理

5.1.1 基本结构

图 5-1(a)所示为对称结构 N 沟道(N 沟)JFET。它是在下面 P⁺ 衬底上外延生长轻掺杂的 N 型层,再通过 P 型杂质(如硼)向 N 型外延层中扩散形成上面重掺杂的 P⁺ 区,形成两个

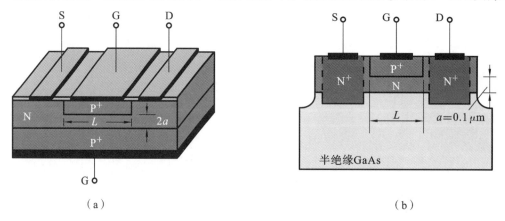

（a）   （b）

图 5-1　PNJFET 结构图

（a）对称双 PN 结 N 沟道 JFET；（b）单 PN 结 GaAs N 沟道 JFET

相对的 P^+N 结,称为栅 PN 结或栅结,上、下各引出一电极称为栅极,通常连接在一起,以 G 表示;在 N 区的 P^+ 扩散层两边各制作一金属欧姆接触电极,分别称为源极和漏极,以 S、D 表示。夹在两个 P^+ 层之间的 N 型层称为器件的有源层,也称为导电沟道(channel)。当沟道存在时,在源、漏极之间加上电压,就会有载流子通过沟道传输形成电流,这个电流称为沟道电流(又称为漏极电流 I_D)。源极发射载流子,漏极收集载流子,源、漏极之名由此而来。

若沟道区掺入的是施主杂质(donor impurity),沟道电流由电子传输,称为 N 沟道 JFET。同样,也可在 N^+ 衬底上制作轻掺杂 P 型外延层,再利用施主杂质扩散(如磷)形成上面的重掺杂 N^+ 栅区,则沟道电流将由空穴传输,从而构成 P 沟道(P 沟)JFET,其电流方向和电压极性与 N 沟道器件相反。由于电子迁移率比空穴迁移率高,N 沟道器件能提供更高的电导率和更高的速度,故在大多数应用中,尤其在高频领域 N 沟道 JFET 具有较大优势。

除了对称双结 JFET 外,也有以 GaAs 作为衬底制备的单结 JFET 结构。图 5-1(b)所示的即为以半绝缘 GaAs 为衬底的增强型 N 沟道 JFET。首先向 GaAs 衬底注入 Se^+ 得到厚度较深的 N^+ 源、漏区,接着进行另一次较浅的 Se^+ 注入形成 N 型沟道区,最后在 N 型区进行 Zn 扩散形成 P^+ 栅区。

JFET 有四种基本类型:若栅源电压 $V_{GS}=0$ 时沟道已存在,当在漏源之间加上电压 V_{DS} 时,沟道载流子将在漏源电压 V_{DS} 作用下沿沟道运动,形成沟道电流 I_D,这种场效应器件称为耗尽型(depletion)器件,简称为 D 型器件,或称常开型器件;相反,若 $V_{GS}=0$ 时沟道不存在,$I_D=0$,这类器件则称为增强型(enhancement)器件,简称为 E 型器件,或称常闭型器件。理论上,对于 N 沟和 P 沟器件,均存在耗尽和增强两种类型,这就构成了 N 沟耗尽型、P 沟耗尽型、N 沟增强型和 P 沟增强型四种基本类型。一般 JFET 都工作在耗尽型模式。四种类型器件在电路中的符号如图 5-2(a)所示。

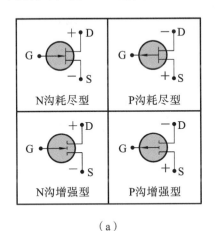

（a）

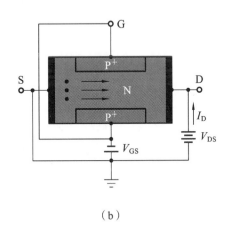

（b）

图 5-2　JFET 符号及连接方式

（a）JFET 电路符号；（b）N 沟 JFET 共源连接电路

5.1.2　工作原理

JFET 常以共源模式工作,即源极接地,漏极和栅极分别加上电压 V_{DS} 和 V_{GS}。以 N 沟耗尽型对称双结 JFET 为例,在放大工作状态下,电路连接如图 5-2(b)所示。反向电压施加于栅极,使栅 PN 结空间电荷区向沟道内部扩展,导致沟道的截面积减小,沟道电阻增加,从而使源漏之间的沟道电流受到栅极电压的调制。这种通过表面电场调制半导体电导的效应即称为场效应,是 JFET 的基本工作原理。

下面将分别讨论 I_D 随栅电压 V_{GS} 和漏源电压 V_{DS} 的变化。

1. I_D 随 V_{GS} 的变化

假设漏源电压 V_{DS} 固定为一很小的值:

(1) 当 $V_{GS}=0$ 时,栅 PN 结耗尽层较窄,N 型导电沟道较宽,沟道电阻减小,JFET 处于通态,I_D 变大,如图 5-3(a)所示;

(2) 当 $V_{GS}<0$ 时,PN 结反偏,耗尽层变宽,N 型导电沟道相应变窄,沟道导通电阻增大,I_D 变小,反偏 $|V_{GS}|$ 越高,栅结耗尽层越宽,则 I_D 越小,如图 5-3(b)所示;

(3) 随反偏 V_{GS} 的增加,当 PN 结耗尽区宽度=1/2 沟宽时,两栅结的耗尽层相连,沟道区被全耗尽,沟道可动电荷为零,则 $I_D=0$,称这种状态为沟道夹断,对应的栅源电压称为夹断电压,常以 V_P 表示,如图 5-3(c)所示。

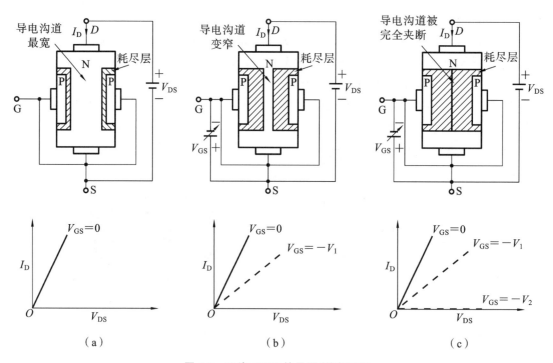

图 5-3　N 沟 JFET 的导通/关断原理

(a) $V_{GS}=0$,通态,I_D 变大;(b) $V_{GS}<0$,I_D 减小;(c) $V_{GS}=V_P$,沟道夹断,$I_D \approx 0$,JFET 关断

由此可见,通过 JFET 的输入电压可实现对输出电流的控制,故 JFET 是一种电压控制型器件。而且参与导电的就是衬底本身的多数载流子,故 JFET 是"多子"器件。

2. I_D 随 V_{DS} 的变化

对于耗尽型器件,当 $V_{GS}=0$ 时,沟道已存在,源、漏间加上 V_{DS} 会沿沟道产生压降,从源到漏,N 沟道区电位升高,故沟道电子在 V_{DS} 作用下做漂移运动而形成漏极电流 I_D。因栅源相连,故 V_{DS} 将反偏栅 PN 结,使耗尽层宽度从源到漏增大,导致 I_D 在不同 V_{DS} 下呈现出不同的变化规律:当 V_{DS} 很小时,虽然漏端附近的栅结反偏比源端高一些,但因差别很小,沟道两端空间电荷区扩展宽度的差别可忽略不计,沟道可等效为一基本恒定的电阻,故 I_D 随 V_{DS} 增加而线性增加,JFET 处于线性区,如图 5-4(a)所示。

随着 V_{DS} 的增加,沟道耗尽层从源到漏越宽,沟道厚度越小,等效电阻越大,使 I_D 随 V_{DS} 增加的速率变缓,特性曲线斜率变小而偏离线性,如图 5-4(b)所示。称 JFET 的这种状态为非饱和态。

随 V_{DS} 继续增加到某一值时,上、下栅结耗尽区在漏端连通,即沟道在漏端被夹断,使 I_D 达到一峰值 I_{DSat},称为饱和漏极电流,对应的漏源电压称为饱和漏源电压 V_{DSat},JFET 进入饱和区,如图 5-4(c)所示。

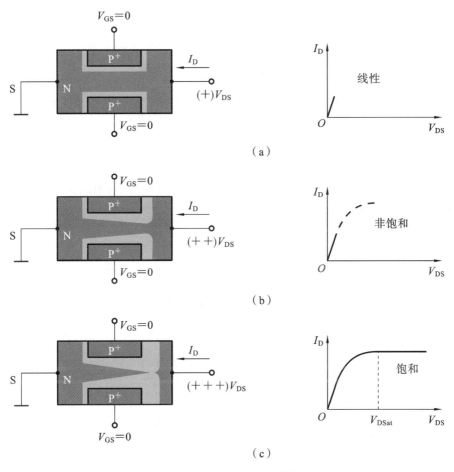

图 5-4　N 沟 JFET 工作状态
(a) 线性区;(b) 非饱和区;(c) 饱和区

达到饱和后,继续增加 V_{DS},夹断点的电位将不再改变,它到源端的电势差始终维持在 V_{DSat},超出 V_{DSat} 的那部分电压,即 $V_{DS}-V_{DSat}$ 部分降落于夹断区,故漏极电流达到饱和值 I_{DSat} 后不再增加。但实际上,随 V_{DS} 继续增加,夹断区承受越来越高的电压,夹断区将扩展,即 ΔL

稍增大(见图 5-5),夹断点将向源端移动,有效沟长将缩短,使 I_{DSat} 随 V_{DS} 增加而略有增加。对于长沟 JFET,$L \gg \Delta L$,ΔL 的影响可忽略不计,I_{DSat} 将不受 V_{DS} 的影响,故器件可做恒定电流源。

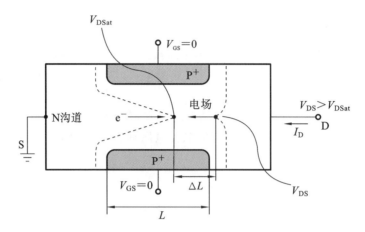

图 5-5　$V_{\text{DS}} > V_{\text{DSat}}$ 时夹断区的扩展

基于上述分析,不难发现 JFET 在工作原理和结构上与 BJT 大不相同,它具有以下几个突出的特点:

(1) JFET 的电流由与沟道类型相同的多子传输,不存在少子的存储效应,因此有利于达到比较高的截止频率和快的开关速度;

(2) JFET 是电压控制型器件,其输入电阻要比 BJT 的高得多,因此在应用电路中易于实现级间直接耦合,其输入端易于与标准的微波系统匹配;

(3) 由于 JFET 是多子器件,所以抗辐射能力强、噪声低;

(4) JFET 与 BJT 和 MOS 工艺兼容,有利于集成。

5.2　MESFET 结构与工作原理

第二种结型场效应晶体管是 MESFET,它与 PNJFET 的不同在于用金属-半导体接触形成的肖特基势垒结代替 PN 结作为栅结。为了更好地理解其工作原理,有必要首先了解有关金-半接触的基本理论。

5.2.1　金-半接触基本理论

金属与半导体接触可以形成欧姆接触,常用于半导体器件和集成电路的电极制备,也可以形成整流接触,或称为肖特基势垒结,它是 MESFET 的重要组成部分。金-半接触究竟是形成欧姆接触还是整流接触,取决于两种材料的功函数之差、半导体的电子亲和能和掺杂浓度以及半导体的表面态密度等因素。

金属与 N 型半导体接触前的理想能带图如图 5-6(a)所示,其中 E_0 为真空能级(参考能

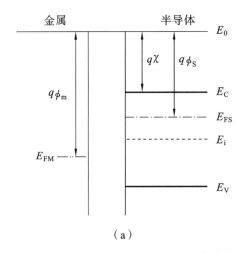
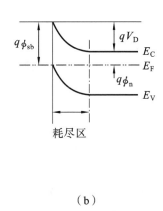

图 5-6 金属-半导体接触能带图

（a）接触之前；（b）接触之后

级），$q\phi_m$ 和 $q\phi_S$（单位 eV）分别表示金属和半导体的功函数，即移动处于费米能级 E_F 上的电子到真空能级 E_0 所做的功，$q\phi_m$ 或 $q\phi_S$ 等于 $E_0 - E_F$；$q\chi$ 是真空能级与半导体导带底的能量之差，称为电子亲和能，χ 称为电子亲和势，由图可知：$q\phi_S = q\chi + (E_C - E_F)$。一些常用金属的功函数和常用半导体的电子亲和能分别列在表 5-1 和表 5-2 中。

表 5-1 一些金属元素的功函数（eV）

元素	功函数（ϕ_m）
Ag	4.26
Al	4.28
Au	5.1
Cr	4.5
Mo	4.6
Ni	5.15
Pd	5.12
Pt	5.65
Ti	4.33
W	4.55

表 5-2 常见半导体的电子亲和能（eV）

半导体	电子亲和能（χ）
Ge	4.13
Si	4.01
GaAs	4.07
AlAs	3.50

当图 5-6（a）中的金属与 N 型半导体接触在一起时，由于 $\phi_m > \phi_S$，半导体 E_{FS} 高于金属的 E_{FM}，于是半导体中的自由电子将流向金属，同时在界面附近形成由带正电的电离施主离子构成的空间电荷区。由于金属的电子浓度很高，N 型半导体的掺杂浓度较低，故空间电荷区主要在半导体一边，由此在界面处产生从半导体指向金属的电场，使半导体的能带向上弯曲，费米能级下移，直至金属和半导体达到统一的费米能级，电子的能量分布再次达到平衡，如图 5-6（b）所示。此时，金属中的电子运动到半导体导带将面对一个势垒高度 $q(\phi_m - \chi)$，称为肖特基势垒，记为 ϕ_{sb}，理想情况下

$$\phi_{sb} = \phi_m - \chi \tag{5-1}$$

单位为 V。

对于 N 型半导体中的电子而言,产生的势垒为 qV_D,V_D 即为金属-半导体的接触电势

$$V_D = \phi_m - \phi_S \tag{5-2}$$

这和 PN 结接触电势的意义相同,但一般金-半接触电势要比 PN 结的低。由此可见,当外加栅压为正时(金属相对于半导体),势垒高度将降低,电流增加;反之,势垒高度将升高,电流减小,从而形成所谓的整流接触。

相反,理想情况下,若 $\phi_m < \chi < \phi_S$,其界面处半导体能带将向下弯曲,它对金属一侧的电子和半导体一侧的电子均不存在事实上的势垒,因而形成欧姆接触。

然而,半导体表面不可避免地存在着表面态,当其态密度很高时,金-半接触界面处的费米能级将被钉扎在带隙中离价带顶约 $E_g/3$ 处。对于 N 型半导体,其能带会在界面处向上弯曲,对电子形成势垒;对 P 型半导体,其能带会在界面处向下弯曲,对空穴形成势垒,这使得肖特基势垒 $q\phi_{sb}$ 的高低与金属功函数 $q\phi_m$ 关系不大,而主要取决于表面态密度。实际上,肖特基势垒高度都是从实验测得的电流-电压特性或电容-电压特性中得到。表 5-3 是一些典型半导体与金属接触形成的 $q\phi_{sb}$ 在 300 K 时的测定值。

表 5-3　常用金属-半导体接触形成肖特基势垒高度(eV)

金属	半导体							
	Si	Ge	SiC	GaP	GaAs	ZnS	ZnSe	CdS
Al	0.50~0.77	0.48	2.00	1.05	0.80	0.8	—	欧姆接触
Ag	0.56~0.79	—	—	1.20	0.88	1.65	—	0.35~0.56
Au	0.81	0.45	1.95	1.30	0.90	2.00	1.36	0.68~0.78
Cu	0.69~0.79	0.48	—	1.20	0.82	1.75	1.10	0.36~0.50
Mg	—	—	—	1.04	—	0.82	0.70	—
Ni	0.67~0.70	—	—	—	—	—	—	0.45
Pd	0.71	—	—	—	—	1.87	—	0.62
Pt	0.90	—	—	1.45	0.86	1.84	1.40	0.85~1.10
W	0.66	0.48	—	—	—	—	—	—

在掺杂浓度很低的情况下,电子主要依靠越过势垒形成电流,即热电子发射。在高掺杂半导体中,由于肖特基势垒结的耗尽层很薄,电子可以隧穿势垒,以场发射的方式形成电流;在掺杂浓度很高时,金-半间的接触电阻很低,其电流-电压关系为线性,即为欧姆接触。

5.2.2　MESFET 基本结构

正如本节开头所提到的,MESFET 实际上是用金-半肖特基势垒结代替 PN 结而构成的。它可以用硅材料制造,但更多的是用 GaAs 或其他Ⅲ-Ⅴ族混晶化合物半导体材料制造,其结构示意图如图 5-7 所示。与图 5-1(b)所示的 GaAs PNJFET 类似,它也是在半绝缘

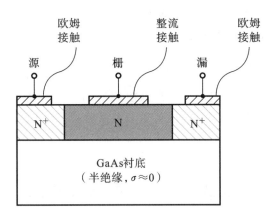

图 5-7　GaAs MESFET 结构示意图

GaAs 衬底上注入 Se⁺ 或外延生长获得薄的 N 型有源层,然后在其上分别制作 S、D 欧姆接触电极和金属栅极而形成。作为半绝缘的 GaAs 衬底,其电阻率高达 10^9 Ω·cm,可大大减小寄生电容并简化工艺,由于 GaAs 高的电子迁移率,使得这种器件渡越时间短,响应快,广泛应用于微波和超高速领域。

5.2.3　MESFET 工作原理

　　与 PNJFET 类似,当施加一负的栅源电压时,金属栅下会感应出空间电荷区,从而使沟道电导受到调制。以图 5-7 所示的 N 沟 MESFET 为例来分析其工作过程,设其为增强型工作模式,即有源层厚度很薄,当 $V_{GS}=0$ 时,半导体中耗尽层已扩展至半绝缘衬底,沟道被夹断,无沟道存在,$I_D=0$,如图 5-8(a)所示。为了使沟道导通,必须减小耗尽层厚度,则需在栅极施加一正栅压 V_{GS}。当 V_{GS} 为某一微小值时,耗尽层正好收缩到有源层与半绝缘衬底的界面处,如图 5-8(b)所示,这时对应的栅压即为阈值电压,即增强型 FET 的开启电压,常以 V_T 表示。显然,增强型 N 沟 MESFET 的阈值电压为正,与耗尽型 N 沟器件负的阈值电压恰好相反。当 $V_{GS}>V_T$ 时,耗尽层进一步向表面收缩,从而形成导电沟道,如图 5-8(c)所示,加上漏源电压即会产生沟道电流,随 V_{GS} 增加,电流增大。

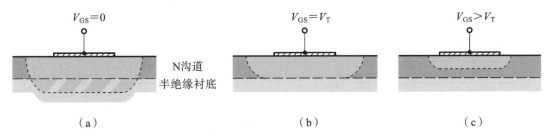

图 5-8　增强型 N 沟道 MESFET 开启过程
(a) 断态;(b) 阈值状态;(c) 通态

　　为了制备增强型的 MESFET,要求有源沟道层的厚度和肖特基势垒结零偏压下(对应于 V_D)的耗尽层宽度相当,故外加栅偏压被限制在零点几伏的范围内。例如,N 型 GaAs 的接触

电势差一般在 $0.8\ \mathrm{V}$ 左右,沟道掺杂浓度约 $10^{17}\ \mathrm{cm^{-3}}$ 数量级,若设计 $V_\mathrm{T}=0.2\ \mathrm{V}$,则冶金沟道应约为 $0.07\ \mu m$。可见,增强型器件通常要求沟道厚度小于 $0.1\ \mu m$,故需进行精确控制,一般采用离子注入或外延工艺技术。同样有增强型 P 沟道 MESFET。增强型 MESFET 的优点是设计电路栅极和漏极电压极性相同,然而其输出电压幅值较小。

GaAs 增强型 PNJFET 的开启电压通常也在 $0.1\sim0.3\ \mathrm{V}$。由于 JFET 与 MESFET 在电学特性上相似,后者主要用于高频领域,故讨论直流特性以 PNJFET 为主,交流特性以 MESFET 为例展开。

5.3　JFET 直流特性

在本节,为了描述 JFET 的基本电特性,首先介绍均匀掺杂耗尽型 PNJFET,然后讨论增强型器件;定义夹断电压和漏源饱和电压,并根据几何和电学参数推导出它们的表达式;定量分析栅源电压 V_GS、漏源电压 V_DS 和漏极电流 I_D 之间的关系,建立理想的电流-电压方程,最后确定跨导或晶体管增益。

5.3.1　夹断电压和饱和漏源电压

图 5-9(a)所示为一简化的单结 N 沟 JFET,冶金沟道厚度为 a,当外加反向偏压于 $\mathrm{P^+N}$ 结时,在 N 型沟道区耗尽区宽度为 h。设漏源电压 V_DS 为零,利用突变耗尽层近似,则空间电荷区宽度为

$$h=\left[\frac{2\varepsilon_0\varepsilon_\mathrm{s}(V_\mathrm{D}-V_\mathrm{GS})}{qN_\mathrm{D}}\right]^{1/2} \tag{5-3}$$

式中:V_D 为 PN 结内建电势;V_GS 为负(PN 结反偏)。

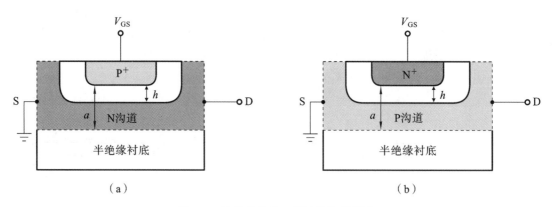

图 5-9　简化的单结 D 型 JFET 截面图

(a) N 沟道;(b) P 沟道

当 $h=a$ 时,沟道夹断,令 $V_\mathrm{P0}=V_\mathrm{D}-V_\mathrm{P}$,则由式(5-3)得到

$$V_\mathrm{P0}=V_\mathrm{D}-V_\mathrm{P}=\frac{qN_\mathrm{D}a^2}{2\varepsilon_\mathrm{s}\varepsilon_0} \tag{5-4}$$

V_{P0} 称为本征夹断电压,表示夹断时 P^+N 结两端总的电势差,并不是夹断时的栅源电压。为了获得夹断所需加的栅源电压即称为夹断电压,亦称为关断电压或阈值电压,记为 V_P,由式(5-4)得

$$V_P = V_D - V_{P0} = V_D - \frac{qN_D a^2}{2\varepsilon_s \varepsilon_0} \tag{5-5}$$

对于 N 沟耗尽型 JFET,V_P 为负(反偏栅压),因 V_{P0} 为正值,故 $V_D < V_{P0}$。可见,沟道掺杂浓度越高、沟道层越厚,则夹断电压绝对值越大。设计时,夹断电压必须小于 PN 结的击穿电压。

对于图 5-9(b)所示的 D 型 P 沟 JFET,可以作出相应的分析,由于外加偏压的极性相反,其夹断电压(阈值电压)为正,即 $V_P = V_{P0} - V_D > 0$。

当 $V_{DS} \neq 0$ 时,即栅极和漏极同时施加电压的情况,沿沟道方向,耗尽层宽度将不同,如图 5-10 所示。在源端耗尽层宽度 h_s 最小,仅与 V_D 和 V_{GS} 有关,在漏端耗尽层宽度 h_d 因与 V_{DS} 有关而最大

$$h_d = \left[\frac{2\varepsilon_s \varepsilon_0 (V_D + V_{DS} - V_{GS})}{qN_D} \right]^{1/2} \tag{5-6}$$

注意,对于 N 沟耗尽型器件,V_{GS} 为负值。

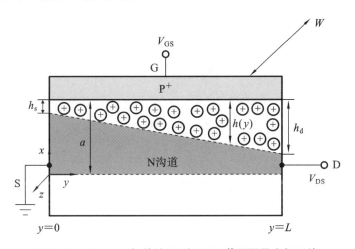

图 5-10　$V_{DS} \neq 0$ 时,单结 D 型 JFET 截面图及坐标系统

显然,当 $h_d = a$ 时,沟道在漏端被夹断,相应的漏源电压即为漏源饱和电压 V_{DSat},则有

$$a = \left[\frac{2\varepsilon_s \varepsilon_0 (V_D + V_{DSat} - V_{GS})}{qN_D} \right]^{1/2} \tag{5-7}$$

即

$$V_D + V_{DSat} - V_{GS} = \frac{qN_D a^2}{2\varepsilon_s \varepsilon_0} = V_{P0} \tag{5-8}$$

由此可求得 D 型 N 沟 JFET 的漏源饱和电压为

$$V_{DSat} = V_{P0} - (V_D - V_{GS}) = V_{P0} - V_D + V_{GS} = V_{GS} - V_P \tag{5-9}$$

这里 $V_P < 0$,$V_{GS} < 0$。显然,随反偏 V_{GS} 增加,V_{DSat} 减小,当 $|V_{GS}| > |V_P|$ 时,方程式(5-9)无意义。

对于 D 型 P 沟 JFET,电压极性与 N 沟器件相反,故

$$V_{DSat} = V_{P0} - (V_D + V_{GS}) = -V_{GS} + V_P \tag{5-10}$$

5.3.2 JFET 的理想直流特性

由于双结 JFET 的对称性,可考虑其几何图形的一半(如上半部),建立如图 5-10 所示的坐标系,其中 x 表示沟道厚度方向(垂直沟道),y 表示沟道长度方向,z 表示沟道宽度方向;L 为沟道长度,W 为沟道宽度,a 为冶金沟道厚度,h 为栅结在 N 型沟道区沿 x 方向耗尽层厚度,在栅结 P$^+$ 区因掺杂浓度高,耗尽层宽度可忽略不计。

下面利用肖克利缓变沟道近似模型来分析 D 型 N 沟 JFET 的直流特性,模型假设如下:

(1) 沟道杂质均匀分布,栅区杂质远高于沟道区,栅 PN 结为单边突变结;

(2) 沟道载流子迁移率为常数;

(3) 忽略有源区以外的源区、漏区以及接触电压降;

(4) 缓变沟道近似(GCA),即 $|\partial E_x/\partial x| \gg |\partial E_y/\partial y|$,其中 E_x 和 E_y 分别代表电场强度的 x 和 y 分量。该式意指:沿 x 方向的电场强度变化率远大于沿 y 方向的电场强度变化率。

对于共源连接电路,外加漏源电压 V_{DS} 将沿沟道产生压降 $V(y)$,在源端为零,漏端最高(为 V_{DS})。此压降反偏 P$^+$N 结,故在固定的 V_{GS} 下从源到漏(y 方向),耗尽层宽度逐渐增加,沟道逐渐变窄,沟道截面积减小,因而沟道电阻随之增大。

设沟道某点 y 处的电位为 $V(y)$,根据微分欧姆定律有

$$dV(y) = I_D dR(y) \tag{5-11}$$

式中:I_D 为通过沟道的恒定电流,即漏极电流;$dR(y)$ 为 dy 内的微分电阻

$$dR = \frac{dy}{q\mu_n N_D A_{ch}(y)} \tag{5-12}$$

A_{ch} 为沟道截面积

$$A_{ch}(y) = [a - h(y)]W \tag{5-13}$$

由上面诸式可得

$$I_D dy = q\mu_n N_D W [a - h(y)] dV(y) \tag{5-14}$$

其中,沟道耗尽区宽度 $h(y)$ 可由下式计算

$$h(y) = \sqrt{\frac{2\varepsilon_0\varepsilon_s [V(y) + V_D - V_{GS}]}{qN_D}} \tag{5-15}$$

从式(5-15)解出 $V(y)$ 并求其微分得到

$$dV(y) = \frac{qN_D h(y) dh(y)}{\varepsilon_0\varepsilon_s} \tag{5-16}$$

将式(5-16)代入式(5-14)即得

$$I_D dy = \frac{\mu_n (qN_D)^2 W}{\varepsilon_0\varepsilon_s} [ah(y)dh(y) - h(y)^2 dh(y)] \tag{5-17}$$

根据模型假设(I_D 和 μ_n 为常数),对式(5-17)积分即可求出漏极电流 I_D

$$I_D = \frac{\mu_n (qN_D)^2 W}{\varepsilon_0\varepsilon_s L} \left[\frac{a}{2}(h_d^2 - h_s^2) - \frac{1}{3}(h_d^3 - h_s^3) \right] \tag{5-18}$$

其中:

$$h_s^2 = \frac{2\varepsilon_0\varepsilon_s(V_D - V_{GS})}{qN_D}, \quad h_d^2 = \frac{2\varepsilon_0\varepsilon_s(V_{DS} + V_D - V_{GS})}{qN_D} \tag{5-19}$$

因为 $V_{P0} = qa^2 N_D / (2\varepsilon_0 \varepsilon_s)$，则式(5-18)可写为

$$I_D = \frac{q\mu_n N_D Wa}{L} \left\{ V_{DS} - \frac{2}{3} \frac{1}{\sqrt{V_{P0}}} \left[(V_{DS} + V_D - V_{GS})^{3/2} - (V_D - V_{GS})^{3/2} \right] \right\} \tag{5-20}$$

式中：$q\mu_n N_D Wa / L = G_0$ 为冶金沟道的电导，实际上是耗尽层宽度为 0、沟道厚度为 a 时沟道的最大电导，对应的沟道电阻即为沟道的最小电阻。常定义 $V_{GS} = 0$，V_{DS} 足够小时的电阻为沟道最小电阻 R_{min}，即 $R_{min} = 1/G_0$。于是，式(5-20)也可表示为

$$I_D = G_0 V_{P0} \left[\frac{V_{DS}}{V_{P0}} - \frac{2}{3} \left(\frac{V_{DS} + V_D - V_{GS}}{V_{P0}} \right)^{3/2} + \frac{2}{3} \left(\frac{V_D - V_{GS}}{V_{P0}} \right)^{3/2} \right] \tag{5-21}$$

在饱和区，将 $V_{DS} = V_{DSat} (= V_{P0} - V_D + V_{GS})$ 代入式(5-21)并经整理得到饱和漏极电流

$$I_{DSat} = \frac{G_0 V_{P0}}{6} \left[\frac{3 V_{DSat}}{V_{P0}} - 2 \left(\frac{V_{DSat} + V_D - V_{GS}}{V_{P0}} \right)^{3/2} + 2 \left(\frac{V_D - V_{GS}}{V_{P0}} \right)^{3/2} \right]$$

$$= I_{DSS} \left[1 - 3 \left(\frac{V_D - V_{GS}}{V_{P0}} \right) + 2 \left(\frac{V_D - V_{GS}}{V_{P0}} \right)^{3/2} \right] \tag{5-22}$$

式中：I_{DSS} 称为最大饱和漏极电流

$$I_{DSS} = \frac{G_0 V_{P0}}{6} = \frac{\mu_n (q N_D)^2 Wa^3}{6 \varepsilon_0 \varepsilon_s L} \tag{5-23}$$

从式(5-22)可以看出，理想的饱和漏极电流与漏源电压无关，I_{DSS} 为 $V_{GS} = V_D$ 时的饱和漏极电流。实际中常取 $V_{GS} = 0$ 时的饱和漏极电流近似为 I_{DSS}。因工作时有 $V_{GS} < 0$，漏极电流一般比 I_{DSS} 小，以避免过大的功耗。图 5-11 所示为 Si 基 N 沟耗尽型 JFET 的理想输出特性曲线。

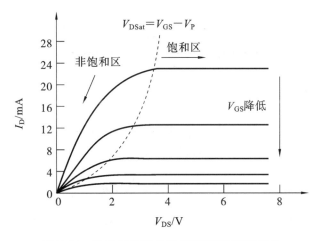

图 5-11　Si 基 N 沟耗尽型 JFET 理想输出特性

当 $V_D - V_{GS} \ll V_{P0}$ 时，对式(5-22)作泰勒级数展开，可得到 $I_{DSat} \propto (1 - V_{GS}/V_P)^2$。故为简化直流特性，实际中常采用近似公式

$$I_{DSat} = I_{DSS} \left(1 - \frac{V_{GS}}{V_P} \right)^2 \tag{5-24}$$

式中：I_{DSS} 是 $V_{GS} = 0$ V 时的饱和漏极电流。

式(5-21)和式(5-22)是单结 JFET 的 I-V 特性，对于对称双结耗尽型 JFET，沟道电导增加一倍，总的漏极电流等于 $2I_D$。

值得注意的是,上述讨论的 N 沟耗尽型 JFET,V_{GS} 和 V_P 都是负的,而对于 P 沟耗尽型器件,两者均为正。

5.4　直流特性的非理想效应

上述 I-V 特性是在理想模型下推导得出,实际上还有许多因素会影响到 I-V 特性,最突出的如沟道长度调制效应、速度饱和效应、亚阈漏电等。随沟道长度的不断缩短,这些效应的影响愈显严重,导致电流和电压之间的关系发生变化,故下面将分别予以讨论。

5.4.1　沟道长度调制效应

从式(5-23)可以看出,漏极电流反比于沟长。在上面推导 I-V 方程时,我们假设 L 为恒定值,但实际上当 JFET 达到饱和后,漏端会出现夹断区,随 V_{DS} 进一步增大,夹断区会均等地向沟道区和漏区扩展,从而使电中性的 N 沟道长度减小,如图 5-12 所示,有效沟道长度变为

$$L_{eff} = L - \Delta L \tag{5-25}$$

式中:ΔL 为在沟道一边耗尽区扩展宽度。显然,随沟道长度的减小,饱和电流将增加($I_{DSat} \propto 1/L_{eff}$)。这种在 JFET 达到饱和以后,随漏源电压继续增加,有效沟长减小从而导致漏极电流增加的现象即称为沟道长度调制效应。

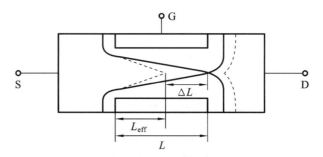

图 5-12　沟长调制效应图示

忽略空间电荷区中由于电流产生的电荷,在一级近似下,沟道区耗尽宽度 ΔL 可按单边突变 PN 结耗尽层计算

$$\Delta L = \frac{1}{2} \left[\frac{2\varepsilon_0 \varepsilon_s (V_{DS} - V_{DSat})}{q N_D} \right]^{\frac{1}{2}} \tag{5-26}$$

将饱和区漏极电流记为 I_{DSat}^* 和 I_{DSS}^*,刚达到饱和时的理想饱和电流仍记为 I_{DSat} 和 I_{DSS},则由式(5-22)可得

$$I_{DSat}^* = \frac{I_{DSS}^*}{I_{DSS}} I_{DSat} = \frac{L}{L_{eff}} I_{DSat} = I_{DSat} \left(\frac{L}{L - \Delta L} \right) = I_{DSat} \frac{1}{1 - \Delta L/L} \tag{5-27}$$

分子分母同乘 $(1 + \Delta L/L)$,忽略二次项后可得

$$I_{\mathrm{DSat}}^{*} \approx I_{\mathrm{DSat}}\left(1+\frac{\Delta L}{L}\right) \tag{5-28}$$

由于 $\Delta L / L$ 项与 V_{DS} 有关,故通过引入一系数 λ,可将 I_{DSat}^{*} 与 V_{DS} 的关系简单表达为

$$I_{\mathrm{DSat}}^{*} = I_{\mathrm{DSat}}(1+\lambda V_{\mathrm{DS}}) \tag{5-29}$$

其中,λ 称为沟长调制系数,定义为

$$\lambda = \frac{\Delta L}{L V_{\mathrm{DS}}} \tag{5-30}$$

可见,由于 L_{eff} 随 V_{DS} 改变,使饱和区漏极电流成为 V_{DS} 的函数。

对高频 MESFET,沟道长度已缩短至亚微米甚至深亚微米量级,故沟道长度调制效应显得更为突出。

5.4.2　速度饱和效应

半导体中载流子漂移速度与电场 E 的关系如图 5-13 所示。可见,当电场较低时,电子的
漂移速度随 E 的增加而线性增加,表明低场下迁移率为常数,但当电场增大超过一临界值 E_{C} 后,电子的漂移速度基本趋于饱和。对于短沟器件,因一定漏压下,沟道横向场将更大,故载流子速度更容易达到饱和,从而影响到漏极输出电流。

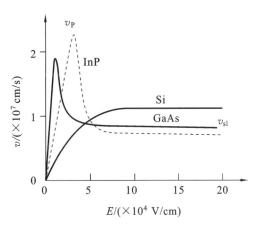

图 5-13　半导体中电子漂移速度
与电场的关系

因 V_{DS} 使耗尽层宽度从源到漏逐渐增加,沟道截面积则逐渐减小,在漏端达最小,而沟道电流在整个沟道区保持不变,故载流子速度从源到漏将增加,在漏端附近将首先达到饱和速度 v_{sl},如图 5-14 所示。设载流子速度达到饱和时的漏端耗尽层厚度为 h_{sat},则有

$$I_{\mathrm{DSat}} = 2qN_{\mathrm{D}}v_{\mathrm{sl}}(a-h_{\mathrm{sat}})W \tag{5-31}$$

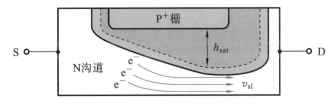

图 5-14　表明载流子速度饱和效应的 JFET 截面示意图

实际测量表明,这种速度饱和效应常发生在漏压低于 V_{DSat} 的情况,故 I_{DSat} 和 V_{DSat} 都将小于理想模型预测值。图 5-15 比较了迁移率恒定和速度饱和两种情况下 JFET 的输出特性曲线(从上至下:$(V_{\mathrm{D}}-V_{\mathrm{GS}})/V_{\mathrm{P0}}$ 从 0 增加到 1)。可见,由于载流子速度饱和,输出电流大大减小,跨导也随之减小,使 JFET 的有效增益降低。

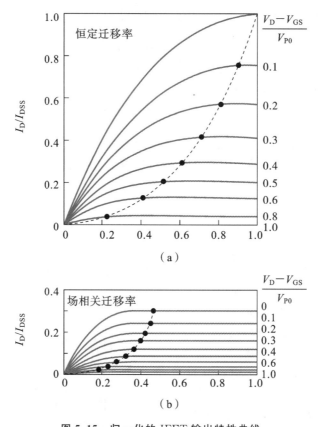

图 5-15　归一化的 JFET 输出特性曲线
（a）恒定迁移率；（b）速度饱和效应（与场有关的迁移率）

5.4.3　亚阈值电流及栅电流

在理想模型中,当 $V_{GS}=V_T$(或 V_P)时,$I_D=0$。但实际器件中,当 V_{GS} 在阈值电压以下时,漏极电流并不立即为零,而是随栅压 V_{GS} 的减小按指数规律衰减。这种在栅压低于阈值电压 V_T 时 JFET 中所存在的漏极电流即称为亚阈值电流。

亚阈值电流的存在是因为在 V_{GS} 低于 V_T 时,在源区和沟道间存在一电子势垒,源区由热激发产生的自由载流子有可能越过该势垒而进入耗尽的沟道,其数量取决于势垒高度,势垒越低/越高,越过势垒的载流子越多/越少,而势垒高度受栅压的控制。进入沟道的载流子将以扩散的方式通过沟道到达漏极,故亚阈电流主要是扩散电流,可表示为

$$I_{DSub}=qD\frac{n_S-n_D}{L}A_{eff} \tag{5-32}$$

式中:n_S 和 n_D 分别为沟道源端和漏端的电子浓度;A_{eff} 为沟道有效截面积;D 为载流子扩散系数。经过分析和推导可得到

$$I_{DSub}=I_0\left[1-\exp\left(-\frac{qV_{DS}}{kT}\right)\right]\exp\left[\frac{q(V_{GS}-V_T)}{kT}\right] \tag{5-33}$$

其中,

$$I_0 = \frac{qDN_{\mathrm{D}}W}{L} L_{\mathrm{De}} \sqrt{2\pi} \tag{5-34}$$

式中：L_{De} 表示非本征德拜长度，$L_{\mathrm{De}} = \sqrt{\dfrac{\varepsilon_0 \varepsilon_{\mathrm{s}} kT}{q^2 N_{\mathrm{D}}}}$；$A_{\mathrm{eff}} = W\sqrt{2\pi} L_{\mathrm{De}}$（设亚阈区沟道的有效厚度为 $\sqrt{2\pi} L_{\mathrm{De}}$）。

从式(5-33)可以看出，对于长沟器件，亚阈电流与栅压成指数关系，在漏源电压大于 kT/q 时与 V_{DS} 无关。

图 5-16 所示为一 N 沟 GaAs MESFET 亚阈电流的测量结果。可分三个区来讨论 I_{D} 随栅源电压 V_{GS} 的变化：① 当栅压大于阈值电压时，漏极电流以平方律的关系随栅压变化，为正常的沟道电流；② 当 $V_{\mathrm{GS}} \leqslant V_{\mathrm{T}}$ 时，漏极电流不为零，随栅压减小（绝对值增加）而减小；③ 当栅压比阈值电压小 0.5 ～1.0 V 时，漏极电流达到一最小值，而后随栅压的继续减小而缓慢增加。该区域的亚阈电流主要为栅极金-半结的泄漏电流。

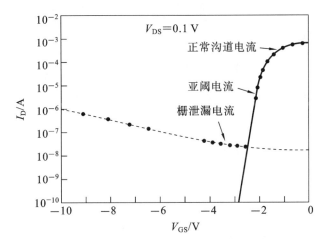

图 5-16　测量的 N 沟 GaAs MESFET I_{D}-V_{GS} 关系曲线，包括正常的漏极电流、亚阈电流和栅泄漏电流

图 5-16 所示的测量结果表明，在阈值以下，漏极电流变小，但不为零。对于低功耗电路的应用，必须考虑最小漏极电流的影响。

5.5　JFET 的交流小信号参数及等效电路

为了分析晶体管电路，需要有一个晶体管的数学模型或等效电路，其中最有用的模型是小信号等效电路，它适用于线性放大电路中的晶体管。这个等效电路将通过等效电容-电阻电路引入晶体管中的频率效应。本节将分析 JFET 中影响频率特性的各种物理因素，然后给出晶体管截止频率的定义。

5.5.1　低频交流小信号参数

在低频小信号情况，可忽略电荷的储存效应，采用"准静态"近似的方法来讨论其交流电流电压特性,即将交流参数直接写成直流参数(准静态参数),并可借用上节所导出的直流特性方程。

1. 跨导

定义:一定漏源电压下,漏极电流随栅源电压的变化率称为跨导 g_m,即

$$g_\mathrm{m} = \frac{\partial I_\mathrm{D}}{\partial V_\mathrm{GS}}\bigg|_{V_\mathrm{DS}} \tag{5-35}$$

显然,跨导可描述栅电压对输出电流的控制能力,反映了晶体管的增益。根据定义,利用式(5-20)可求出单结 JFET 在非饱和区的跨导为

$$g_\mathrm{m} = \frac{G_0}{\sqrt{V_\mathrm{P0}}}\left[\sqrt{V_\mathrm{DS} + V_\mathrm{D} - V_\mathrm{GS}} - \sqrt{V_\mathrm{D} - V_\mathrm{GS}}\right] \tag{5-36}$$

在线性区,$V_\mathrm{DS} \ll (V_\mathrm{D} - V_\mathrm{GS})$,将相关项展开成泰勒级数,近似后得到

$$g_\mathrm{ml} = G_0 \frac{V_\mathrm{DS}}{2\sqrt{V_\mathrm{P0}(V_\mathrm{D} - V_\mathrm{GS})}} \tag{5-37}$$

在饱和区,利用式(5-22)对 V_GS 求导可得

$$g_\mathrm{ms} = G_0\left(1 - \sqrt{\frac{V_\mathrm{D} - V_\mathrm{GS}}{V_\mathrm{P0}}}\right) \tag{5-38}$$

利用式(5-24)的饱和漏极电流近似表达式求出饱和区跨导为

$$g_\mathrm{ms} = -\frac{2I_\mathrm{DSS}}{V_\mathrm{P}}\left(1 - \frac{V_\mathrm{GS}}{V_\mathrm{P}}\right) \tag{5-39}$$

对于耗尽型 N 沟 JFET,V_P 是负值,故 g_ms 为正值。

在式(5-38)中,当 $V_\mathrm{GS} = V_\mathrm{D}$ 时,跨导达到最大值

$$g_\mathrm{max} = G_0 = a\mu_\mathrm{n} q N_\mathrm{D}\frac{W}{L} \tag{5-40}$$

考虑源端串联电阻 R_S(包括接触电阻和体电阻)的分压作用,设有效栅压为 V'_GS,则 $V_\mathrm{GS} = V'_\mathrm{GS} + R_\mathrm{S}I_\mathrm{D}$,故有效跨导 g_m^* 变为

$$g_\mathrm{m}^* = \frac{\partial I_\mathrm{D}}{\partial V_\mathrm{GS}} = \frac{\partial I_\mathrm{D}}{\partial V'_\mathrm{GS}}\bigg/\frac{\partial V_\mathrm{GS}}{\partial V'_\mathrm{GS}} = \frac{g_\mathrm{m}}{1 + g_\mathrm{m}R_\mathrm{S}} \tag{5-41}$$

显然,由于串联电阻的分压作用,使有效跨导降低。

从上面诸式可以看出,影响跨导的因素包括沟道宽长比 W/L、掺杂浓度 N_D、载流子迁移率 μ_n、冶金沟道厚度 a 和串联电阻 R_S 等。在设计器件时,通常靠调节 W/L 来满足跨导的要求,但由于存在沟长调制效应,为了获得好的饱和特性,L 不能太小,故一般通过增加 W,即采用多单元并联的结构来增加 W。

2. 电压增益

JFET 是电压控制器件,其输出电压为 $I_\mathrm{D}R_\mathrm{L}$(R_L 为负载电阻)。电压增益定义为

$$K_\mathrm{V} = \frac{\partial(I_\mathrm{D}R_\mathrm{L})}{\partial V_\mathrm{GS}} = g_\mathrm{m}R_\mathrm{L} \tag{5-42}$$

从式(5-42)可以看出,跨导 g_m 标志着 JFET 的放大能力。

3. 漏极电导

定义:一定的栅源电压下,漏极电流随漏源电压的变化率即称为漏极电导,或简称为漏导

g_d，即

$$g_d = \frac{\partial I_D}{\partial V_{DS}}\bigg|_{V_{GS}} \tag{5-43}$$

类似地，在非饱和区，将式(5-20)对 V_{DS} 求导即得

$$g_d = G_0\left(1 - \sqrt{\frac{V_D - V_{GS} + V_{DS}}{V_{P0}}}\right) \tag{5-44}$$

当 V_{DS} 很小时，忽略 V_{DS} 即得线性区的漏导为

$$g_{dl} = G_0\left(1 - \sqrt{\frac{V_D - V_{GS}}{V_{P0}}}\right) \tag{5-45}$$

显然，沟道电导将受到栅压的调制，这正是场效应的基础。

同样地，考虑源端串联电阻 R_S 和漏端串联电阻 R_D 的影响，则非饱和区有效漏导为

$$g_d^* = \frac{g_d}{1 + g_d(R_S + R_D)} \tag{5-46}$$

可见，串联电阻的存在也使得漏电导减小。

关于饱和区的漏电导，由式(5-22)知理想情况下为零。但实际上，由于沟长调制效应的存在，I_{DSat} 随 V_{DS} 升高而略有增加，使饱和漏电导并不为零。由式(5-29)可得饱和区漏电导的经验公式为

$$g_{ds} = \lambda I_{DSat} \tag{5-47}$$

其中，I_{DSat} 可以用式(5-24)所表示的平方律饱和漏极电流，λ 可通过实验曲线提取。

漏电导的倒数即为 JFET 的小信号输出电阻 r_d，即 $r_d = 1/g_d$ 或 $1/g_{ds}$，也可通过测量电压和电流的微分增量来计算，即

$$r_d = \frac{\partial V_{DS}}{\partial I_{DSat}^*} \approx \frac{\Delta V_{DS}}{\Delta I_{DSat}^*} \tag{5-48}$$

5.5.2　本征电容

JFET 的工作原理是通过控制耗尽层厚度来控制沟道的截面积，从而控制输出电流的大小，而耗尽层厚度的变化将引起势垒电容的变化。换句话说，正是通过势垒电容的变化来控制器件的通与断以及漏极电流的大小，它们是器件工作的基础，是我们所需要的"好的电容"，它们存在于 FET 的栅结势垒区或沟道区，是由器件结构所决定的，故称之为本征电容，包括栅源电容 C_{gs} 和栅漏电容 C_{gd} 两个。C_{gs} 是源端栅极下面栅源之间的耗尽层电容，C_{gd} 是漏端栅漏之间的耗尽层电容。位于输入回路的沟道电阻与 C_{gs} 组成 RC 电路，C_{gs} 的充放电作用将影响 FET 的频率特性，而 C_{gd} 则反映漏极与栅极之间的反馈作用，这个负反馈作用将影响 FET 的高频增益。

1. 栅源电容 C_{gs}

定义：当栅漏电压为常数时，沟道总电荷（耗尽层电荷＋有效沟道电荷）Q_C 随栅源电压的变化率

$$C_{gs} = \frac{\partial Q_C}{\partial V_{GS}}\bigg|_{V_{GD}=C} \tag{5-49}$$

式中: $V_{GD} = V_{DS} - V_{GS}$。

2. 栅漏电容 C_{gd}

定义:当栅源电压为常数时,沟道总电荷(耗尽层电荷+有效沟道电荷)Q_C 随漏源电压的变化率为

$$C_{gd} = \frac{\partial Q_C}{\partial V_{DS}}\bigg|_{V_{GS}=C} \tag{5-50}$$

在 V_{DS} 很小的线性区,对于单结 JFET 或 MESFET,外加直流偏置电压 V_{GS} 时,源、漏端的耗尽层宽度近似相等,记为 $h(0)$

$$h(0) = \sqrt{\frac{2\varepsilon_0\varepsilon_s(V_D - V_{GS})}{qN_D}} \tag{5-51}$$

则栅极下面总的耗尽层电容等于 $\frac{\varepsilon_0\varepsilon_s}{h(0)}WL$,这种情况下 C_{gs} 和 C_{gd} 平分总电容,两者相并联构成栅极总电容,即

$$C_{gs} \approx C_{gd} \approx \frac{1}{2}\frac{\varepsilon_0\varepsilon_s}{h(0)}WL \tag{5-52}$$

在饱和区,栅源电容与沟道被夹断的情况有关,经推导得出

$$C_{gs} = \frac{6\varepsilon_0\varepsilon_s}{a}WL\frac{1+u_1}{(1+2u_1)^2} \tag{5-53}$$

式中: $u = (h(y)/a) \leqslant 1$,在源端 $u_1 = h(0)/a$。

C_{gd} 除与夹断有关外,还与两电极之间的尺寸有关,饱和时,$C_{gd} = 0$。

5.5.3 交流小信号等效电路

交流工作状态下,交流信号叠加在直流信号上,此时栅源电压表示为

$$\nu_{GS} = V_{GS} + \nu_{gs} \tag{5-54}$$

与之对应的漏极电流也包含直流分量和交流分量

$$i_D = I_D + i_d \tag{5-55}$$

显然,输入端接入交流小信号 ν_{gs} 时,会对两个本征电容 C_{gs} 和 C_{gd} 进行充放电,从而形成栅电流,即输入电流

$$i_g = C_{gs}\frac{\mathrm{d}\nu_{gs}}{\mathrm{d}t} + C_{gd}\frac{\mathrm{d}\nu_{gd}}{\mathrm{d}t} \tag{5-56}$$

输出电流则主要为受 ν_{gs} 控制的电流源,以及由输出电阻 $r_d = 1/g_d$ 引起的分电流和 C_{gd} 的充放电电流

$$i_d = g_m\nu_{gs} + \nu_{ds}g_d - C_{gd}\frac{\mathrm{d}\nu_{gd}}{\mathrm{d}t} \tag{5-57}$$

由此得到 MESFET 的交流小信号物理模型和等效电路分别如图 5-17(a)、(b)所示,图 5-17(b)中虚线框内为本征等效电路,R_{gs} 为沟道电阻,C_{dc} 为速度饱和时速度饱和区的静电偶极层电容,通常很小,可忽略不计。虚线框以外为寄生电容和串联电阻:R_S、R_D 和 R_G 分别为源、漏和栅极的串联电阻,C_{ds} 为漏源电极间的边缘电容,其大小与漏/源电极宽度和漏源区本身尺寸有关。

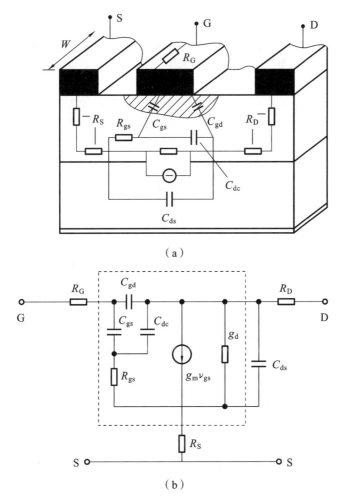

（a）

（b）

图 5-17　MESFET 的交流小信号物理模型和导效电路

（a）物理模型；（b）等效电路

5.5.4　频率限制因素及截止频率

对于 JFET 而言,有两个频率限制因素:载流子渡越沟道的时间和电容充放电时间,由此决定了器件截止频率。

1. 载流子渡越时间截止频率 f_0

载流子从源端运动到漏端所需渡越时间限定的频率极限即为渡越时间截止频率,显然与载流子运动的速度有关。

弱场下,载流子速度 $v_d = \mu E_y$,则渡越时间 $\tau = L/(\mu E_y) \approx L^2/(\mu V_{DS})$,即

$$f_0 = \frac{1}{2\pi\tau} = \frac{\mu V_{DS}}{2\pi L^2} \tag{5-58}$$

高场下,载流子迁移率随电场而变,定义一载流子平均漂移速度 $\bar{v} = L/\tau$,则 f_0 表达式为

$$f_0 = \frac{\bar{v}}{2\pi L} \tag{5-59}$$

若载流子以饱和速度 v_{sl} 渡越沟道,则可得到最高截止频率 f_{0max},为

$$f_{0max} = \frac{v_{sl}}{2\pi L} \tag{5-60}$$

对于 GaAs、InP 等化合物半导体,其饱和速度比硅的低,但在速度饱和之前,若电场选择合适,其速度可达一很高的峰值 v_P,如图 5-13 所示,则最高截止频率为

$$f_{0max} = \frac{v_P}{2\pi L} \tag{5-61}$$

比较弱场和强场下的 Si 器件截止频率的表达式可以看出,弱场下 $f_0 \propto 1/L^2$,强场下受速度饱和影响 $f_0 \propto 1/L$。设沟长为 $1\ \mu\mathrm{m}$,载流子以饱和速度(10^7 m/s)运动,则渡越时间在 10 ps 量级。

由于 GaAs 的低场电子漂移速度比 Si 的高很多,其峰值漂移速度也大大高于 Si 的饱和速度,故 GaAs MESFET 的频率特性大大好于 Si MESFET,成为微波器件领域的主要场效应器件。

2. 特征频率 f_T

通常,沟道渡越时间并不是频率限制的主要因素(除了频率非常高的器件),故有必要定义另一频率参数——特征频率 f_T 来描述 JFET 的频率特性。

定义:输出端交流短路时,本征 JFET 的电流放大系数等于 1 时所对应的频率即为特征频率。f_T 主要取决于栅结电容的充放电时间。一个简化的不包含电阻的等效电路如图 5-18 所示,其输出电流为短路电流。随输入信号电压 v_{gs} 频率的增加,C_{gd} 和 C_{gs} 的阻抗减小,使得通过 C_{gd} 的电流增加。对于恒定的 $g_m v_{gs}$(电流源),输出电流 i_d 将减小,即 i_d 成为频率的函数。根据定义,当输入电流 i_g 等于本征晶体管理想输出电流 $g_m v_{gs}$ 时,所对应的频率即为 f_T。

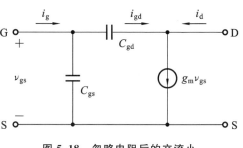

图 5-18　忽略电阻后的交流小
信号等效电路

当输出交流短路时,有

$$i_g = \mathrm{j}\omega(C_{gs} + C_{gd})v_{gs} \tag{5-62}$$

则达到 f_T 时,有

$$|i_g| = 2\pi f_T(C_{gs} + C_{gd})v_{gs} = g_m v_{gs} \tag{5-63}$$

饱和时,$C_{gd} = 0$,于是得到

$$f_T = \frac{g_m}{2\pi C_{gs}} \tag{5-64}$$

当跨导达到最大值,即 $g_{mmax} = G_0$,且 C_{gs} 达到最小值时,可获得最高截止频率

$$f_{Tmax} = \frac{G_0}{2\pi C_{gsmin}} \tag{5-65}$$

当考虑源端串联电阻 R_s 影响时,特征频率将下降

$$f_{\mathrm{T}}=\frac{g_{\mathrm{m}}}{2\pi C_{\mathrm{gs}}(1+R_{\mathrm{S}}g_{\mathrm{m}})} \tag{5-66}$$

因为 C_{gs} 随耗尽层宽度增加而减小,故当耗尽层宽度在漏端等于沟道厚度 a 使沟道夹断时,C_{gs} 达到最小值。为简化分析,近似用栅结平均耗尽层宽度为 $a/2$ 时的栅电容来表示漏端沟道夹断时的电容,即

$$C_{\mathrm{gsmin}}=\frac{1}{a}\varepsilon_0\varepsilon_{\mathrm{s}}WL \tag{5-67}$$

对于 MESFET,代入 G_0 的表达式即得

$$f_{\mathrm{Tmax}}=\frac{qa^2\mu_{\mathrm{n}}N_{\mathrm{D}}}{2\pi\varepsilon_0\varepsilon_{\mathrm{s}}L^2}=\frac{\mu_{\mathrm{n}}V_{\mathrm{P0}}}{2\pi L^2} \tag{5-68}$$

对于小尺寸的 GaAs JFET 或 MESFET,截止频率甚至更高。在极高频器件中,沟道渡越时间也可能成为限制因素,在这种情况下,截止频率可由式(5-60)或式(5-61)描述。

GaAs JFET 和 MESFET 的应用之一是用于制备超快数字集成电路。传统的 GaAs MESFET 逻辑门可以实现亚纳秒范围内的传输延迟时间,至少可以与快速 ECL 相媲美,但功耗比 ECL 电路低三个数量级。增强型 GaAs JFET 已被用作逻辑电路中的驱动管,而耗尽型器件可用作负载,已观察到低至 45 ps 的传输延迟时间。

式(5-68)表明,特征频率与本征夹断电压、载流子迁移率以及沟道长度有关。因夹断电压一般无法调节,因此,为了获得更高的截止频率,需提高迁移率或缩短沟道长度,如可以采用特殊的 JFET 结构——调制掺杂场效应晶体管或称高电子迁移率晶体管(HEMT)。

3. 最高振荡频率 f_{M}

f_{M} 定义为本征 JFET 在输入端和输出端均共轭匹配,且输出对输入的反馈近似为 0 的条件下,共源功率增益为 1 时的极限频率。根据图 5-17 所示的等效电路及功率增益的定义,并考虑到串联电阻及反馈电容的影响,可得到

$$f_{\mathrm{M}}=\frac{f_{\mathrm{T}}}{2\sqrt{(R_{\mathrm{gs}}+R_{\mathrm{S}}+R_{\mathrm{G}})g_{\mathrm{ds}}+\omega_{\mathrm{T}}R_{\mathrm{G}}C_{\mathrm{gd}}}} \tag{5-69}$$

当串联电阻可以忽略不计时,有

$$f_{\mathrm{M}}=\frac{f_{\mathrm{T}}}{2\sqrt{R_{\mathrm{gs}}g_{\mathrm{ds}}}} \tag{5-70}$$

思 考 题 5

1. 画出肖特基势垒二极管在零偏、正偏和反偏时的能带图,标出肖特基势垒高度。

2. 若 $\phi_{\mathrm{m}}<\phi_{\mathrm{S}}$,画出金-半结的理想能带图,并解释其为什么是欧姆接触。

3. 在 PNJFET 和 MESFET 中,电流饱和的机理是什么?

4. 分别画出 P 沟 JFET 偏置在非饱和区及饱和区时耗尽区截面图。

5. JFET 本征夹断电压和夹断电压的定义。

6. MESFET 阈值电压的定义。增强型 MESFET 的特点是什么?

7. 描述 JFET 和 MESFET 的基本工作原理,有哪些基本类型?

8. 画出 JFET 交流小信号等效电路。

9. 两个频率限制因素是什么？特征频率的定义是什么？

10. 影响 JFET I-V 特性的非理想效应有哪些？对器件特性有何影响？

11. 什么是 JFET 的跨导和漏导？如何提高跨导？

12. 分别画出 PNJFET 和 MESFET 的截面结构图,比较它们的异同。

习 题 5

自测题 5

1. 铜淀积在 N 型 Si 衬底上形成一理想的肖特基二极管,金属的 $\phi_m = 4.65$ eV,半导体的电子亲和能为 4.01 eV,$N_D = 3 \times 10^{16}$ cm^{-3},$T = 300$ K。计算零偏时肖特基势垒高度、内建电势、耗尽区宽度以及最大电场。

2. 有一 Au-nGaAs 肖特基势垒二极管,其电容与外加电压的关系由 $1/C^2 = 1.57 \times 10^5 \sim 2.12 \times 10^5 V_A$ 描述,其中 C 的单位是 μF,V_A 是伏特,二极管的面积为 0.1 cm^2。计算内建势、肖特基势垒高度、半导体掺杂浓度以及金属功函数。

3. 若 $\phi_{sb} = 0.9$ eV,$N_D = 10^{17}$ cm^{-3},求耗尽模式 GaAs MESFET 的最小外延层厚度是多少($V_T < 0$)。

4. N 沟 GaAs MESFET 的 $\phi_{sb} = 0.9$ eV,$N_D = 10^{17}$ cm^{-3},$a = 0.2$ μm,$L = 1$ μm,$W = 10$ μm。试求:① 该器件是增强型还是耗尽型？② 阈值电压为多少？（E 型 $V_T > 0$,D 型 $V_T < 0$）

5. 两个 GaAs N 沟 MESFET 有相同的 $\phi_{sb} = 0.85$ eV,器件 A 的 $N_D = 4.7 \times 10^{16}$ cm^{-3},器件 B 的 $N_D = 4.7 \times 10^{17}$ cm^{-3}。若两个器件的阈值电压均为零,要求沟道厚度各为多少？

6. N 沟 PNJFET 具有对称结构,其衬底掺杂浓度为 $N_D = 10^{15}$ cm^{-3},P$^+$ 栅区杂质浓度为 $N_A = 10^{18}$ cm^{-3},沟道长度为 $L = 10$ μm、沟道宽度 $W = 50$ μm、沟道半厚度 $a = 2$ μm,求:① 本征夹断电压 V_{P0} 及夹断电压 V_P;② $V_{GS} = 0$ 时的沟道电导;③ 最大饱和漏极电流 I_{DSS}（设 $\mu_n = 1000$ cm^2/(V · s)、$\varepsilon_0 = 8.85 \times 10^{-14}$ F/cm,$\varepsilon_s = 11.9$）。

7. N 沟 E 型 GaAs PNJFET,$N_D = 3 \times 10^{15}$ cm^{-3}、$N_A = 10^{18}$ cm^{-3}、$a = 0.7$ μm。试求:① 计算其阈值电压 V_T;② 当 $V_{DS} = 0$,欲使导电沟道半厚度为 0.1 μm 时,外加 V_{GS} 是多少($n_i = 1.8 \times 10^6$ cm^{-3},$\varepsilon_{GaAs} = 13.1$）？

8. N 沟道 GaAs MESFET,栅肖特基势垒 $\phi_{sb} = 0.85$ V,沟道区掺杂浓度 $N_D = 10^{16}$ cm^{-3},若阈值电压为 $V_T = 0.25$ V,试问沟道厚度为多少？

9. PNJFET 结构参数同 5.6 题,当 $V_{GS} = -2$ V,$V_{DS} = 1.5$ V 时,计算:① 漏极电流 I_D;② g_m;③ g_d。

10. N 沟道 D 型 PNJFET,$N_D = 2 \times 10^{15}$ cm^{-3},$L = 10$ μm,$I_{DSat} = 4$ mA,$V_{DSat} = 2$ V,试求当 V_{DS} 从 4 V 升至 4.5 V 时,由沟长调制效应所导致的 r_d 为多少？

11. 硅 PNJFET,沟道区杂质浓度 $N_D = 10^{16}$ cm^{-3},沟道长度 $L = 5$ μm,厚度 $a = 0.6$ μm,若载流子迁移率 $\mu_n = 1000$ cm^2/(V · s),试求其截止频率 f_T。

第6章 MOSFET

摩尔定律由 CPU 生产商 Intel 公司的创始人之一戈登·摩尔(Gordon Moore)于 1965 年提出。摩尔定律促成了英特尔巨大的商业成功,半导体行业的工程师们遵循这一定律,不仅每 18 个月将晶体管的数量翻一番,而且同样性能的芯片体积缩小一半,成本降低 50%。可以说是摩尔定律让我们生活中的电子产品性能越来越强大,体积越来越轻薄小巧,价格越来越低廉。这里所说的晶体管即是指 MOSFET。

MOSFET(metal-oxide-semiconductor field-effect transistor)即金属-氧化物-半导体场效应晶体管。由于其体积小,集成度高,已广泛用于数字集成电路。它可以制作两种互补的 MOS 晶体管结构:N 沟道 MOSFET(NMOSFET)和 P 沟道 MOSFET(PMOSFET)。这两种器件连接在一起可组成反相器,构成 MOS 集成电路的基本单元,这种电路即称为互补 MOS(complementary MOS,即 CMOS)集成电路,是当今集成电路的主流工艺。

本章将以金属-SiO_2-Si 作为 MOS 的代表结构,分别讨论长沟 MOSFET 的基本结构、基本工作原理以及直流和交流特性,并介绍一些非理想因素以及短沟道效应对器件性能的影响。

6.1 MOS 电容器及其特性

MOS 结构实际上是一个类似于平板电容的 MOS 电容,它是 MOSFET 的心脏。正是由于 MOS 电容在外加电压作用下引起半导体表面状态的变化来控制 MOSFET 的导通和关断,是 MOSFET 的工作基础。因此,了解 MOS 电容的电容-电压(C-V)特性以及半导体表面电荷随外加电压的变化十分必要。

6.1.1 理想 MOS 电容能带图

我们以 P-Si 半导体为例,在其上热生长一层 SiO_2(也可淀积其他绝缘介质),然后淀积一层金属电极(或掺杂多晶硅)作为栅极,即形成所谓的 MOS 电容结构,如图 6-1 所示。

为方便讨论,假设这是一理想的 MOS 电容,即:① 金属和半导体之间无功函数差;② 氧化层中无任何电荷;③ 氧化层与半导体的界面不存在界面态;④ 氧化层中无电流流动。在此理想模型下,无外加电压时,半导体表面能级处于平直状态,如图 6-2(a)所示。

当 MOS 电容两端外加偏置电压时,在半导体

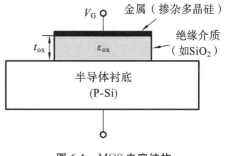

图 6-1 MOS 电容结构

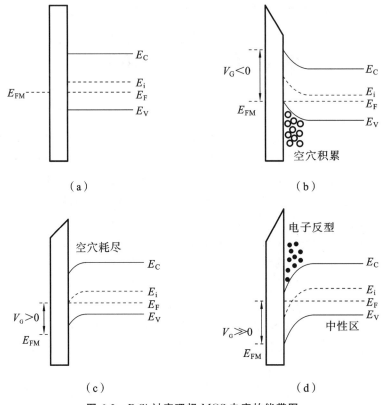

图 6-2　P-Si 衬底理想 MOS 电容的能带图
(a) 零偏；(b) $V_G < 0$；(c) $V_G > 0$；(d) $V_G \gg 0$

表面电场作用下,将在其表面感应出相应的电荷,其电荷的种类与栅电压(V_G)的极性和大小有关,可归纳为图 6-2 所示的三种情况:

(1) 当 $V_G < 0$(金属接负,半导体接正)时,形成由半导体表面指向栅电极的垂直电场,P型 Si 中的多子空穴在电场力作用下将流向半导体表面,在表面附近能带向上弯曲,从而形成空穴浓度大大增加的积累层,如图 6-2(b)所示。

(2) 当 V_G 为一小的正偏压(金属接正,半导体接负)时,形成由栅电极指向半导体的垂直电场,P 型 Si 中的多子空穴受此电场力的排斥作用将流向半导体体内,空穴流走后,剩下带负电的受主离子,形成表面耗尽层,表面能带向下弯曲。此时外加栅压在氧化层和半导体表面分压,后者称为半导体的表面势(ϕ_S)。如图 6-2(c)所示,在耗尽态有

$$q\phi_S < (E_i - E_F) = q\phi_F \qquad (6-1)$$

ϕ_F 称为费米势,表示半导体内部本征能级与费米能级之差,即本征半导体与掺杂半导体接触时在热平衡状态下的接触电势。由 PN 结接触电势公式(见式(2-5)),令 $N_D = n_i$,则对于 P 型衬底得到

$$\phi_{FP} = \frac{E_i - E_F}{q} = \frac{kT}{q}\ln\frac{N_A}{n_i} \qquad (6-2)$$

同理,对于 N 型衬底,其费米势为

$$\phi_{FN} = \frac{E_i - E_F}{q} = -\frac{kT}{q}\ln\frac{N_D}{n_i} \qquad (6-3)$$

（3）随着 V_G 增加，表面势增加，表面电子/空穴浓度随表面势指数增加/减少

$$n_S = \frac{n_i^2}{N_A} e^{q\phi_S/(kT)} \tag{6-4}$$

$$p_S = N_A e^{-q\phi_S/(kT)} \tag{6-5}$$

当 $\phi_{FP} \leqslant \phi_S < 2\phi_{FP}$ 时，本征能级在表面达到或低于费米能级，表面电子浓度高于空穴浓度，即表面层已由 P 型转为 N 型，称这种情况为"弱反型"。

（4）随着 V_G 继续增加到使半导体的表面势 $\phi_S \geqslant 2\phi_{FP}$ 时，由式（6-2）和式（6-4），可得到 $n_S \geqslant N_A$。当 $\phi_S = 2\phi_{FP}$ 时，$n_S = N_A$，即表面电子浓度等于 P 型衬底多子空穴浓度，标志着表面"强反型"的出现，此时，能带弯曲总量等于 $2\phi_{FP}$，其表面本征能级在 E_F 以下一个 ϕ_{FP} 处，如图 6-2（d）所示。

对于 N 型衬底的 MOS 电容，读者可以进行类似的分析，只是出现积累、耗尽和反型状态的栅电压极性相反，其能带图如图 6-3 所示。

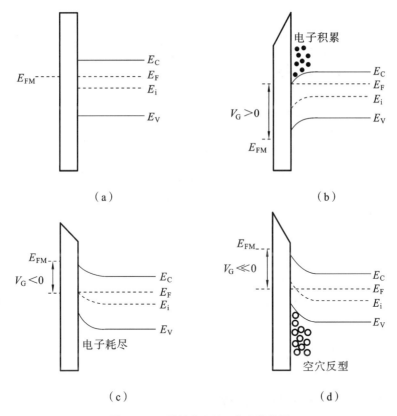

图 6-3　N 型衬底 MOS 电容能带图

（a）$V_G = 0$，理想平带；（b）$V_G > 0$，积累态；（c）$V_G < 0$（小的负偏），耗尽态；（d）$V_G < 0$（大的负偏），反型态

6.1.2　表面耗尽层宽度

P 型半导体衬底表面耗尽层宽度如图 6-4 所示。

图 6-4（a）所示为 P 型半导体衬底表面耗尽区，可见表面势 ϕ_S 是体 E_i 与表面 E_i 之差，或

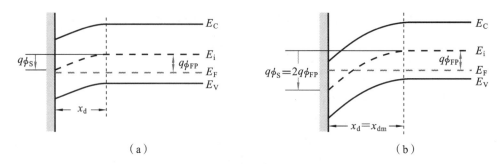

图 6-4　P 型半导体表面能带图

(a) P 型半导体表面势及表面耗尽层宽度示意图；(b) 达到强反型时，P 型半导体的能带图

者说是跨越耗尽区的电势差，因此，耗尽区宽度可以用类似于单边突变 PN 结的公式予以计算（突变耗尽近似）：

$$x_d = \sqrt{\frac{2\varepsilon_0\varepsilon_s\phi_S}{qN_A}} \qquad (6\text{-}6)$$

式中：ε_0 为真空电容率；ε_s 为硅的相对介电常数。

图 6-4(b) 是强反型出现时（$\phi_S = 2\phi_{FP}$）的能带图。随着栅压进一步增加，导带将轻微弯曲更靠近 E_F，即此时表面处导带的变化只是栅压弱的函数。然而，表面电子浓度是表面势的指数函数（见式(6-4)），ϕ_S 增加几个 kT/q，电子浓度将增加几个数量级（见图 6-5），而耗尽区宽度仅发生轻微变化。换言之，栅电压的变化由反型电荷的变化所屏蔽，使得耗尽区宽度在强反型出现后达到最大而基本保持不变。令 $\phi_S = 2\phi_{FP}$，由式(6-6)可得到最大耗尽区宽度 x_{dm} 为

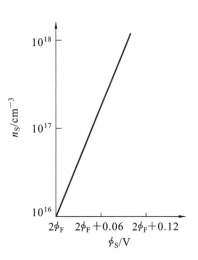

图 6-5　表面反型电子浓度随表面势的变化

$$x_{dm} = \sqrt{\frac{4\varepsilon_0\varepsilon_s\phi_{FP}}{qN_A}} \qquad (6\text{-}7)$$

对于 N 型衬底，在强反型达到后，耗尽区宽度同样达到最大值

$$x_{dm} = \sqrt{\frac{4\varepsilon_0\varepsilon_s\phi_{FN}}{qN_D}} \qquad (6\text{-}8)$$

式(6-7)和式(6-8)中，ϕ_{FP} 和 ϕ_{FN} 均取正值。

6.1.3　理想 MOS 电容及 C-V 特性

对于图 6-1 所示的 MOS 结构，可以将其看作是一平板电容，中间的 SiO₂ 层即是绝缘电介质，金属和半导体则是电容的两个极板，常称为 MOS 电容，由氧化层电容和半导体表面耗尽层势垒电容串联组成。根据上面的分析，当栅压从负变到正时，半导体表面状态将经历积累、耗尽、弱反型到强反型的变化。不同状态所对应的 MOS 电容不同，分析如下。

1. 积累态（$V_G < 0$）

栅压的微小变化（ΔV_G）将引起金属电极板上电荷和半导体表面积累电荷变化 $\Delta Q'$（见图

6-6),类似于平板电容两个极板电荷的变化,故积累态电容即为单位面积氧化层电容 C_{ox},其计算公式与平板电容公式类似,即

$$C_{ox} = \frac{\varepsilon_0 \varepsilon_{ox}}{t_{ox}} \tag{6-9}$$

式中:t_{ox} 为氧化层厚度;ε_{ox} 为氧化层的相对介电常数,对于 SiO_2,$\varepsilon_{ox} = 3.9$。

2. 耗尽态(小的 $V_G > 0$)

在耗尽态,栅压变化 ΔV_G,将引起耗尽区宽度变化 Δx_d,从而引起耗尽区电荷变化 $\Delta Q'$(见图 6-7)。因此,除氧化层电容 C_{ox} 外,半导体表面还存在耗尽区的势垒电容 C_D,两者串联组成 MOS 结构的总电容,即

$$\frac{1}{C_{MOS}} = \frac{1}{C_{ox}} + \frac{1}{C_D}$$

$$C_{MOS} = \frac{C_{ox} C_D}{C_{ox} + C_D} = \frac{C_{ox}}{1 + C_{ox}/C_D} = \frac{\varepsilon_0 \varepsilon_{ox}}{t_{ox} + \frac{\varepsilon_{ox}}{\varepsilon_s} x_d} \tag{6-10}$$

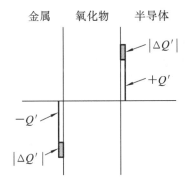

图 6-6　MOS 电容在积累态时的电荷分布

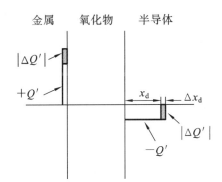

图 6-7　MOS 电容在耗尽态时的电荷分布

显然,C_{MOS} 小于 C_{ox},且随 V_G 增加,x_d 增加,C_D 减小,使 C_{MOS} 随 V_G 增加而减小。

3. 弱反型($V_G > 0$,$\phi_{FP} \leqslant \phi_S < 2\phi_{FP}$)

在弱反型态,虽然半导体表面电子浓度高于空穴浓度,但是反型电子数很少,以至于仍然是耗尽区电荷响应栅压的变化,故 MOS 电容和耗尽态的电容相同。

4. 强反型($V_G \gg 0$,$\phi_S \geqslant 2\phi_{FP}$)

半导体表面达到强反型后,耗尽区宽度达到最大值(x_{dm}),因反型层中高的载流子浓度会对外电压所产生的电场起到屏蔽作用,故耗尽层电容基本恒定在最小值($C_{Dmin} = \varepsilon_0 \varepsilon_s / x_{dm}$)。通常 MOS 电容是在直流偏置上叠加一交流小信号来进行测量。如果信号频率足够低($< 10\ Hz$),反型电荷能跟上外加信号电压的变化,则电极电荷和反型电荷将同时随栅压的变化(ΔV_G)产生 $\pm \Delta Q'$ 的变化,如图 6-8 所示,这与积累态的情况类似,其微分电容与平板电容一样,即等于氧化层电容 C_{ox};

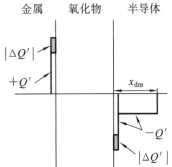

图 6-8　MOS 电容在强反型低频测量时的电荷分布

如果信号频率很高(如 1 MHz),则反型电荷将跟不上交流信号电压的变化,栅压变化仅由耗尽区电荷的变化来响应(耗尽区宽度$=x_{\text{dmax}}\pm\Delta x_{\text{d}}$),MOS 总电容为 C_{ox} 与 C_{Dmin} 的串联,即基本维持在一最小值不变

$$C_{\min}=\frac{1}{1/C_{\text{ox}}+1/C_{\text{Dmin}}}=\frac{C_{\text{ox}}C_{\text{Dmin}}}{C_{\text{ox}}+C_{\text{Dmin}}} \tag{6-11}$$

根据上面的分析,MOS 电容应为氧化层电容与半导体表面势垒电容的串联(见图 6-9(a)),随栅压极性和大小的变化以及测量频率的不同,半导体表面将呈现出不同的状态和电荷响应,从而表现出不同的电容值。对于 P 型衬底 MOS 结构,当外加不同频率的交流小信号电压来测量其电容随栅压的变化($C\text{-}V$ 曲线)时,将呈现出如图 6-9(b)所示的变化规律,其中低频 $C\text{-}V$ 曲线也称为准静态 $C\text{-}V$ 曲线。

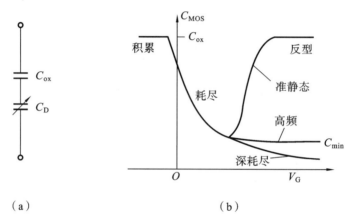

图 6-9　MOS 电容

(a) 等效电路;(b) $C\text{-}V$ 曲线

此外,在高频下测量 $C\text{-}V$ 曲线,如果栅压的扫描速率很快($\geqslant 10$ V/s),则 Si 表面没有足够时间由热产生建立反型电荷,仅耗尽电荷能响应 V_{G} 变化,耗尽区宽度将进一步扩展($>x_{\text{dmax}}$)。这种在耗尽区达到最大值后仍继续向体硅方向展宽的情形称为"深耗尽",如图 6-9(b)所示,ϕ_{S} 也并不钳制在 $2\phi_{\text{FP}}$。

MOS 电容 $C\text{-}V$ 特性的测量在 CMOS 集成电路制备中有重要的应用。通过测量 $C\text{-}V$ 曲线,可以确定 t_{ox},也可确定衬底浓度及其分布。更有意义的是,通过测量高-低频的 $C\text{-}V$ 曲线,可以抽取 Si/SiO₂ 的界面态密度;由 $C\text{-}V$ 曲线的漂移可以抽取氧化层中电荷面密度(Q_{ox})。这些都是 MOSFET 的重要特性参数,可以用于 CMOS 工艺的认证和监控。

6.2　MOSFET 结构及工作原理

6.2.1　MOSFET 基本结构

MOSFET 的基本结构是以 MOS 电容作为核心,加上两个背对背的 PN 结构成的,如图

6-10(a)所示。它的中间部分即是上面讨论的 MOS 电容结构,在其两侧利用扩散或离子注入的方法形成两个高掺杂的 N^+ 区,分别称为源区和漏区,其结深为 x_j;源区和漏区上面制作的金属导电层作为源极(S)和漏极(D)。源、漏之间的区域为沟道区,两 PN 结结面之间的距离即为 MOSFET 的沟道长度 L。经过 60 多年的发展,MOSFET 的沟道长度已由最初的十几到二十微米缩短到纳米量级,当今最先进的 CMOS 工艺已迈入 3 纳米制程(台积电和三星),并将继续向着更小尺寸方向发展。与沟长垂直的水平方向即为沟道宽度 W。图中场氧化物是用来实现单元器件之间隔离的。在 2007 年以前的 MOSFET,导电栅为掺杂多晶硅栅,下面的绝缘层为 SiO_2(厚度记为 t_{ox}),比场氧化物要薄得多,在 2005 年 65 nm 工艺制程中,最后一代 SiO_2 的厚度减薄到 1.2 nm。2007 年,高 k(介电常数)栅介质(铪基氧化物)取代了 SiO_2,金属栅取代了多晶硅栅,至今已经历了八代的发展,栅介质等效氧化物厚度已减薄到 0.7 nm 左右。由于 CMOS 集成电路中,在 MOSFET 的源和衬底之间根据需要有时要加上衬偏电压,故 MOSFET 实际上为四端器件,四个电极分别为源极(S)、漏极(D)、栅极(G)和衬底电极(B)。

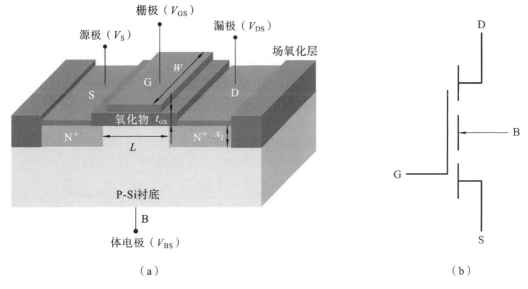

图 6-10　MOSFET 基本结构和电路符号
(a) 结构示意图;(b) 电路符号

　　MOSFET 的纵向结构较为简单,但平面图结构却多种多样。图 6-11 所示为 MOSFET 的几种常用结构,即环形、条形及梳状结构。但无论采用何种结构,它们的基本工艺都类似,例如,采用离子注入法制作源漏区,先生长栅氧化层,淀积掺杂多晶硅作为栅电极,然后在栅的掩蔽下进行源漏区选择性注入,最后在源漏区及栅区用蒸发、合金等工艺制作欧姆接触电极而形成 MOSFET 的管芯。

6.2.2　MOSFET 基本类型

　　MOSFET 有四种基本类型。从导电载流子的极性考虑,有 N 型导电沟道,如上述在 P 型衬底上制作 N^+ 源漏区的 MOSFET,其传输电流的载流子为电子,故称其为 N 沟道 MOS-

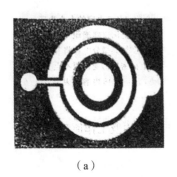 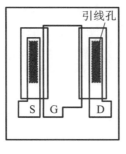 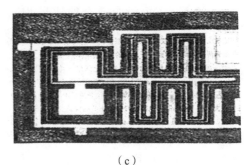

　（a）　　　　　　　　　（b）　　　　　　　　　（c）

图 6-11　MOSFET 的几种平面图形结构

（a）环形；（b）条形；（c）梳状

FET，记为 NMOSFET；同理也可在 N 型衬底上制作 P$^+$ 源漏区，形成空穴传导电流的 P 型导电沟道，称为 P 沟道 MOSFET，记为 PMOSFET。

MOSFET 按工作方式，又可分为增强型和耗尽型两种基本类型。所谓增强型 MOSFET 是指栅压为零时，导电沟道不存在，无漏极电流（I_D）输出，只有当栅压大于一特定值即阈值电压时才会形成导电沟道，也称常闭型器件，记为 EMOSFET。

相反，当栅压为零时，导电沟道就已存在，加上漏源电压（V_{DS}）就有电流输出，这种器件即称为耗尽型 MOSFET，记为 DMOSFET，也称常开型。未加栅压为什么会出现反型沟道呢？这是因为实际 MOSFET 中栅电极与半导体间存在功函数差，同时氧化层中存在表面电荷，且一般为正电荷，它们会在半导体表面感应出相反的电荷，建立垂直于表面的感应电场，使半导体表面能带发生弯曲。尤其对于 P 型衬底，若表面电荷密度高，衬底掺杂又较低，则很容易因正电荷感应而在表面形成电子反型层，从而形成导电沟道。

实际应用中耗尽型 MOSFET 并不是由氧化层表面电荷感应而产生的，这是要尽量避免和消除的情况。为了制得耗尽型 NMOSFET，一般是在 P 型衬底一定深度的表面层内注入剂量足够大的 N 型杂质，以补偿衬底的 P 型杂质而成为 N 型，此即为 N 型沟道。由于沟道位于衬底一定深度内，故称为埋沟器件，其载流子迁移率比表面沟道器件高约 50%，且受短沟道效应的影响较小。同理，也可以在 N 型衬底中注入 P 型杂质而形成 P 沟耗尽型 MOSFET。

理论上，NMOSFET 和 PMOSFET 均有增强型和耗尽型之分，这就构成四种基本类型的 MOSFET，其各自特点及电路符号如表 6-1 所示。

表 6-1　MOSFET 的四种基本类型

类型	N 沟道 MOSFET		P 沟道 MOSFET	
	耗尽型	增强型	耗尽型	增强型
衬底	P 型		N 型	
S/D 区	N$^+$ 区		P$^+$ 区	
沟道载流子	电子		空穴	
V_{DS}	>0		<0	
I_D 方向	由 D→S		由 S→D	

续表

类型	N 沟道 MOSFET		P 沟道 MOSFET	
	耗尽型	增强型	耗尽型	增强型
阈值电压	$V_T < 0$	$V_T > 0$	$V_T > 0$	$V_T < 0$
电路符号	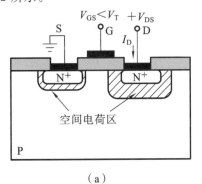		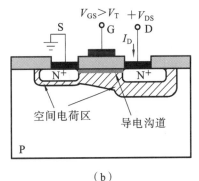	

6.2.3　MOSFET 基本工作原理

下面以增强型 NMOSFET 为例来介绍其基本的工作原理。在共源连接下,栅极和漏极相对于源极加上直流偏置电压,分别为 V_{GS} 和 V_{DS};对于分立器件,源极和衬底一般连接在一起,如图 6-12 所示。

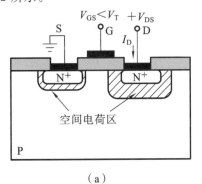

图 6-12　增强型 NMOSFET 直流偏置条件及相应的沟道截面示意图
(a) $V_{GS} < V_T$;(b) $V_{GS} > V_T$。V_T 为阈值电压

对于制备完成的 MOSFET 管芯,源和漏并不能区分,只有当其接入电路中才有了源漏之分。一般接地或电位最低的 N^+ 区为源极,而接电源电压或电位最高的 N^+ 区为漏极。

当栅压为 0 或低于阈值电压 V_T 时,P 型沟道区将 N 型源、漏区隔开,相当于两个背对背连接的 PN 结,当加上 V_{DS} 时,总有一个 PN 结反偏,只有很小的反向电流,可以忽略不计;当加上正的栅压且大于 V_T 时,如 6.1 节所述,P 型沟道区表面会形成电子反型沟道,这时加上 V_{DS},即有电子从源通过沟道流到漏,从而形成从漏到源的输出电流。对于一定的 V_{DS},V_{GS} 越高,沟道越厚,反型电子越多,则输出电流越大,如图 6-13 所示。

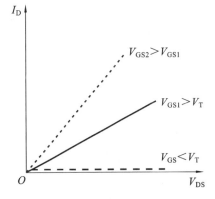

图 6-13　不同栅压下,输出电流随 V_{DS} 的变化(V_{DS} 很小)

若在栅源回路中串联一信号源,在漏极输出回路中串联一负载,则信号电压就会在栅极下

产生一交变电场,使 N 沟道的电导随之而变,从而在漏极电流中产生相应的交流分量,以实现输入信号电压对输出电流的控制。由此可知,MOSFET 的工作是基于半导体的表面场效应原理,实质上相当于由外电压控制的特殊电阻。

6.2.4 MOSFET 特性曲线

1. 转移特性曲线

上面讨论的 MOSFET 导通和关断的原理实际上反映了栅压对输出电流的控制。若固定 V_{DS},测量输出电流 I_D 随 V_{GS} 的变化,则可得到如图 6-14 所示的 I_D-V_{GS} 曲线,此即为 MOSFET 的转移特性曲线。可以明显看到,对于 EMOSFET,当 $V_{GS} < V_T$ 时,$I_D = 0$;只有当 $V_{GS} > V_T$ 时,才有 $I_D > 0$,如图 6-14(a)所示;对于 DMOSFET,当 $V_{GS} = 0$ 时,沟道就已存在,故在恒定的 V_{DS} 作用下就有一定的漏极电流 I_D。若 $V_{GS} > 0$,则沟道厚度增加,反型电子增多,I_D 进一步增加,只有当 V_{GS} 为负时,沟道厚度减薄,反型电子数减少,输出电流减小,当 $V_{GS} = V_P$ 时,沟道夹断,使 $I_D = 0$。使沟道夹断时的负栅压称为夹断电压,以 V_P,亦即阈值电压 V_T 表示。

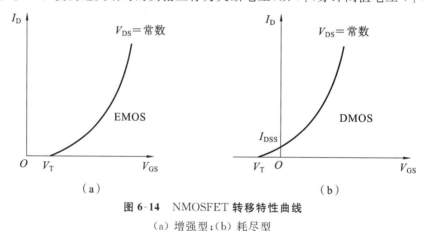

图 6-14 NMOSFET 转移特性曲线
(a) 增强型;(b) 耗尽型

可见,转移特性实际上可以反映栅压对输出电流的控制能力,或者说器件的放大能力,可用一参数跨导(g_m)来描述($\Delta I_D / \Delta V_{GS}$)。

2. 输出特性曲线

MOSFET 的另一重要特性就是当 $V_{GS} > V_T$ 时,输出电流如何随漏源电压变化,即 I_D-V_{DS} 关系曲线,称为 MOSFET 的输出特性。图 6-15 所示为增强型 NMOSFET 的输出特性曲线,可以将其划分为四个区域来予以讨论。

(1) 非饱和区,即Ⅰ区。首先,当 V_{DS} 很小时,从源到漏的压降差可以忽略不计,沟道厚度从源到漏几乎相同,这时沟道可等效为一恒定的电阻,则 I_D 将随 V_{DS} 线性增加,此为线性区,如图 6-16(a)所示;随着

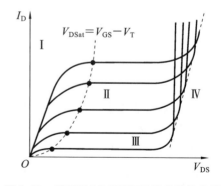

图 6-15 增强型 NMOSFET 输出特性曲线

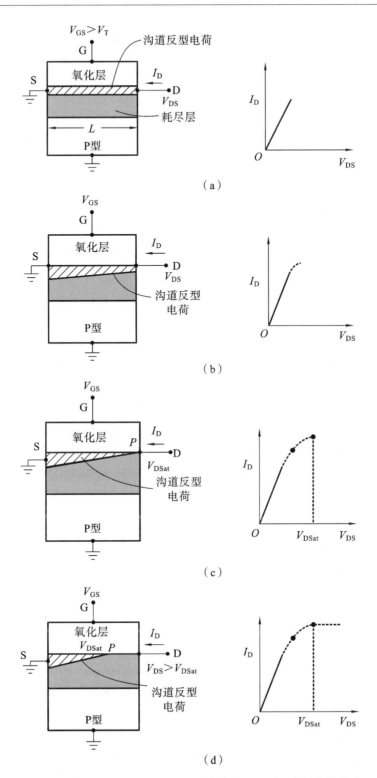

图 6-16　$V_{GS} \geqslant V_T$ 时不同 V_{DS} 下沟道截面图及 I_D 随 V_{DS} 的变化关系
(a) V_{DS}很小；(b) V_{DS}较大；(c) $V_{DS} = V_{DSat}$；(d) $V_{DS} > V_{DSat}$

V_{DS}增加,I_D增加,沟道电阻上产生的压降增加。若忽略其他电阻,则漏端相对于源端的沟道压降就等于V_{DS}。由于沟道上存在电压降,使栅绝缘层上的有效电压从源到漏逐渐减小(注意V_{DS}与V_{GS}方向相反),导致反型层厚度从源到漏逐渐减薄,沟道电阻增加,使电流随电压增加的趋势变缓,偏离线性,如图 6-16(b)所示,此为可调电阻区。这两段即构成 MOSFET 的非饱和区。

(2)进入饱和区,即图 6-15 中虚线轨迹所示。随着V_{DS}继续增加,漏端反型层厚度不断变薄,直至$V_{DS}=V_{DSat}$时,厚度变为零,即沟道在漏端被夹断,夹断点为 P,如图 6-16(c)所示,此时沟道与漏区之间隔着耗尽区,输出电流达到饱和,对应的漏-源电压 V_{DSat} 即称为漏源饱和电压,对应的电流称为漏极饱和电流 I_{DSat}。

(3)饱和区,即 II 区。沟道夹断后,若 V_{GS} 不变,当 $V_{DS} > V_{DSat}$ 时,P 点的电压始终维持 V_{DSat} 不变。超过 V_{DSat} 的电压($V_{DS} - V_{DSat}$)将降落在漏端附近的夹断区上,使夹断区随 V_{DS} 的增加而展宽,夹断点 P 向源端移动。由于 P 点电压保持为 V_{DSat},反型层内电场增强的同时反型载流子数减少,二者共同作用的结果使单位时间流到 P 点的载流子数即电流不变。一旦载流子漂移到 P 点,即被夹断区的强电场扫入漏区,形成漏极输出电流,该电流始终维持 I_{DSat} 不变,此即为饱和区,如图 6-16(d)所示。

(4)截止区,即 III 区。在该区,栅源电压低于开启电压,即 $0 \leqslant V_{GS} < V_T$,半导体表面处于耗尽或弱反型状态,导电载流子浓度很低,漏极电流很小,主要是 PN 结的反向漏电流,故称为截止区。

(5)雪崩区,即 IV 区。因 V_{DS} 使漏衬 PN 结处于反偏状态,当其达到 PN 结的雪崩击穿电压时,即 $V_{DS} \geqslant BV_{DS}$,漏衬 PN 结将发生雪崩击穿,使漏极电流急剧上升。

当 $V_{GS} \geqslant V_T$ 时,随着 V_{GS} 增加,非饱和区 I_D 随 V_{DS} 增加的斜率变大,饱和区 I_{DSat} 增加。因此,取 V_{GS} 为不同值,则可得到如图 6-15 所示的 I_D-V_{DS} 曲线。

6.3　MOSFET 的阈值电压

6.3.1　阈值电压的定义

使半导体表面出现强反型,形成导电沟道时的栅源电压即为 MOSFET 的阈值电压,亦即 MOSFET 导通与截止两种状态间的临界栅源电压。故对于增强型 MOSFET,是由截止转变成导通的栅源电压,称为开启电压,常以 V_T 表示;对于耗尽型 MOSFET,则是由导通转变为截止的栅源电压,也称之为夹断电压,常以 V_P 表示。

阈值电压是 MOSFET 十分重要的特性参数之一。不仅在电路模拟中要输入它的模型,而且也是工艺监控的目标参数。影响阈值电压的因素很多,包括多个结构参数和工艺参数。下面首先讨论理想 MOSFET 的阈值电压,然后通过分析功函数差、MOS 结构各种电荷等因素的影响,求出实际 MOSFET 的阈值电压。

6.3.2　理想 MOSFET 的阈值电压

理想 MOSFET 的假设包括：

（1）忽略栅电极材料与半导体衬底之间的功函数差；

（2）忽略 MOS 结构中氧化层电荷以及氧化层与半导体衬底之间界面态的影响；

（3）强反型时，耗尽层宽度达到最大，因而耗尽区电荷也达到最大值 Q_{Dmax}，根据式 (6-7) 有

$$Q_{Dmax} = -qN_A x_{dm} = -\sqrt{4\varepsilon_0 \varepsilon_s q N_A \phi_{FP}} \quad (\phi_S = 2\phi_{FP}) \tag{6-12}$$

（4）刚达到强反型时，反型电子浓度等于 P 型衬底掺杂浓度，反型层厚度极薄，故反型电子电荷 $Q_n \ll Q_{Dmax}$，忽略 Q_n 后，则得到栅极电荷

$$Q_G = -Q_{Dmax} = \sqrt{4\varepsilon_0 \varepsilon_s q N_A \phi_{FP}} \tag{6-13}$$

基于上述理想模型，外加栅压将分别降落在氧化层和半导体表面，即

$$V_{GS} = V_{ox} + \phi_S \tag{6-14}$$

将 MOS 结构看成一平板电容，则有

$$V_{ox} = \frac{Q_G}{C_{ox}} = -\frac{Q_{Dmax}}{C_{ox}} \tag{6-15}$$

当 $\phi_S = 2\phi_{FP}$ 时，则由上述各式和式（6-2）可得到理想 MOSFET 的阈值电压（记为 V_{T0}）为

$$V_{T0} = -\frac{Q_{Dmax}}{C_{ox}} + 2\phi_{FP} = \frac{\sqrt{2\varepsilon_0 \varepsilon_s N_A 2\phi_{FP}}}{C_{ox}} + 2\frac{kT}{q}\ln\frac{N_A}{n_i} \tag{6-16}$$

6.3.3　实际 MOSFET 的阈值电压

实际 MOSFET 中，功函数差和氧化层电荷均不可忽略，需考虑它们对阈值电压的影响。

1. 平带电压

1）功函数差的影响

图 6-17 为金属 Al 与 P-Si 接触前后的能带图。接触前，它们分别有各自的费米能级 E_{FM} 和 E_{FS}，其功函数分别为 $q\phi_m$ 和 $q\phi_S$。功函数表示将一个电子从费米能级移动到真空能级 E_0 所做的功。由图可知，Al 的 E_{FM} 高于 P-Si 的 E_{FS}，其功函数小于后者。当 Al-SiO₂-P-Si 紧密接触形成 MOS 结构成为统一系统时，必然会发生电子从金属 Al 到 P-Si 的转移，随着这一过程的进行，Al 的费米能级有所降低，Si 的费米能级升高，最后两者达到统一的费米能级 E_F。由于 P-Si 接收电子，负电性增加，在金属/P-Si 的界面处将建立起由金属指向 P-Si 的电场，引起半导体表面能带向下弯曲，能带弯曲的量即决定于两者的功函数差，即

$$q\phi_{ms} = q\phi_m - q\phi_S = q\phi_m - \left(q\chi + \frac{E_g}{2} + q\phi_{FP}\right) \tag{6-17}$$

式中：$q\chi$ 称为电子亲和能，表示从导带底移动一个电子到真空能级所需的能量（χ 称为电子亲和势）。功函数 $q\phi$ 的单位为电子伏特，ϕ 的单位为伏特。由于 Al 的功函数常比硅的功函数小，故 ϕ_{ms} 一般为负值。

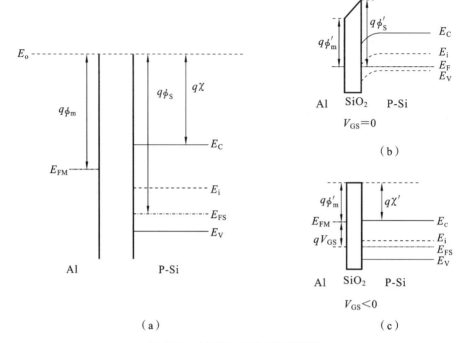

图 6-17　Al-SiO$_2$-P-Si 系统能带图

(a) 接触前能带图；(b) 接触后能带图；(c) 加平带电压时的能带图[①]

若金属栅由简并掺杂多晶硅栅代替，则 $q\phi_m$ 取决于多晶硅的功函数。对于 N$^+$ 多晶硅栅，假设其 $E_F = E_C$，则功函数差为

$$q\phi_{ms} = q\chi - \left(q\chi + \frac{E_g}{2} + q\phi_{FP}\right) = -\left(\frac{E_g}{2} + q\phi_{FP}\right) \tag{6-18}$$

同理，对于 P$^+$ 多晶硅栅，假设其 $E_F = E_V$，则功函数差为

$$q\phi_{ms} = (q\chi + E_g) - \left(q\chi + \frac{E_g}{2} + \phi_{FP}\right) = \left(\frac{E_g}{2} - q\phi_{FP}\right) \tag{6-19}$$

类似地，对于 N 衬底 MOS 结构，其功函数差为

$$q\phi_{ms} = q\phi_m - \left(q\chi + \frac{E_g}{2} - q\phi_{FN}\right) \tag{6-20}$$

若 N$^+$ 和 P$^+$ 多晶硅作为栅电极，可得到类似于 P 衬底 MOS 结构的相应功函数差表达式。

显然，为了恢复能带到平直状态，需加上一大小等于 $q\phi_{ms}$ 但方向相反的栅压，称为平带电压 V_{FB}，即恢复半导体表面能带到平直所需加的栅源电压。

由上面分析可知，功函数差与栅电极材料和衬底浓度有关。图 6-18 所示为常用金属栅电极 Al、Au 以及掺杂多晶硅和不同浓度衬底的功函数差 $q\phi_{ms}$。图中数据显示，衬底浓度变化 4 个数量级，功函数差变化约 0.2 eV，可见变化不大。

2）氧化层电荷及界面电荷的影响

对于金属-SiO$_2$-Si 系统，在氧化层 SiO$_2$ 中一般存在着电荷，且通常为正电荷，包括可动电

[①]　图 6-17(b)和(c)中，$q\phi_m'$、$q\phi_s'$ 和 χ' 为修正的功函数和亲和势：$\phi_m' = \phi_m - 0.9$（SiO$_2$ 的亲和势），$\chi' = \chi - 0.9$，$\phi_s' = \chi' + (E_C - E_{Fs})/q$。

荷,如 Na^+、K^+、H^+ 等离子电荷、离半导体表面很近的固定电荷以及存在于氧化层中的体陷阱电荷和界面陷阱电荷,如图 6-19 所示。

设氧化层中存在如图 6-20(a)所示正的薄层电荷,其等效面密度为 Q_{ox},它会在栅极板和半导体表面感应出相反的电荷,正负电荷之间将建立起电场,于是,在半导体表面电场作用下,与上面讨论功函数差的情况类似,半导体表面能带将发生弯曲(即使 $V_{GS}=0$),如图 6-17(b)所示。为了恢复能带到平带状态(即半导体内无感应电荷),也必须在栅电极上施加一负电压。随着负电压增加,金属获得更多的负电荷,如图 6-20(b)所示,电场向下偏移,直到半导体表面感应电荷为零(电场为零),则能带恢复到理想的平直状态,即所加栅压为平带电压 V_{FB}。如图 6-20(c)所示,电场分布的面积即为 V_{FB},即

$$V_{FB}=-E_0 x_0=-\frac{Q_{ox}}{\varepsilon_0 \varepsilon_{ox}} x_0=-\frac{Q_{ox} x_0}{C_{ox} t_{ox}}$$
(6-21)

可见,平带电压与面电荷密度 Q_{ox} 及其在氧化层中的位置 x_0 有关(x_0 为薄层电荷与栅电极氧化层界面之间的距离)。当面电荷非常靠近栅电极,即 $x_0=0$ 时,则不会在半导体表

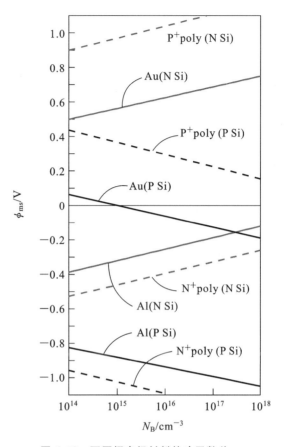

图 6-18　不同栅电极材料的功函数差与衬底浓度的关系

面感应电荷,能带不会弯曲,平带电压为零;反之,当面电荷非常靠近半导体,即 $x_0=t_{ox}$ 时,就如同氧化层固定电荷一般,产生最大的影响,则平带电压为

$$V_{FB}=-\frac{Q_{ox} t_{ox}}{C_{ox} t_{ox}}=-\frac{Q_{ox}}{C_{ox}}$$
(6-22)

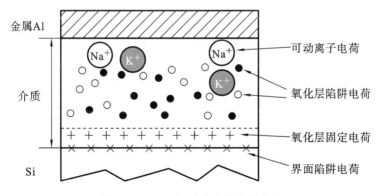

图 6-19　Si-SiO₂ 系统中的电荷分布

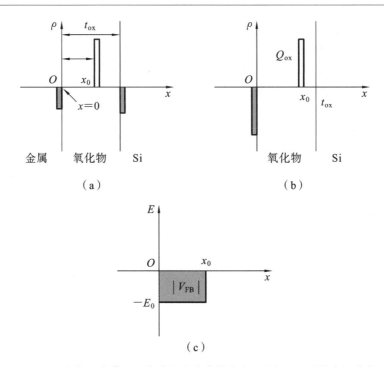

图 6-20　氧化层中薄层面电荷及感应电荷分布以及加 V_{FB} 时的电场分布

(a) 加 V_{FB} 之前的电荷分布；(b) 加 V_{FB} 之后的电荷分布；(c) 加 V_{FB} 时的电场分布

对于任意分布于氧化层中的空间电荷而言，平带电压可表示为

$$V_{FB} = \frac{-1}{C_{ox}}\left[\frac{1}{t_{ox}}\int_0^{t_{ox}} x\rho(x)\mathrm{d}x\right] \tag{6-23}$$

式中：$\rho(x)$ 为氧化层中的体电荷密度。若知道氧化层陷阱电荷的体电荷密度 $\rho_{ot}(x)$ 和可动离子电荷的体电荷密度 $\rho_m(x)$，就可以得到相应的电荷密度 Q_{ot} 和 Q_m 以及它们对于平带电压的贡献

$$Q_{ot} \equiv \frac{1}{t_{ox}}\int_0^{t_{ox}} x\rho_{ot}(x)\mathrm{d}x \tag{6-24}$$

$$Q_m \equiv \frac{1}{t_{ox}}\int_0^{t_{ox}} x\rho_m(x)\mathrm{d}x \tag{6-25}$$

于是，考虑固定氧化物电荷 Q_f、氧化物陷阱电荷以及可动离子电荷的影响后，平带电压可表示为

$$V_{FB} = -\frac{Q_f + Q_m + Q_{ot}}{C_{ox}} \tag{6-26}$$

因氧化物电荷是客观存在于氧化物中，与栅压没有关系，它们只是引起 C-V 曲线相对于理想曲线沿电压轴发生平移（平带漂移），正电荷引起负向漂移，负电荷引起正向漂移，曲线的形状不会改变，如图 6-21 所示。

但如果是界面陷阱电荷，则影响趋势有所不同，界面态存在于禁带中，一般在禁带上半部是类受主型的，下半部是类施主型的，如图6-22所示。其净界面电荷与费米能级 E_F 的位置有关，E_F 以下的受主界面态荷负电，而以上的界面态是中性的；相反，E_F 以下的施主界面态是中性的，而以上的施主界面态带正电。因栅压不同，表面能带弯曲程度不同，则 E_F 在界面所处的

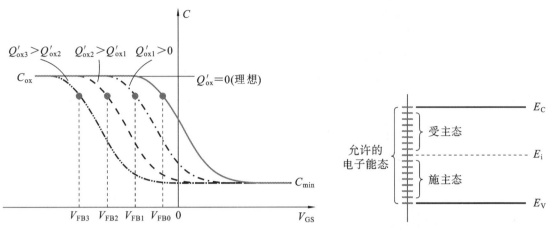

图 6-21 氧化物电荷对 *C-V* 曲线的影响 图 6-22 界面态在禁带中的分布

相对位置不同,使界面电荷成为栅压的函数。对图 6-23 所示的表面处于积累、本征和反型三种情况下的界面电荷可做如下分析:

积累态:由图 6-23(a)看出,在积累态,将由施主型界面态贡献净的正电荷;

本征态:即表面处费米能级与本征费米能级重合(见图 6-23(b)),受主型和施主型界面态均为中性,界面电荷为零;

反型态:由图 6-23(c)可以看出,在反型态中将由受主型界面态贡献净的负电荷。

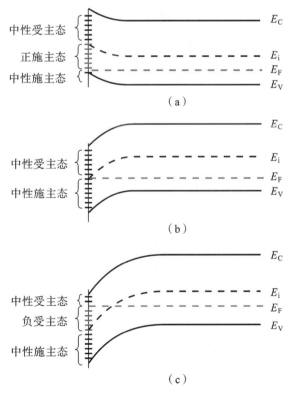

图 6-23 表面处于不同状态时的界面电荷示意图

(a) 积累态;(b) 本征态;(c) 反型态

因此，当栅压 V_{GS} 扫描从积累到耗尽再到反型时，界面陷阱电荷将从正变到负，且电荷数量也在变化，则 $C\text{-}V$ 曲线漂移方向及漂移量将改变，于是引起 $C\text{-}V$ 曲线畸变，产生所谓的"拖尾"现象，如图 6-24 所示。

从上面分析可知，$C\text{-}V$ 曲线测量能够在工艺控制中作为一个诊断工具，若测量曲线呈现出"拖尾"现象，则表明存在较多的界面态，拖尾量的大小可以用来决定界面态密度 N_{it}；若 $C\text{-}V$ 曲线发生平行漂移，则表明存在氧化物电荷，漂移的量可以用来决定平带电压。

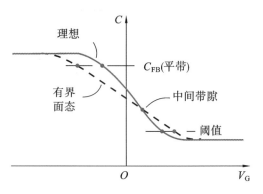

图 6-24　界面态电荷对 $C\text{-}V$ 曲线的影响

综合考虑功函数差、氧化物电荷和界面电荷（反型状态下）共同影响时，其总的平带电压表示为

$$V_{FB} = \phi_{ms} - \frac{Q_{ox}}{C_{ox}} + \frac{2qN_{it}\phi_{FP}}{C_{ox}} \qquad (6\text{-}27)$$

式中：Q_{ox} 为所有氧化物电荷的等效面密度，cm^{-2}；N_{it} 为单位面积单位能量间隔的界面态密度，$cm^{-2} \cdot eV^{-1}$。

3）阈值电压表达式

显然，实际 MOSFET 的阈值电压需考虑功函数差、氧化层电荷和界面态密度的影响。根据上面的分析，这些因素均会引起半导体表面能带发生弯曲（即使 $V_{GS}=0$）。为了恢复能带到理想的平直状态，需加上如式(6-27)所示的平带电压，即实际 MOSFET 的阈值电压应该等于理想 MOSFET 的阈值电压 V_{T0} 加上平带电压 V_{FB}，即

$$V_{TN} = V_{T0} + V_{FB} = \frac{\sqrt{4\varepsilon_0\varepsilon_s qN_A\phi_{FP}}}{C_{ox}} + 2\frac{kT}{q}\ln\frac{N_A}{n_i} + \phi_{ms} - \frac{Q_{ox}}{C_{ox}} + \frac{2qN_{it}\phi_{FP}}{C_{ox}} \quad (\text{NMOS}) \quad (6\text{-}28)$$

同理，对于 PMOSFET，其耗尽层电荷和费米势的符号与 NMOSFET 的相反，均为负；界面态电荷的影响与 NMOSFET 的分析（见图 6-23）类似，积累态将受到受主型负界面态电荷的影响，反型态将受到施主型正界面电荷的影响。设其衬底掺杂浓度为 N_D，则

$$V_{TP} = -\frac{\sqrt{4\varepsilon_0\varepsilon_s qN_D\phi_{FP}}}{C_{ox}} - 2\frac{kT}{q}\ln\frac{N_D}{n_i} + \phi_{ms} - \frac{Q_{ox}}{C_{ox}} - \frac{2qN_{it}\phi_{FN}}{C_{ox}} \quad (\text{PMOS}) \quad (6\text{-}29)$$

从式(6-28)或式(6-29)可以明显看出，阈值电压的物理意义在于，若要在半导体表面建立反型层，则所加栅电压的作用包括：① 抵消金-半接触电势差；② 补偿氧化层中氧化物面电荷及界面态电荷；③ 在半导体表面建立耗尽层电荷 Q_{Dmax}；④ 提供出现反型层所需要的表面电势 $2\phi_F$。

6.3.4　影响阈值电压的因素

1. 衬底偏压的影响

式(6-28)或式(6-29)是在未加衬底偏压和漏源电压的条件下得出的，反映了 MOSFET

阈值电压与器件结构、材料和工艺等参数之间的基本关系。在 IC 设计中,有时会考虑在衬底和源极之间加上一反向偏置电压 V_{BS},这将改变阈值电压的大小。

半导体表面反型层与衬底之间同样形成 PN 结,因由表面电场感应引起,故称其为场感应结。显然,V_{BS} 将使感应结反偏,且主要降落在耗尽层上,使耗尽层宽度增加,这时最大耗尽层宽度变为

$$x'_{dm} = \sqrt{\frac{2\varepsilon_0\varepsilon_s(2\phi_{FP}-V_{BS})}{qN_A}} \tag{6-30}$$

对于 P 型衬底,$V_{BS}<0$。耗尽层宽度增加意味着耗尽层电荷增多,即

$$Q'_{Dmax} = -qN_A x'_{dm} = -\sqrt{2\varepsilon_0\varepsilon_s qN_A(2\phi_{FP}-V_{BS})} \tag{6-31}$$

设加有衬偏压时的阈值电压为 V'_{TN},则

$$V'_{TN} = -\frac{Q'_{Dmax}}{C_{ox}} + 2\phi_{FP} + \phi_{ms} - \frac{Q_{ox}}{C_{ox}} + \frac{2qN_{it}\phi_{FP}}{C_{ox}} \tag{6-32}$$

故 NMOSFET 阈值电压变化量为

$$\Delta V_{TN} = V'_{TN} - V_{TN} = -\frac{Q_{Dmax}}{C_{ox}}\left(\sqrt{\frac{2\phi_{FP}-V_{BS}}{2\phi_{FP}}}-1\right) = \frac{qN_A x_{dm}}{C_{ox}}\left(\sqrt{\frac{2\phi_{FP}-V_{BS}}{2\phi_{FP}}}-1\right) \tag{6-33}$$

将式(6-7)代入即得

$$\Delta V_{TN} = \frac{\sqrt{2\varepsilon_0\varepsilon_s qN_A}}{C_{ox}}\left(\sqrt{2\phi_{FP}-V_{BS}}-\sqrt{2\phi_{FP}}\right) \tag{6-34}$$

令 $\gamma_n = \dfrac{\sqrt{2\varepsilon_0\varepsilon_s qN_A}}{C_{ox}}$,则

$$\Delta V_{TN} = \gamma_n\left(\sqrt{2\phi_{FP}-V_{BS}}-\sqrt{2\phi_{FP}}\right) \tag{6-35}$$

同理,可求出 PMOSFET 的阈值电压变化量为

$$\Delta V_{TP} = V'_{TP} - V_{TP} = -\frac{Q_{Dmax}}{C_{ox}}\left(\sqrt{\frac{V_{BS}-2\phi_{FN}}{-2\phi_{FN}}}-1\right) = -\frac{qN_D x_{dm}}{C_{ox}}\left(\sqrt{\frac{V_{BS}-2\phi_{FN}}{-2\phi_{FN}}}-1\right)$$
$$= \gamma_p\left(\sqrt{V_{BS}-2\phi_{FN}}-\sqrt{-2\phi_{FN}}\right) \tag{6-36}$$

式中:$V_{BS}>0$(N 型衬底);$\gamma_p = -\dfrac{\sqrt{2\varepsilon_0\varepsilon_s qN_D}}{C_{ox}}$。一般地,令 $\gamma = \dfrac{\sqrt{2\varepsilon_0\varepsilon_s qN_B}}{C_{ox}}$,$\gamma$ 称为衬底偏置调制系数或体效应系数,N_B 为衬底掺杂浓度。可见,N_B 越低,C_{ox} 越大,γ 越小。

从上面阈值电压的漂移可以看出,无论是 NMOSFET 还是 PMOSFET,加上衬偏压都会使之向增强型转化。从使用的要求考虑,希望阈值电压随 V_{BS} 的变化尽可能小,故需适当降低衬底掺杂浓度和减小氧化层厚度。

2. 漏源电压 V_{DS} 的影响

当加上 V_{DS} 后,沿沟道会产生压降 $V(y)$,此压降与 V_{BS} 一样将反偏场感应结,使耗尽层宽度和电荷增加

$$x''_{dm} = \sqrt{\frac{2\varepsilon_0\varepsilon_s[2\phi_{FP}-V_{BS}+V(y)]}{qN_A}} \tag{6-37}$$

$$Q''_{Dmax} = -\sqrt{2\varepsilon_0\varepsilon_s qN_A[2\phi_{FP}-V_{BS}+V(y)]} \tag{6-38}$$

从而使阈值电压增加。

3. 氧化层电容的影响

因 $C_{ox}=\varepsilon_0\varepsilon_{ox}/t_{ox}$，故减薄氧化层厚度 t_{ox} 可增加 C_{ox}，从而降低阈值电压。但当 t_{ox} 减薄到 2 nm 以下时，栅极漏电急剧增加，使 MOSFET 的静态功耗增加，并严重影响器件性能。为此，2007 年，在 45 nm 制程中 Intel 率先采用高 k 栅介质取代了 SiO_2，即通过增加 ε_{ox}，使 C_{ox} 增加。使用高 k 介质材料可以设计实际膜厚较 SiO_2 厚的栅介质来获得与 SiO_2 相同的电学厚度(等效氧化物厚度 EOT)，即相同的 C_{ox}，从而在满足器件电特性要求的同时，有效解决大的栅极漏电问题，这使得摩尔定律得以延续。

4. 衬底掺杂浓度的影响

式(6-28)或式(6-29)中有三项均与衬底掺杂浓度有关：费米势、功函数差和耗尽层电荷。

费米势：从式(6-2)和式(6-3)可以看出，费米势与衬底浓度之间为对数关系，随掺杂浓度增加，费米势升高，但增加幅度不大，杂质浓度增加 2 个数量级，费米势仅变化 0.1 V。

功函数差：从式(6-17)和式(6-20)可知，功函数差随衬底浓度(费米势)的变化而变化，也与栅电极材料有关，正如图 6-18 所描述的。

表 6-2 给出了几种常用半导体材料 N 型和 P 型不同掺杂浓度下的功函数。可见，对于 N 型衬底，随掺杂浓度增加，功函数变小；对于 P 型衬底，随掺杂浓度增加，功函数变大，但两者的变化都不大，对于 Si 衬底，浓度增加 2 个量级，功函数仅变化 0.12 eV，故对功函数差的影响较小。

耗尽层电荷：因 $Q_{Dmax}\propto\sqrt{N_A}$，故耗尽层电荷随 N_A 增加而增加，使 V_T 变大。

表 6-2　半导体功函数与杂质浓度的关系

材料	N 型/eV			P 型/eV		
净杂质浓度/cm⁻³	10^{14}	10^{15}	10^{16}	10^{14}	10^{15}	10^{16}
Si	4.32	4.26	4.20	4.82	4.88	4.94
Ge	4.43	4.38	4.33	4.51	4.56	4.61
GaAs	4.44	4.37	4.31	5.14	5.21	5.27

费米势、功函数差和耗尽层电荷都反映了衬底掺杂浓度对阈值电压的影响，其中以 Q_{Dmax} 的影响最大。图 6-25 描述了不同栅电极材料下阈值电压随衬底杂质浓度的变化趋势。可以看出，杂质浓度较低时，V_T 随杂质浓度增加的变化不大，但当杂质浓度超过 10^{15} cm⁻³ 以后，V_T 的变化增大，可达数伏之多。

精确控制集成电路中 MOSFET 的阈值电压，对电路可靠工作极其重要。在现代 CMOS 工艺中，常选用低掺杂的材料作为衬底，为了达到预期的 V_T，一般采用离子注入的方法向沟道区域注入一定的杂质离子，通过控制注入剂量和注入深度来调整沟道区的杂质分布，从而达到调整阈值电压的目的，称为调阈掺杂。这一方法既适用于表面沟道器件，也适用于埋沟器件。但对于 NMOSFET 或 PMOSFET，增强型或耗尽型，其注入杂质的类型与注入深度均有所不同，应根据具体器件结构予以确定。

离子注入的杂质分布可作 δ 函数近似或阶跃函数近似，如图 6-26 所示。若注入的杂质离子在耗尽区内，即注入深度 $x_I<x_d$，则可增加或减少空间电荷密度，从而控制阈值电压的大小；注入受主离子到 P 型或 N 型衬底，将正向漂移 V_T；而注入施主离子将负向漂移 V_T。故离

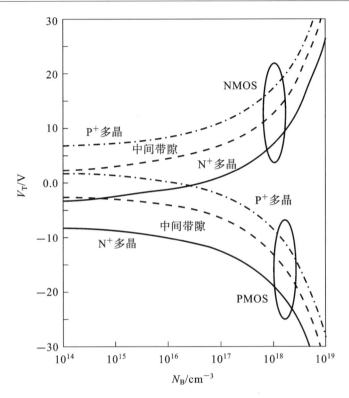

图 6-25　阈值电压随衬底掺杂浓度的变化

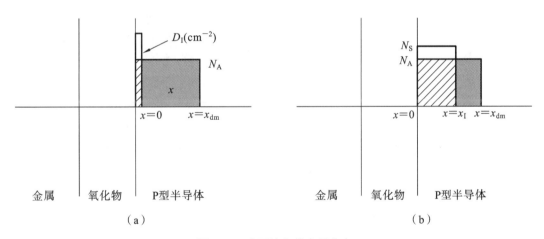

图 6-26　离子注入的杂质分布

(a) δ 函数近似；(b) 阶跃函数近似

子注入能将耗尽模式转换到增强模式，反之亦然。

1) δ 函数近似

作为一级近似，设注入 P 型衬底的受主（或施主）离子（剂量为 D_I：单位面积的杂质浓度，cm^{-2}）处于氧化物/半导体衬底界面附近，如图 6-26(a) 所示，则阈值电压漂移量为

$$\Delta V_T = \pm \frac{qD_I}{C_{ox}} \tag{6-39}$$

2）阶梯函数近似

（1）若注入深度 $x_\mathrm{I} > x_\mathrm{dm}$，则 V_T 取决于杂质浓度 N_S；

（2）若 $x_\mathrm{I} < x_\mathrm{dm}$，如图 6-26(b) 所示，利用泊松方程可得到最大空间电荷区宽度为

$$x_\mathrm{dm} = \sqrt{\frac{2\varepsilon_0 \varepsilon_\mathrm{s}}{q N_\mathrm{A}} \left[2\phi_\mathrm{FP} - \frac{q x_\mathrm{I}^2}{2\varepsilon_0 \varepsilon_\mathrm{s}} (N_\mathrm{S} - N_\mathrm{A}) \right]} \tag{6-40}$$

则经过一次阶梯注入后，阈值电压可调整为

$$V_\mathrm{T} = V_\mathrm{T0} + \frac{q D_\mathrm{I}}{C_\mathrm{ox}} \tag{6-41}$$

式中：V_T0 为注入前的阈值电压，其中单位面积注入的离子数为

$$D_\mathrm{I} = (N_\mathrm{S} - N_\mathrm{A}) x_\mathrm{I} \tag{6-42}$$

5. 氧化层电荷的影响

正如图 6-19 所示，SiO_2 层中的电荷包括固定电荷 Q_f、可动电荷 Q_m、体陷阱电荷 Q_ot 以及界面陷阱电荷 Q_it。用 Q_ox 表示这几种电荷的等效表面电荷面密度。显然，Q_ox 严重影响着 MOSFET 的工作模式（D 型或 E 型）及阈值电压的大小。在 MOSFET 发明之前，正是由于 Q_ox 太高，以至于不能制备出实际可用的增强型 MOSFET。

界面陷阱电荷 Q_it：由 SiO_2-Si 界面特性所造成，且与界面处的化学键有关，如悬挂键。这些陷阱位于 SiO_2-Si 界面处，其能量则位于硅的禁带中。这些界面陷阱密度（即单位面积、单位能量的界面陷阱数目）与晶体方向有关，〈100〉方向的界面陷阱密度约比〈111〉方向低一个数量级。

目前在硅基上采用热氧化方法生成 SiO_2 的 MOS 结构中大部分界面陷阱，可用低温 450 ℃ 的氢退火加以钝化。钝化后，在〈100〉方向的 Q_it/q 值可以低于 10^{10} cm^{-2}，大约每 10^5 个表面原子会存在一个界面陷阱电荷；在〈111〉方向的 Q_it/q 约为 10^{11} cm^{-2}。

氧化层固定电荷 Q_f：位于距离 SiO_2-Si 界面 2.5～3 nm 处。此电荷固定不动，且即使表面电势变化较大也不会有充放电现象发生。一般认为当氧化停止时，一些离子化的硅（过剩 Si 离子）留在界面处，与表面未完全成键的硅、氧结合，形成 Si-Si 或 Si-O 键，从而导致正的固定电荷 Q_f 产生。它强烈依赖于氧化、退火的条件以及晶体取向，(100) 面的 Q_f 最低，(111) 面的 Q_f 最高，故 MOSFET 常选用 (100) 面的硅晶片作为衬底。

氧化层体陷阱电荷 Q_ot：这些电荷可由如 X 光辐射或高能电子轰击而产生，分布于氧化层内部，大部分与工艺有关的 Q_ot 可以低温退火加以去除。

可动离子电荷 Q_m：起源于钠或其他碱金属离子，在高温（如 >100 ℃）或强电场的工作条件下，可在氧化层内来回移动，使得 C-V 曲线沿着电压轴产生位移，改变平带电压，从而引起阈值电压漂移，这自然会引发半导体器件稳定性问题。因此，在器件制作过程中需特别注意以消除可动离子电荷。

图 6-27(a) 表示出了 Al 栅 NMOSFET 阈值电压与氧化层表面态电荷 Q_ox 及衬底浓度 N_A 的关系曲线。由图可知，当表面态密度（Q_ox/q）达到 10^{12} cm^{-2} 时，要制造增强型 NMOS 是很困难的。当 $N_\mathrm{A} < 10^{15}$ cm^{-3} 时，V_T 不随 N_A 而变，主要由 Q_ox 决定；当 $N_\mathrm{A} \geqslant 10^{15}$ cm^{-3} 时，V_T 才随 N_A 的增加而变大；只有当 $Q_\mathrm{ox}/q < 10^{11}$ cm^{-2}，且 $N_\mathrm{A} > 10^{15}$ cm^{-3} 时，V_T 才为正。故要获得增强型 NMOSFET 的关键在于严格控制并降低表面态电荷密度，同时适当提高衬底掺杂浓度 N_A。

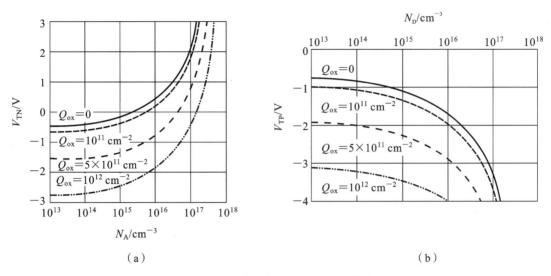

图 6-27　阈值电压与 Q_{ox} 及 N_A、N_D 的关系

（a）NMOSFET；（b）PMOSFET

对于 PMOSFET，由于 SiO_2 层中的电荷总是正电荷，阈值电压为负值，故常为增强型，要制得耗尽型器件，常采用离子注入 P 型杂质方法形成 P 型反型层（埋沟）。其他讨论类似于 NMOSFET，如图 6-27（b）所示。

在现代 CMOS 工艺中，经过退火处理及采用磷硅玻璃（PSG）一类的钝化膜能将钠离子等因沾污及辐射等因素引起的氧化层电荷加以消除，使氧化层固定电荷和界面态密度均降到 10^{10} 量级。因此，对于结构已定的器件，主要通过调整沟道区掺杂浓度和氧化层厚度来控制阈值电压。

6. 温度的影响

阈值电压与温度的关系主要体现在本征载流子浓度随温度的升高而增加，使费米势 ϕ_F 随温度的变化而变化。对于 P 型硅衬底，ϕ_{FP} 随温度升高而减小，故 NMOSFET 的阈值电压随温度升高而下降；相反，PMOSFET 的阈值电压则随温度升高而增大。

关于阈值电压的抽取方法通常有以下两种（见图 6-28）。

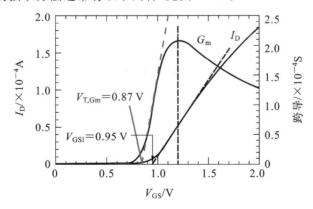

图 6-28　两种抽取 MOSFET 阈值电压的方法

（1）线性区转移特性插补法：利用线性区转移特性曲线，过最大斜率点（最大跨导 G_m）作切线，并外拓延长至与栅压轴的交点 V_GS1，即为 V_T；

（2）跨导线性外拓法：过跨导-栅压关系曲线最大斜率点作切线，切线与栅压轴的交点 $V_\mathrm{T,Gm}$ 即为 V_T。

第二种方法由于考虑了迁移率与栅压的关系，因此比第一种方法有更高的准确性。

6.4　MOSFET 的电流-电压特性

在 6.2 节，我们定性讨论了 MOSFET 的 I-V 特性。本节将通过建立器件物理模型，从数学上推导出 MOSFET 的输出电流（漏极电流 I_D）与栅源电压 V_GS 和漏源电压 V_DS 之间的函数关系，以了解器件结构参数、工艺参数和物理参数对 MOSFET 直流特性的影响。

6.4.1　I-V 方程

下面将以 N 沟道增强型 MOSFET 为例，基于器件物理推导出其 I-V 方程——萨支唐（Sah）方程。器件结构如图 6-29 所示，设 MOSFET 沟道的长和宽分别为 L 和 W。坐标系如图 6-29 中所示，沟长方向为 y 轴，原点在源区边界；垂直沟道方向为 x 轴，原点在 $\mathrm{SiO_2/Si}$ 界面；沟宽方向为 z 轴。

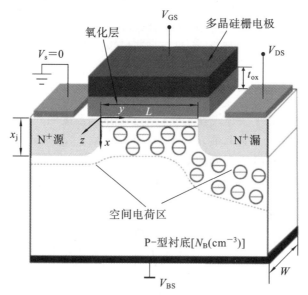

图 6-29　用于 MOSFET I-V 关系推导的器件几何图形及坐标系统

该一维理想模型的假设如下：

（1）源、漏区欧姆接触压降及体压降可忽略；

（2）反型层中载流子迁移率 μ_n 为常数；

（3）沟道电流为漂移电流；

（4）源/漏、沟道与衬底之间反向电流为零；

（5）缓变沟道近似（GCA）：在沟道任一点 y 处，垂直沟道的电场 E_x 与沟道横向场 E_y 无关，且 $|E_x| \gg |E_y|$，$\dfrac{\partial E_x}{\partial x} \gg \dfrac{\partial E_y}{\partial y}$；

（6）耗尽层电荷密度 Q_D 为常数；

（7）沟道掺杂均匀分布；

（8）一维近似，只考虑沟道电流沿 y 方向的变化；

（9）强反型近似：$\phi_S \geqslant 2\phi_{FP}$ 时，反型沟道开始形成。

设 NMOSFET 外加栅源电压为 V_{GS}，且 $V_{GS} > V_T$，漏源电压为 V_{DS}。根据理想模型假设，外加 V_{DS} 将全部降落在沟道上，产生从源到漏的电位分布 $V(y)$，则沟道横向电场为

$$E_y = -\frac{\mathrm{d}V(y)}{\mathrm{d}y} \tag{6-43}$$

设沟道某点的反型电子浓度为 $n(x, y)$，其迁移率为 μ_n，根据欧姆定律的微分形式，则沟道电流密度为

$$J_n(x, y) = \sigma E_y = -qn(x, y)\mu_n \frac{\mathrm{d}V(y)}{\mathrm{d}y} \tag{6-44}$$

将式（6-44）在整个沟道横截面上积分，可得该截面上的电流，即沟道电流

$$I_n(y) = \int_0^W \int_0^{x_{inv}} \left[-qn(x, y)\mu_n \frac{\mathrm{d}V(y)}{\mathrm{d}y} \right] \mathrm{d}x\,\mathrm{d}z \tag{6-45}$$

式中：x_{inv} 为反型层厚度。一维情况下，$n(x, y)$ 不随 z 而变，故沟道电流可简化为

$$I_n(y) = -\mu_n W \frac{\mathrm{d}V(y)}{\mathrm{d}y} \int_0^{x_{inv}} qn(x, y)\mathrm{d}x \tag{6-46}$$

式（6-46）中的积分即为 y 处单位截面上反型电荷总量：

$$Q_n = \int_0^{x_{inv}} qn(x, y)\mathrm{d}x \tag{6-47}$$

从而

$$I_n(y) = -\mu_n W Q_n(y) \frac{\mathrm{d}V(y)}{\mathrm{d}y} \tag{6-48}$$

根据电流连续性原理，$I_n(y)$ 在整个沟道区不变，即 $I_n(y) = I_D$，则式（6-48）两端乘 $\mathrm{d}y$ 并从源到漏积分（$y:0 \rightarrow L$；$V:0 \rightarrow V_{DS}$），得到

$$I_D = \frac{W}{L}\mu_n \int_0^{V_{DS}} |Q_n(y)|\,\mathrm{d}V \tag{6-49}$$

式（6-49）即为 MOSFET 漏极电流的基本方程。为了求出具体表达式，需求出反型电荷密度 $Q_n(y)$。

强反型出现时，半导体表面电荷应为反型电荷与耗尽层电荷之和，即

$$Q_S(y) = Q_n(y) + Q_D(y) \tag{6-50}$$

半导体表面开始强反型时，沟道 y 处的表面势应为栅压产生的表面势（$2\phi_{FP}$）与漏源电压产生的表面势 $V(y)$ 之和，则栅源电压可表示为

$$V_{GS} = V_{FB} + V_{ox} + V(y) + 2\phi_{FP} = V_{FB} - Q_S(y)/C_{ox} + V(y) + 2\phi_{FP} \tag{6-51}$$

于是

$$Q_S(y) = -C_{ox}[V_{GS} - V(y) - 2\phi_{FP} - V_{FB}] \tag{6-52}$$

则

$$Q_n(y) = Q_S(y) - Q_D(y) = -C_{ox}\left[V_{GS} - V(y) - 2\phi_{FP} - V_{FB} + \frac{Q_{Dmax}}{C_{ox}}\right]$$

$$= -C_{ox}[V_{GS} - V(y) - V_T] \tag{6-53}$$

将式(6-53)代入式(6-49),并积分得到

$$I_D = \frac{W\mu_n C_{ox}}{L}\left[(V_{GS} - V_T)V_{DS} - \frac{1}{2}V_{DS}^2\right] = \beta\left[(V_{GS} - V_T)V_{DS} - \frac{1}{2}V_{DS}^2\right] \tag{6-54}$$

此方程即为 MOSFET 经典的萨支唐(Sah)方程,是 SPICES 模型的一级模型,式中 $\beta = \frac{W\mu_n C_{ox}}{L}$ 称为增益因子或几何跨导参数。

根据式(6-54),对 Sah 方程可作几点定量的分析讨论。

1. $V_{DS} \ll (V_{GS} - V_T)$

因 V_{DS} 很小,如小于 0.1 V,则可忽略二次项 V_{DS}^2,得到

$$I_D = \beta(V_{GS} - V_T)V_{DS} \tag{6-55}$$

可见,I_D 随 V_{DS} 线性增加,此即为线性区,实际上忽略了沟道上电位的变化,即栅压一定时,沟道相当于一恒定电阻,栅压不同,其阻值不同。一般将 V_{DS} 很小时的沟道电阻定义为 MOSFET 的导通电阻 R_{on},由式(6-55)可得

$$R_{on} = \frac{V_{DS}}{I_D} = \frac{1}{\beta(V_{GS} - V_T)} \tag{6-56}$$

R_{on} 随 $(V_{GS} - V_T)$ 而线性变化,$(V_{GS} - V_T)$ 称为有效栅压,说明在这种情况下,MOSFET 可看作一压控变阻器。

2. $V_{DS} < (V_{GS} - V_T)$

随 V_{DS} 增加,由其在沟道表面产生的电位分布 $V(y)$ 从源到漏增加,使氧化层上的压降 $V_{ox}(y)$ 从源到漏逐渐减小,反型沟道的厚度越来越薄,沟道电阻增加,电流随电压增加的速率减缓(偏离线性)。常称该区为可调电阻区,或非饱和区。这时 $V_{DS}^2/2$ 不能忽略,I_D 即为式(6-54)所示。根据式(6-54),在不同 V_{GS} 下,I_D-V_{DS} 曲线为一通过原点的抛物线,如图 6-30 所示。按此变化规律,I_D 随 V_{DS} 增加而增加,达到一峰值后,随着 V_{DS} 进一步增加,I_D 开始下降。但实际上并未观

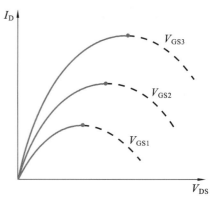

图 6-30　Sah 方程伏安特性

察到 I_D 随 V_{DS} 继续增加而减小的现象,故 I_D 达到饱和值后不再遵循 Sah 方程。

3. $V_{DS} \geqslant (V_{GS} - V_T)$

当漏源电压增加到 $V_{DS} = V_{GS} - V_T$ 时,I_D 达到饱和值 I_{DSat},由式(6-54)得到

$$I_{DSat} = \frac{\mu_n C_{ox}W}{2L}(V_{GS} - V_T)^2 = \frac{\beta}{2}(V_{GS} - V_T)^2 \tag{6-57}$$

可见,I_{DSat} 与 V_{DS} 无关,$dI_D/dV_{DS} = 0$,即达到饱和,称为饱和漏极电流,相应的电压称为饱和漏源电压

$$V_{DSat} = V_{GS} - V_T \tag{6-58}$$

将式(6-58)代入式(6-53),并令 $V(L) = V_{DSat}$,则可得

$$Q_n(y) = -C_{ox}[V_{GS} - V_T - V(L)] = 0 \tag{6-59}$$

即沟道反型电荷密度在漏端为 0,意味着反型层消失,沟道在漏端被夹断。

当 $V_{DS} > (V_{GS} - V_T)$ 时,从源到夹断点的电压始终维持在 V_{DSat} 不变,$(V_{DS} - V_{DSat})$ 这部分电压降落在夹断点与漏区之间的耗尽层上,漏极电流维持在 I_{DSat} 不变,即电流达到饱和,此区域称为饱和区。

由于在 $V_{DS} > (V_{GS} - V_T)$ 后,沟道在漏端被夹断,沟道电荷为零,夹断点至漏端为高阻耗尽区,电场很强,缓变沟道近似不再成立,故式(6-54)失效,不能用来模拟饱和区的 I-V 特性。

由式(6-57)可知,I_{DSat} 是栅电压 V_{GS} 的函数,随栅压的平方而增加,故常称 MOSFET 为平方律器件。

6.4.2　影响 I-V 特性的非理想因素

上述直流特性是在理想模型下,忽略了一些因素的影响而导出的,下面将对这些非理想效应予以讨论。

1. 耗尽层电荷的影响

在理想模型中,忽略了表面耗尽层电荷沿沟道的变化,即认为耗尽层宽度沿沟长方向不变。实际上,当 MOSFET 施加漏源电压时,沟道压降将使栅下场感应结处于反偏,随着沟道压降从源到漏增加,表面耗尽层宽度将展宽,导致耗尽层电荷增加。此时的耗尽层电荷密度为式(6-38)所表示的 $Q''_{Dmax}(y)$,即 $Q''_{Dmax}(y) = -qN_A x''_{dm} = -\sqrt{2\varepsilon\varepsilon_0 qN_A[2\phi_{FP} - V_{BS} + V(y)]}$。将 $Q''_{Dmax}(y)$ 代入阈值电压公式得到

$$V_{TN} = V_{FB} + 2\phi_{FP} + \frac{\sqrt{2\varepsilon_0\varepsilon_s qN_A[2\phi_{FP} - V_{BS} + V(y)]}}{C_{ox}} \tag{6-60}$$

将 V_{TN} 代入式(6-53)可求出 $Q_n(y)$,然后将其代入式(6-49)积分得到

$$I_D = \beta\left\{\left[(V_{GS} - V_{FB} - 2\phi_{FP})V_{DS} - \frac{V_{DS}^2}{2}\right] - \frac{2}{3}\frac{(2\varepsilon_0\varepsilon_s qN_A)^{1/2}}{C_{ox}}\left[(V_{DS} + 2\phi_{FP} - V_{BS})^{\frac{3}{2}} - (2\phi_{FP} - V_{BS})^{\frac{3}{2}}\right]\right\} \tag{6-61}$$

在相同偏置条件下,由式(6-61)计算的 I_D 比 Sah 方程的结果要小,这是因为耗尽层电荷的增加导致反型层电荷减少,从而使输出电流减小。

同样地,当电流达到饱和时,$dI_D/dV_{DS} = 0$(V_{GS} 为常数),由式(6-61)可求得饱和漏源电压为

$$V_{DSat} = V_{GS} - V_{FB} - 2\phi_{FP} - \frac{\varepsilon_s\varepsilon_0 qN_A}{C_{ox}^2}\left\{\left[1 + \frac{2C_{ox}^2}{\varepsilon_s\varepsilon_0 qN_A}(V_{GS} - V_{FB})\right]^{\frac{1}{2}} - 1\right\} \tag{6-62}$$

将式(6-62)代入式(6-61),即可求得饱和漏极电流。显然,考虑耗尽层电荷影响后的 V_{DSat} 比理想模型下的 V_{DSat} 要低,I_{DSat} 也相应变小,但更精确。具体的差值不仅与偏置电压有关,还与沟道杂质浓度 N_A,氧化层电容 C_{ox}(氧化层厚度 t_{ox},介电常数 ε_{ox})等有关。

2. 沟长调制效应(CLM)

定义:当 $V_{DS} > (V_{GS} - V_T)$ 时,沟道夹断,随 V_{DS} 增加,漏衬耗尽区向沟道横向扩展,导致夹

断点向源端移动,使有效沟长 L_{eff} 缩短(如图 6-31 所示,$L_{eff}=L-\Delta L$,ΔL 为耗尽区扩展宽度),称这种效应为沟长调制效应。

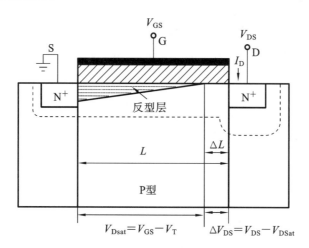

图 6-31　沟长调制效应

显然,对于长沟器件,ΔL 相对于 L 很小,其计算结果与实验基本相符,但对于短沟器件则存在一定误差(ΔL 的影响不能忽略)。

漏衬 N^+P 结可看作单边突变结,则耗尽区主要在 P 型沟道区扩展

$$x_d=\sqrt{\frac{2\varepsilon_0\varepsilon_s}{qN_A}(\phi_{FP}+V_{DS})} \tag{6-63}$$

作为一级近似,可以认为 ΔL 是在 $V_{DS}>V_{DSat}$ 时,V_{DS} 引起的耗尽区宽度与 V_{DSat} 引起的耗尽区宽度之差,即

$$\Delta L=x_d(V_{DS})-x_d(V_{DSat})=\sqrt{\frac{2\varepsilon_s\varepsilon_0}{qN_A}}(\sqrt{\phi_{FP}+V_{DSat}+\Delta V_{DS}}-\sqrt{\phi_{FP}+V_{DSat}}) \tag{6-64}$$

式中:$\Delta V_{DS}=V_{DS}-V_{DSat}$。可见,有效沟道长度将受到漏源电压的调制。

由式(6-57),饱和漏极电流与沟长成反比,则有

$$I'_{DSat}=\frac{\mu_n C_{ox}W}{2(L-\Delta L)}(V_{GS}-V_T)^2=\frac{I_{DSat}}{1-\Delta L/L} \tag{6-65}$$

式中:I_{DSat} 为理想模型饱和漏极电流;I'_{DSat} 为实际饱和漏极电流。由于 ΔL 为 V_{DS} 的函数,则 I'_{DSat} 将随 V_{DS} 增加而略有增大。可见,即使 MOSFET 处于饱和区,其输出电流并不饱和。

作为一级近似,利用平方差公式可得到

$$\frac{1}{1-\Delta L/L}\approx 1+\frac{\Delta L}{L}=1+\lambda V_{DS} \tag{6-66}$$

代入式(6-65)得到

$$I'_{DSat}=I_{DSat}\left(1+\frac{\Delta L}{L}\right)=I_{DSat}(1+\lambda V_{DS}) \tag{6-67}$$

式中:λ 为沟长调制系数,单位为 V^{-1},是电路模拟中常用的模型参数,定义为

$$\lambda=\frac{\Delta L}{LV_{DS}} \tag{6-68}$$

图 6-32 所示为一典型短沟道 MOSFET 的输出特性曲线。明显地,由于沟长调制效应,

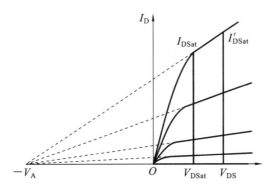

图 6-32　有沟长调制效应时的输出特性曲线

在饱和区的漏极电流随漏极电压增加而略有增加,斜率为正,输出电阻为一有限值

$$r_0 = \left(\frac{\partial I'_{\mathrm{DSat}}}{\partial V_{\mathrm{DS}}} \right)^{-1} \approx \frac{1}{\lambda I_{\mathrm{DSat}}} \tag{6-69}$$

另一明显特征就是将不同栅压下的 I'_{DSat}-V_{DS} 曲线从饱和区沿反方向外拓,所有延长线都将交于$-V_{\mathrm{DS}}$轴的一点$-V_{\mathrm{A}}$,V_{A} 称为厄尔利电压,如图 6-32 所示。令 $I_{\mathrm{DSat}} \equiv I_{\mathrm{DS}}(V_{\mathrm{DS}} = V_{\mathrm{DSat}})$,$V_{\mathrm{DS}} > V_{\mathrm{DSat}}$时的饱和电流记为 I'_{DSat},则由图中两个相似三角形($V_{\mathrm{A}} I_{\mathrm{DSat}} V_{\mathrm{DSat}}$ 和 $V_{\mathrm{A}} I'_{\mathrm{DSat}} V_{\mathrm{DS}}$)的关系得到

$$I'_{\mathrm{DSat}} = I_{\mathrm{DSat}} \left(1 + \frac{V_{\mathrm{DS}} - V_{\mathrm{DSat}}}{V_{\mathrm{A}} + V_{\mathrm{DSat}}} \right) \tag{6-70}$$

因饱和漏极电流反比于沟长,于是有

$$\frac{I_{\mathrm{DSat}}}{L - \Delta L} = \frac{I'_{\mathrm{DSat}}}{L} = \frac{I_{\mathrm{DSat}} \left(1 + \dfrac{V_{\mathrm{DS}} - V_{\mathrm{DSat}}}{V_{\mathrm{A}} + V_{\mathrm{DSat}}} \right)}{L} \tag{6-71}$$

由此解出 ΔL 为

$$\Delta L = L \left[1 - \left(1 + \frac{V_{\mathrm{DS}} - V_{\mathrm{DSat}}}{V_{\mathrm{A}} + V_{\mathrm{DSat}}} \right)^{-1} \right] \tag{6-72}$$

由式(6-70)求导得到输出电阻为

$$r_0 = \left(\frac{\partial I'_{\mathrm{DSat}}}{\partial V_{\mathrm{DS}}} \right)^{-1} \approx \frac{V_{\mathrm{A}}}{I_{\mathrm{DSat}}} \tag{6-73}$$

比较式(6-69)与式(6-73),可以得到

$$\lambda = \frac{1}{V_{\mathrm{A}}} \tag{6-74}$$

随着 MOSFET 的尺寸越来越小,$\Delta L / L$ 越大,λ 越大,沟长调制效应越明显。

3. 迁移率调制效应

理想模型下,假设沟道载流子的迁移率为常数,故其漂移速度随电场增加而上升。但实际上,沟道载流子在漂移过程中会受到端电压的影响:栅源电压所产生的垂直电场会对载流子产生散射;漏源电压会使沟道横向电场增加而使载流子速度达到饱和,这些均会导致载流子有效迁移率下降。

1) 栅电压的影响

栅电压会在半导体表面产生垂直电场,由此引起表面反型,如图 6-33(a)所示。在

NMOSFET 中，正栅压将吸引反型层中的电子向表面移动，但同时也受到空间电荷区中电离受主杂质电荷的排斥，还会受到 Si-SiO₂ 界面固定正电荷的库仑作用，结果使载流子沿沟道呈现出曲折的运动路径，这种效应示于图 6-33(b) 中，称为表面散射效应，这显然将减小载流子的迁移率。

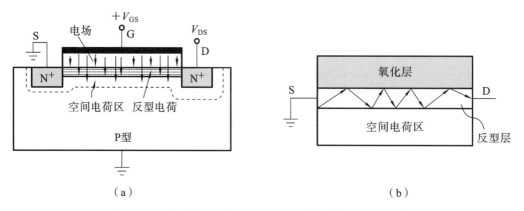

图 6-33　MOSFET 中垂直场分布及对沟道载流子的散射效应

(a) NMOSFET 中垂直电场；(b) 沟道载流子表面散射效应

设栅压产生的有效电场为 E_{eff}，在 E_{eff} 作用下的有效电子迁移率为 μ_{eff}，研究表明，μ_{eff} 与 E_{eff} 关系符合下列经验公式

$$\mu_{eff} = \mu_0 \left(\frac{E_0}{E_{eff}} \right)^{\nu} \tag{6-75}$$

式中：μ_0 为低场表面迁移率，对于电子，$\mu_0 \approx 400 \sim 700$ cm²/(V·s)；对于空穴，$\mu_0 \approx 100 \sim 300$ cm²/(V·s)；E_0 为临界电场，当电场低于 E_0 时，$\mu_{eff} = \mu_0$；当电场高于 E_0 时，随 E_{eff} 增加，表面散射增强，μ_{eff} 下降；ν 为经验常数；E_{eff} 是栅源电压作用于沟道载流子的有效电场，与耗尽层电荷密度和反型层电荷密度有关

$$E_{eff} = \frac{1}{\varepsilon_0 \varepsilon_s} (Q_{Dm} + \xi Q_n) \tag{6-76}$$

式中：ξ 为经验参数，对于 N 沟道器件，$\xi = 0.5$；对于 P 沟道器件，$\xi = 0.25 \sim 0.3$。

图 6-34 给出了室温下有效电子迁移率在不同沟道掺杂浓度和不同氧化层厚度下随有效电场的变化情况，表明 μ_{eff} 仅是 E_{eff} 的函数，与 N_B 和 t_{ox} 无关。

此外，当 V_{DS} 较低时，在电路模拟中也可采用下列迁移率经验公式

$$\mu_{eff} = \frac{\mu_0}{1 + \alpha_0 E_{eff}} \tag{6-77}$$

式中：α_0 为散射常数。

式(6-76)和式(6-77)适用于 $E_{eff} < 5.5 \times 10^5$ V/cm 的情况。有研究表明，在 NMOSFET 中，对于高电场，μ_{eff} 按 E_{eff}^{-2} 下降，对于中等电场，μ_{eff} 则按 $E_{eff}^{-0.3}$

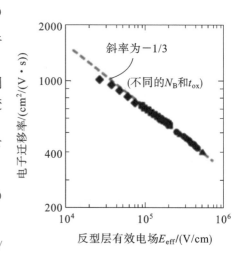

图 6-34　反型层电子迁移率
与电场的关系

下降;在 PMOSFET 中,空穴迁移率在高电场下按 E_{eff}^{-1} 下降,在中等电场下按 $E_{\mathrm{eff}}^{-0.3}$ 下降。

2) 横向电场 E_y 的影响

在推导 MOSFET 理想伏安特性时,曾假设沟道载流子迁移率为常数,因而载流子的漂移速度随场的增强而线性上升。但实验发现,漂移速度正比于场强的关系只在低场下成立,在高场下,漂移速度随电场增强上升的速度变缓,以至于在强场下不再随电场变化而达到其饱和值。速度饱和效应在短沟器件中尤为突出,因为在一定漏源电压下,沟道越短,横向电场越强。

设速度饱和时的临界电场为 E_{C},它与载流子饱和漂移速度 v_{sl} 的关系为

$$E_{\mathrm{C}} = \frac{v_{\mathrm{sl}}}{\mu_{\mathrm{eff}}} \tag{6-78}$$

在表面沟道区,电子的饱和漂移速度为 $(5\sim9)\times10^6$ cm/s,空穴的饱和漂移速度为 $(4\sim8)\times10^6$ cm/s。

对于速度饱和模型,已提出了将其分为两个区的分区模型:

$$v = \begin{cases} \dfrac{\mu_{\mathrm{eff}}E_y}{1+E_y/E_{\mathrm{C}}}, & E_y \leqslant E_{\mathrm{C}} \\[3mm] \dfrac{\mu_{\mathrm{eff}}E_{\mathrm{C}}}{2} = \dfrac{v_{\mathrm{sl}}}{2}, & E_y > E_{\mathrm{C}} \end{cases} \tag{6-79}$$

将速度公式代入电流密度方程 $(J=qnv)$,并注意 $E_y = |\mathrm{d}V(y)/\mathrm{d}y|$,积分得到由速度饱和导致的饱和漏源电流为

$$I_{\mathrm{DSv}} = WC_{\mathrm{ox}}\mu_{\mathrm{eff}}E_{\mathrm{C}}\left[\sqrt{(V_{\mathrm{GS}}-V_{\mathrm{T}})^2+(E_{\mathrm{C}}L)^2}-E_{\mathrm{C}}L\right] \tag{6-80}$$

若沟道很短,则可近似为

$$I_{\mathrm{DSv}} = WC_{\mathrm{ox}}(V_{\mathrm{GS}}-V_{\mathrm{T}})v_{\mathrm{sl}} \tag{6-81}$$

可见,当沟道很短时,I_{DSv} 与 V_{GS} 呈线性关系。

由于表面垂直电场和表面散射的作用,沟道载流子的饱和速度将低于体饱和速度。由于载流子速度饱和,漏极电流也将达到饱和,其值低于理想模型的 I_{DSat},相应的饱和漏源电压也低于理想模型的 V_{DSat},这是因为速度饱和时,沟道一般不会夹断,即速度饱和一般先于沟道夹断发生。一般当横向电场强度达到约 10^4 V/cm 时,速度即达到饱和。如 $V_{\mathrm{DS}}=5$ V,$L=1$ μm,平均电场强度为 5×10^4 V/cm,速度饱和将出现。显然,速度饱和效应更易于在短沟道器件中发生。

速度饱和时的伏安特性如图 6-35 所示,图中虚线表示迁移率为常数时的理想伏安特性。由于速度并不随电场强度增加而增加,根据公式 $v=\mu E$,等效于迁移率在下降,这就是沟道横向电场(来自于 V_{DS})对迁移率的调制效应。

4. 弹道输运

正如前面讨论的,半导体中的散射事件将载流子的速度限制为平均漂移速度,它的大小取决

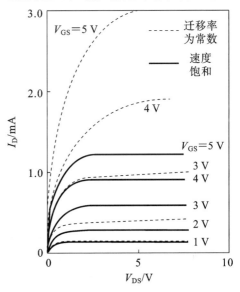

图 6-35　速度饱和效应下的输出特性(实线)

于两次碰撞之间的平均时间或两次散射事件之间的平均距离 l。在长沟器件中,沟长 $L \gg l$,因而存在载流子的平均漂移速度。随着 MOSFET 沟长 L 的缩短,两次碰撞之间的平均距离 l 将变得与 L 相当,这时长沟理论已不适用。如果沟长进一步缩短使得 $L < l$,则大部分载流子将不经历任何散射事件而从源端运动到漏端,载流子的这种运动即称为弹道输运。

弹道输运意味着载流子比平均漂移速度或饱和速度运动更快,有利于提高器件工作速度。弹道输运出现在亚微米($L < 1~\mu m$)器件中,随着 L 减小到小于 $0.1~\mu m$ 甚至纳米量级,弹道输运现象将变得更重要。

5. 温度的影响

温度对 I_D 的影响主要体现在两方面:载流子迁移率和阈值电压。因为载流子迁移率在一定温度范围内是温度的函数,随温度的增加,表面迁移率下降;阈值电压也会随温度升高而减小。当 $V_{GS} - V_T$ 较大时,I_D 的温度特性主要由迁移率的温度效应确定,呈现负温度系数,即随温度升高,I_D 下降;当 $V_{GS} - V_T$ 较小时,I_D 的温度特性主要取决于阈值电压的温度效应,呈现出正温度系数,即随温度升高,I_D 有所增大。由此可见,如果工作电压选择合适,可获得零温度系数的 I_D,这是与 BJT 不同之处。

6.4.3　亚阈区特性

当 $V_{GS} \leqslant V_T$ 时,理想的 I_D-V_{GS} 特性曲线表明漏极电流为零,而实际测量结果表明 I_D 并不为零,如图 6-36(a)所示。

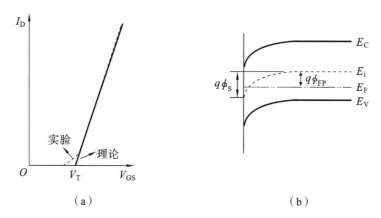

图 6-36　MOSFET 的 I_D-V_{GS} 曲线及弱反型时的能带图

(a) I_D-V_{GS} 理论和实验曲线比较;(b) 表面弱反型时的能带图

定义:MOSFET 工作于 $V_{GS} < V_T$ 时,流过沟道区的漏极电流称为亚阈电流,相应的工作区间称为亚阈区,这时器件处于弱反型状态,类似于 BJT 的截止区。

亚阈电流的大小关系到 MOSFET 开关电路在关态时的信号失真、噪声容限及空载功耗等性能,如在 CMOS 电路中,无论电路处于哪一种状态,总有一只 MOS 管处于截止状态,故在无信号时电路的功耗取决于截止状态时漏电流的大小。亚阈电流大意味着截止时漏电流大,则静态功耗将增加。对于低压低功耗器件及逻辑电路,尤其在大规模 CMOS 集成电路中,电路设计必须考虑亚阈电流的影响,并确保 MOSFET 在截止状态下的偏压远低于阈值电压。因此,如何减小亚阈电流有着实际意义。

当沟道表面势 ϕ_S 满足 $\phi_{FP} < \phi_S < 2\phi_{FP}$ 关系时,其能带图如图 6-36(b)所示,可见表面费米能级更靠近导带,故半导体表面呈现出轻掺杂 N 型材料特性,此即为弱反型态。可通过弱反型沟道来分析 N^+ 源极与漏极之间的导电性能。

假设 P 型衬底电位为零,施加一小的 V_{DS} 时,在积累和弱反型状态下沿沟道表面势分布分别如图 6-37(a)、(b)所示。可见,N^+ 源区和 P 型沟道区之间存在势垒,由于 V_{DS} 使漏/衬 PN 结反偏,其势垒更高,故沟道中源端载流子浓度高于漏端。由于弱反型状态下 $Q_n \ll Q_D$,则从源端到漏端,表面势或能带弯曲几乎恒定,横向场 E_y 近似为零,故从源区越过势垒注入弱反型沟道的电子将以扩散的方式传输到漏端,类似于 NPN 晶体管中电子从发射极传输到集电极的情况。而强反型时,如图 6-37(c)所示,势垒高度太小以致可以忽略,此时 N^+ 源区和反型 N^+ 沟道之间可看作欧姆接触,载流子将以漂移方式从源输运到漏,沟道电流为漂移电流。

由扩散电流理论,采用玻尔兹曼边界条件,并利用爱因斯坦关系,可推导出亚阈电流表达式为

$$I_{DSub} \propto \left[\exp\left(\frac{qV_{GS}}{kT} \right) \right] \cdot \left[1 - \exp\left(-\frac{qV_{DS}}{kT} \right) \right] \tag{6-82}$$

可见,亚阈电流 I_{DSub} 随 V_{GS} 指数式增加;当 V_{DS} 大于几个 kT/q 以后,I_{DSub} 则与 V_{DS} 无关,证实了亚阈电流为扩散电流的结论。

图 6-38 所示为几组不同衬偏电压下亚阈电流随 V_{GS} 指数变化的曲线。图中所标出的阈值电压明显地随 $|V_{BS}|$ 的增加而增大。

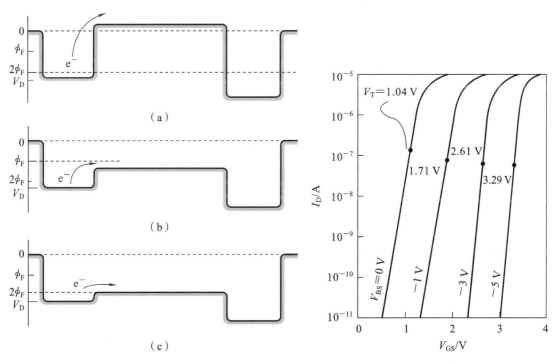

图 6-37　沿沟道方向的能带图　　　　　　　图 6-38　不同衬偏电压下的亚阈特性

(a)积累态;(b)弱反型态;(c)强反型态

图 6-38 还表明,对式(6-82)两边取对数画出的 $\log(I_{DSub})$-V_{GS} 关系为一直线,由此可定义一参数——亚阈值摆幅(subthreshold swing,SS)来描述 MOSFET 亚阈特性的优劣:

$$SS = \frac{dV_{GS}}{d(\log I_{DSub})} \tag{6-83}$$

显然,它是半对数亚阈特性曲线梯度的倒数,单位为 mV/dec,意为亚阈电流变化一个量级所需栅源电压的变化(栅电压摆幅)。理想情况下,可求出室温下 $SS \approx 60$ mV/dec,即栅压约 60 mV 的变化将会使亚阈电流变化一个数量级。详细的分析表明,I_{DSub}-V_{GS} 曲线的斜率是半导体掺杂浓度、栅介质厚度及其介电常数的函数,同时也是界面态密度的函数。因此,测量 MOSFET 的 SS 可以从实验上确定氧化物-半导体的界面态密度。

6.5　MOSFET 小信号等效电路和频率特性

MOSFET 作为信号放大时,其输入信号一般为交流信号,即随时间而变化的电信号。这时器件的特性将因信号变化的大小和快慢而不同,故有小信号、大信号、低频、高频之分。所谓"小信号"是指外加信号电压变化的幅度足够小,如远小于 kT/q 即 26 mV。为此,对于器件给定的工作点,电流变化量和电压变化量具有线性关系,可以用线性方程组来描述与求解器件的这种小信号特性。随着信号频率的提高,MOSFET 的各种电容包括本征电容和寄生电容的作用将突显出来,其对信号的放大与控制作用因而降低,故器件的使用频率受到限制。在低频下,可采用"准静态"的分析方法,由于端电压随时间变化足够慢,则电压变化所导致的电荷的分布、储存所需的时间能跟得上信号电压的变化,即可忽略电荷的储存效应。故任意给定时刻端电流瞬时值和端电压瞬时值之间的函数关系与直流伏安特性相同。

6.5.1　交流小信号参数

交流小信号参数用以描述小信号交流运用状态下,其端电流与端电压之间的函数关系。

MOSFET 低频小信号参数包括栅跨导 g_m、衬底跨导 g_{mb}、漏导 g_d 及电压放大系数 K_V。在准静态近似下,根据它们各自的定义,将直流伏安特性方程中的参数看成"准静态"参数,即可由此方程直接求得。故理想模型下交流小信号参数是不随信号电压、电流变化的常数。

1. 栅跨导 g_m

定义:在一定的漏源电压和衬偏电压下,漏极电流随栅源电压的变化率即称为栅跨导,简称跨导,以 g_m 表示,有时也称为晶体管的增益。g_m 的大小反映了栅源电压对漏极电流的控制能力,g_m 越大,表明晶体管的放大能力越强。根据定义,它能表示为

$$g_m = \frac{\partial I_D}{\partial V_{GS}} \bigg|_{V_{DS}, V_{BS}} \tag{6-84}$$

则由式(6-54)可得非饱和区跨导

$$g_{ml} = \beta V_{DS} \tag{6-85}$$

由式(6-57)可得饱和区跨导

$$g_{ms} = \beta(V_{GS} - V_T) \tag{6-86}$$

由式(6-85)可知,非饱和区跨导随 V_{DS} 线性增加,与 V_{GS} 无关;而在饱和区,跨导是 V_{GS} 的线性函数,与 V_{DS} 无关。

考虑 V_{DS} 增加使沟道电场达到载流子速度饱和临界电场时,由式(6-81)可得由载流子速度饱和所决定的最大跨导为

$$g_{mv} = W C_{ox} v_{sl} \tag{6-87}$$

可见, g_{mv} 与 V_{DS}、V_{GS} 和 L 无关,为一取决于饱和速度的常数。

在饱和区,g_{ms} 随 V_{GS} 的增加而增大,但 V_{GS} 增加会使迁移率 μ_n 下降,当 μ_n 的下降和 V_{GS} 升高的影响完全抵消时,g_{ms} 达到最大,此后,μ_n 的下降起主导作用,使 g_{ms} 随 V_{GS} 增加而减小。

由式(6-85)~式(6-87)可看出,跨导是晶体管几何参数以及载流子迁移率和阈值电压的函数,随沟道宽度增加或沟道长度和氧化层厚度减小,跨导增加。在设计 CMOS 电路时,晶体管的尺寸,特别是沟道宽度 W 是一个重要的工程设计参数。

考虑到源、漏区存在的串联电阻 R_S、R_D,包括体电阻和欧姆接触电阻,当漏极电流流过时,必然在串联电阻上产生压降,使实际加在沟道区上的栅源电压和漏源电压减小,故 MOSFET 的实际跨导比上述理论值低。

设有效栅源电压为 V'_{GS},则有

$$V'_{GS} = V_{GS} - I_D R_S \tag{6-88}$$

同理,实际加在沟道上的有效漏源电压 V'_{DS} 为

$$V'_{DS} = V_{DS} - I_D (R_S + R_D) \tag{6-89}$$

用 V'_{GS} 和 V'_{DS} 分别代替式(6-54)和式(6-57)中的 V_{GS} 和 V_{DS},再求导并整理得到非饱和区及饱和区有效跨导为

$$g_m^* = \frac{g_m}{1 + g_m R_S + g_{ms}(R_S + R_D)} \quad \text{(非饱和区)} \tag{6-90}$$

$$g_{ms}^* = \frac{g_{ms}}{1 + g_{ms} R_S} \quad \text{(饱和区)} \tag{6-91}$$

可见,串联电阻越大,有效跨导越小。

根据以上分析,总结提高跨导的措施有:

(1) 提高沟道载流子迁移率:选用迁移率高的衬底材料和晶向、提高工艺水平,使界面尽量平整,降低界面态密度;

(2) 增大 C_{ox}:减薄栅介质厚度、采用高 k 栅介质;

(3) 增加 β:设计宽长比大的图形结构;

(4) 尽可能减小源、漏区串联电阻。

2. 衬底跨导 g_{mb}

定义:当衬底和源极之间施加负偏压 V_{BS} 时,在一定的漏源电压和栅源电压下,漏极电流随衬底偏压的变化率称为衬底跨导,以 g_{mb} 表示,即

$$g_{mb} = \frac{\partial I_D}{\partial V_{BS}} \bigg|_{V_{DS}, V_{GS}} \tag{6-92}$$

它表示衬底偏压对漏极电流的控制能力。根据式(6-61),可求得

$$g_{mb} = -\frac{W \mu_n}{L} \sqrt{2\varepsilon_0 \varepsilon_s q N_A} \left(\sqrt{2\phi_{FP} - V_{BS} + V_{DS}} - \sqrt{2\phi_{FP} - V_{BS}} \right) \tag{6-93}$$

式中：V_{BS}取负值；g_{mb}主要由N_A、W/L、V_{BS}和V_{DS}等参数决定。用V_{DSat}代替V_{DS}即可得到饱和区的衬底跨导。衬偏压反偏场感应结，故随衬偏压升高（即绝对值增加），表面最大耗尽层宽度随之展宽，耗尽层电荷增多，相应地反型电荷减少，从而输出的漏极电流变小。这实际上是通过施加反偏的V_{BS}来控制耗尽层和反型层的电荷分配之比，从而达到控制漏极电流的目的，表明一定条件下衬底也能起到栅极的作用，故常称衬底为"背栅"。

当衬底杂质浓度很低时，改变衬底偏置电压在空间电荷区中所产生的空间电荷变化量很小，因而衬底跨导随N_A的降低而减小；当V_{DS}很小时，空间电荷区电容效应对漏极电流的影响可以忽略，因而衬底跨导也变得很小。

3. 漏极电导 g_d

定义：在一定栅源电压和衬底偏压下，漏极电流随漏源电压的变化率称为漏极电导，简称漏导，即

$$g_d = \frac{\partial I_D}{\partial V_{DS}}\bigg|_{V_{GS}, V_{BS}} \tag{6-94}$$

在非饱和区，由式(6-54)对V_{DS}求导即得

$$g_d = \beta(V_{GS} - V_T - V_{DS}) \tag{6-95}$$

导通电阻

$$R_{on} = \frac{1}{g_d} = \frac{1}{\beta(V_{GS} - V_T - V_{DS})} \tag{6-96}$$

若$V_{DS} \ll (V_{GS} - V_T)$，即得到线性区的漏极电导

$$g_{dl} = \beta(V_{GS} - V_T) \tag{6-97}$$

线性区的导通电阻

$$R_0 = \frac{1}{\beta(V_{GS} - V_T)} \tag{6-98}$$

R_0即表示$V_{DS} = 0$时的导通电阻。导通电阻是MOSFET在开关应用中的重要参数之一。

同样，考虑源、漏区串联电阻R_S和R_D的影响，采用求有效跨导类似的方法可以求出

$$g_{dl}^* = \frac{g_{dl}}{1 + g_{dl}(R_S + R_D)} \tag{6-99}$$

实际导通电阻

$$R_{on}^* = \frac{1}{g_{dl}} + R_S + R_D \tag{6-100}$$

显然，R_S和R_D的存在使漏极电导下降。

上述漏电导公式是将迁移率当作常数的情况下求出的，当栅压比较高时，迁移率将随栅压增大而下降。因此，在漏极电流较大时，漏电导随栅压增大而上升的速率将下降。

饱和区漏电导：理想情况下，根据式(6-57)，饱和区漏极电流I_{DSat}与漏源电压V_{DS}无关，因而饱和区漏电导$g_{ds} = 0$，动态电阻为无限大，这对长沟器件较符合。但实际MOSFET的动态电阻为有限值，其原因就是6.4.2节中所讨论的沟长调制效应的影响，即在饱和区，有效沟长随V_{DS}增加而变短，漏极电流增大，使$g_{ds} \neq 0$。

此外，在高阻衬底和短沟道MOS器件中，漏区电场静电反馈效应和空间电荷限制效应也会引起输出电流随V_{DS}增加而增加，从而输出漏导不为零。

4. 电压放大系数

定义:在一定漏极电流下,漏源电压偏微分与栅源电压偏微分之比称为 MOSFET 的电压放大系数,以 K_V 表示:

$$K_V = -\frac{\partial V_{DS}}{\partial V_{GS}}\bigg|_{I_D} \tag{6-101}$$

由式(6-54)非饱和区 Sah 方程求全微分得到

$$K_V = \frac{V_{DS}}{V_{GS} - V_T - V_{DS}} \tag{6-102}$$

由式(6-85)和式(6-95)可知

$$K_V = \frac{g_{ml}}{g_d} \tag{6-103}$$

在饱和区,跨导具有最大值 g_{ms},漏导为有限小值 g_{ds},则电压放大系数具有最大值

$$K_V = \frac{g_{ms}}{g_{ds}} \tag{6-104}$$

6.5.2　本征电容

MOSFET 的栅极结构就是一 MOS 电容,与栅相连的有 2 个电容:栅到源的电容 C_{gs} 和栅到漏的电容 C_{gd},它们分别表示栅连接到源端附近和漏端附近电荷的通量,是使器件能进行正常工作的"好的"电容,取决于器件结构本身,故称其为本征电容。

1. 栅源电容 C_{gs}

定义:在 $V_{BS}=0$,V_{DS} 为常数,即输出交流短路时,栅源电压变化引起栅极总电荷 Q_{GT} 的变化称为栅源电容 C_{gs},即

$$C_{gs} = \frac{\partial Q_{GT}}{\partial V_{GS}}\bigg|_{V_{DS}} \tag{6-105}$$

2. 栅漏电容 C_{gd}

类似地,在 $V_{BS}=0$,V_{GS} 为常数,即输入交流短路时,栅漏电压变化引起栅极总电荷 Q_{GT} 的变化称为栅漏电容 C_{gd},即

$$C_{gd} = \frac{\partial Q_{GT}}{\partial V_{GD}}\bigg|_{V_{GS}} = \frac{\partial Q_{GT}}{\partial V_{DS}}\bigg|_{V_{GS}} \quad (V_{GD} = V_{GS} - V_{DS}) \tag{6-106}$$

C_{gs} 和 C_{gd} 等价,具有对称性,电荷的变化可以是由 V_{GS} 引起,也可以是由 V_{DS} 引起,这里由 V_{DS} 引起,可不计及正负。显然,C_{gs} 和 C_{gd} 的大小与端电压有关。

(1) 在 V_{DS} 很小的线性区,从源到漏反型电荷基本不变,故栅连接到源和连接到漏的通量相同,即 $C_{gs}=C_{gd}$。因栅极总电容 $C_G = WLC_{ox}$,故

$$C_{gs} = C_{gd} = \frac{1}{2}C_G \tag{6-107}$$

(2) 在饱和区,输出交流短路时,可认为空间电荷为常数,则栅电荷的变化和沟道反型层电荷的变化相同,只是电荷极性相反而已,即 $\Delta Q_{GT} = \Delta Q_{nT}$。在"准静态"近似下,利用直流特性的有关方程可求得 Q_{GT},因栅极和沟道间的电压即氧化层上压降为 $V_{GS} - V(y)$,故栅极总电

荷 Q_{GT} 为

$$Q_{GT} = WC_{ox}\int_0^L [V_{GS} - V(y)]dy \tag{6-108}$$

由推导 Sah 方程的式(6-48)和式(6-53)可得到：$dy = \dfrac{\mu_n C_{ox} W}{I_D}[V_{GS} - V_T - V(y)]dV$，代入式(6-108)并积分得到

$$Q_{GT} = C_{ox}WL\left\{V_{GS} - \frac{3(V_{GS} - V_T)V_{DS} - 2V_{DS}^2}{3[2(V_{GS} - V_T) - V_{DS}]}\right\} \tag{6-109}$$

将式(6-109)代入式(6-105)求微分即得

$$C_{gs} = C_G\left\{1 - \frac{V_{DS}^2}{3[2(V_{GS} - V_T) - V_{DS}]^2}\right\} \tag{6-110}$$

进入饱和区时，$V_{DS} = V_{GS} - V_T = V_{DSat}$，则由式(6-110)得到

$$C_{gs} \approx \frac{2}{3}C_G \tag{6-111}$$

在饱和区，由于沟道在漏端夹断，因而 V_{DS} 改变不能使沟道电荷(从而栅电荷)产生相应的变化，故

$$C_{gd} \approx 0 \tag{6-112}$$

6.5.3　交流小信号等效电路

图 6-39 所示为增强型 NMOSFET 交流工作时的共源连接电路。在器件输入端直流偏置电压 V_{GS0} 上叠加一交流信号 ν_{gs} 时，输出电流即为直流分量与交流分量之和：

$$\begin{cases} V_{GS} = V_{GS0} + \nu_{gs} \\ I_D = I_{D0} + i_d \end{cases} \tag{6-113}$$

式中：V_{GS0} 和 I_{D0} 分别表示栅源电压和漏极电流的直流分量；ν_{gs} 和 i_d 分别表示栅源电压和漏极电流的交流分量。

由于漏极输出电流是栅源电压和漏源电压的函数，即 $I_D = f(V_{GS}, V_{DS})$，则对 I_D 求全微分得到

$$dI_D = \frac{\partial I_D}{\partial V_{GS}}\bigg|_{V_{DS}}dV_{GS} + \frac{\partial I_D}{\partial V_{DS}}\bigg|_{V_{GS}}dV_{DS} = g_m dV_{GS} + g_d dV_{DS} \tag{6-114}$$

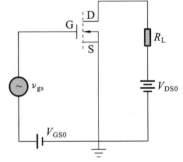

图 6-39　NMOSFET 交流共源电路

考虑小信号下微分增量可看成交流电流或电压分量，则上式可写为

$$i_d = g_m\nu_{gs} + g_d\nu_{ds} \tag{6-115}$$

从输入回路来看，由于栅源和栅漏之间存在 2 个本征电容，当栅压随输入交流信号改变时，通过沟道电阻形成对它们的充放电电流，由此产生输入回路中的交流栅电流为

$$i_g = C_{gs}\frac{d\nu_{gs}}{dt} + C_{gd}\frac{d\nu_{gd}}{dt} \tag{6-116}$$

此外，栅漏电容的充放电效应也将在漏端产生增量电流，由此得到交流漏极电流更完整的表达式：

$$i_d = g_m \nu_{gs} + g_d \nu_{ds} - C_{gd} \frac{d\nu_{gd}}{dt} \tag{6-117}$$

此式表明 MOSFET 的交流小信号漏极输出电流由三部分组成。当器件工作于饱和区时,由于漏电导很小,$g_d\nu_{ds}$ 一般可以忽略,且 $C_{gd} \approx 0$,故由栅源电压通过跨导控制的恒流源 $g_m\nu_{gs}$ 是其主要部分。

根据端电流 i_g 和 i_d 的表达式,可得到 MOSFET 交流小信号低频等效电路如图 6-40 所示,其中 $r_d = 1/g_d$。该等效电路反映了 MOSFET 低频交流小信号工作状态下内部的基本特性,常称为本征等效电路。

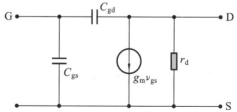

图 6-40　MOSFET 小信号本征等效电路

实际 MOSFET 中,除本征参数外,还存在图 6-41(a)所示的其他非本征参数,如源、漏串联电阻 R_S 和 R_D,栅-源和栅-漏重叠区电容 C'_{gs} 和 C'_{gd},以及漏衬 PN 结耗尽层电容 C_{ds} 等,考虑这些寄生参数在内的实际等效电路如图 6-41(b)所示,其中,$C_{gsT} = C_{gs} + C'_{gs}$,$C_{gdT} = C_{gd} + C'_{gd}$。

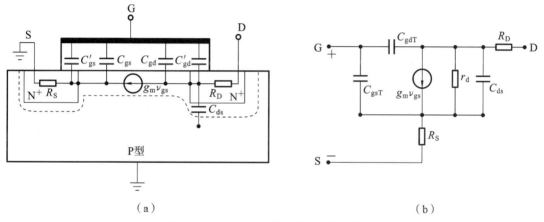

（a）　　　　　　　　　　　　（b）

图 6-41　MOSFET 物理模型及等效电路

（a）物理模型；（b）实际小信号等效电路

PMOSFET 的等效电路与 NMOSFET 的相同,只是所有电压极性和电流方向相反,在 N 沟道模型中相同的电容和电阻可应用于 P 沟道模型。

根据 MOSFET 在电路中工作状态的不同,有各种等效电路,如低频、中频、高频等效电路,还有小信号、大信号等效电路等;此外,由于对电路参数的定义有所不同,又形成多种不同参数体系的等效电路,这里所列举的仅仅是 MOSFET 中最基本的常用等效模型。

6.5.4　MOSFET 的频率特性

影响 MOSFET 频率特性的基本因素有两个,其中之一是沟道渡越时间。假设载流子以饱和速度运动,则渡越时间 $\tau_t = L/v_{sl}$。如果 $v_{sl} = 10^7$ cm/s,$L = 1$ μm,那么 $\tau_t = 10$ ps,这对应于一个 100 GHz 的最高频率。这个频率比 MOSFET 典型的最大频率响应要高得多。因此,载流子通过沟道的渡越时间并不是 MOSFET 频率响应的限制因素。

由于 MOSFET 存在本征电容和寄生电容,随着频率的升高,电容的充放电时间延长,这会造成输出和输入的延迟,使得高频下器件的特性参数变坏,故 MOSFET 存在使用频率的限制。本节将通过对 MOSFET 频率参数的讨论,来分析其频率特性。

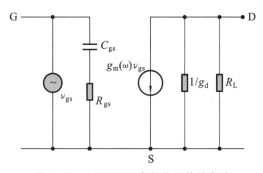

图 6-42　MOSFET 高频共源等效电路

1. 跨导截止频率 f_{gm}

中、高频下 NMOSFET 的共源等效电路如图 6-42 所示。在输入回路引入了栅源之间的沟道等效电阻 R_{gs},可以求得

$$R_{gs} = \frac{2}{5} \frac{1}{\beta(V_{GS}-V_T)} \tag{6-118}$$

栅源电容 C_{gs} 将通过 R_{gs} 进行充放电。电容的交流阻抗随频率的升高而下降,使器件跨导下降,成为频率的函数 $g_m(\omega)$,如图 6-42 所示。跨导截止频率即定义为交流跨导 $g_m(\omega)$ 下降到低频值的 $1/\sqrt{2}$ 时的频率。

从等效电路可以看出,低频时,输入端电容 C_{gs} 的阻抗很大,近似开路,因而栅压主要降落在 C_{gs} 上,信号电压的变化将在栅源电容 C_{gs} 两端感应出符号相反的等量电荷,使沟道电荷随栅压的改变而变化,从而产生相应的漏极电流增量 ΔI_D;高频下,C_{gs} 的阻抗下降,使栅极回路的电流增大,外加栅源电压必然要在 C_{gs} 和 R_{gs} 上分压,使 C_{gs} 上的分压随频率的增加而下降,使得输出端漏极电流增量 ΔI_D 减小。为了维持与低频时同样的漏极电流增量,C_{gs} 两端必须具有相同的电压 ΔV_{gs},这必须施加更大的输入信号电压 $\Delta V'_{gs}$,由等效电路可得

$$\Delta V'_{gs} = (1+j\omega C_{gs}R_{gs})\Delta V_{gs} \tag{6-119}$$

则高频下的跨导为

$$g_m(\omega) = \frac{\Delta I_D}{\Delta V'_{GS}} = \frac{\Delta I_D}{\Delta V_{GS}} \frac{\Delta V_{GS}}{\Delta V'_{GS}} = \frac{g_m}{1+j\omega C_{gs}R_{gs}} \tag{6-120}$$

由此可见,$g_m(\omega)$ 随频率的升高而下降,当 $\omega=1/(C_{gs}R_{gs})$ 时,高频跨导下降到低频值的 $1/\sqrt{2}$,故跨导截止频率为

$$\omega_{gm} = \frac{1}{C_{gs}R_{gs}} \tag{6-121}$$

将 C_{gs} 和 R_{gs} 的表达式(6-111)和式(6-118)代入式(6-121)即得

$$\omega_{gm} = \frac{15}{4}\frac{\mu_n(V_{GS}-V_T)}{L^2} \quad \text{或} \quad f_{gm} = \frac{15}{8\pi}\frac{\mu_n(V_{GS}-V_T)}{L^2} \tag{6-122}$$

可见,跨导截止频率实际上来源于通过等效沟道电阻 R_{gs} 对栅源电容 C_{gs} 的充电延迟时间 $\tau_g(=C_{gs}R_{gs})$。当外加栅源电压改变时,必须经过 τ_g 之后,C_{gs} 两端的电压才会跟上外加栅源电压的变化,从而产生沟道电流增量。

2. 截止频率 f_T

与双极晶体管特征频率的定义类似,即共射电流放大系数等于 1 时(输入电流等于输出电流)所对应的频率。在 MOSFET 的输入端,由于 C_{gs} 的阻抗随频率增加而下降,使流过的输入

电流随频率升高而增加,相应的输出电流($g_m\nu_{gs}$)下降,当两者相等时所对应的频率即定义为 MOSFET 的截止频率 f_T 或 ω_T,根据定义有

$$\omega_T C_{gs}\nu_{gs} = g_m\nu_{gs}$$

由此得到饱和区的 ω_T 为

$$\omega_T = \frac{g_{ms}}{C_{gs}} \tag{6-123}$$

因为通过 C_{gs} 的电流即为 MOSFET 的输入电流 i_g,$g_{ms}\nu_{gs}$ 则是共源等效电路中输出端短路时输出电流,故 f_T 也表示 MOS 管共源电路中输出短路电流放大系数等于 1 时的频率。

代入式(6-86)的 g_{ms} 和饱和区 C_{gs} 的表达式(6-111),即得到

$$f_T = \frac{3}{4\pi} \cdot \frac{\mu_n(V_{GS} - V_T)}{L^2} \tag{6-124}$$

当负载电阻 $R_L \gg 1/g_m$ 时,可以证明 MOSFET 饱和区的电压增益与工作频率 f 之积 $|K_V| \cdot f$ 为一常数,即 f_T,故有时也将 f_T 称为 MOSFET 的增益带宽乘积。

由式(6-122)和式(6-124)可以看出,影响 f_{gm} 和 f_T 的因素完全相同。因此,为了提高 MOSFET 的频率特性,可以采取如下几方面的措施:

(1) 缩短沟道长度 L,这是最为重要的一点;

(2) 提高沟道载流子的迁移率 μ_n,包括选用迁移率高的材料;改善界面平整度、减小界面态密度;采用埋沟器件,避免表面散射的影响;在条件许可的情况下,尽量选用 NMOS,因为电子迁移率远高于空穴迁移率;

(3) 减小寄生电容,这对改善 MOSFET 的频率特性至关重要,如减小 C'_{gs},特别是减小栅漏寄生电容 C'_{gd}。采用多晶硅栅自对准工艺和偏置栅结构对减小栅源和栅漏重叠区电容效果显著;采用 SOI 结构,即将器件制作在绝缘衬底上,有利于减小衬底的寄生电容。

6.6　MOSFET 的小尺寸效应

沟道长度 L 是 MOSFET 的特征尺寸,减小 L 能改善器件的多项性能,如跨导、截止频率、输出电流及开关时间等。因此,缩短 L 是 CMOS 集成电路不断追求的目标。目前,CMOS 集成电路已进入 3 nm 制程,沟道长度为几个纳米,正在接近 Si 基 CMOS 集成电路工艺水平的极限。

随着 L 减小到可以与源、漏扩散结的耗尽区宽度相比拟时,缓变沟道近似的一维模型不再适应,就会出现一些偏离长沟器件特性的现象,即所谓短沟道效应。广义上的短沟道效应包括以下几方面:① 阈值电压随沟长 L 和沟宽 W 的减小而变化;② 沟道电场因 L 减小而增大导致迁移率调制效应,使载流子速度饱和,I_{DSat} 和 V_{DSat} 相比长沟器件的理论值减小,I_{DSat} 与 $(V_{GS} - V_T)$ 近似为线性关系而不完全饱和,漏源电导随沟长进一步缩短而增大,跨导下降以至于近似常数;③ 亚阈特性变坏,亚阈电流 I_{DSub} 随 V_{DS} 而变化。有关迁移率调制效应和亚阈特性在 6.4 节已介绍,这里重点讨论阈值电压的变化。

6.6.1　短沟效应——漏源电荷分享模型

在推导长沟 MOSFET 阈值电压表达式时,假设了栅极面积与沟道有源区面积相等,即把

反型沟道和下面的耗尽层看成是一规则的矩形,忽略了任何由于漏源空间电荷区扩展进入有源沟道区而引起的空间电荷变化,即忽略了沟道在源、漏两端的边缘效应。

实际上,源衬和漏衬两个 PN 结耗尽层不可避免地要向沟道区扩展。在长沟器件中,这一扩展区只占整个沟道区的一小部分,可忽略不计,故可近似认为反型时耗尽层电荷全由栅电压控制。但当 L 变短时,源漏耗尽层扩展进沟道耗尽层的部分不能忽略,栅下空间电荷区在漏源两端的电力线将有一部分分别终止于漏区和源区,使终止于栅极的电力线减少,即由栅极控制的耗尽区电荷减少,从而引起阈值电压降低。换言之,随沟长缩短,表面耗尽层电荷将同时受到漏压和栅压的控制,沟道电势由横向场和纵向场的梯度所决定(长沟器件仅取决于栅压引起的纵向场),故在短、窄沟 MOS 器件中不能采用缓变沟道近似的一维模型,需进行二维分析。

为简化分析,采用几何近似的电荷分享理论来分析沟长缩短对 V_T 的影响。所谓源/漏电荷分享模型即是根据栅和源衬、漏衬 PN 结共同分享沟道耗尽区电荷的概念来解释 V_T 的降低。该模型假设源衬、漏衬耗尽区的边界为一固定的几何图形,它将沟道耗尽区分为两部分:一部分由栅压引起;另一部分由源衬、漏衬 PN 结引起。只要求出栅控电荷 Q'_D,用它代替长沟 MOSFET 阈值电压公式中的 Q_{Dm},即可得到短沟器件的 V_T。显然,电荷分享模型的精度与怎样划分 Q'_D 的几何形状密切相关。在众多的电荷分享模型中,最简单的是由贝尔实验室的 Leopoldo D. Yau 于 1974 年提出的梯形电荷分享模型,如图 6-43 所示。该模型假设:

(1) 衬底均匀掺杂,浓度记为 N_B;

(2) 漏源电压 $V_{DS}=0$;

(3) 源衬、漏衬 PN 结界面是半径为 x_j(结深)的圆柱形;

(4) 源、漏端分享的沟道区电荷相等,栅控耗尽区的形状为梯形(见图 6-43);

(5) 达到反型时,沟道空间电荷区的电势差为 $2\phi_{FP}$,漏衬和源衬结的内建电势也近似为 $2\phi_{FP}$,故可认为源衬、漏衬及沟道三处的空间电荷区宽度基本相等(分别记为 x_{sd}、x_{dd} 和 x_{dm}),即

$$x_{sd} \approx x_{dd} \approx x_{dm} = \sqrt{\frac{2\varepsilon_0\varepsilon_s(2\phi_{FP}+V_{BS})}{qN_B}} \tag{6-125}$$

则梯形面积为:$(L+L_1)x_{dm}/2$。当 L 较大时,$L \approx L_1$,梯形面积趋近于矩形面积($L \times x_{dm}$),此为长沟理论;当 L 较小时,$L_1 < L$,由栅控的耗尽区电荷减少。

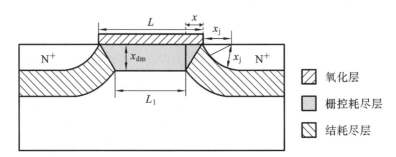

图 6-43　梯形源漏电荷分享模型

由图 6-43 中直角三角形关系以及假设(5)可以列出关于求图中 x 的一元二次方程

$$x_{dm}^2 + (x+x_j)^2 = (x_j+x_{dm})^2$$

整理得到

$$x^2 + 2x_j x - 2x_j x_{dm} = 0 \tag{6-126}$$

求解得到

$$x = -x_j \pm \sqrt{x_j^2 + 2x_j x_{dm}} = x_j\left(-1 \pm \sqrt{1 + \frac{2x_{dm}}{x_j}}\right)$$

因 x 必须为正,故取

$$x = x_j\left(\sqrt{1 + \frac{2x_{dm}}{x_j}} - 1\right) \tag{6-127}$$

则

$$L_1 = L - 2x = L - 2x_j\left(\sqrt{1 + \frac{2x_{dm}}{x_j}} - 1\right) \tag{6-128}$$

由此可求出短沟道 MOSFET 沟道空间电荷总量 Q_{DTS} 为

$$Q_{DTS} = -qN_B x_{dm} W\left(\frac{L + L_1}{2}\right) = Q_{Dm} W(L - x) \tag{6-129}$$

单位面积平均空间电荷密度为

$$Q'_{Dm} = Q_{Dm}\left(1 - \frac{x}{L}\right) \tag{6-130}$$

即

$$\frac{Q'_{Dm}}{Q_{Dm}} = 1 - \frac{x_j}{L}\left(\sqrt{1 + \frac{2x_{dm}}{x_j}} - 1\right) \equiv F_1 \tag{6-131}$$

从而得到

$$Q'_{Dm} = Q_{Dm} F_1 = -qN_B x_{dm} F_1 = -\gamma C_{ox} F_1 \sqrt{2\phi_{FP} + V_{BS}} \tag{6-132}$$

用 Q'_{Dm} 代替 Q_{Dm},则得到短沟道 MOSFET 的阈值电压为

$$V_{T(S)} = V_{FB} + 2\phi_{FP} - \frac{Q'_{Dm}}{C_{ox}} = V_{FB} + 2\phi_{FP} + \gamma F_1 \sqrt{2\phi_{FP} + V_{BS}} \tag{6-133}$$

式中:F_1 为电荷分享因子,表示沟道中栅控耗尽层电荷在总耗尽电荷中所占份额,$F_1 < 1$。对于长沟器件,$F_1 \to 1$,$Q'_{Dm} \to Q_{Dm}$。

比较长沟和短沟器件的阈值电压公式,得到短沟效应引起的 V_T 的变化 ΔV_T 为

$$\Delta V_T = V_T - V_{T(S)} = \frac{Q_{Dm}}{C_{ox}} \cdot \frac{x_j}{L}\sqrt{1 + \frac{2x_{dm}}{x_j}} - 1 \tag{6-134}$$

式(6-134)虽然不是太精确,但是可描述绝大部分短沟效应,且与实验结果吻合较好。

由式(6-134)可总结出影响短沟效应的因素如下。

(1)沟道长度 L:显然,随 L 减小,ΔV_T 增加,即 $V_{T(S)}$ 减小,短沟道效应增强,NMOSFET 向耗尽型变化。

(2)氧化层厚度 t_{ox}:随 t_{ox} 增加,C_{ox} 减小,则 ΔV_T 增加,短沟道效应变大,如图 6-44 所示。为了减小短沟道效应,要求 CMOS 器件的栅氧化层厚度应越来越薄。

(3)衬底掺杂浓度 N_B:随 N_B 增加,$Q_{Dm}(\propto N_B)$

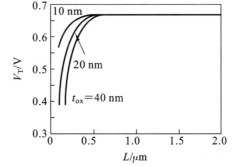

图 6-44 氧化层厚度对短沟效应的影响

增加大于 $x_{dm}(\propto N_B{}^{-1/2})$ 的减小,从而 ΔV_T 增加,短沟道效应变大,如图 6-45 所示。这是因为随 N_B 增加,长沟器件的 V_T 增加,且短沟器件阈值电压变化更大。

　　(4) 源/漏结结深 x_j:随 x_j 增加,短沟道效应变大。因此,浅结有利于改善短沟道效应。

　　可见,短沟效应强烈依赖于工艺参数。判断器件是否为短沟器件,不仅要考虑 L,还要考虑 t_{ox}、N_B 和 x_j 等参数。一个 x_j 和 t_{ox} 大、N_B 高的 4 μm 器件的短沟效应,与一个 x_j 和 t_{ox} 小、N_B 低的 2 μm 器件相比,前者的短沟道效应可能比后者更为严重。

　　上述短沟模型假设了源衬、漏衬及沟道的空间电荷区宽度相等,若漏极施加电压,则漏端空间电荷区宽度 x_{dd} 将增加,若 L_1 减小,则栅控体电荷减少,使得阈值电压成为漏源电压 V_{DS} 的函数。随着 V_{DS} 增加,NMOSFET 的阈值电压降低,如图 6-46 所示。图 6-46 还表明,短沟效应还与 V_{BS} 有关,$|V_{BS}|$ 越大,x_{dm} 越大,源漏端耗尽层电荷的影响增大,短沟效应越严重。

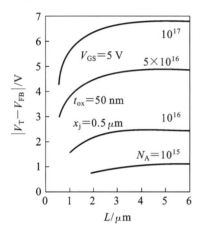

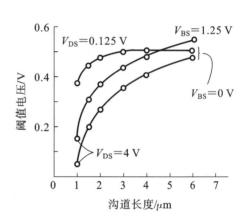

图 6-45　衬底掺杂浓度对短沟效应的影响　　　　图 6-46　V_{DS} 和 V_{BS} 对短沟效应的影响

6.6.2　窄沟效应

　　在沟道宽度方向,薄栅氧化层和厚场氧化层(Locos 隔离)之间存在一圆锥形的氧化层过渡区,该边缘过渡区形似鸟嘴,故称为鸟嘴区,如图 6-47 所示。当施加栅压时,在此过渡区也会形成栅控耗尽区,引起附加耗尽层电荷 ΔQ_w。若 $W \gg x_{dm}$,则 ΔQ_w 与 Q_{Dm} 相比可以忽略,对阈值电压不会带来影响;若随 L 减小,W 也减小到与 x_{dm} 相近时,相对本来就很少的空间电荷,ΔQ_w 的影响就不能忽略。显然,考虑 ΔQ_w 的影响后,窄沟道 MOSFET 的阈值电压相对于理想模型下的阈值电压值将有所增加,这一现象称为窄沟道效应。

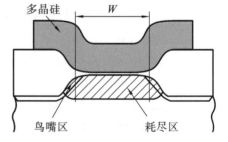

图 6-47　NMOSFET 沟道宽度
方向耗尽区截面图

　　对于较大的 L,作为一级近似,窄沟器件的阈值电压可表示为

$$V_{T(W)} = V_{FB} + 2\phi_{FP} + \gamma \sqrt{2\phi_{FP} + V_{BS}} + \frac{|\Delta Q_W|}{C_{ox}} \tag{6-135}$$

设沟道宽度方向耗尽层扩展的体积为 1/4 圆柱体,则沟宽两侧扩展的总体积为 $\frac{\pi}{2}x_{dm}^2L$。

若忽略沟道变短效应,对均匀掺杂 P 型半导体衬底,附加的总电荷为 $qN_A\frac{\pi}{2}x_{dm}^2L$,则在沟道区附加的耗尽层平均电荷面密度为 $\Delta Q_W=\frac{\pi}{2W}qN_Ax_{dm}^2$。由窄沟道效应导致的阈值电压漂移为

$$\Delta V_{TW}=V_{T(W)}-V_{TN}=\frac{|\Delta Q_W|}{C_{ox}}=\frac{qN_Ax_{dm}}{C_{ox}}\left(\frac{\pi x_{dm}}{2W}\right) \tag{6-136}$$

可见,W 越小,ΔV_{TW} 越大,两侧扩展耗尽区范围内空间电荷对 V_T 的影响越大。不同杂质浓度 N_A 下,阈值电压随沟道宽度的变化如图 6-48 所示。因为衬底浓度越低,沟道耗尽层越宽,故窄沟道效应越显著。

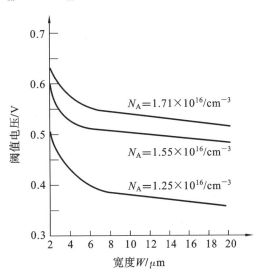

图 6-48　不同 N_A 下阈值电压随 W 的变化

由于沟道宽度两侧边缘氧化区要厚一些,或者由于离子注入造成的非均匀掺杂导致横向扩展空间电荷区并不规则,其宽度与垂直宽度 x_{dm} 不等,故很难用统一模型来计算 ΔQ_W。一般情况下,引用拟合系数 ξ 来表示边缘扩展耗尽层宽度与原耗尽层垂直宽度的关系,则有

$$\Delta V_{TW}=\frac{qN_Ax_{dm}}{C_{ox}}\left(\frac{\xi x_{dm}}{W}\right) \tag{6-137}$$

宽度 W 越小,ξ 越大,沟道变窄效应越明显。

根据上面的讨论,沟道变短或沟道变窄均会引起阈值电压变化。如图 6-49 所示,短沟 MOSFET 随 L 缩短,阈值电压减小;窄沟 MOSFET 随 W 减小,阈值电压增大。对于同时表现出短沟效应和窄沟效应的器件,两种模型必须相结合,采用三维空间电荷区近似进行综合分析。

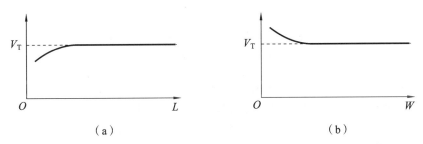

（a）　　　　　　　　　　　　　　　（b）

图 6-49　MOSFET 阈值电压 V_T 随沟道长度和沟道宽度的变化趋势

(a) V_T 随 L 的变化;(b) V_T 随 W 的变化

6.6.3　漏致势垒降低(DIBL)效应

上面讨论的短沟效应和窄沟效应均是假定漏源电压 V_{DS} 很小(<1 V)时得到的。当 V_{DS} 较高时,沿沟长方向的耗尽区宽度 x_{dm} 不再是常数,从源到漏是逐渐变化的,如图 6-50 所

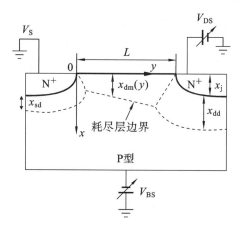

图 6-50 V_{DS} 较大时，沿沟道耗尽区变化示意图

示。当漏源电压为 V_{DS} 时，沟道耗尽区宽度与 y 的关系可用式(6-37)表示，重写如下

$$x_{dm}(y) = \sqrt{\frac{2\varepsilon_0\varepsilon_s[2\phi_{FP} - V_{BS} + V(y)]}{qN_A}}$$

显然，在源端，$V(y)=0$，x_{dm} 最小；在漏端，$V(y)=V_{DS}$，x_{dm} 最大。

如图 6-51 所示，当 L 较大时，V_{DS} 不会影响源端的结势垒；而当 L 较小时，源端势垒将下降 $\Delta\phi$(取决于 V_{DS})，势垒降低将引起阈值电压下降。

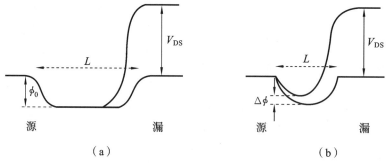

图 6-51 漏源电压 V_{DS} 对源端势垒的影响

(a) 长沟器件；(b) 短沟器件

定义：对于图 6-51(b)所示的短沟器件，在极端情况下，随 V_{DS} 增加，源、漏耗尽区越来越靠近，引起从漏到源的电场穿通，使源端势垒降至最低，从源区注入沟道电子增加，导致 I_D 增大且不受栅控，称该过程为 DIBL(Drain-Induced Barrier Lowering)效应。

事实上，由于 V_{DS} 使漏-衬 PN 结反偏，漏端耗尽电荷增加，x_{dm} 增加，栅控电荷减少，与 $V_{DS}=0$ 时的情况相比，阈值电压将减小。因此，可利用 Yau 的电荷分享模型来求出 DIBL 效应引起的阈值电压下降。令源、漏端的 x_{dm} 分别为 x_{sd} 和 x_{dd}，则可得到电荷分享因子 F_1 为

$$F_1 = 1 - \left[\frac{x_j}{2L}\left(\sqrt{1 + \frac{2x_{sd}}{x_j}} - 1\right) + \frac{x_j}{2L}\left(\sqrt{1 + \frac{2x_{dd}}{x_j}} - 1\right)\right] \tag{6-138}$$

式中：

$$x_{sd} = \sqrt{\frac{2\varepsilon_0\varepsilon_s}{qN_B}(V_D + V_{BS})} \tag{6-139}$$

$$x_{dd} = \sqrt{\frac{2\varepsilon_0 \varepsilon_s}{qN_B}(V_D + V_{BS} + V_{DS})} \tag{6-140}$$

其中,V_D 为源/漏-衬 PN 结的接触电势。于是,受 DIBL 效应影响的阈值电压可写为

$$V_{T(DIBL)} = V_{FB} + 2\phi_{FP} + \gamma F_1 \sqrt{2\phi_{FP} + V_{BS}} \tag{6-141}$$

其中 $V_{T(DIBL)}$ 与 V_{DS} 的关系通过式(6-138)表示的 F_1 反映。该模型已用于 SPICE LEVEL=2 级模型中,对 V_{DS} 没有限制。

总之,DIBL 短沟效应起因于结电场穿通进入沟道区,使源端势垒降低,导致 V_T 下降。理论和实验均表明,$V_{T(DIBL)}$ 与 V_{DS} 为线性关系,即

$$V_{T(DIBL)} = V_T(V_{DS}) = V_T - \sigma V_{DS} \tag{6-142}$$

式中:V_T 为 $V_{DS} < 0.1$ V 时的阈值电压;σ 为 DIBL 因子。

由于 V_{DS} 能调制沟道电势,有时也称为第二栅极,并称 σ 为静电反馈系数。当短沟器件工作在 V_T 附近时,DIBL 效应非常严重;当工作在饱和区时,DIBL 因子 σ 是决定输出电导的主要因数。

DIBL 效应的大小通常也可由下面关系定义:

$$DIBL = V_T \big|_{V_{DS}=v_1} - V_T \big|_{V_{DS}=v_2} \text{(V)（绝对变化）} \tag{6-143}$$

$$DIBL = \frac{V_T \big|_{V_{DS}=v_1} - V_T \big|_{V_{DS}=v_2}}{V_2 - V_1} \text{（无量纲）（相对变化）} \tag{6-144}$$

式中:$V_1 = 50 \sim 100$ mV;$V_2 = 1$ V 或 1.5 V。

二维器件模型发现,由 DIBL 效应引起的 V_T 降低与下列因素有关:

(1) L:L 越小,DIBL 越严重,$V_{T(DIBL)}$ 越小;

(2) t_{ox}:t_{ox} 越大,DIBL 越严重;

(3) x_j:x_j 越大,DIBL 越严重;

(4) N_B:N_B 越高,DIBL 越严重;

(5) V_{BS}:V_{BS} 越大,DIBL 越严重(V_{BS} 将增加 x_{dm},使漏源端耗尽层电荷量的影响增大,DIBL 效应将更显著)。

上述影响因素类似于电荷分享模型的短沟效应,DIBL 效应使器件的短沟效应增强。

通过求解二维泊松方程,理论分析表明,短沟器件 V_T 的变化量与 L 成指数关系,正比于 $\exp(-L/L_0)$,其中 L_0 是长沟器件的沟道长度。

在电路模拟中通常采用的 σ 的经验方程为

$$\sigma = \frac{\varepsilon_0 \varepsilon_s (\sigma_0 + \sigma_1 V_{BS})}{\pi \varepsilon_{ox} L^m} \tag{6-145}$$

式中:σ_0、σ_1 和 m 是常数,m 一般为 $1 \sim 3$。在 SPICE LEVEL=3 级模型中,利用了上面方程,取 $m=3$,$\sigma_1 = 0$,σ_0 为一固定常数,而不是拟合参数。

值得指出的是,亚阈电流对 DIBL 十分敏感,当势垒降低出现时,通过测量亚阈电流与 V_{DS} 的关系,很容易探测到是否存在 DIBL 效应(在长沟器件中,亚阈电流与 V_{DS} 无关)。如图 6-52 所示,DIBL 效应大大增加了亚阈电流,从而退化电路性能。

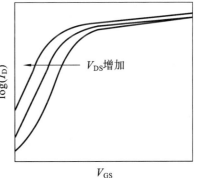

图 6-52　亚阈电流与漏源电压 V_{DS} 的关系

6.6.4　次表面穿通

像 DIBL 效应一样,次表面穿通与 V_{DS} 对源端 PN 结势垒的影响有关。两者之间的区别在于次表面穿通发生在远离表面的衬底中。

在短沟 NMOSFET 的沟道区,表面 P 区掺杂高于体内,使结耗尽区在表面下比在沟道区更宽。结果在足够高的 V_{DS} 下,有可能漏-衬耗尽区与源-衬耗尽区在体内相连,发生次表面穿通,如图 6-53 所示。一旦穿通发生,增加的 V_{DS} 降低了源-衬势垒,导致毁坏性的漏极电流出现。

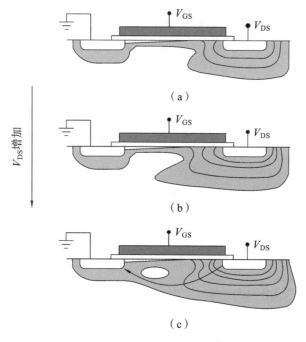

图 6-53　次表面穿通示意图

(a) V_{DS} 较小;(b) V_{DS} 中等大小;(c) V_{DS} 较大

图 6-54 即表示次表面穿通引起的不可接受的输出特性和亚阈特性。

DIBL 和次表面穿通都将退化 MOSFET 的工作特性,最显著的是导致常断器件不可接受的高的、可变的泄漏电流。随着沟道尺寸的不断减小,器件密度的不断增加,这些问题变得越来越严重,减小这些效应的典型方法是适当增加衬底掺杂、减薄栅氧化层或采用高 k 栅介质,以及减小源/漏结结深。

6.6.5　其他一些特殊效应

随着 MOSFET 特征尺寸的不断减小,一些在长沟器件中可忽略的寄生效应必须予以考虑,除上面介绍的短沟、窄沟、DIBL 和次表面穿通效应外,还有几种重要的效应,下面将予以简单介绍。

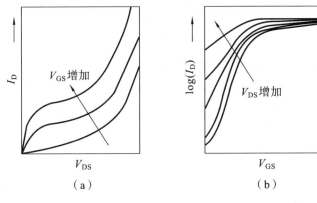

图 6-54　次表面穿通出现时的 I-V 特性

（a）输出特性；（b）转移特性

1. 多晶硅耗尽效应

在 Si MOSFET 中，重掺杂多晶硅（$>10^{20}$ cm^{-3}）是常用的栅极材料。但在亚微米工艺中，根据工艺要求，离子注入掺杂有可能不进行简并掺杂（在 $t_{ox}<10$ nm 时便是这样）。若多晶硅为非简并掺杂或存在非完全激活的杂质层，则会发生多晶硅耗尽效应。

考虑用于 NMOSFET 的掺杂 N 型多晶硅栅，当正偏压施加于栅极时，若将多晶硅看作MOS 电容的一个电极，它处于负偏状态，则靠近多晶硅/氧化物界面附近多晶硅中的电子将被耗尽，这时在多晶硅和 Si 表面之间的电容不再是 C_{ox}，而是 $[1/C_{ox}+x_{dpoly}/(\varepsilon_0\varepsilon_s)]^{-1}$，其中 x_{dpoly}为耗尽多晶硅层宽度。对于 $t_{ox}=3$ nm，多晶硅掺杂浓度 $N_D=10^{20}$ cm^{-3}，计算得到室温下最大耗尽层宽度为

$$x_{dpoly}=\sqrt{\frac{4\varepsilon_0\varepsilon_s\phi_{FN}}{qN_D}}=3.8 \text{ nm} \quad （6\text{-}146）$$

在这种情况下，测量的栅氧化层电容比 C_{ox}小 30%，对 C-V 曲线的影响如图 6-55 所示。栅氧化层电容的减小将使 MOSFET 的阈值电压增加，驱动电流下降（$I_D \propto C_{ox}$），器件速度下降。当掺杂浓度进一步降低到 10^{20} cm^{-3} 以下，甚至低于 10^{19} cm^{-3} 时，其对器件特性的影响将更大。在现代小尺寸器件中，已采用金属栅代替多晶硅栅，故有效避免了多晶硅耗尽效应的发生。

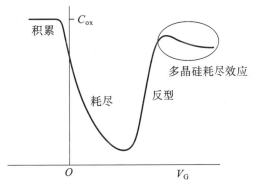

图 6-55　有多晶硅耗尽效应时 MOSFET的 C-V 曲线

2. 高 k 栅介质（High-k gate dielectrics）的使用

为了增加驱动电流，希望 C_{ox} 增大，即需减薄氧化层厚度 t_{ox}，但当 t_{ox}减薄至几个纳米（如2.5 nm）以下时，进入 SiO_2 的直接隧穿区，栅极漏电急剧增加。为此，当前小尺寸器件中一个增加 C_{ox}，又可避免过多栅极漏电产生的方法，就是采用一合适的高 k 介质替代 SiO_2 作为栅介质。因为 $C_{ox}=\varepsilon_0\varepsilon_{ox}/t_{ox}$，$\varepsilon_{ox}$ 增加，则 C_{ox} 增加。图 6-56 列出了几种候选的高 k 栅介质。选用高

k 栅介质除了考虑与 Si 的界面特性和导带差、化学和热稳定性、对沟道载流子的散射作用以及可靠性以外,还要考虑 k 值的大小。通常,选用高 k 材料需维持好几代产品,因此,比 SiO_2 k 值大 2～3 倍的材料(如 Si_3N_4:$k \approx 7.5$;Al_2O_3:$k \approx 10$)考虑的可能性较小;另一方面,k 值较大(>60),则会引起边缘电场集中,产生沟道局部高场,导致边缘电场致势垒降低(fringing-induced barrier lowering,FIBL)效应,也不宜采用。故合适的 k 值范围应在 15～60。Intel 经过长达五年的研究,终于找到合适的高 k 栅介质——Hf 基(氮)氧化物(如 HfSiON),并于 2007 年 45 nm 制程中成功替代 SiO_2 用于小尺寸 CMOS 器件的制造,至 2022 年 3 nm 制程已发展了八代产品,使摩尔定律得以延续。

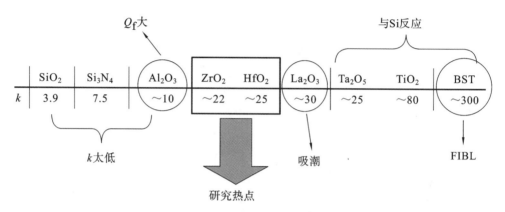

图 6-56 几种可能的高 k 栅介质候选

3. 栅致漏极泄漏(Gate-Induced Drain Leakage,GIDL)

当 NMOSFET 施加一负栅偏时,在与栅重叠的漏区将产生一耗尽区(见图 6-57(a));当 V_{DS} 为正而栅接地时也会出现这一效应。由于漏区掺杂浓度非常高(约为 10^{20} cm^{-3}),故耗尽区非常薄,导致一强的垂直场出现在与栅重叠的漏区。在这种情况下,电子通过带-带隧穿机制从价带到导带(注意这个隧穿并不是通过氧化层,而完全是在 Si 漏区),从而产生电子-空穴对,如图 6-57(b)所示。产生的空穴贡献给衬底电流,产生的电子贡献给漏极泄漏电流,这个电流随负栅压的增加而增加,如图 6-58 所示,这就是 GIDL 效应。

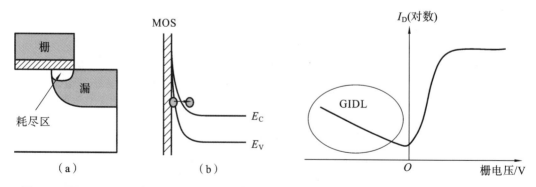

图 6-57 漏区耗尽层和电子的带-带隧穿示意图
(a)漏区耗尽层的建立;(b)电子的带-带隧穿

图 6-58 GIDL 效应示意图

通常,GIDL 效应出现在中等掺杂水平(约 10^{18} cm^{-3}),浓度太低,耗尽区宽度增加(隧穿距离增加),隧穿概率减小;浓度太高,大部分电压降在栅氧化层上,以至于漏区能带弯曲小于 E_g 而不能引起带-带隧穿。

4. 反短沟道效应

为了减弱短沟 MOSFET 的 DIBL 效应,在 S 和 D 与沟道结的边缘可以增加衬底掺杂浓度,这个浓度增加的区域通常称为"晕轮",即 halo 结构,如图 6-59(a)所示。在 halo 结构器件中,当 L 减小时,平均单位栅长沟道掺杂浓度增加,使 V_T 增加,这一现象即称为"反短沟道效应",如图 6-59(b)所示。然而,对于更短的栅长,常规短沟道效应占主导,V_T 减小。

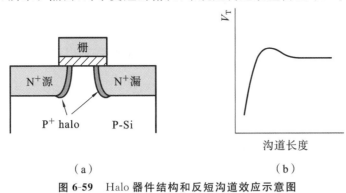

图 6-59　Halo 器件结构和反短沟道效应示意图

(a) Halo 器件结构;(b) 反短沟道效应

5. 反型沟道的量子效应

基于长沟道 MOSFET 经典理论,利用泊松方程求解沟道中电子浓度分布时,得出的是一指数分布函数,最大值在 $x=0$ (Si/SiO$_2$ 界面)处。然而,当考虑量子效应推导电子分布时,不仅使用泊松方程,而且使用薛定谔方程,结果发现,电子波函数在 Si/SiO$_2$ 界面处接近 0,而峰值处在离界面约 1 nm 的地方,如图 6-60 所示。于是,反型电荷质心与栅电极之间的距离大于 t_{ox},使等效的"有效"栅氧化物厚度增加:

$$t_{ox,eff} = t_{ox} + \frac{\varepsilon_{ox}}{\varepsilon_s} \Delta x \qquad (6-147)$$

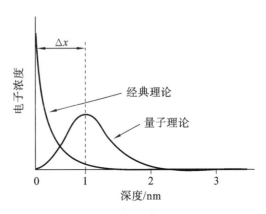

图 6-60　反型电子浓度沿垂直沟道方向(x 向)的分布。$x=0$ 为 Si/SiO$_2$ 界面

式中:Δx 为浓度峰值离界面的距离。

有效氧化物厚度的增加使 C_{ox} 减小,从而减小了 MOSFET 的输出电流($I_{DSat} \propto C_{ox}$),并影响到其他与 C_{ox} 有关的电特性。

6.6.6　等比例缩小规则

为了在不断减小沟道长度、提高集成度的同时,又能避免短沟效应的不利影响,可按同一比例缩小 MOSFET 的所有尺寸和偏置电压,从而维持沟道电场不变,使短沟器件仍具有长沟

器件的特性,此即为恒场等比缩小规则。具体而言,即将器件的结构尺寸包括沟道长度 L、沟道宽度 W、栅氧化层厚度 t_{ox} 和结深 x_j 按同一比例缩小 k 倍,这样器件的面积缩小为 $1/k^2$。由于沟长由 L 缩放至 L/k,为了保持沿沟道方向的电场不变,漏电压也必须从 V_{DS} 降低至 V_{DS}/k,最大栅电压也将从 V_{GS} 降低至 V_{GS}/k,以保持栅电压与漏电压相匹配。为了保持垂直沟道方向电场不变,氧化层厚度也需从 t_{ox} 减薄至 t_{ox}/k。

对于源漏为单边突变结的情况,施加漏源电压时最大耗尽层宽度为($V_{BS}=0$)

$$x_{dm}=\sqrt{\frac{2\varepsilon_0\varepsilon_s(V_D+V_{DS})}{qN_A}} \tag{6-148}$$

因 V_{DS} 减小为原来的 $1/k$ 倍,为了使耗尽层宽度也和沟长一样减小约 k 倍,则需使衬底掺杂浓度增加 k 倍。

当 MOSFET 工作于饱和区时,单位沟道宽度的漏极电流表示为

$$\frac{I_{DSat}}{W}=\frac{\mu_n\varepsilon_0\varepsilon_{ox}}{2t_{ox}L}(V_{GS}-V_T)^2 \tag{6-149}$$

代入相关量的减小倍数可得

$$\frac{I_{DSat}}{W}=\frac{\mu_n\varepsilon_0\varepsilon_{ox}}{2\frac{t_{ox}}{k}\frac{L}{k}}\left(\frac{V_{GS}}{k}-V_T\right)^2 \tag{6-150}$$

式(6-150)表明单位沟道宽度的漏极电流近似为常数。因此,若沟道宽度缩小为原来的 $1/k$ 倍,则漏极电流也将减小为原来的 $1/k$ 倍。这样,虽然器件的面积变为原来的 $1/k^2$ 倍,但芯片的功率密度仍然不变,近似为1。

表 6-3 总结了 MOSFET 按比例缩小规则各项参数的缩小比例及电路参数的变化比例。注意互连线的宽度和长度也假设缩小相同的倍数。

表 6-3　MOSFET 按比例缩小规则

器件参数	缩小比例(k)	电路参数	缩小比例(k)
沟道长度 $L/\mu m$	$1/k$	电压 V	$1/k$
沟道宽度 $W/\mu m$	$1/k$	电场强度 E	1
栅介质厚度 $t_{ox}/\mu m$	$1/k$	漂移电流 I	$1/k$
结深 $x_j/\mu m$	$1/k$	布线电容 $C_{ml}=(A\varepsilon_0\varepsilon_{ox})/d_{ox}$	$1/k$
掺杂浓度 $N_A,N_D/cm^{-3}$	k	布线电阻 $R_{ml}=\rho_m l_m/(s_m d_m)$	k
耗尽层宽度 $x_d/\mu m$	$1/k$	功率密度	1
器件面积 A/cm^2	$1/k^2$	单位面积功耗 $P=VI$	$1/k^2$
单位面积栅电容 $C_{ox}=(\varepsilon_0\varepsilon_{ox})/t_{ox}$	k	延迟时间 CV/I	$1/k$
栅电容 $C_G=(A\varepsilon_0\varepsilon_{ox})/t_{ox}$	$1/k$	开关能量 $Pt=CV^2$	$1/k^3$
器件密度	k^2	载流子速度 v	1

注:d_{ox} 为场氧化层厚度,l_m、s_m、d_m 分别为金属引线电极条的长度、宽度和厚度,ρ_m 为金属电极的电阻率。

由于沟长减小有效缩短了本征延迟时间,而器件面积的大大减小又使负载延迟同时被缩短,这对提高开关速度有利。但是器件的密度即单位面积的晶体管数增大,这对降低功率密度不利,故引进功率-延迟积(功率与延迟时间 t_{ch} 之乘积)来评价这一性能。功率延迟积亦称开

关能量,以 E_{SW} 表示。根据定义, E_{SW} 近似为

$$E_{\mathrm{SW}} = I_{\mathrm{D}} V_{\mathrm{DS}} t_{\mathrm{ch}} = Q_{\mathrm{GT}} V_{\mathrm{DS}} \tag{6-151}$$

在饱和区,代入 Q_{GT} 表达式可得

$$E_{\mathrm{SW}} = \frac{2}{3} C_{\mathrm{ox}} W L (V_{\mathrm{GS}} - V_{\mathrm{T}})^2 \tag{6-152}$$

根据表 6-3 所列数据,虽 C_{ox} 增加 k 倍,但 W、L 和 V_{GS} 均缩小 $1/k$ 倍,故 E_{SW} 减小 $1/k^3$ 倍。

正是按照等比缩小的原则来设计集成电路,才使得超大规模甚至巨大规模集成电路得以实现,并取得了长足的发展,器件尺寸越来越小,集成度越来越高,功能越来越强。

需指出的是,恒场等比缩小规则中,器件的电压参数减小为原来的 $1/k$ 倍,但阈值电压并未严格按 $1/k$ 倍减小。对于均匀掺杂的衬底,将阈值电压公式重写如下

$$V_{\mathrm{T}} = V_{\mathrm{FB}} + 2\phi_{\mathrm{FP}} + \frac{\sqrt{2\varepsilon_0 \varepsilon_{\mathrm{s}} q N_{\mathrm{A}} (2\phi_{\mathrm{FP}})}}{C_{\mathrm{ox}}} \tag{6-153}$$

式中:前两项是关于材料参数的函数,仅与掺杂浓度弱相关,材料参数不按比例缩放;第三项与 $1/k^{1/2}$ 近似成比例,因而阈值电压并不是直接按比例因子 k 缩小。在前面关于阈值电压的短、窄沟道效应的讨论中已证明了这一点。

实际上,在现代集成电路的设计和制造中,由于实际应用和标准化等原因,电源电压通常也不能等比缩小,将电压不变的缩小规律称为恒压等比缩小,这显然会导致器件中电场随着器件尺寸的减小而增加,从而引起高场效应,如迁移率降低、热载流子效应增加等。此外,亚阈值摆幅也是不可等比缩小的量,故在等比缩小器件中,亚阈电流将增加,而 $V_{\mathrm{GS}} > V_{\mathrm{T}}$ 的电流将减小,这将使得器件的开关特性变差。

总之,电场强度的增加降低了器件的可靠性,同时也增加了器件功率密度。随着器件功耗的增加,器件温度升高,从而影响器件的可靠性。氧化层厚度减薄时,其电场强度增加,栅氧化层越容易被击穿,越难保持氧化层的完整性。此外,载流子直接隧穿氧化层现象易于发生,电场增加也加大了热载流子效应发生的概率,这些都是在缩小器件尺寸时需考虑的挑战性问题。

6.7　MOSFET 的击穿特性

MOSFET 的击穿特性包括两方面:栅氧化物击穿和漏衬 PN 结击穿。当栅源电压增高到一定值时,栅氧化层发生击穿,使栅源短路,电流增大,造成 MOSFET 永久损坏,对应的栅源电压即称为栅源击穿电压 BV_{GS}。当施加的漏源电压升高到一定值时,其漏极电流急剧增大,即为漏源击穿,相应的漏源电压称为漏源击穿电压 BV_{DS}。由于栅源电压的影响,漏源击穿电压低于普通 PN 结的击穿电压,其击穿机制也成多样性,本节将分别予以讨论。

6.7.1　栅调制击穿

MOSFET 的击穿电压 BV_{DS} 受栅漏边缘电场的影响,与栅电压的高低密切相关,故称栅调制击穿。如图 6-61 所示,栅与漏区边缘常存在重叠区,栅漏之间的电势差 $|V_{\mathrm{GD}}| = |V_{\mathrm{DS}}| - |V_{\mathrm{GS}}|$,因 MOSFET 栅氧化层较薄,漏衬 PN 结耗尽层宽度随 V_{DS} 增加而展宽,当耗尽层宽

度与栅氧化层厚度相近时,漏衬结边缘的电力线将大部分集中于栅极,从而在金属栅极与漏区棱角处形成附加电场。当氧化层厚度 t_{ox} 小于耗尽层宽度时,漏结边缘发出的电力线将大部分终止于栅极,则附加电场将比原来 PN 结耗尽区中的电场高得多。实验表明,当衬底电阻率 ρ >1 Ω·cm 时,BV_{DS} 基本上由重叠区附加电场的大小决定,即由栅极电位的极性、大小和 t_{ox} 决定,而与衬底杂质浓度无关,故发生栅调制击穿时,大多数 MOSFET 的 BV_{DS} 都在 25～40 V,比没有栅电极的单个漏衬 PN 结击穿电压要低。

栅调制击穿主要发生在长沟道 MOS 器件中。图 6-62 所示为一 PMOSFET 漏源击穿特性的实验曲线。可以看出,在导通态,即 $|V_{GS}|>|V_T|$,漏源击穿电压随负栅压的升高而增加。因为 V_{DS} 为负,电场由栅极指向漏区,当栅极加上负电压时,其电力线由衬底指向栅极,两者方向相反,使漏区和栅极间的电力线数目随负栅压的增加而减少,则漏结边缘电场减弱,故击穿电压 BV_{DS} 升高。但在截止区,随着 $|V_{GS}|$ 的减小,BV_{DS} 降低。

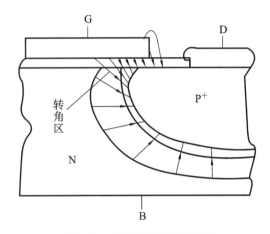

图 6-61　栅漏重叠区电场分布

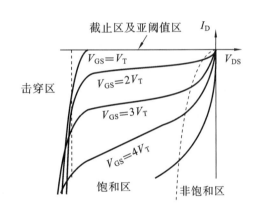

图 6-62　PMOSFET 栅调制击穿特性

6.7.2　沟道雪崩击穿

雪崩击穿由漏结附近空间电荷区的碰撞电离引起,为漏衬 PN 结雪崩击穿。这种击穿通常发生在 NMOS 短沟道器件中,当 $V_{GS}>V_T$ 时,NMOSFET 导通,沟道载流子进入夹断区,大部分在距表面的次表面流动,电子的电离率大且随电场的增加而上升快,故容易在到达漏衬 PN 结时引发电离倍增效应而导致雪崩击穿。

对于理想的平面单边突变结,击穿电压为轻掺杂侧杂质浓度的函数。对于 MOSFET,轻掺杂区对应于半导体衬底。例如,对于平面结,当 P 型衬底浓度为 $N_A=3\times10^{16}$ cm^{-3} 时,击穿电压约为 25 V。然而,N⁺ 漏区为一相当浅的扩散,转角处曲率半径小,耗尽区的电场在该处有集中效应,称为棱角电场,比平面处电场强度高得多,如图 6-63(a)所示,这使得击穿电压降低。

NMOSFET 典型的雪崩击穿特性曲线如图 6-63(b)所示。其显著的特点是 BV_{DS} 随 V_{GS} 增加而下降,且为软击穿。这是因为在导通时,V_{GS} 越高,沟道反型层越厚,载流子越多,倍增越快,故越容易发生击穿,即击穿电压越低;由于载流子碰撞电离而发生倍增效应需要一个过程,故呈现软击穿的特点。但在 $V_{GS}<V_T$ 的截止区则不同,BV_{DS} 是随着 $|V_{GS}|$ 增加而下降,其击穿机制应为栅调制击穿。

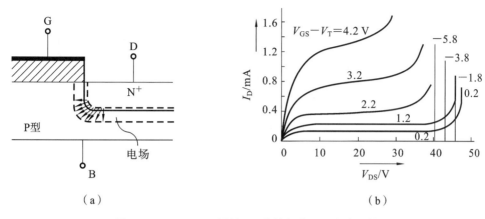

图 6-63　MOSFET 漏衬 PN 结棱角电场和击穿特性
（a）漏衬 PN 结的棱角电场；（b）NMOSFET 击穿特性

6.7.3　寄生 NPN 管击穿

这种击穿机制导致图 6-64 所示的 S 型击穿曲线，即具有负阻特性，多发生在高阻衬底的短沟 NMOS 中，是一种二级效应。N 沟增强型 MOSFET 的纵向结构如图 6-65 所示，源极和衬底接地，可见，从源到衬底到漏形成了一 N（源极）-P（沟道）-N（漏极）寄生双极晶体管。

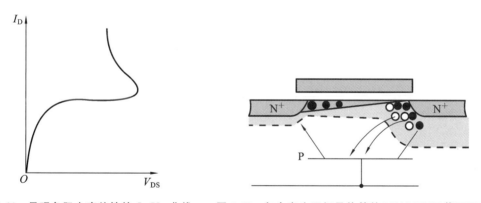

图 6-64　呈现负阻击穿特性的 I_D-V_{DS} 曲线　　**图 6-65　包含寄生双极晶体管的 NMOSFET 截面示意图**

一般认为雪崩击穿会在某一外加电压下发生，实际上，雪崩击穿是一渐进过程，在电流较小且电场强度略低于击穿场强时，漏衬 PN 结空间电荷区由雪崩倍增效应产生的电子流入漏端形成漏极电流，而产生的空穴则通过衬底流向体电极，形成衬底电流 I_{sub}。在源端附近，I_{sub} 在衬底串联电阻上产生压降 V_{BS}，源衬短接，该电阻跨接在源衬 PN 结上，V_{BS} 相当于给源衬结加上正向偏置电压，当 V_{BS} 达到源衬 PN 结的导通电压 0.6～0.7 V 时，寄生 BJT 激活，大量电子将从源区注入衬底，一部分注入电子将沿寄生基区（沟道）扩散进入反偏的漏衬 PN 结空间电荷区，使漏极电流增加，同时 I_{sub} 也增加，使 V_{BS} 进一步增加，寄生 BJT 的发射极（源区）将向 P 型基区（沟道）发射更多电子进入漏端空间电荷区，引起更多碰撞电离，使漏极电流迅速增大，从而导致 MOSFET 击穿。

雪崩击穿过程不仅与电场强度有关,还与载流子数量有关,数量越多,雪崩击穿越容易发生,故 MOS-FET 呈现出如图 6-66 所示的击穿曲线,即 V_{GS} 越大,沟道载流子数越多,空间电荷区倍增越快,因而击穿电压越低。这是一种再生或正反馈机制,漏端附近的雪崩倍增产生了衬底电流,进而产生了正偏源衬 PN 结电压,正偏结注入载流子又扩散回漏端空间电荷区,进一步加强了雪崩倍增效应,正反馈形成不稳定因素,容易引发二次击穿。

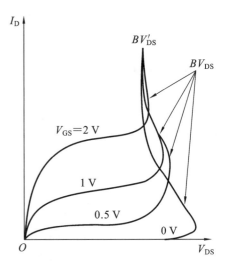

图 6-66　寄生 NPN 管的击穿特性

击穿时的负阻效应可通过寄生双极晶体管做如下解释:靠近发射极(源极)的双极晶体管基极的电位几乎是悬浮的,因为该电压主要取决于雪崩产生的衬底电流而不是外加电压,故可认为是一基极开路的 BJT,MOSFET 的漏极电流相当于寄生 BJT 的集电极电流,因而有

$$I_C = \alpha_0 I_E + I_{CBO} \tag{6-154}$$

式中:α_0 为共基电流增益;I_{CBO} 为基极-集电极反向截止电流。基极开路时,$I_C = I_E$,故式(6-154)可写为

$$I_C = \alpha_0 I_C + I_{CBO} \tag{6-155}$$

击穿时,BC 结电流具有雪崩倍增效应,设倍增因子为 M,则有

$$I_C = M(\alpha_0 I_C + I_{CBO}) \tag{6-156}$$

由此解得

$$I_C = \frac{M I_{CBO}}{1 - \alpha_0 M} \tag{6-157}$$

可见,当 $\alpha_0 M \to 1$,即 $M \to 1/\alpha_0$ 时,$I_C \to \infty$,发生击穿,其倍增因子比单一 PN 结小得多,相当于晶体管共射极击穿特性。

倍增因子的常用经验公式为

$$M = \frac{1}{1 - \left(\dfrac{BV_{CE}}{BV_{BD}}\right)^m} \tag{6-158}$$

式中:m 是经验常数,其值为 $3 \sim 6$;BV_{BD} 为结的雪崩击穿电压;BV_{CE} 相当于 BV_{DS}。

共基极电流增益 α_0 强烈依赖于集电极电流,尤其在集电极电流较小时,BE 结复合电流占总电流很大一部分,因此 α_0 较小。当集电极电流增加时,α_0 也增加。当雪崩击穿开始且 I_C 较小时,需要特定的 M 和 BV_{CE} 值才能建立 $\alpha_0 M = 1$ 的条件;当 I_C 增加时,α_0 增加,因此,发生雪崩击穿所需的 M 和 V_{CE} 值变小,从而产生了负阻击穿特性。使用重掺杂的衬底可以使负阻击穿效应最小,因为重掺杂可以防止明显电压降的建立。在重掺杂衬底上制备薄的具有合适 N_A 的 P 型外延层以满足阈值电压的要求。

因电子的电离率随电场增加而上升快,易于引发雪崩倍增效应,而空穴的电离率比电子的低,另外,P 型衬底电阻率高,衬底电流流过时易产生明显的偏压效应,故寄生 NPN 击穿常发生在 NMOSFET 中。

6.7.4　漏源穿通效应

漏源穿通即指漏衬结空间电荷区扩展通过整个沟道区与源衬结空间电荷区相连,源漏之间的势垒完全消除,从而产生大的漏极电流而发生漏源击穿。这种击穿在短沟道高阻衬底的 MOS 器件中易发生。

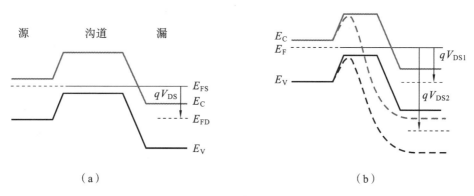

图 6-67　MOSFET 从源至漏的能带图

(a) 长沟 MOSFET;(b) 短沟 MOSFET

实际上,在穿通条件达到之前,漏极电流即开始迅速增加,此即为近穿通条件,就是上节所讨论的 DIBL 效应。图 6-67(a)是一长沟 NMOSFET 在 $V_{GS} < V_T$ 和漏源电压较小时的理想能带图。大的势垒阻止了漏源之间没有明显的电流通过。图 6-67(b)是加上一相对大的漏源电压 V_{DS} 后的能带图。可见,漏端附近的空间电荷区开始作用于源端空间电荷区,使其势垒降低。由于电流是势垒高度的指数函数,一旦近穿通条件达到,电流将随漏压迅速增加,从而引发漏源击穿。图 6-68 所示为一短沟器件在近穿通条件下典型的输出特性曲线。

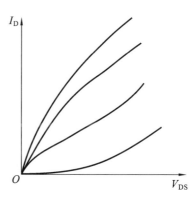

图 6-68　MOSFET 呈现穿通效应时典型的输出特性曲线

6.7.5　栅介质击穿

MOSFET 的栅介质一般是近理想的绝缘体。然而,当介质中电场足够大时,也会发生介电击穿,造成栅源短路,电流剧增,器件永久失效,此即为栅源击穿。栅源击穿电压可表示为

$$BV_{GS} = E_B t_{ox} \qquad (6\text{-}159)$$

式中:E_B 是栅介质击穿的临界电场。

以 SiO_2 为例,击穿时它的 E_B 在 6×10^6 V/cm 量级,比硅中的要大,但氧化层通常相当薄,从而限制了击穿电压并不是太高,如 50 nm SiO_2 的击穿电压约为 30 V。设计时,通常考虑保险系数为 3,则 50 nm 的 SiO_2,其最大安全栅压为 10 V。因为氧化物中可能存在一些缺陷,这使得击穿场会降低,故设定保险因子是必要的。除了功率器件和超薄氧化物器件外,在

正常工作条件下,栅介质通常不会发生击穿。但值得注意的是,通过栅电容的感应电场 $E=Q/(t_{ox}C_{ox})$,因 t_{ox} 和 C_{ox} 均小,只需少量电荷 Q(如静电感应电荷),即可产生很强的电场,使氧化层击穿。理论上 E_B 可高达 10^7 V/cm,实际上,当 $E_B > 5 \times 10^5$ V/cm 时,SiO_2 层就可能被击穿。故在使用 MOS 器件或集成电路时必须有良好接地,以免吸附电荷、感应强电场,造成栅介质击穿而损坏电路或器件。

随着 MOS 器件尺寸缩小到纳米量级,对于几个纳米的超薄栅介质,还必须考虑隧道击穿效应。如图 6-69 所示,隧道击穿有两种形式:① 在较高栅压下,介质能带发生大的弯曲,电子可隧穿通过较薄的三角形势垒,称为 F-N(fowler-nordheim)隧穿,如图 6-69(a)所示;② 当栅介质足够薄(<3 nm)时,电子可直接隧穿通过栅介质,如图 6-69(b)所示。只要隧穿电流不太大,器件处于"准击穿"或"软击穿"状态,虽然器件性能下降,但一般不会影响电路性能。但隧穿电荷会增加栅介质的缺陷密度,随着时间推移,缺陷积累达到某一临界值时,将出现栅电流密度的急剧增大,发生硬击穿。如果没有外电路的限流措施,将造成栅介质的永久性失效,此即为与累计工作时间相关的退化击穿(time dependent dielectric breakdown,TDDB),亦称经时击穿。

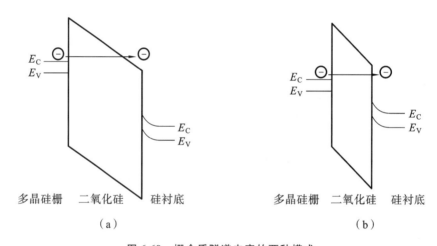

图 6-69　栅介质隧道击穿的两种模式
(a) fowler-nordheim 隧穿;(b) 直接隧穿

6.7.6　轻掺杂漏结构

MOS 器件由于栅极及其他因素的影响,击穿电压比较低,为了在不降低电源电压的情况下提高 BV_{DS},通常采用场板结构,以缓解电场集中效应。实际上,从 PN 结击穿机理来看,它与最大电场密切相关。随着沟长缩短而偏置电压未相应地等比减小,导致结电场变得更大,这使得雪崩击穿和穿通效应变得更严重。此外,随着器件几何尺寸的等比缩小,寄生双极器件变得更为突出,击穿效应增强。

一个有效减小上述击穿效应的途径就是改变漏端的掺杂剖面。于是,轻掺杂漏(lightly-doped drain,LDD)结构被提出,如图 6-70 所示,源漏的轻掺杂部分一般称为"源/漏扩展"(S/D Extensions,SDE)。

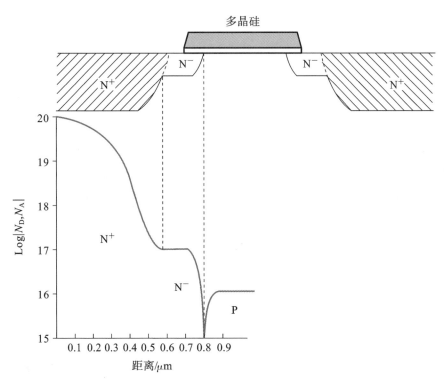

图 6-70　轻掺杂漏结构及杂质分布

　　改进原理：通过引进轻掺杂区，空间电荷区的峰值电场被降低，击穿效应减至最小。漏结的峰值电场是半导体掺杂浓度以及 N^+ 漏区曲率的函数。如图 6-71 所示，在 LDD 结构中，氧化物-半导体界面处电场低于常规结构。常规结构中的峰值电场近似处在冶金结处，在漏区迅速下降到零（在高电导的 N^+ 区不存在电场）；而在 LDD 器件中，电场在漏端降到零之前扩展通过 N^- 区，即耗尽层宽度增加，横向场降低，这使得击穿和热电子效应大大减小。

　　根据上面的分析，一个最佳的 LDD 结构，应使得漏结耗尽区主要在 N^- 区扩展，理想情况下，N^- 区全部耗尽。因此，N^- 区掺杂浓度的控制是关键：浓度太低，串联电阻增加；浓度太高，N^- 区不能完全耗尽，电场不能有效降低。一个有用的设计就是在 LDD 区获得一恒定电场，在此条件下，求出的最大场 E_m 为

$$\begin{cases} E_m \approx \dfrac{V_{DS} - V_{DSat} - E_m L_{N^-}}{l} \\[2mm] E_m = \dfrac{V_{DS} - V_{DSat}}{L_{N^-} + l} \end{cases} \qquad (6\text{-}160)$$

式中：L_{N^-} 为 LDD 区长度（取决于 N^- 区耗尽层宽度）；$l = 0.22 x_j^{1/2} t_{ox}^{1/3}$ 为特征长度，x_j 为漏结结深。为了制备满足设计要求的 MOSFET，LDD 区的掺杂浓度必须精确控制。

　　LDD 结构主要制备工艺如图 6-72 所示。

　　LDD 器件有两个缺点：制造工艺的复杂性和漏极串联电阻均增加。然而，增加工艺步骤换来了性能的重大改进（为了简化工艺，源端也包括了相同的轻掺杂区）；而附加的串联电阻将增加器件功耗，这在大功率器件设计中必须予以考虑。

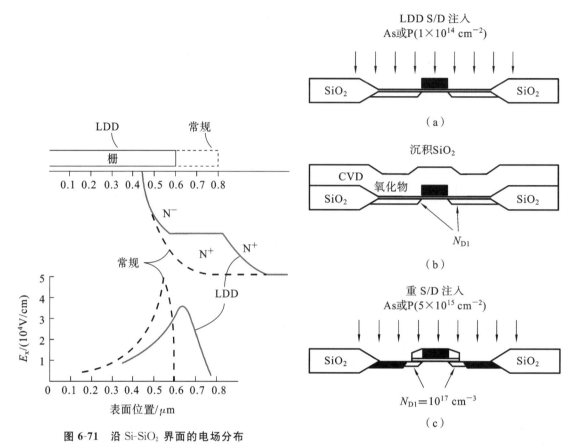

图 6-71 沿 Si-SiO$_2$ 界面的电场分布

图 6-72 LDD 结构制备主要工艺流程[1]

思 考 题 6

1. 阈值电压的定义。画出 N 型衬底理想 MOS 电容在 $V_G = V_T$ 时的能带图。

2. 平带电压的定义。画出 P 衬底 N$^+$ 多晶硅栅 MOS 电容在 $V_G = 0$ 和 $V_G = V_{FB}$ 时的能带图。

3. P 衬底 MOS 电容反型层电荷是如何形成的？

4. 为什么一旦反型层形成，MOS 电容的空间电荷区宽度即达到最大值？

5. 表面势的定义，达到阈值电压时，表面势为多少？阈值以后，表面势会随栅电压发生大的变化吗？

6. 画出 N 衬底 MOS 电容低频 $C\text{-}V$ 曲线。在高频测试条件下，$C\text{-}V$ 曲线会发生什么变化？

7. 如果正的氧化物电荷增加，对 P 衬底 MOS 电容的 $C\text{-}V$ 特性有何影响？如果存在界面

---

① 图 6-72 中，(a) S/D 轻掺杂区注入；(b) CVD 氧化物沉积；(c) 侧墙刻蚀，随后 S/D N$^+$ 区注入。

态,对 *C-V* 曲线的影响又如何?

8. MOSFET 的工作原理与 BJT 有何不同?简述 MOSFET 的分段 *I-V* 模型及影响因素。

9. 当 MOSFET 偏置在非饱和区及饱和区时,分别画出反型电荷和耗尽电荷分布示意图。

10. 何为增强型和耗尽型 MOSFET,如何实现 NMOSFET 增强型工作模式?

11. 什么是阈值电压?影响阈值电压的因素有哪些?

12. 当 NMOSFET 偏置在反型态时,画出 MOS 系统的电荷分布,写出电中性方程。

13. 什么是 MOSFET 的跨导?如何提高跨导?

14. 什么是 MOSFET 的漏导?漏极电流不饱和的原因是什么?

15. 当施加源-衬反偏电压时,为什么阈值电压会发生变化?

16. 什么是亚阈传导?对晶体管特性有何影响?画出晶体管偏置在饱和区时的 I_D-V_{GS} 曲线,标出亚阈值电流。

17. 什么是沟长调制效应?画出具有沟长调制效应的 *I-V* 曲线。

18. 描述载流子迁移率随栅源电压的变化。为什么反型层中载流子的迁移率随外加电压变化并不是一个常数?对 *I-V* 特性有何影响?

19. 什么是速度饱和效应?它对 MOSFET 的 *I-V* 特性有何影响?

20. 画出 MOSFET 低频交流小信号等效电路,解释每一元件的名称和含义。

21. 简述 MOSFET 截止频率的定义。如何提高截止频率?

22. 什么是恒场等比缩小?恒场等比缩小中,MOSFET 的参数如何变化?

23. 画出短沟 MOSFET 沟道中空间电荷区分布,表明电荷分享效应。为什么短沟 NMOSFET 的阈值电压会减小?影响因素有哪些?

24. 画出 NMOSFET 沿沟宽方向的空间电荷分布。为什么随着沟道宽度减小,阈值电压增加?

25. MOSFET 中有哪几种电压击穿机制,各有何特点?

26. 画出轻掺杂漏结构晶体管的截面图。这种结构有何优缺点?

27. 什么类型的离子注入沟道能增加或减小阈值电压?了解离子注入调整阈值电压的工艺和优势。

28. MOSFET 的宽长比 *W/L* 对其性能有哪些影响?

29. 何为多晶硅耗尽效应?对器件性能有何影响?

30. 反短沟效应的器件结构有何特点?抑制 V_T 下降的原理是什么?

31. 小尺寸 MOSFETs 为何要使用高 *k* 栅介质取代 SiO_2?

习　题　6

自测题 6

1. 一 N^+ 多晶硅栅 NMOSFET 的沟道掺杂浓度为 $N_A = 10^{17}$ cm^{-3},$Q_f/q = 5 \times 10^{10}$ cm^{-2},SiO_2 层厚 10 nm,试计算其阈值电压。若注入硼离子将阈值电压增加到 +0.7 V,求注入剂量。设注入离子在 Si/SiO_2 界面形成一薄的负电荷层。对于 N^+ 多晶硅栅 PMOSFET,重复上述计算,但注意注入硼离子是将阈值电压减小到 -0.7 V。

2. 一 MOSFET 的阈值电压 $V_\mathrm{T}=0.5$ V,亚阈值摆幅 $SS=100$ mV/dec,在 V_T 下的漏极电流为 $0.1\ \mu\mathrm{A}$。试求 $V_\mathrm{GS}=0$ V 时的亚阈漏电流。为了减小亚阈漏电流一个量级,需要加多大的衬底反偏电压?$(N_\mathrm{A}=5\times10^{17}\ \mathrm{cm}^{-3},t_\mathrm{ox}=5\ \mathrm{nm})$

3. 一理想 MOS 电容,$t_\mathrm{ox}=5$ nm,$N_\mathrm{A}=10^{17}\ \mathrm{cm}^{-3}$,求使半导体表面处于本征态和强反型时的界面电场和施加栅电压的大小。

4. 一亚微米 MOSFET,$L=0.25\ \mu\mathrm{m}$,$W=5\ \mu\mathrm{m}$,$N_\mathrm{A}=10^{17}\ \mathrm{cm}^{-3}$,$\mu_\mathrm{n}=500\ \mathrm{cm}^2/(\mathrm{V}\cdot\mathrm{s})$,$C_\mathrm{ox}=3.45\times10^{-7}\ \mathrm{F/cm}^2$,$V_\mathrm{T}=0.5$ V。求 $V_\mathrm{GS}=1$ V 和 $V_\mathrm{DS}=0.1$ V 时的输出电导和跨导。

5. 有一 Si NMOSFET,衬底掺杂浓度为 $5\times10^{15}\ \mathrm{cm}^{-3}$,$t_\mathrm{ox}=150$ nm,表面态密度为 10^{12} cm^{-2},金属 Al 与 Si 的功函数差为 -0.8 V,试确定该 NMOSFET 是耗尽型还是增强型? 若要制得相反类型的 NMOSFET,应对上述工艺条件进行怎样调整?

6. 增强型 NMOSFET 在 $V_\mathrm{GS}=5.5$ V 时测得其饱和漏极电流 $I_\mathrm{Dsat}=3$ mA,跨导 $g_\mathrm{ms}=1.5$ mS,若其栅氧化层厚度 $t_\mathrm{ox}=120$ nm,$\mu_\mathrm{n}=500\ \mathrm{cm}^2/(\mathrm{V}\cdot\mathrm{s})$,试求其 V_T 和 W/L。

7. 某 NMOSFET 具有下列参数:$N_\mathrm{A}=1\times10^{15}\ \mathrm{cm}^{-3}$,$t_\mathrm{ox}=150$ nm,$\mu_\mathrm{n}=500\ \mathrm{cm}^2/(\mathrm{V}\cdot\mathrm{s})$,$L=4\ \mu\mathrm{m}$,$W=100\ \mu\mathrm{m}$,$V_\mathrm{T}=0.5$ V。① 计算 $V_\mathrm{GS}=4$ V 时的跨导;② 计算该器件的截止频率 f_T 和跨导截止频率 f_gm。

8. PMOSFET 的 N 型衬底掺杂浓度为 $N_\mathrm{D}=10^{15}\ \mathrm{cm}^{-3}$,栅氧化层厚度 $t_\mathrm{ox}=80$ nm,已知金属 Al 和 Si 的功函数分别为 3.16 V 和 3.36 V。试求:① $V_\mathrm{BS}=0$ V,$N_\mathrm{ox}=10^{11}\ \mathrm{cm}^{-2}$ 时的阈值电压 V_TP;② $V_\mathrm{TP}=-2$ V 时的 Q_ox;③ $V_\mathrm{BS}=3$ V 时的耗尽层宽度和阈值电压变化量 ΔV_TP。

第7章 新型场效应晶体管

MOSFET 的特征尺寸一直按照摩尔定律不断地等比缩小,随着传统 CMOS 器件逐渐达到其缩放的极限,各种新型场效应器件不断涌现。当 CMOS 工艺进入 90 nm 节点时,为解决栅极漏电大、短沟道效应增强等问题,采用了 SOI(silicon on insulator,绝缘体上硅)MOSFET 器件结构,它具有耗电量低、寄生电容小的优点。从 65 nm 向 45 nm 工艺节点推进时,等效氧化物厚度(EOT)进一步缩小使栅极漏电增大到不可接受的地步。为此,英特尔在 2007 年率先采用高介电常数(k)栅介质替代 SiO_2、金属栅替代多晶硅栅,成功用于 45 nm 工艺节点 MOSFETs 的制备,有效解决了栅极漏电大的难题,使摩尔定律得以延续,成为 CMOS 集成电路发展史上一个重要的里程碑。当工艺技术推进到 22 nm 时,平面晶体管结构的栅极已无法实现对沟道中载流子运动的有效控制,且存在严重的短沟道效应,需采用新的器件结构实现技术突破。于是,加利福尼亚大学伯克利分校胡正明教授提出的立体工艺鳍式场效应晶体管(FinFETs)被推出。相比于平面晶体管,FinFETs 可从三个方向控制沟道,大大增强了栅极对沟道的控制能力,同时还可减小栅极漏电、抑制短沟道效应。这种 FinFET 结构一直延用到 2020 年的 5 nm 工艺,但在向 3 nm 工艺节点突破时,这种鳍式结构似乎受到了限制。于是,纳米线晶体管或围栅(gate-all-around,GAA)晶体管结构被提出。GAA FETs 能有效降低电源电压,据报道三星公司已掌握了其关键技术,有望在 3 nm 制程上取得突破。本章即对上述各种先进 CMOS 器件的结构、工作原理、制备技术以及电特性等进行介绍。

7.1 SOI MOSFET

为解决体硅 MOSFET 随尺寸减小所带来的短沟道效应(short-channel effects,SCE)、窄沟道效应、亚阈值摆幅不能等比缩小而导致的关态电流增加、寄生电容增加以及功耗增加等问题,提出了 SOI MOSFET 器件结构,在集成电路制造工业中得到广泛应用。

图 7-1 是 SOI MOSFET 的"树图",表明了从部分耗尽、单栅器件到多栅、完全耗尽器件结构的演变。部分耗尽 SOI(PDSOI) MOSFET 是在 SOS(silicon-on-sapphire)器件基础上发展而来,它最早应用于抗辐射或高温电子等领域。在二十一世纪到来之际,PDSOI 技术成为主流,一些半导体制造商开始使用它来制造高性能微处理器。通过在栅电极和器件浮体之间建立接触,可以提高 PDSOI 器件的低电压性能。这种接触改善了亚阈值摆幅、体因子和电流驱动,但器件工作电压被限制在亚 1V 范围。为此,提出了改进型的全耗尽 SOI(FDSOI)器件结构,使栅与沟道之间具有更好的静电耦合,从而导致了更好的线性度、亚阈值摆幅、体因子和电流驱动。FDSOI 技术已广泛用于低电压、低功耗以及射频集成电路的各个领域。

体硅和 SOI MOSFET 的结构示意图如图 7-2 所示。可见,与体硅器件不同,SOI 器件结构自下而上分为三层:厚的硅衬底支撑层、在其上生长一薄的 SiO_2 绝缘层(称为埋氧层,bur-

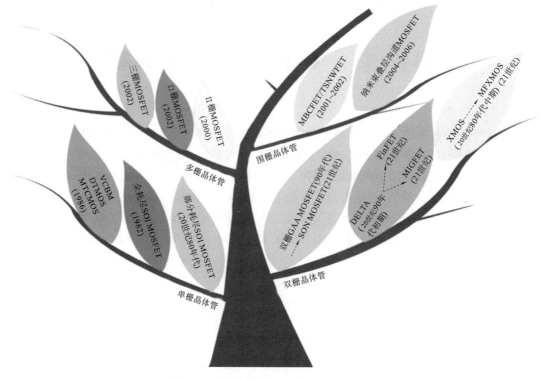

图 7-1　SOI 和多栅 MOSFET 的"树图"

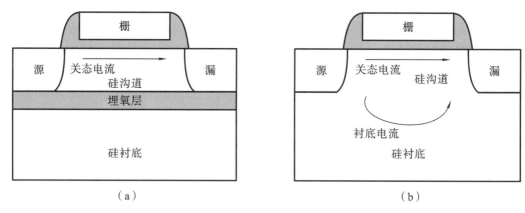

图 7-2　MOSFET 结构示意图

(a) SOI MOSFET；(b) 体硅 MOSFET

ied oxide，BOX)以及单晶硅顶层。MOSFETs 即制备在顶层薄的单晶硅中，称为有源层。制备 SOI 晶圆在工艺上要求极高，因为需要在绝缘层表面生长一层薄薄的单晶硅层，此硅膜必须具有与体硅材料相同的质量和性能，即低的界面态密度、均匀的薄层以及好的介电性能。

7.1.1　SOI 衬底的制备

图 7-3 总结了制造 SOI 晶圆的主要技术，其中最重要和使用最多的是单键合技术或智能

剥离技术,这是生产商用 SOI 晶圆最有效的工艺之一。智能剥离技术最早于 1992 年在法国研究实验室 CEA-LETI 开发,它将离子注入和晶圆键合技术相结合,将一个晶圆的薄片转移到另一个晶圆或绝缘衬底上,主要步骤如图 7-4 所示,总结如下:

(1) 准备两块体硅片 A 和 B,其中支撑片(如 B 片)的表面完全氧化,顶层片(A 片)注入荷正电的氢离子产生气泡层,注入的能量将决定硅膜的厚度,即该硅膜将用作埋氧层(BOX)顶部的有源层;

(2) 清洗硅片 A 和 B,然后将支撑片的氧化面与顶层片氢离子注入面键合在一起;

(3) 接着,在 400~600 ℃进行第一次热处理,使顶层片 A 在气泡层处断裂,从而在支撑片 B 上形成 SOI 结构。之后,在 1100 ℃对支撑片 B 进行第二次热处理,进一步增加键合强度,以改善 BOX 与硅膜之间的接触;

(4) 最后对顶层硅膜进行化学机械抛光(CMP)以获得平整光滑的晶圆表面,并将 Si 膜减薄至所需的最终厚度。

SOI MOS 技术相比于体硅 MOS 具有许多优势,包括:

(1) 避免了器件和衬底之间的连接,因而能减少面积消耗、避免闩锁、降低功耗、减小亚阈

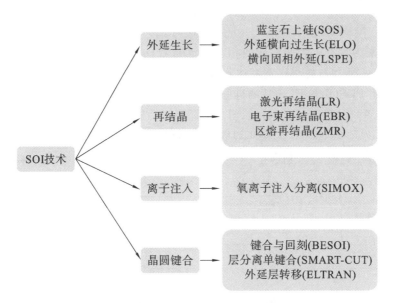

图 7-3　制备 SOI 晶圆的主要技术

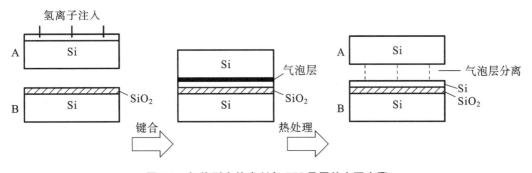

图 7-4　智能剥离技术制备 SOI 晶圆的主要步骤

值摆幅(SS)、降低漏电流(I_{off})、增加跨导(g_m)、抑制 SCEs、降低电源电压以及增强抗干扰和抗电离辐照能力;

(2) 无需进行体掺杂,从而降低了随机掺杂波动,减小了阈值电压和其他参数的可变性;

(3) 能在同一晶圆上集成不同器件,如 CMOS、功率器件和光电器件等;

(4) 可以堆叠多个器件层,但会出现互连问题以及与自加热相关的问题。

正如上面提到的,SOI MOSFET 的工作模式可分为部分耗尽 SOI(partially depleted SOI, PDSOI)和全耗尽 SOI(fully depleted SOI, FDSOI)两种类型,取决于硅膜的厚薄,它们的电特性以及所涉及的物理效应有所不同,下面将分别予以介绍。

7.1.2 PDSOI MOSFET

对于 PDSOI MOSFET,栅极下的硅膜中可动电荷未完全耗尽。相反,对于 FDSOI MOSFET,在栅极未加偏压的情况下,硅膜已完全耗尽,没有准中性区存在。区分是 PD 型还是 FD 型,主要取决于硅膜厚度及其掺杂浓度 $N_{A,D}$。MOSFET 表面耗尽层宽度的计算公式为

$$x_d = \sqrt{\frac{2\varepsilon_0 \varepsilon_s \phi_S}{q N_{A,D}}} \tag{7-1}$$

式中:ε_0 和 ε_s 分别为真空电容率和硅的相对介电常数;q 为电子电荷;ϕ_S 为栅介质/Si 界面处的表面势。当 $\phi_S = 2\phi_F$ 时,耗尽层宽度达到最大 x_{dm}。

典型地,商用 PDSOI 和 FDSOI 的硅膜厚度 t_{Si} 分别大于 70 nm 和小于 40 nm。两者在电性能方面的主要差别如表 7-1 所示和如图 7-5 所示。

表 7-1　PDSOI、FDSOI 和体硅 MOSFET 性能比较

参数	PDSOI	FDSOI	体硅 MOS
Si 膜厚度	>70 nm(典型值)	< 40 nm(典型值)	—
源/漏电阻	中等	高	低
I_{on}(通态电流)	中等	高	高
I_{off}(断态电流)	很低	低	中等
DIBL	低	很低	中等
SS	中等	很低	高
悬浮体效应	✓	✗	✗
Kink 效应	✓	✗	✗
记忆效应	✓	✗	✗
耦合沟道	✗	✓	✗

在 PDSOI 器件中,因为硅膜厚度 $t_{Si} > x_{dm}$,故前面和背面耗尽区之间没有相互作用。因此,PDSOI 晶体管的阈值电压与体硅 MOSFET 的相同,即

$$V_T = V_{FB} + 2\phi_F + \frac{q N_A x_{dm}}{C_{ox}} \tag{7-2}$$

由于 PDSOI 的硅膜足够厚,在工作电压范围不能全部耗尽,存在中性区,此中性区被

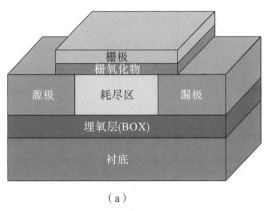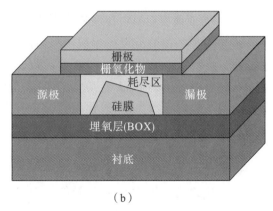

图 7-5 耗尽区示意图

(a) FDSOI MOSFET;(b) PDSOI MOSFET

BOX 和源/衬、漏/衬 PN 结所包围,与外部端子完全隔离,在电气上处于悬浮状态,使碰撞电离产生的电荷无法迅速移除,结果在体区将建立起电势,从而出现浮体效应。浮体效应主要涉及两个效应:Kink 效应和寄生双极晶体管效应,将影响器件的瞬态特性,会出现瞬态漏电、记忆效应、电流过冲等现象,下面将简单介绍。

1. Kink 效应

Kink 效应是悬浮体效应的直接结果。在输出特性曲线的饱和区,在大的漏源电压 V_{DS} 下,漏极电流 I_D 会突然增加,曲线上翘,如图 7-6 所示,这种现象即称为 Kink 效应。其物理机理可解释如下:在漏端电压足够高时,沟道电子在漏端高场区获得足够的能量,通过碰撞电离产生电子-空穴对,空穴流向电位较低的中性区,由于源/体结存在较高的势垒,空穴堆积在体区,抬高了体区电位,使源/体结正偏,从而使阈值电压降低,漏极电流增大。电流的增加又进一步产生更多的电子-空穴对,这种正反馈效应使漏极电流进一步增大上翘。图 7-6 中虚线是忽略

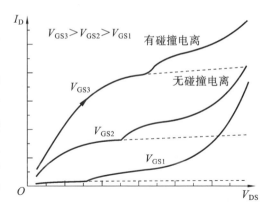

图 7-6 PDSOI MOSFET 具有 Kink 效应的输出特性曲线(实线),虚线表示无 Kink 效应的曲线

了碰撞电离效应后的模拟结果,为正常输出特性曲线。对于 PDSOI PMOSFET,这种效应不明显;对于 FDSOI MOSFET,因硅膜处于全耗尽状态,源/体势垒降低,不会在体区积累载流子,则不会出现 Kink 效应。

2. 寄生双极晶体管效应

考虑一个 N 沟道 PDSOI MOS 器件,则从 N^- 源到 P 体到 N^- 漏即形成 NPN 双极晶体管的发射区、基区和集电区。由于在 PDSOI 晶体管中,体是悬浮的,由碰撞电离或沟道漏极边缘的带-带隧穿(band-to-band tunneling, BTBT)所产生的多数载流子在中性体区的积累,使得体电势变得足够高,源/体 PN 结(发射结)导通,从而使得 NPN 双极晶体管激活,它可以放大碰撞电离电流,使 Kink 效应增强,也可以触发极低的亚阈值摆幅并降低漏极击穿电压。

1) 异常亚阈值摆幅和晶体管闩锁效应

在栅压低于阈值电压的亚阈区,当漏压足够高时,碰撞电离也会出现(即使漏极电流很小),从而引发类似的 Kink 效应。因为弱反型区电流与电势成指数关系,故体电荷效应在亚阈区特别明显。图 7-7 比较了考虑碰撞电离(实线)和忽略碰撞电离(虚线)时,PDSOI MOSFET 的漏极电流与栅电压的关系。如图 7-7 所示,碰撞电离有助于改善器件的亚阈特性,当器件处于断态时,没有碰撞电离(两条曲线重合),体电位等于零;当漏电压升高时,在漏极附近的高场区(如果 V_{DS} 足够高),弱反型电流会引起碰撞电离,产生空穴,使体电位升高,

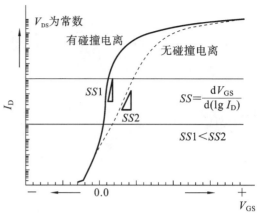

图 7-7　碰撞电离对 PDSOI NMOSFET 转移特性的影响

阈值电压降低。因此,整个 I_D-V_{GS} 曲线向左偏移,电流随栅压急剧增加,即一个低于理论极限 60 mV/dec 的异常亚阈值摆幅出现。这种弱反型漏极电流的增加构成一个正反馈回路:漏极电流越大→碰撞电离越多→体电位越高→阈值电压越低→漏极电流越大,最后漏极电流以约 0 mV/dec 的亚阈值摆幅突然增加,晶体管被闩锁。图中,实线:考虑碰撞电离,可观察到低于理论极限 60 mV/dec 的亚阈值摆幅;虚线:忽略碰撞电离。

2) 断态漏电流

由寄生双极晶体管效应引起的另一效应与亚阈漏电流有关。这个断态漏电流主要包括带-带隧穿、碰撞电离和直接栅隧穿电流。对于短沟道 SOI 器件,这三个电流都能被寄生双极晶体管效应放大。

3. 栅致悬浮体效应

对于非常薄的栅氧化物和强的栅氧化物电场,会发生栅致悬浮体效应。栅隧道效应产生的泄漏电流会导致悬浮体充电、硅膜电位变化(即使对于低的漏极电流)以及漏极电流的增加。实验和模拟结果表明,栅到体的电流对悬浮体进行充电,在低漏极电压下会产生不希望出现的漏极电流 Kink 效应,这将引起跨导出现第二峰,它可以超过正常峰值的 40%。

解决浮体问题的经典方法是在 PDSOI 器件中使用体接触,这可以将器件特性恢复到与体 MOSFET 一样。然而,体接触会带来延迟的问题,失去 SOI 器件的体效应优势。此外,可以利用 Kink 效应所导致的电流过冲效应和增加的电流驱动来提高开关速度,从而提高电路性能,但需要使用复杂的电路模型来避免悬浮体效应引起的不希望出现的器件特性。

7.1.3　FDSOI MOSFET

避免悬浮体效应的有效方法是采用完全耗尽的 SOI 器件结构,即让硅膜足够薄或掺杂浓度足够低,使得整个薄膜耗尽,没有中性区存在,此即为 FDSOI。

对于具有相同沟道长度和掺杂浓度的 PDSOI 晶体管(t_{Si} 较厚)和 FDSOI 晶体管(t_{Si} 很薄),在相同的栅压(如 $V_{GS}=1$ V)下,其耗尽电荷分布如图 7-8 所示。可见,在 FDSOI 器件中,

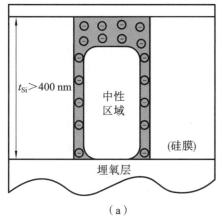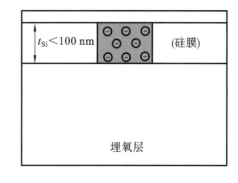

（a）　　　　　　　　　　　　　　　（b）

图 7-8　SOI 晶体管中耗尽电荷分布

（a）PDSOI 晶体管；（b）FDSOI 晶体管

整个沟道被耗尽（充电），而在 PDSOI 器件中，沟道下方有中性区存在，故 FDSOI 器件具有如下优点：

（1）室温下，FDSOI MOSFET 的亚阈值摆幅接近理想的 60 mV/dec；

（2）非掺杂导电沟道能使迁移率相对 PDSOI MOSFET 增加；

（3）如果 t_{Si} 很小，则短沟道效应将大大减弱；

（4）与体硅 MOSFET 相比，较低的阈值电压允许低功耗应用；

（5）由于动态耗尽电容（C_{dep}）被固定的硅薄膜电容（$C_{Si}=\varepsilon_0\varepsilon_s/t_{Si}$）替代，亚阈值摆幅减小。

由于 FDSOI 晶体管无中性区存在，这使得前/背表面电势相互关联，即存在界面耦合：一个沟道的电特性随施加在对面栅极上偏压的变化而变化。在 FDSOI MOSFET 中，可以激活两个反型沟道，一个在前硅-栅氧化层界面，另一个在背硅-BOX 界面，从而在栅偏置和反型电荷之间将获得更好的耦合，导致漏极电流的增加。由于前、背界面可以是积累、耗尽或反型，因此 FDSOI 晶体管作为前/背栅压的函数有九种可能的工作模式。特别是前栅的阈值电压将取决于衬底偏置或背栅电压 V_{GS2}。

图 7-9 表示 $t_{Si}=50$ nm 的 FDSOI 器件在背界面不同状态下的 I_D-V_{GS} 特性：实线对应于背界面耗尽的情况，虚点线对应于背界面处于积累状态的情况，虚线是背栅施加正电压（V_{GS2}）使背界面出现反型的情况。可见，背界面处于不同状态下，器件的阈值电压以及通态电流大不相同，背界面反型时，阈值电压最低，通态电流最大；背界面积累时，阈值电压最高，通态电流最低。

相应于图 7-9，图 7-10 显示了 $t_{Si}=50$ nm 的 FDSOI 器件在背界面不同状态下的跨导。一般来说，由于背界面对前沟道阈值电压的影响，FDSOI 器件的跨导是栅极电压的复杂函数。当背沟道耗尽时，跨导有其最大值；当背界面反型时，跨导曲线呈现出一个平台，这是由背沟道先于前沟道激活引起的。

1. 阈值电压

FDSOI MOSFET 的阈值电压可通过求解泊松方程获得。令 ϕ_{S1} 和 ϕ_{S2} 分别表示前界面和背界面的表面电势，则前栅电压和背栅电压 V_{GS1} 和 V_{GS2} 可分别表示为

$$V_{GS1}=\phi_{S1}+\phi_{ox1}+\phi_{MS1} \tag{7-3}$$

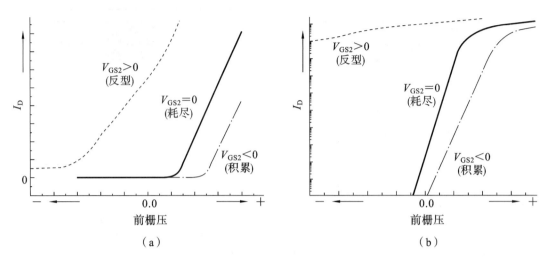

图 7-9　FDSOI MOSFET 在背界面不同状态下的转移特性曲线

（a）线性坐标；（b）对数坐标

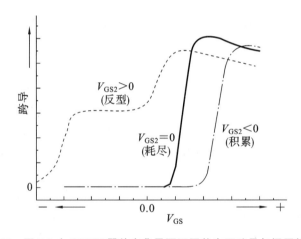

图 7-10　图 7-9 中 FDSOI 器件在背界面不同状态下跨导与栅压的关系

$$V_{GS2} = \phi_{S2} + \phi_{ox2} + \phi_{MS2} \tag{7-4}$$

式中：ϕ_{ox1} 和 ϕ_{MS1} 分别是前/背栅氧化物上的电势差和前/背栅的功函数差。

图 7-11（a）显示了在背界面反型（实线）和积累（虚线）两种情况下，$t_{Si} = 50$ nm 的 FDSOI MOSFET 中的电位分布。垂直于沟道方向的电子和空穴浓度分布如图 7-11（b）、（c）所示。

经推导，可以得到前栅极电压和表面电势之间的关系

$$V_{GS1} = \phi_{MS1} - \frac{Q_{ox1}}{C_{ox1}} + \left(1 + \frac{C_{Si}}{C_{ox1}}\right)\phi_{S1} - \frac{C_{Si}}{C_{ox1}}\phi_{S2} - \frac{0.5Q_{dep} + Q_{inv1}}{C_{ox1}} \tag{7-5}$$

当背界面处于耗尽和反型时，由式（7-5），经过推导可得到前栅的阈值电压 V_{T1} 分别为

$$V_{T1,dep2} = V_{T1,acc2} - \frac{C_{Si}C_{ox2}}{C_{ox1}(C_{Si} + C_{ox2})}(V_{GS2} - V_{GS2,acc}) \tag{7-6}$$

$$V_{T1,inv2} = \phi_{MS1} - \frac{Q_{ox1}}{C_{ox1}} + 2\phi_F - \frac{Q_{dep}}{2C_{ox1}} \tag{7-7}$$

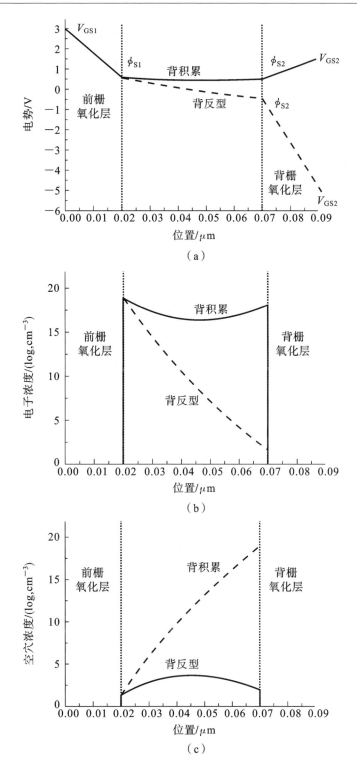

图 7-11　在背界面反型(实线)和积累(虚线)条件下,FDSOI MOSFET 中的电势分布以及垂直沟道
　　　　方向的电子和空穴浓度分布图($t_{Si}=50$ nm)

　　　(a)电势分布;(b)电子浓度分布;(c)空穴浓度分布

式中：$\phi_F = \dfrac{kT}{q}\ln\left(\dfrac{N_A}{n_i}\right)$ 为费米势；$V_{T1,acc2}$、$V_{T1,dep2}$ 和 $V_{T1,inv2}$ 分别为背界面处于积累、耗尽和反型时前栅的阈值电压；Q_{dep} 为耗尽电荷；Q_{inv1} 为前界面反型电荷；Q_{ox1} 为前栅单位面积氧化物电荷；C_{ox1} 和 C_{ox2} 分别为前栅和背栅单位面积氧化层电容；$V_{GS2,acc}$ 为背界面处于积累态时的背栅电压，即

$$V_{GS2,acc} = \phi_{MS2} - \frac{Q_{ox2}}{C_{ox2}} + 2\left(1 + \frac{C_{Si}}{C_{ox1}}\right)\phi_F - \frac{Q_{dep}}{2C_{ox2}} \tag{7-8}$$

Q_{ox2} 为背栅单位面积氧化物电荷。

图 7-12 为前栅阈值电压随背栅电压的变化。当背界面处于积累或反型状态时，相对于 $V_{T1,dep2}$，前栅阈值电压 $V_{T1,acc2}$ 或 $V_{T1,inv2}$ 略有升高或降低。

关于阈值电压与 Si 膜厚度的关系，研究表明，对于 PDSOI 器件，阈值电压与硅膜厚度无关；但对于 FDSOI 晶体管，如图 7-13 所示，阈值电压随着硅膜减薄而降低，这是由于耗尽电荷随着硅膜的减薄而减少；而当薄膜厚度小于 10 nm 时，阈值电压反而增加，这归于量子效应使导带分裂成子带，导带的最小能量随着薄膜厚度的减小而增加。

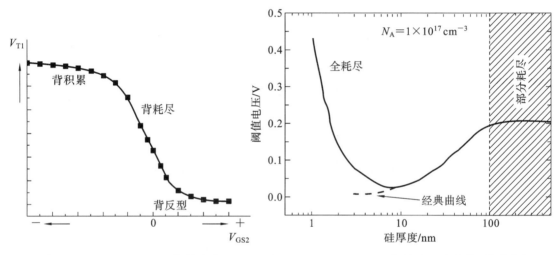

图 7-12　FDSOI MOSFET 阈值电压
　　　　　与背栅偏置的关系

图 7-13　SOI MOSFET 阈值电压随硅膜厚度的变化

2. 亚阈值摆幅（SS）

与 PDSOI 器件相比，FDSOI 器件中耗尽区恒定不变，这有利于亚阈值摆幅的改善，如图 7-14 所示。

亚阈值摆幅（SS）定义为

$$SS = \frac{dV_{GS}}{d\lg(I_D)} \tag{7-9}$$

对于体 MOSFET 或 PDSOI 晶体管，SS 可以表示为

$$SS = \frac{kT}{q}\ln(10)\left(1 + \frac{C_{dep} + C_{it}}{C_{ox}}\right) \tag{7-10}$$

式中：C_{dep} 是单位面积耗尽层电容，$C_{dep} = dQ_{dep}/d\phi_S$；$C_{it}$ 是与界面陷阱有关的单位面积电容。对于背界面耗尽的 FDSOI 晶体管，SS 可表示为

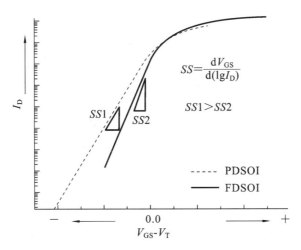

图 7-14　PDSOI 和 FDSOI MOSFETs 亚阈特性比较

$$SS_{dep} = \frac{kT}{q}\ln(10)\left(1 + \frac{C_{it1}}{C_{ox1}} + a_1\frac{C_{Si}}{C_{ox1}}\right) \tag{7-11}$$

式中：a_1 为界面耦合系数，即

$$a_1 = \frac{C_{ox2} + C_{it2}}{C_{Si} + C_{ox2} + C_{it2}} \tag{7-12}$$

a_1 考虑了背界面陷阱和 BOX 厚度的影响，总是小于 1；C_{it1} 和 C_{it2} 分别为前/背界面陷阱电容。

比较式(7-10)和式(7-11)发现，在相同的参数下，FDSOI 器件的 SS 小于 PDSOI 器件的，如图 7-14 所示。

对于较薄的硅膜和较厚的 BOX，只有在低的硅层/BOX 界面态密度下，SS 才能得到改进；高密度的埋氧层界面陷阱将大大退化器件的 SS。

下面将通过解泊松方程，对超薄体(UTB)Si 中电势及其扰动进行分析，推导出简化的 SS 表达式。

为了简化解释 UTB 中的电势(ϕ)如何响应所施加的栅极偏置，将叠加原理应用于二维泊松方程。对于 $V_{DS} = 0$ V，电势表达为 $\phi_0(x,y) = \phi_1(x) + \Delta\phi_1(x,y)$，正如图 7-15 所示，其中 $\phi_1(x)$ 是一维解，$\Delta\phi_1(x,y)$ 是来自二维效应的电势增量，对于弱反型满足

$$\frac{\partial^2}{\partial x^2}\Delta\phi_1 + \frac{\partial^2}{\partial y^2}\Delta\phi_1 = 0 \tag{7-13}$$

如果两个偏微分没有很强的耦合，通过将其近似为

$$\frac{\partial^2}{\partial x^2}\Delta\phi_1 = \frac{\partial^2}{\partial y^2}\Delta\phi_1 \cong -\eta_1 \tag{7-14}$$

式中：η_1 是空间常数。沿沟道对式(7-14)从源($y = 0$)到一临界点 $y = y_s$(对应于 $\Delta E_{y1}(y_s) \ll \Delta E_{y1}(0)$ 和电势接近最小值的位置，ΔE 是二维效应导致的电场变化)积分一次，得到

$$\eta_1 = \frac{\Delta E_{y1}(0) - \Delta E_{y1}(y_s)}{y_s} \approx \frac{\Delta E_{y1}(0)}{y_s} \tag{7-15}$$

现在，沿 Si 膜(x 方向)将式(7-14)积分一次得到扰动的前表面和背表面横向电场之间的关系，再积分一次即将前/背表面电势的扰动耦合。然后，对于可忽略的反型电荷，应用高斯定律于前(sf)/背(sb)表面，即有

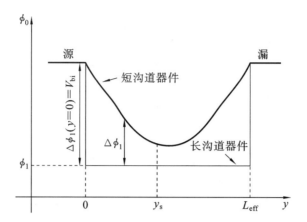

图 7-15　对于 $V_{DS}=0$ 的长沟和短沟 FDSOI MOSFETs，在 UTB 中某个深度(x)处沿沟道的静电势分布

$$\Delta\phi_{1(sf)} = \left[\frac{2C_{Si}+C_{ox2}}{C_{Si}(C_{ox1}+C_{ox2})+C_{ox1}C_{ox2}}\right]\frac{\varepsilon_s\varepsilon_0 t_{Si}\eta_1}{2} \tag{7-16}$$

和

$$\Delta\phi_{1(sb)} = \left[\frac{C_{Si}}{C_{ox2}+C_{Si}}\right]\Delta\phi_{1(sf)} + \left[\frac{C_{Si}}{C_{ox2}+C_{Si}}\right]\frac{\varepsilon_{Si}t_{Si}\eta_1}{2} \tag{7-17}$$

从式（7-17）可知，$\Delta\phi_{1(sb)}>\Delta\phi_{1(sf)}$，但任一扰动的重要性取决于各自表面的总电势。

根据亚阈值摆幅的定义，SS 可以表示为

$$SS = \frac{(kT/q)\ln(10)}{d\phi_{0(max)}/dV_{GS}} = \frac{(kT/q)\ln(10)}{\dfrac{d}{dV_{GS}}(\phi_{1(max)}+\Delta\phi_{1(max)})} \approx \frac{n(kT/q)\ln(10)}{1+n\dfrac{\delta(\Delta\phi_{1(max)})}{\delta V_{GS}}} \tag{7-18}$$

式中：$n=dV_{GS}/d\phi_{1(max)}=1+(C_{Si}C_{ox2})/[C_{ox1}(C_{Si}+C_{ox2})]$；$\phi_{0(max)}$ 表示电导率最大的源到漏路径的"表面"电势。对于厚 BOX 的 FDSOI MOSFETs，$C_{ox2}\ll(C_{ox1}，C_{Si})$，$n\approx1$，于是，根据式（7-16）和式（7-17）推导出 $\Delta\phi_{1(max)}$（定义于前表面或背表面）为

$$\Delta\phi_{1(max)} \approx \frac{\varepsilon_s\varepsilon_0 t_{Si}\eta_1}{C_{ox1}}\left[1+\Theta(\phi_{0(sb)}-\phi_{0(sf)})\frac{C_{ox1}}{2C_{Si}}\right] \tag{7-19}$$

式中：$\Theta(r_1)$ 是 Heaviside 阶跃函数，即定义电导率最大的路径是具有最高电势的表面，如果 r_1 为负，则 $\Theta(r_1)$ 为 0；如果 r_1 为零或正，则 $\Theta(r_1)$ 为 1。式（7-19）中的 Heaviside 函数意味着，如果 $\Delta\phi_{0(sb)}>\Delta\phi_{0(sf)}$，则 SS 将由 $\Delta\phi_{1(sb)}$ 确定，反之亦然。当然，这种过渡准确地讲是渐进的。实际上，已发现 $\Theta(\Delta\phi_{0(sb)}-\Delta\phi_{0(sf)})$ 受超薄体 Si 的掺杂浓度 N_B 控制，包括最佳 $N_B=0$（即$<10^{16}$ cm^{-3}）的情况。

由式（7-19）对 V_{GS} 求导得到

$$\frac{\delta(\Delta\phi_{1(max)})}{\delta V_{GS}} = M\frac{\delta(\eta_1)}{\delta V_{GS}} \approx \frac{M}{(L_{eff}/2)^2}\frac{\delta(\Delta\phi_{0s})}{\delta V_{GS}} \approx \frac{M}{(L_{eff}/2)^2}(-1.4) \tag{7-20}$$

式中：M 表示式（7-19）中 η_1 以外的项。参考式（7-15）、式（7-20）假设：① $y_s\approx L_{eff}/2$；② $\Delta E_{y1}(0)\approx\Delta\phi_{0s}/y_s$，$\Delta\phi_{0s}$ 是源端扰动电势与 y_s 处扰动电势之差；③ $\delta(\Delta\phi_{0s})/\delta V_{GS}\approx-1.4$，这是采用 Medici 进行的二维数值模拟推论得出，负号是因为随着 V_{GS} 的增加，二维效应减小所致。

将式（7-20）代入式（7-18），并令 $\varepsilon_s/\varepsilon_{ox}\approx3$，即得到 SS 的近似表达式为

$$SS \approx \frac{(kT/q)\ln(10)}{1-\left(\dfrac{17 t_{Si} t_{ox}}{L_{eff}^2}\right)\left[1+\Theta(\phi_{0(sb)}-\phi_{0(sf)})\dfrac{t_{Si}}{6 t_{ox}}\right]} \qquad (7\text{-}21)$$

值得注意的是,式(7-21)是基于式(7-19)中厚 BOX 的假设得到。对于薄的 BOX,虽然由于电荷耦合因子的退化,SS 可能会更高,但二维效应对 SS 的影响则会小一些。

3. DIBL 效应

正如第六章讨论的,对于体硅 MOSFET,随着沟长的缩短,由于源漏电荷分享使栅控耗尽层电荷减少,从而阈值电压下降,即出现所谓的短沟道效应(SCE)。而在 FDSOI 器件中,对于相同的沟道长度,栅控耗尽电荷比例将多于体 MOSFET,且随硅膜厚度 t_{Si} 减小其比例增大,使短沟道效应减弱,阈值电压下降减缓,如图 7-16 所示。

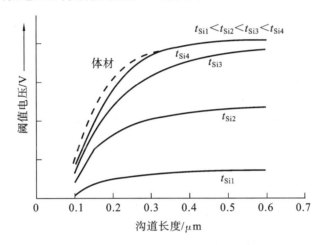

图 7-16　不同硅膜厚度下,FDSOI MOSFET 阈值电压随沟道长度的变化

DIBL 是另一种 SCE,也来自于栅极和源/漏结之间的电荷共享,在体器件和 SOI 器件中均会出现。但在 SOI 器件中,通过减小硅膜厚度可以更好地控制它。然而,SOI 器件中的 SCE 主要是由于电场从漏极渗透到 BOX 和衬底中,如图 7-17 所示。

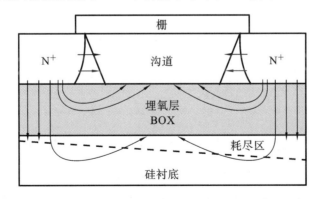

图 7-17　SOI 器件中漏极渗透至 BOX 和衬底中的电场示意图

边缘场会增加硅膜-BOX 界面处的电位。正如前面提到的,在 FDSOI 器件中前/背界面会发生耦合,故前沟道特性将被退化。例如,阈值电压随着漏极偏置的增加而降低,就像

DIBL 效应一样,但由不同的机制引起。

图 7-18 比较了高掺杂和未掺杂 SOI MOS-FET 中 DIBL 和 DIVSB(drain-induced virtual substrate biasing)效应引起的阈值电压降低与硅膜厚度的关系。对于厚度小于 15nm 的硅层,即使衬底未掺杂,ΔV_T 也变得非常小。结果表明,非掺杂超薄硅层对 SCEs 具有很强的鲁棒性。通过减小边缘场的影响,可以获得 SCE 的进一步改进,例如,使用更薄的 BOX、多栅极器件,或者使用接地板(GP)或背板(BP),即在 BOX 下面采用高掺杂区或金属层。

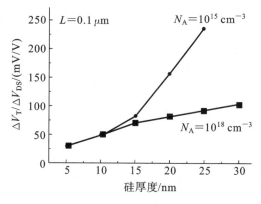

图 7-18　高掺杂和非掺杂 SOI MOSFET 中 DIBL 和漏场渗透至虚拟衬偏效应(DIVSB)引起的阈值电压降低与硅膜厚度的关系

为了更清楚地理解 DIBL 效应是如何影响阈值电压的,下面采用与分析 SS 类似的简化方法来推导出 DIBL 效应导致阈值电压的降低。

在 UTB($t_{Si} \times L_{eff}$ 矩形)中电势可写为 $\phi(x,y) = \phi_0(x,y) + \Delta\phi_0(x,y)$,其中 $\phi_0(x,y)$ 是 $V_{DS} = 0$ 时的解,$\Delta\phi_0(x,y)$ 是漏偏压导致电势的增加,在弱反型态时满足拉普拉斯方程

$$\frac{\partial}{\partial x^2}\Delta\phi_0 + \frac{\partial}{\partial y^2}\Delta\phi_0 = 0 \tag{7-22}$$

类似于式(7-14),两个偏微分没有强的耦合,假设

$$\frac{\partial^2}{\partial x^2}\Delta\phi_0 = -\frac{\partial^2}{\partial y^2}\Delta\phi_0 \approx -\eta_0 \tag{7-23}$$

式中:η_0 是另一空间常数。利用边界条件 $\Delta\phi_0(y=0)=0$ 和 $\Delta\phi_0(y=L_{eff})=V_{DS}$,沿沟道积分两次,若源端扰动垂直场 $\Delta E_{y0}(0)$ 远小于平均横向场 V_{DS}/L_{eff},则可得到 $\eta_0 = (2/L_{eff}^2)(V_{DS} + \Delta E_{y0}(0)L_{eff}) \approx (2/L_{eff}^2)V_{DS}$。这里的 L_{eff} 和式(7-20)中定义的 L_{eff},是一个有效电学沟道长度,即弱反型下,L_{eff}=物理栅长 L_g +2×源漏扩展区未掺杂区长度,它控制着超薄沟道中的二维效应。值得指出的是,若两个偏微分存在显著的耦合,即 $V_{DS} > |\phi_{sf} - \phi_{sb}|L_{eff}/t_{Si}$,则式(7-23)无效。

类似于式(7-16)和式(7-17)的推导,对于可忽略的反型电荷,由式(7-23)得到 y 向最小前/背表面势的扰动分别为

$$\Delta\phi_{0(sf)} = \left(\frac{2C_{Si} + C_{ox2}}{C_{Si}(C_{ox1} + C_{ox2}) + C_{ox2}C_{ox1}}\right)\frac{\varepsilon_s\varepsilon_0 t_{Si}\eta_0}{2} \tag{7-24}$$

和

$$\Delta\phi_{0(sb)} = \left(\frac{C_{Si}}{C_{ox2} + C_{Si}}\right)\Delta\phi_{0(sf)} + \left(\frac{1}{C_{ox2} + C_{Si}}\right)\frac{\varepsilon_s\varepsilon_0 t_{Si}\eta_0}{2} \tag{7-25}$$

式(7-24)和式(7-25)可用于双栅以及 FDSOI MOSFET。对于 $t_{ox1} = t_{ox2}$ 的双栅器件,有 $\Delta\phi_{0(sb)} = \Delta\phi_{0(sf)} \cong t_{Si}^2(C_{Si}/(2C_{ox1}))\eta_0$。然而,对于 FDSOI 器件,式(7-25)意味着总有 $\Delta\phi_{0(sb)} \geq \Delta\phi_{0(sf)}$,这简单反映了背表面因远离栅极而受其控制较弱的事实。因此,当 $\phi_{0(sb)} > \Delta\phi_{0(sf)}$ 时,背表面将控制 DIBL。在任何情况下,对于厚 BOX 和 $\varepsilon_s/\varepsilon_{ox} \approx 3$(Si-SiO$_2$ 系统)的 FDSOI MOSFETs,由式(7-24)和式(7-25)得到

$$\Delta\phi_{0(sb)} \approx \left[\frac{t_{Si}(t_{Si}+6t_{ox1})}{L_{eff}^2}\right]V_{DS} = \Delta\phi_{0(sf)}\left(1+\frac{t_{Si}}{6t_{ox1}}\right) \tag{7-26}$$

基于式(7-26)和式(7-21)的 SS 模型,由 V_{DS} 引起的电势增加或 DIBL 效应而导致的阈值电压的降低通常可以表示为

$$\Delta V_T \cong \frac{SS}{(kT/q)\ln(10)}\left(\frac{6t_{Si}t_{ox}}{L_{eff}^2}\right)\left[1+\Theta(r_2)(\phi_{0(sb)}-\phi_{0(sf)})\left(\frac{t_{Si}}{6t_{ox}}\right)\right]V_{DS} \tag{7-27}$$

式中: $\Theta(r_2)$ 是式(7-19)中使用的 Heaviside 函数,它近似地考虑了 DIBL($\equiv \Delta V_T/V_{DS}$)与 $\Delta\phi_{0(sf)}$ 或 $\Delta\phi_{0(sb)}$ 的关系。再次注意,式(7-27)是基于式(7-26)中厚 BOX 的假设,对于薄的 BOX, ΔV_T 较小。

4. V_T 漂移和 SCE 的控制

理论上,增加沟道掺杂和减薄 Si 膜厚度可抑制 V_T 漂移和 SCE,但掺杂原子的空间随机性效应严重限制了器件的等比缩小;而且高掺杂也将退化载流子迁移率和速度,导致较低的输出电流和较长的传输延迟,由极端高的 N_B 所引起的带-带隧穿也阻碍着 FDSOI CMOS 对于低功耗应用的等比缩小。为了避免超薄硅膜高掺杂的这些不利因素,可采用功函数可调的金属栅来控制 V_T,并使用未掺杂的 SOI 沟道($N_B \sim 10^{15}$ cm^{-3})。对于这样的 FDSOI CMOS 设计途径,考虑厚的 BOX,并假设 $n \approx 1, \varepsilon_s/\varepsilon_{ox} \approx 3$,则式(7-21)和式(7-27)可分别简化为

$$SS \approx \frac{(kT/q)\ln(10)}{1-\left(\frac{17t_{Si}t_{ox}}{L_{eff}^2}\right)\left(1+\frac{t_{Si}}{6t_{ox}}\right)} \tag{7-28}$$

和

$$DIBL \approx \frac{SS}{(kT/q)\ln(10)}\left(\frac{6t_{Si}t_{ox}}{L_{eff}^2}\right)\left(1+\frac{t_{Si}}{6t_{ox}}\right) \tag{7-29}$$

根据式(7-28)式(7-29),令 $t_{ox}=1$ nm,对于不同的 t_{Si} 值,可得到 SS 和 DIBL 随 L_{eff} 的变化,如图 7-19 所示。可见,当 t_{Si} 被缩放到超薄值时,由于增强了对背面的栅极控制,二维效应得到显著抑制,如对于 $L_{eff}=40$ nm,当 t_{Si} 从 10 nm 减小到 5 nm 时,DIBL 从 140 mV/V 降低到 40 mV/V,SS 从 83 mV/dec 降低到 66 mV/dec。从图中还可以清楚地看出,即使薄的 BOX

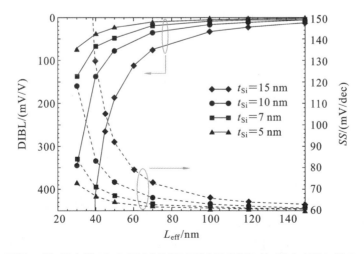

图 7-19 不同 t_{Si} 下,具有低 N_B 和厚 BOX FDSOI MOSFET 的 SS 和 DIBL 随 L_{eff} 的变化图

会带来改进,但纳米级未掺杂的 FDSOI CMOS 也需要超薄的 t_{Si}(和 t_{ox}),比高 N_B 设计所要求的要薄 15%～20%。为了最佳化 t_{Si},需注意尽管量子效应和 SCE 漂移 V_T 的方向相反,但量化不会影响 DIBL。因此,纳米级器件的设计是基于 DIBL 而不是 V_T,这就免除了二维效应对 V_T 的影响。对于给定的 L_{eff},由式(7-28)式(7-29)可确定最佳 t_{Si},其中 t_{ox} 与 FDSOI 的缩放比例一致。

图 7-20 所示的是具有低 N_B 和厚 BOX 的纳米级 FDSOI 器件在约 100 mV/V 的 DIBL 设计要求下所估计的最佳 t_{Si} 与 L_{eff} 的关系。图中还包括了估计的 SS,其值保持低于 80 mV/dec。基于式(7-28)和式(7-29),$t_{ox} \approx t_{Si}/6$,据此,若 DIBL$\approx$100 mV/V 和 SS$\approx$80 mV/dec,通常需要 $t_{Si} \approx L_{eff}/5$。

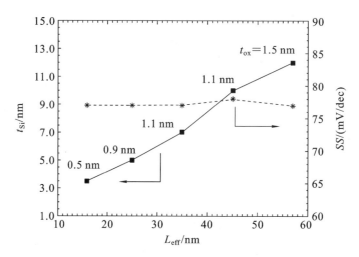

图 7-20 对于低 N_B 和厚 BOX 的纳米级 FDSOI MOSFET,当设计 DIBL$\approx$100 mV/V 时,准二维估计的 Si UTB 厚度 t_{Si} 与 L_{eff} 的关系

5. 自热效应

由于埋氧化物(BOX)的存在,SOI 晶体管与衬底热隔离,使器件内部产生的热量不能有效地排出,器件的温度将升高至 150 ℃ 以上,导致迁移率降低。由于自热效应以及迁移率随 V_{DS} 的增加而降低,SOI MOSFET 的输出特性出现负微分电阻效应。

图 7-21 所示的为使用 Silvaco ATLAS 计算的沟道长度为 1 μm 的 SOI 晶体管在准直流(实线)和脉冲条件(符号,0.1% 占空比,1 ms 周期)下的输出特性,其中,$L = 1$ μm,$t_{Si} = 200$ nm,$N_A = 10^{17}$ cm^{-3}。为比较,图中也表示出了具有相同参数的体 MOSFET 的输出特性(虚线)。在准直流条件下,自热效应明显,晶格温度的升高(计算表明最高可达 578 K)导致迁移率降低,使漏极电流随漏源电压的升高而减小。当硅层变得更薄时,自热效应更加明显,对 FDSOI MOSFET 的影响更大。

沟道温度也随着 BOX 厚度以及沟道与接触端之间距离的增加而升高。在动态和/或低压工作下,自热效应大大降低。当功率在器件中耗散时,会发生自加热,正如在准直流模式下测量器件的情况一样。而在数字 CMOS 电路中,因为在待机模式下几乎没有电流流过器件,通常仅在开关的瞬态,才有功率耗散,故脉冲测量条件下没有自加热效应。然而,如果占空比很大或频率很高,尽管负微分电阻对于数字电路来说影响不大,但由于迁移率可能改变,故应

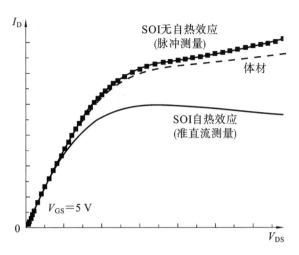

图 7-21　SOI 晶体管在准直流条件(实线)和脉冲条件(符号,0.1% 占空比,1 ms 周期)下的输出特性

综合考虑局部温度的增加。

对于模拟电路来说,加热效应更为严重:晶体管的输出电导由于自加热而变得与频率有关。设计者必须考虑自热效应,需使用包括这种效应的电路模拟模型。

7.2　FinFET

FinFET 技术发明人——卓越的华裔科学家、美国 UC Berkeley 的胡正明教授说:FinFET 真正的影响在于打破了英特尔对全世界宣布的将来半导体(25 nm 以下制程)的限制,使电子和微电子工业大大增强我们的工作能力,促进医疗、经济、商业等进一步全球化。越来越多的元件放在半导体里面,能做到耗电少价钱低,这就是 FinFET 和我们业界所有研究人员的目标。FinFET 技术的使用是 CMOS 集成电路从平面工艺向立体工艺转变的重要里程碑,下面将从 FinFET 的结构和类型、工作原理及优势、制造技术及器件物理和性能等诸方面予以简单介绍。

7.2.1　FinFET 的结构及分类

FinFET 即 Fin Field-Effect Transistor,中文名为鳍式场效应晶体管,源于晶体管的形状与鱼鳍(Fin)相似,是一种新型多栅 MOSFET,基本结构如图 7-22 所示。

近年来,随着 FinFET 器件研究的不断发展,已提出了多种结构的 FinFET。FinFET 按栅的形状和数量来分,可分为双栅(double gate)、三栅(triple gate)、Π-栅和 Ω-栅等;按衬底是否有 SiO₂ 掩埋层来分,可分为 Silicon-on-Insulator(SOI) FinFET、Bulk FinFET、Body-on-Insulator(BOI) FinFET 等。

1. 双栅和三栅 FinFET

(1) 双栅 FinFET:其结构如图 7-23(a)所示,源/漏(S/D)分布在鳍片的前后,沿源漏方向

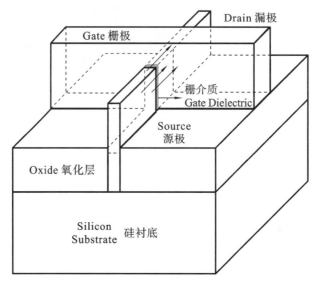

图 7-22 FinEFT 结构示意图

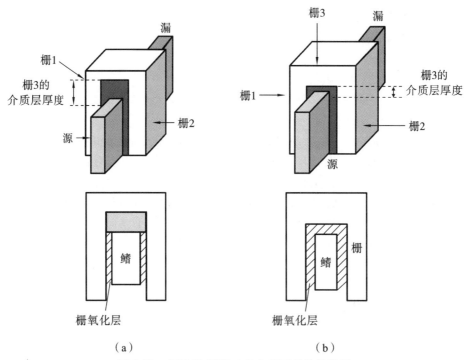

（a）   （b）

图 7-23 多栅 FinEFT 立体与截面结构示意图

(a) 双栅 FinFET；(b) 三栅 FinEFT

鳍的长度为沟道长度。鳍片的两个侧面和顶部均被栅电极（gate）所包围,但鳍片顶部保留了厚的氧化物硬掩膜,故顶部栅不起作用,只有侧表面能形成导电沟道,传导电流。

（2）三栅 FinFET:通过减薄双栅 FinFET 顶部介质层使顶部栅极激活,则该器件即为三栅 FinFET,尽管事实上是一个单栅控制沟道的三个不同面:两个垂直面和一个水平面（见图7-23(b)）。增加第三个栅极提高了器件的静电完整性,栅控能力更强。由于在顶部表面有额外的电流传导,三栅 FinFET 栅-源电容减小,但寄生电阻有所增加。

通过将栅极的侧壁部分延伸至埋氧层中某个深度或沟道区域下方,可以进一步提高静电完整性,前者称为 Π-栅器件(见图 7-24(a)),后者称为 Ω-栅器件(见图 7-24(b))。从静电学的观点,Π-栅和 Ω-栅 FinFETs 的有效栅数在 3 到 4之间。

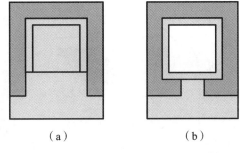

（a） （b）

图 7-24 Π-栅和 Ω-栅 FinFET 示意图
(a) Π-栅结构;(b) Ω-栅结构

2. Bulk、SOI 和 BOI FinFET

(1) Bulk FinFET:硅鳍直接与硅衬底相连,形成体硅 FinFET 结构,如图 7-25(a)所示。浅槽隔离(shallow-trench isolation,STI)工艺用于形成器件间的隔离。鳍的两个侧面和顶部均被栅电极所包围,形成导电沟道,源/漏(S/D)处于鳍的前后。

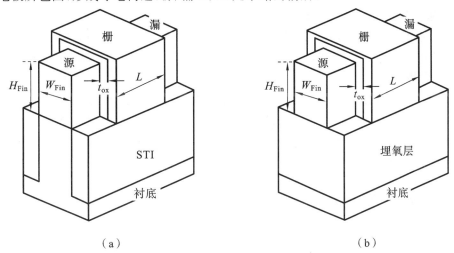

（a） （b）

图 7-25 Bulk 和 SOI FinEFT 立体结构示意图
(a) Bulk FinFET;(b) SOI FinFET

(2) SOI FinFET:如图 7-25(b)所示,相比 Bulk FinFET,在鳍和硅衬底之间采用了 SiO_2 掩埋氧化层(BOX),能够更好地抑制短沟道效应和泄漏电流,同时减小了寄生电容,使晶体管工作更快。但 SiO_2 导热差,有源区消耗功率产生的热量不容易消散,导致温度升高产生自加热效应,降低了器件性能;且埋氧层的制造工艺复杂,成本较高。

(3) BOI FinFET:从某种角度来讲,BOI FinFET 的出现是整合了 Bulk FinFET 和 SOI Fin-FET 两者的优点,其结构如图 7-26 所示。相比 Bulk FinFET,只是在(局部)沟道处加了一层 SiO_2,它能有效抑制泄漏电流,且由于其厚度比 SOI FinFET 的埋氧层薄得多,故散热效果优于 SOI 器件。

7.2.2 FinFET 的工作原理及优势

FinFET 的工作原理与常规体 MOSFET 类似:当 $V_{GS} < V_T$ 时,沟道无反型层,器件处于

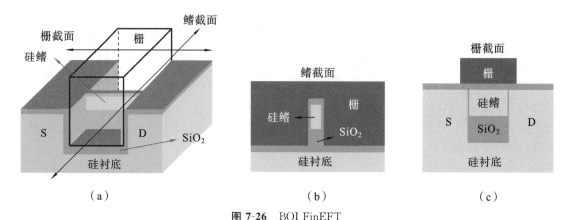

图 7-26　BOI FinEFT

（a）立体示意图；（b）Fin 截面结构；（c）栅截面结构

断态；当 $V_{GS} \geqslant V_T$ 时，反型沟道形成，加上 V_{DS} 即有电流 I_D 输出（电流平行于衬底流动），器件处于通态；随着 V_{GS} 增加，反型载流子数增加，I_D 变大。

虽然原理相同，但由于 FinFET 为立体结构，能有效解决常规 MOSFET 中的一些问题。以三栅 FinFET 为例，它从三个方向包裹沟道，使沟道宽度增加（$2H_{Fin}$（鳍高）＋W_{Fin}（鳍宽）），且具有下列优势：

（1）具有立体结构的 FinFET 能较好地抑制短沟道效应。由于三个面均具有栅电极，增加了栅对沟道的控制面积，使得器件的栅控能力增强，降低了漏电流，同时阈值电压正向漂移；

（2）FinFET 的沟道一般是轻掺杂甚至未掺杂，大大减少了电离杂质散射，与平面器件相比，其载流子的迁移率大大提高。

7.2.3　多栅 FinFET 制造技术

多栅 FinFET 前端工艺中的关键制造步骤包括：① 鳍片形成；② 堆叠栅形成；③ 源漏扩展区注入；④ 侧墙形成；⑤ 外延凸起源/漏的形成；⑥ 源/漏注入和激活退火。

1. 三栅 SOI FinFET 制造工艺

早期的 FinFET 是在 SOI 晶圆上制造（见图 7-27（a））。鳍片高度主要由埋氧层顶部的硅膜厚度（t_{Si}）决定，主要工艺流程如下。

（1）首先，由光刻定义鳍片图案和鳍片宽度，采用与通常浅槽隔离（STI）类似的工艺刻蚀硅鳍片，利用埋氧层作为刻蚀停止层（见图 7-27（b））。鳍片刻蚀后，其侧壁表面粗糙，故通常采用氧化和 H_2 退火来平滑侧壁。

（2）接着清洗晶圆，在鳍片表面形成栅介质、淀积多晶硅。由于堆叠栅制作在鳍片上，所以需要一个平面化步骤来平整栅极表面，这也减轻了对光刻和栅极蚀刻的要求（见图 7-27（c））。

（3）多晶硅刻蚀形成栅电极以及局部栅极互连（见图 7-27（d））。

（4）栅极成型后，采用低能和大斜角注入形成源/漏（S/D）扩展区（见图 7-27（e））。接下来，沿着栅和鳍片的侧壁形成 S/D 侧墙。

（5）随后去除鳍片上的侧墙，以暴露鳍片来选择性外延生长凸起的源和漏。凸起的源和漏结构有助于降低与薄鳍片相关的寄生电阻。最后快速热退火激活杂质，从而完成 FinFET

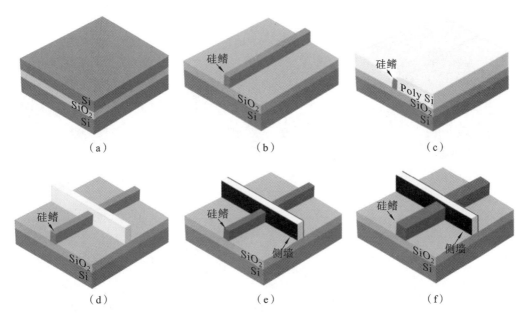

图 7-27　SOI FinFET 主要工艺流程

（a）SOI 衬底；（b）鳍片刻蚀；（c）栅介质淀积、多晶硅淀积和 CMP；（d）多晶硅刻蚀；
（e）S/D 扩展区及侧墙形成；（f）外延生长凸起的 S/D、注入掺杂和激活退火

器件的制造（见图 7-27（f））。

表 7-2 列出了 SOI FinFET 的详细工艺步骤。

表 7-2　P 型 SOI 晶片上 N 沟 FinFET 的工艺步骤

工艺步骤	工艺步骤
晶片清洗（见图 7-27（a））	多晶硅淀积
衬垫氧化物和氮化物淀积	多晶硅 CMP（见图 7-27（c））
鳍掩膜	栅掩膜
刻蚀氮化物/氧化物	多晶硅刻蚀
剥离 PR、晶片清洗	剥离 PR、晶片清洗（见图 7-27（d））
刻蚀 Si，停止于埋氧层	S/D 扩展区形成、侧墙形成（见图 7-27（e））
氮化物/衬垫氧化物剥离、晶片清洗（见图 7-27（b））	去除鳍片侧墙，外延生长凸起的 S/D
栅介质淀积	激活退火（见图 7-27（f））

2. 体硅 FinFET 制造工艺

在 SOI FinFET 之后，又发展了在体硅晶片上制备 FinFET 的工艺，主要工艺流程如下：

（1）硅鳍的刻蚀，类似于 STI 工艺，具有窄得多的有源区（见图 7-28（a））；

（2）晶圆清洗后，淀积氧化层并平面化（见图 7-28（b））；

（3）氧化层减薄以露出硅鳍片，如图 7-28（c）所示；

（4）在晶圆清洗和栅氧化之后，淀积多晶硅，接着进行化学机械抛光（CMP）（见图 7-28（d））；

（5）多晶硅蚀刻形成栅极，如图 7-28（e）所示；

（6）自对准 S/D 掺杂并快速热退火完成体硅 FinFET 的制造，如图 7-28（f）所示。

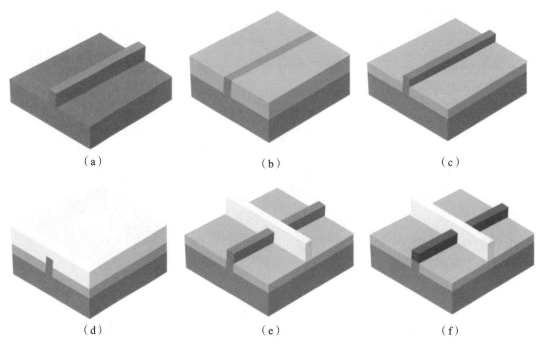

（a）　　　　　　　　　　（b）　　　　　　　　　　（c）

（d）　　　　　　　　　　（e）　　　　　　　　　　（f）

图 7-28　体硅 FinFET 主要工艺流程

（a）鳍片刻蚀；（b）STI 氧化物淀积和 CMP；（c）STI 氧化物凹槽；

（d）栅氧化、多晶硅淀积和 CMP；（e）多晶硅刻蚀；（f）鳍片 S/D 掺杂

表 7-3 列出了体硅 FinFET 的详细工艺步骤。

表 7-3　P 型体硅晶片上 N 沟 FinFET 的工艺步骤

工艺步骤	工艺步骤
晶片清洗	剥离氮化物和衬垫氧化物
衬垫氧化物和氮化物淀积	栅氧化
鳍掩膜	多晶硅淀积
刻蚀氮化物/氧化物	多晶硅 CMP（见图 7-28(d)）
剥离 PR、晶片清洗	栅掩膜
刻蚀 Si	多晶硅刻蚀
氮化物/衬垫氧化物剥离、晶片清洗（见图 7-28(a)）	剥离 PR 和晶片清洗（见图 7-28(e)）
氧化物淀积、CMP（见图 7-28(b)）	离子注入 N 型 S/D
氧化物凹槽刻蚀（见图 7-28(c)）	激活退火（见图 7-28(f)）

总的来说，FinFET 工艺与平面 MOSFET 工艺类似，但存在几个主要挑战。

（1）鳍片的形成，包括鳍片图案、鳍片蚀刻和 STI 氧化物凹槽。在平面 MOSFET 中，栅极具有最小图形间距；而在 FinFET 器件中，鳍具有最小图形间距。英特尔 14 nm FinFET 的鳍间距为 42 nm，而栅极间距为 70 nm。故需要自对准双图案（self-aligned double patterning，SADP）来成型这两层。具有多重切换掩模的自对准四重图案（self-aligned quadruple patterning，SAQP）已用于形成 10 nm 和 7 nm 技术节点的鳍片图案。

（2）在硬掩膜鳍片图案化之后，硅鳍片蚀刻工艺也非常具有挑战性，因为鳍片之间的间隙窄且深，具有大的高宽比。

（3）在 STI 氧化物淀积和 CMP 之后，氧化物凹槽也非常具有挑战性，因为 STI 氧化物凹槽必须在没有刻蚀停止层的情况下停止在所希望的深度。氧化物凹槽的深度决定了 FinFET 器件的鳍片高度（H_{Fin}），这继而影响器件沟道宽度（$W = 2H_{Fin} + W_{Fin}$）。对于多栅 FinFET 器件，其最小特征尺寸不是栅长，而是鳍的宽度。

（4）另一大挑战是多晶硅蚀刻，它决定了沟道长度。对于平面 MOSFET，多晶硅层沉积在相对平坦的表面上，刻蚀过程可以使用栅氧化物作为终止层。对于 FinFET，多晶硅有一个大的台阶（取决于鳍的高度）。当刻蚀达到鳍片顶部时，顶部之下的多晶硅仍然需要以几乎笔直的轮廓完全去除，如图 7-28（e）所示。如果在多晶硅刻蚀过程中，鳍片顶部的栅氧化层开裂，将导致 S/D 硅损耗或鳍片损耗。如果刻蚀不完全，它将在鳍片的底角留下多晶硅，导致相邻栅极之间的短路，从而使器件失效。

比较图 7-27（f）和图 7-28（f）可以看出，构建在 SOI 衬底上的 FinFET 和构建在体硅衬底上的 FinFET 非常相似。主要区别在于 SOI FinFET 的鳍与硅衬底完全隔离，而体硅 FinFET 的鳍直接与衬底相连，因此需要掺杂来形成隔离结，以确保鳍与衬底之间的良好电隔离。

对于 28 nm 及以下技术节点的 CMOS 逻辑器件，需要高 k＋金属栅（HKMG）来满足所需的性能。制作 HKMG FinFET 还需要更多的工艺步骤。

（1）首先，沉积 ILD1（inter-layer dielectrics，ILD）氧化物，然后进行 CMP 以使氧化物表面平坦化（见图 7-29（a））。氧化物 CMP 进行到多晶硅栅极，如图 7-29（b）所示。完全去除多晶

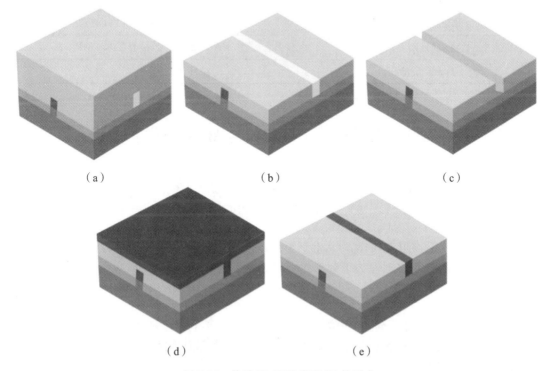

（a）　　　　　　　　　　　（b）　　　　　　　　　　　（c）

（d）　　　　　　　　　　　（e）

图 7-29　体硅 FinFET HKMG 的形成

（a）ILD 淀积；（b）ILD 氧化物 CMP；（c）去除多晶硅；（d）HKMG 体金属淀积；（e）金属 CMP

硅栅顶部的所有氧化物非常重要,否则残余物可能会影响下一个工艺步骤—多晶硅去除。

(2) 如图 7-29(c)所示,虚拟多晶硅去除是一个关键步骤,因为沟槽里面的所有多晶硅必须去除干净,否则多晶硅残留物可能导致器件失效。而且,当多晶硅从沟槽中去除时,应力变化可能导致沟槽壁附近的栅氧化物衬层开裂,从而导致 ILD 下方鳍片损失。

(3) 在去除假栅氧化层并清洗晶圆后,使用原子层淀积(ALD)工艺生长一薄层二氧化硅以及氧化铪基高 k 介质,然后进行功函数金属淀积。对于 PMOS,ALD-TiN 通常用作功函数金属;对于 NMOS,典型地使用氮化钛铝(TiAlN)。

(4) 淀积 HKMG 薄层后,沉积金属填充层(通常为 ALD TiN 衬层和 CVD 体 W),以填充狭窄沟槽(见图 7-29(d))。

(5) 金属栅 CMP 去除晶圆表面的金属层和高 k 栅介质,保留沟槽内的金属栅和高 k 栅介质(见图 7-29(e))。

对于平面 HKMG MOSFET,在淀积高 k 介质和功函数金属后,使用铝作为填充物填充栅极沟槽。对于 FinFET,由于栅极沟槽的高宽比明显高于平面 MOSFET,因此需要更好的间隙填充能力。因此,钨(W)通常用作窄深栅槽的填料。表 7-4 列出了栅后 HKMG 的工艺步骤。

表 7-4　采用栅后工艺 FinFET 的 HKMG 形成工艺步骤

工艺步骤	工艺步骤
ILD 淀积	NMOS 功函数金属淀积
ILD CMP(见图 7-29(a))	TiN 淀积
停止于多晶硅的 ILD CMP(见图 7-29(b))	W 淀积
移去假多晶硅栅	W 的 CMP(见图 7-29(d))
晶片清洗(见图 7-29(c))	W CMP 继续,接着 TiN CMP
高 k 介质淀积	晶片清洗(见图 7-29(e))

7.3　多栅 FinFET 器件物理及性能

全耗尽多栅 FinFET 沟道中的电势分布可采用耗尽近似求解泊松方程获得:

$$\frac{\mathrm{d}^2\Phi(x,y,z)}{\mathrm{d}x^2}+\frac{\mathrm{d}^2\Phi(x,y,z)}{\mathrm{d}y^2}+\frac{\mathrm{d}^2\Phi(x,y,z)}{\mathrm{d}z^2}=\frac{qN_A}{\varepsilon_0\varepsilon_s} \tag{7-30}$$

式中:y 为从源到漏沿沟道方向;x 为从上到下垂直沟道方向;z 为从里向外垂直沟道方向。为了理解上式的意义,它可以改写为下列形式

$$\frac{\mathrm{d}E_x(x,y,z)}{\mathrm{d}x}+\frac{\mathrm{d}E_y(x,y,z)}{\mathrm{d}y}+\frac{\mathrm{d}E_z(x,y,z)}{\mathrm{d}z}=C \tag{7-31}$$

式(7-31)的意思十分明确,即在沟道中任意点(x,y,z),电场分量在 x、y 和 z 方向上的变化之和等于一个常数,如果其中一个分量增加,其他分量之和必须减小。电场的 y 分量 E_y 反映短沟道效应,表示漏极电场向沟道区的扩展。E_y 对位于坐标(x,y,z)处沟道中小体积元(见图 7-30)的影响可以通过增加沟道长度 L,或通过增加顶栅/底栅$\left(\frac{\mathrm{d}E_x(x,y,z)}{\mathrm{d}x}\right)$对沟道的

控制,或增加横向栅 $\left(\dfrac{\mathrm{d}E_z(x,y,z)}{\mathrm{d}z}\right)$ 对沟道的控制来减小。这可以通过减小硅鳍片高度 H_{Fin}（硅膜厚度 t_{Si}）和/或鳍片宽度 W_{Fin} 来实现。此外,还可以通过增加栅极的数量来获得 $\dfrac{\mathrm{d}E_x(x,y,z)}{\mathrm{d}x}+\dfrac{\mathrm{d}E_z(x,y,z)}{\mathrm{d}z}$ 的增加,从而通过栅极更好地控制沟道并减小短沟道效应: $\dfrac{\mathrm{d}E_x(x,y,z)}{\mathrm{d}x}$ 可以用两个栅极(顶栅和底栅)代替单栅来增加, $\dfrac{\mathrm{d}E_z(x,y,z)}{\mathrm{d}z}$ 可以通过设置横向栅来增加。图 7-30 说明了鳍片沟道区的电场分量以及坐标系。

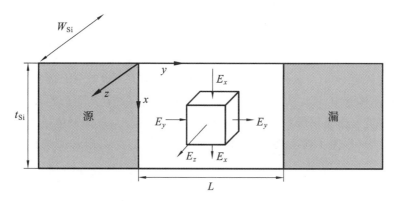

图 7-30　多栅 MOSFET 中的坐标系和电场分量

对于单栅或双栅器件, $\mathrm{d}\Phi/\mathrm{d}z=0$,则泊松方程变为

$$\frac{\mathrm{d}^2\Phi(x,y)}{\mathrm{d}x^2}+\frac{\mathrm{d}^2\Phi(x,y)}{\mathrm{d}y^2}=\frac{qN_{\mathrm{A}}}{\varepsilon_0\varepsilon_{\mathrm{s}}} \tag{7-32}$$

对一个完全耗尽的器件进行简化的一维分析,得到硅薄膜中 x 方向(垂直沟道)的电位为抛物线分布。假设二维分析在 x 方向有类似分布,则泊松方程变为

$$\Phi(x,y)=c_0(y)+c_1(y)x+c_2(y)x^2 \tag{7-33}$$

7.3.1　单栅 SOI MOSFET

为简化分析,先以单栅 SOI MOSFET 为例,求解式(7-33)。它的边界条件是:

(1) $\Phi(y,0)=\Phi_{\mathrm{f}}(y)=c_0(y)$,其中, $\Phi_{\mathrm{f}}(y)$ 是前表面势;

(2) $\left.\dfrac{\mathrm{d}\Phi(x,y)}{\mathrm{d}x}\right|_{x=0}=\dfrac{\varepsilon_{\mathrm{ox}}}{\varepsilon_{\mathrm{s}}}\dfrac{\Phi_{\mathrm{f}}(y)-\Phi_{\mathrm{gs}}}{t_{\mathrm{ox}}}=c_1(y)$,其中, $\Phi_{\mathrm{gs}}=V_{\mathrm{GS1}}-V_{\mathrm{FBF}}$, V_{GS1} 为前栅电压, V_{FBF} 为前栅平带电压;

(3) 假设埋氧层非常厚,BOX 中任何有限距离上的电位差在 x 方向都可忽略不计,即在 BOX 中 $\dfrac{\mathrm{d}\Phi(x,y)}{\mathrm{d}x}\approx0$,则 $\left.\dfrac{\mathrm{d}\Phi(x,y)}{\mathrm{d}x}\right|_{x=t_{\mathrm{Si}}}=c_1(y)+2t_{\mathrm{Si}}c_2(y)\approx0$,从而 $c_2(y)\approx-\dfrac{c_1(y)}{2t_{\mathrm{Si}}}$ 。

利用上述边界条件,可决定式(7-33)中的系数,从而得到

$$\Phi(x,y)=\Phi_{\mathrm{f}}(y)+\frac{\varepsilon_{\mathrm{ox}}}{\varepsilon_{\mathrm{s}}}\frac{\Phi_{\mathrm{f}}(y)-\Phi_{\mathrm{gs}}}{t_{\mathrm{ox}}}x-\frac{1}{2t_{\mathrm{Si}}}\frac{\varepsilon_{\mathrm{ox}}}{\varepsilon_{\mathrm{s}}}\frac{\Phi_{\mathrm{f}}(y)-\Phi_{\mathrm{gs}}}{t_{\mathrm{ox}}}x^2 \tag{7-34}$$

将式(7-34)代入式(7-32),并令 $x=0$,此时 $\Phi(x,y)=\Phi_{\mathrm{f}}(y)$,则得到

$$\frac{d^2 \Phi_f(y)}{dy^2} - \frac{\varepsilon_{ox}}{\varepsilon_s} \frac{\Phi_f(y) - \Phi_{gs}}{t_{Si} t_{ox}} = \frac{q N_A}{\varepsilon_0 \varepsilon_s} \tag{7-35}$$

一旦 $\Phi_f(y)$ 由式(7-35)确定,即可利用式(7-34)计算 $\Phi(x, y)$。若定义:

$$\lambda_1 = \sqrt{\frac{\varepsilon_s}{\varepsilon_{ox}} t_{ox} t_{Si}} \tag{7-36}$$

和

$$\varphi(y) = \Phi_f(y) - \Phi_{gs} + \frac{q N_A}{\varepsilon_0 \varepsilon_s} \lambda_1^2 \tag{7-37}$$

则式(7-35)变为

$$\frac{d^2 \varphi(y)}{dy^2} - \frac{\varphi(y)}{\lambda_1^2} = 0 \tag{7-38}$$

这个方程的解是 $\varphi(y) = \varphi_0 \exp(\pm y/\lambda_1)$,$\lambda_1$ 是表示 y 方向电势分布的参数,称为器件的特征长度,是评估晶体管中 SCE 的一个参数,表示漏极电场渗透到沟道的距离,它取决于栅氧化层厚度和硅膜厚度。栅氧化层和/或硅膜越薄,特征长度越小,从而漏电场对沟道区的影响也越小。数值模拟表明,为了避免短沟道效应,MOS 器件的有效栅长必须比特征长度大 5~10 倍。

7.3.2　双栅 SOI FinFET

对于双栅 FinFET,式(7-33)的边界条件为:

(1) $\Phi(0, y) = \Phi(t_{Si}, y) = \Phi_f(y) = c_0(y)$,其中 $\Phi_f(y)$ 是前表面势;

(2) $\left. \dfrac{d\Phi(x, y)}{dx} \right|_{x=0} = \dfrac{\varepsilon_{ox}}{\varepsilon_s} \dfrac{\Phi_f(y) - \Phi_{gs}}{t_{ox}} = c_1(y)$,其中 $\Phi_{gs} = V_{GS1} - V_{FBF}$;

(3) $\left. \dfrac{d\Phi(x, y)}{dx} \right|_{x=t_{Si}} = -\dfrac{\varepsilon_{ox}}{\varepsilon_s} \dfrac{\Phi_f(y) - \Phi_{gs}}{t_{ox}} = c_1(y) + 2t_{Si} c_2(y) = -c_1(y)$,即 $c_2(y) = -\dfrac{c_1(y)}{t_{Si}}$。

利用这些边界条件解式(7-33)得到

$$\Phi(x, y) = \Phi_f(y) + \frac{\varepsilon_{ox}}{\varepsilon_s} \frac{\Phi_f(y) - \Phi_{gs}}{t_{ox}} x - \frac{1}{t_{Si}} \frac{\varepsilon_{ox}}{\varepsilon_s} \frac{\Phi_f(y) - \Phi_{gs}}{t_{ox}} x^2 \tag{7-39}$$

该表达式与式(7-34)之间的主要区别在于 $1/(2t_{Si})$ 项被 $1/t_{Si}$ 项取代,这好像是双栅器件的厚度是单栅晶体管的 1/2。双栅器件的特征长度为(采用与单栅器件相同的推导方法)

$$\lambda_2 = \sqrt{\frac{\varepsilon_s}{2\varepsilon_{ox}} t_{ox} t_{Si}} \tag{7-40}$$

7.3.3　四栅 SOI FinFET

上面关于单栅和双栅 MOSFET 特征长度的分析可以扩展到三栅和四栅器件。这里以典型的具有方形横截面的四栅(围栅)器件为例来进行求解。在这种情况下,在器件中心 $\dfrac{d^2 \Phi}{dx^2} = \dfrac{d^2 \Phi}{dz^2}$,其中来自漏极的电场线对沟道主体的影响最强。泊松方程变成

$$2\frac{\mathrm{d}^2\Phi(x,y,z)}{\mathrm{d}x^2}+\frac{\mathrm{d}^2\Phi(x,y,z)}{\mathrm{d}y^2}=\frac{qN_A}{\varepsilon_0\varepsilon_s} \tag{7-41}$$

特征长度为

$$\lambda_4=\sqrt{\frac{\varepsilon_s}{4\varepsilon_{ox}}t_{ox}t_{Si}} \tag{7-42}$$

对于圆柱形围栅器件,其特征长度可以求出:

$$\lambda_o=\sqrt{\frac{2\varepsilon_s t_{Si}^2\ln\left(1+\dfrac{2t_{ox}}{t_{Si}}\right)+\varepsilon_{ox}t_{Si}^2}{16\varepsilon_{ox}}} \tag{7-43}$$

表 7-5 总结了不同多栅 MOSFET 的特征长度表达式。

表 7-5　不同多栅 MOSFET 的特征长度

器件	特征长度
单栅	$\lambda_1=\sqrt{\dfrac{\varepsilon_s}{1\varepsilon_{ox}}t_{ox}t_{Si}}$
双栅	$\lambda_2=\sqrt{\dfrac{\varepsilon_s}{2\varepsilon_{ox}}t_{ox}t_{Si}}$
三栅	$\lambda_3=\sqrt{\dfrac{\varepsilon_s}{3\varepsilon_{ox}}t_{ox}t_{Si}}$
围栅(方形截面)	$\lambda_4=\sqrt{\dfrac{\varepsilon_s}{4\varepsilon_{ox}}t_{ox}t_{Si}}$
围栅(圆形截面)	$\lambda_o=\sqrt{\dfrac{2\varepsilon_s t_{Si}^2\ln\left(1+\dfrac{2t_{ox}}{t_{Si}}\right)+\varepsilon_{ox}t_{Si}^2}{16\varepsilon_{ox}}}$

7.3.4　修正的特征长度 λ_N

在双栅 FinFET 中,鳍的中心距离栅电极最远,故栅对其控制最弱。如果发生穿通,则它将位于鳍的中心。这意味着为了求出更精确的 λ,需使用与式(7-40)不同的边界条件,即假设穿通出现在沟道中心。

为此,使用相同的坐标系统,从泊松方程出发,对于单栅或双栅器件,$\mathrm{d}\Phi/\mathrm{d}z=0$,并假设沿 x 方向的电势为抛物线分布,则得到与式(7-33)相同的电势分布。下面将利用新的边界条件: $x=t_{Si}/2,\dfrac{\mathrm{d}\Phi(x,y)}{\mathrm{d}x}\bigg|_{x=t_{Si}/2}=0$,求解电势分布,得到

$$\Phi(x,y)=\Phi_f(y)+\frac{\varepsilon_{ox}}{\varepsilon_s}\frac{\Phi_S(y)-\Phi_{gs}}{t_{ox}}x-\frac{1}{t_{Si}}\frac{\varepsilon_{ox}}{\varepsilon_s}\frac{\Phi_S(y)-\Phi_{gs}}{t_{ox}}x^2 \tag{7-44}$$

式中:Φ_S 为前表面势或背表面势。由于鳍片中心的电势 $\Phi_c(y)$ 与 SCE 最相关,通过令式(7-44)中的 $x=t_{Si}/2$,可得到 $\Phi_C(y)$ 和 $\Phi_S(y)$ 之间的关系如下

$$\Phi_S(y)=\frac{1}{1+\dfrac{\varepsilon_{ox}}{4\varepsilon_s}\dfrac{t_{Si}}{t_{ox}}}\left[\Phi_C(y)+\frac{\varepsilon_{ox}}{4\varepsilon_s}\frac{t_{Si}}{t_{ox}}\Phi_{gs}\right] \tag{7-45}$$

由此可将 $\Phi(x,y)$ 表达为 $\Phi_C(y)$ 的函数：

$$\Phi(x,y)=\left(1+\frac{\varepsilon_{ox}}{\varepsilon_s}\frac{x}{t_{ox}}-\frac{\varepsilon_{ox}}{\varepsilon_s}\frac{x^2}{t_{ox}t_{Si}}\right)\left[\frac{\Phi_C(y)+\frac{\varepsilon_{ox}}{4\varepsilon_s}\frac{t_{Si}}{t_{ox}}\Phi_{gs}}{1+\frac{\varepsilon_{ox}}{4\varepsilon_s}\frac{t_{Si}}{t_{ox}}}\right]-\left(\frac{\varepsilon_{ox}}{\varepsilon_s}\frac{x}{t_{ox}}\Phi_{gs}-\frac{\varepsilon_{ox}}{\varepsilon_s}\frac{x^2}{t_{ox}t_{Si}}\Phi_{gs}\right) \quad (7\text{-}46)$$

将式(7-46)代入二维泊松方程 $\dfrac{d^2\Phi(x,y)}{dx^2}+\dfrac{d^2\Phi(x,y)}{dy^2}=\dfrac{qN_A}{\varepsilon_0\varepsilon_s}$，得到

$$\frac{d^2\Phi_C(y)}{dy^2}+\frac{\Phi_{gs}-\Phi_C(y)}{\lambda_2^2}=\frac{qN_A}{\varepsilon_0\varepsilon_s} \quad (7\text{-}47)$$

其中特征长度 λ_2 为

$$\lambda_2=\sqrt{\frac{\varepsilon_s}{2\varepsilon_{ox}}\left(1+\frac{\varepsilon_{ox}}{4\varepsilon_s}\frac{t_{Si}}{t_{ox}}\right)t_{ox}t_{Si}} \quad (7\text{-}48)$$

在此基础上，Colinge 等引入了有效栅数 N 的概念，将特征长度的表达式推广至任意数量的栅，即

$$\lambda_N=\sqrt{\frac{\varepsilon_s}{N\varepsilon_{ox}}\left(1+\frac{\varepsilon_{ox}}{4\varepsilon_s}\frac{t_{Si}}{t_{ox}}\right)t_{ox}t_{Si}} \quad (7\text{-}49)$$

N 的值可以通过实验从阈值电压与硅膜厚度的关系中提取，对于多栅器件，阈值电压由下式给出

$$V_{T,N}=V_{FB}+2\phi_F+\frac{qN_A}{C_{ox}}\frac{t_{Si}}{N} \quad (7\text{-}50)$$

若栅极为方形或矩形截面，对于单栅器件，$N=1$；对于双栅器件，$N=2$；对于三栅器件，$N=3$；对于四栅器件，$N=4$；而对于 Π-栅晶体管，N 的值接近于 π（即 3.14）；对于 Ω-栅器件，N 值为 $3\sim4$，取决于栅在鳍片下的延伸长度。

数字模拟表明，为了合理控制 SCE，栅长需比 λ_N 大 $5\sim10$ 倍。因此，特征长度可用于估计为避免短沟道效应所能使用的最大硅膜厚度和器件宽度。图 7-31 显示了避免短沟道效应的最大允许硅膜厚度（以及具有方形横截面的四栅器件的器件宽度），计算中假设栅氧化层厚度为 1.5 nm。结果表明，以 50 nm 栅长为例，单栅完全耗尽型器件的硅膜厚度需要比栅长小 $3\sim5$ 倍；如果采用双栅结构，则对硅膜厚度的要求放宽，薄膜只需减薄到栅长的一半；若使用围栅结构，则硅膜厚度/宽度/直径可以与栅极长度一样。对于三栅、Π-栅和 Ω-栅器件，其膜厚要求位于双栅器件和围栅器件之间。

总之，通过减小栅氧化层厚度、硅膜厚度、增加栅数量以及使用高 k 栅介质代替 SiO_2 可以减小特征长度，从而减弱短沟道效应。使用多栅器件，可以用薄栅氧化物换取硅膜/鳍片的减薄，因为 λ_N 正比于 $(t_{Si}t_{ox})^{1/2}$ 而反比于 $N^{1/2}$。

基于"特征长度"概念，定义了一个等比缩小因子 α_N，用于评估不同栅结构器件的短沟道灵敏度：

$$\alpha_N=\frac{L}{2\lambda_N} \quad (7\text{-}51)$$

根据等比例缩小理论，器件尺寸缩小时，要保证参数 α_N 不变，则要求特征长度 λ_N 和沟道长度一起缩小，这样即可保持同样的亚阈值摆幅，获得较好的器件性能。计算表明，为了抑制短沟道效应，控制器件的穿通电流，对于双栅器件，α_2 应大于 3。有了 α_N 的值，给定硅膜厚度

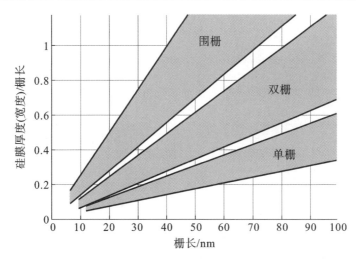

图 7-31　避免短沟道效应的最大允许硅膜厚度和器件宽度与栅极长度的关系

t_{Si} 和氧化层厚度 t_{ox}，从上式可以估计避免 SCE 的最小栅长度；或者对于给定的栅长，由下式可确定氧化层厚度和硅膜厚度：

$$t_{ox} = \frac{\varepsilon_{ox} L^2}{2\alpha_N^2 \varepsilon_s t_{Si}} - \frac{\varepsilon_{ox}}{4\varepsilon_s} t_{Si} \tag{7-52}$$

为了使双栅器件具有良好的性能，要求硅膜厚度很小，实现全耗尽，故双栅器件通常都是全耗尽型器件。对于合适的栅介质厚度，硅膜厚度 t_{Si} 一般要求为 $L/4 \sim 2L/3$。

7.3.5　多栅 FinFET 的驱动电流

在多栅场效应晶体管中，驱动电流基本上等于沿栅电极覆盖的所有界面流动的电流之和。因此，如果载流子在每个界面处具有相同的迁移率，则总电流等于单栅器件中的电流乘以等效栅数（假定为方形横截面）。例如，双栅器件的驱动电流是相同栅极长度和宽度的单栅器件的两倍。在三栅 FinFET 和双栅 FinFET 中，每个鳍片具有相同的厚度和宽度，故对于给定的栅极长度，每个鳍片有一固定的驱动电流。为了驱动更大的电流，可使用多鳍器件，因为多鳍 FinFET 的驱动电流等于单个鳍片的电流乘以鳍片的数量。

下面比较一下单栅平面 MOSFET 和具有相同栅面积（$W \times L$）的多鳍 FinFET（见图 7-32）的驱动电流。假设两者均在 (100) 硅上制作，平面 FET 的表面迁移率和多鳍多栅 FET 的顶表面迁移率均为 μ_{top}。侧壁界面迁移率可能不同于顶部迁移率，取决于侧壁晶体取向，通常为 (100) 或 (110)，标记为 μ_{side}。

考虑鳍片的间距为 P（见图 7-32(b)），则多栅器件中的漏极输出电流由下式给出：

$$I_D = I_{D0} \frac{\theta\mu_{top} W_{Si} + 2\mu_{side} t_{Si}}{\mu_{top} P} \tag{7-53}$$

式中：I_{D0} 是单栅平面器件中的电流；W_{Si} 是每个鳍片的宽度；t_{Si} 是硅膜厚度；在三栅 FinFET 中，电流沿三个界面传导，$\theta = 1$，在两栅 FinFET 中，沟道仅在侧壁界面上形成，$\theta = 0$。

根据式（7-53），设 $W_{Si} = P/2$，鳍片高度为 50 nm 或 100 nm，计算出多鳍三栅和两栅 FinFET 中的驱动电流作为鳍片间距 P 的函数关系，如图 7-33 所示，其中漏极电流由占用相

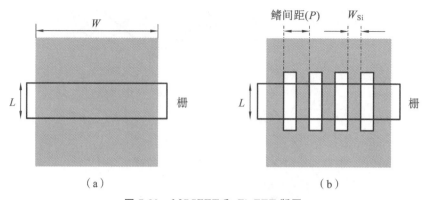

图 7-32　MOSFET 和 FinFET 版图
(a) 单栅平面 MOSFET；(b) 多鳍 FinFET

同硅空间的单栅平面器件的漏极电流归一化。可见，如果可以获得足够小的鳍片间距，多栅器件可以提供比单栅平面 MOSFET 更大的电流。图中还显示了 Si 侧壁取向（〈100〉或〈110〉）对驱动电流的影响。此外，驱动电流还可以通过增加鳍片高度 t_{Si} 来增加，但使用高鳍片在器件加工过程中常常会带来困难。

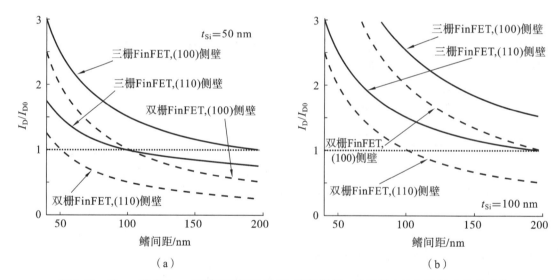

图 7-33　50 nm 或 100 nm 硅膜两栅和三栅 FinFET 的归一化输出电流与间距 P 的关系[①]

　　值得注意的是，栅电容随着栅数量的增加而增加。这使得栅极延迟 $C_g V_{DD}/I_{on}$ 不仅得不到改善，还会随着栅数量的增加而增加。如围栅器件的延迟大于三栅器件，双栅器件的延迟大于单栅器件。

7.3.6　多栅 FinFET 的角效应

　　尽管多栅器件有利于控制 SCE，但由于它们的 3D 结构，出现了新的耦合效应。对多栅

---

　　①　$W_{Si} = P/2$；〈100〉侧壁电子迁移率为 $300\ cm^2/(V \cdot s)$，〈110〉侧壁电子迁移率为 $150\ cm^2/(V \cdot s)$。

SOI FinFET 的研究表明,在尖角处,电场会被放大很多倍,导致大量电子聚集形成反型沟道,显著影响其 I-V 特性,这种现象通常称为角效应:由于在角附近形成独立的沟道,与顶部或侧壁栅极相比,具有不同的阈值电压。总电流中的角分量反映出比器件其余部分更低的阈值电压,从而产生更高的 I_{off},退化亚阈特性,降低 I_{on}/I_{off} 比值。此外,拐角的曲率半径对器件的电特性有重要影响,它可以确定沟道的角部分和沟道的平面部分是否具有不同的阈值电压。双栅 FinFET 顶部的硬掩膜就是为了避免这个"角效应"问题。

下面以 Ω-栅器件(见图 7-34)为例来说明角效应。鳍片的厚度和宽度分别为 t_{Si} 和 W_{Si},顶角和底角的曲率半径分别记为 r_{top} 和 r_{bot}。栅氧化层厚度为 2 nm,$t_{Si}=W_{Si}=30$ nm。因为栅材料是 N$^+$ 多晶硅,故必须使用高掺杂浓度来获得有用的阈值电压值(N 沟器件)。图 7-35 显示了在 $V_{DS}=0.1$ V 时,对于不同掺杂浓度和上下角曲率半径(1 或 5 nm)所模拟器件的 dg_m/dV_{GS} 特性。dg_m/dV_{GS} 特性能用来识别单栅和双栅 SOI 器件不同的阈值电压。dg_m/dV_{GS} 曲线的驼峰对应于器件中沟道的形成(即阈值电压)。当角曲率半径等于 1 nm 时,具有最低

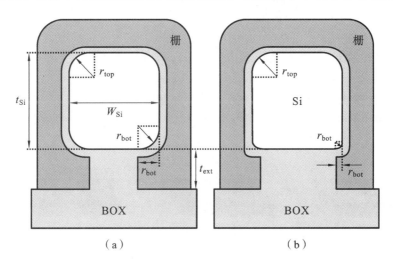

图 7-34 Ω-栅器件截面图

(a) $r_{top}=r_{bot}$;(b) $r_{top}\neq r_{bot}$

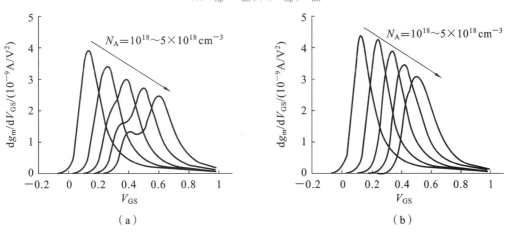

图 7-35 图 7-34 中 Ω-栅 MOSFET 的 dg_m/dV_{GS} 曲线(栅极为 N$^+$ 多晶硅)

(a) $r_{top}=r_{bot}=1$ nm;(b) $r_{top}=r_{bot}=5$ nm

掺杂浓度的器件呈现出单峰,表明角和边缘同时形成沟道。而沟道掺杂较高的器件有两个
驼峰,第一个对应于顶角的反型,第二个对应于顶部和侧壁沟道的形成。当拐角曲率半径
为 5 nm 时,所有掺杂浓度的器件都呈现出一个单峰,表明已经消除了过早的拐角反型。在这
种情况下,所有器件在其大范围的亚阈电流下均达到 60 mV/dec 的亚阈值摆幅。因此,可以
通过在沟道中使用低掺杂浓度或具有足够大曲率半径的拐角来消除角效应。通常,使用非掺
杂沟道与中间带隙金属栅结合来消除角效应对多栅 FinFET 特性的影响。另一可能的办法是
去除沟道的角,让鳍片在氢气氛围中退火,使其圆角化,如图 7-36 所示。

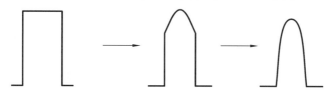

图 7-36　鳍片氢气退火使其圆角化

7.3.7　SOI 和体硅 FinFET 性能比较

上面所讨论的多栅 FinFET 是在 SOI 晶片上制造的(见图 7-37(a))。然而,多栅 FinFET
也可以在体硅晶片上制作。事实上,英特尔在其 22 nm CMOS 制程中就是采用的体硅 Fin-
FET 结构(见图 7-37(b))。

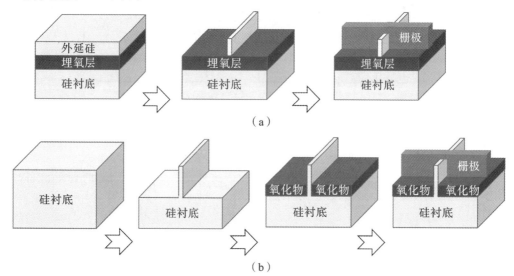

图 7-37　FinFET 主要制备工艺流程
(a) SOI FinFET;(b) 体硅 FinFET

与 SOI 衬底相比,使用体硅的主要优势有两个:较低的晶圆成本和更好的衬底热传导。
但其缺点也不少,包括以下几点。

(1) 体硅衬底与鳍相连,可能存在源漏穿通问题,需要提供额外的隔离步骤,如在沟道下
方采用重掺杂工艺,形成穿通阻挡层;或在源漏下方形成局部埋氧隔离。这无疑增加了制造工

艺步骤,从而增加了器件制造成本。

(2) 体硅 FinFET 具有更大的工艺差异性而使得制造更具挑战性。体硅 FinFET 中的鳍片高度完全由鳍片蚀刻步骤决定(而不像 SOI FinFET 那样由 Si 层厚度决定)。这给蚀刻差异性控制带来了更大的压力,因为任何鳍片高度变化都会转化为晶体管宽度的变化。

(3) 虽然在栅控制沟道的静电性方面,体硅 FinFET 与 SOI FinFET 一样好,但在体器件的鳍片下方,源和漏必须通过重掺杂阻止注入层隔开,以防止次表面穿通。

(4) 鳍下的体硅可以通过体接触来访问,但体硅 FinFET 的体因子很低,因为鳍片内部的静电势主要由栅极控制而不是由体控制。因此,体偏压对改变体硅 FinFET 的阈值电压是无效的。

模拟分析表明,对于三栅 FinFET,按照通常的设计实践,SOI 器件与体硅 FinFET 相比可以使其性能和 I_{on}/I_{off} 比值改进 6% 以上,或者在相同的驱动电流下可以使漏电流降低一半以上。这是因为与耗尽体鳍片底部的 PN 结隔离相比,BOX 隔离更好。对于双栅 FinFET,SOI FinFET 相对于体硅 FinFET 的优势更加明显:在相同断态电流下,SOI 器件的驱动电流和 I_{on}/I_{off} 值将提高 10% 以上,而在相同的驱动电流下,SOI 器件的断态漏电流可以降低 5 倍以上。

虽然 SOI FinFET 的 SCE 比体硅 FinFET 的稍严重,但在一定程度上可以通过优化 BOX 和衬底掺杂来缓解。SOI FinFET 器件具有更好的匹配特性,鳍的宽度和高度更加容易控制,因此比体 FinFET 具有更好的整体差异性能。

7.4 GAA FET

在 14 nm 制程时,FinFET 鳍的宽度只有约 5 nm,鳍尺寸的进一步缩小面临工艺上的困难,为此,硅纳米线(nano wires,NWs)沟道引起人们极大兴趣。对于尺寸小于 10 nm 的硅纳米线作为沟道材料,载流子在垂直沟道两个方向的运动均受到限制,只能沿着纳米线(平行于沟道)一个方向做自由运动,称这样的载流子为一维载流子,围绕纳米线淀积栅介质和栅电极即可形成场效应晶体管,通常称为"纳米线 MOSFET",也称为环绕栅或围栅(gate-all-around,GAA) FET。这种结构通过栅极提供了对沟道的最佳静电控制,具有诸多优点:

(1) 当形成沟道区的硅膜很薄时,在工作状态下为全耗尽,使得整个沟道区域能够被栅电压有效控制,源漏共享电荷很少,可大大抑制短沟道效应;

(2) 受量子效应能级分裂的影响,载流子分布峰值离开沟道表面,向硅膜中心靠近,有利于提高载流子的迁移率,进而提高器件的跨导和驱动能力;

(3) 消除了容易形成高电场的拐角,没有锐角效应,可有效抑制器件性能的退化,提高器件可靠性;

(4) 此外,还能减小栅极漏电,获得理想的亚阈值摆幅。

总之,环绕栅器件被认为是器件特征尺寸缩小到纳米量级时,最具发展前景的一种新型 FET 器件结构。三星在 3 nm 制程中率先引入 GAA FET 的工艺,台积电和英特尔也即将在 2 nm 制程中采用 GAA FET 工艺架构(台积电预计于 2025 年开始生产 2 nm 芯片)。根据国际器件和系统路线图(IRDS)的规划,2022 年以后,FinFET 结构将逐步被 GAA FET 结构所取代。可以预期,GAA FET 工艺将是进入 2 nm 制程之后的主流工艺架构。

7.4.1 GAA FET 的结构及原理

所谓 GAA FET 结构,是通过更大的栅极接触面积提升对导电沟道的控制能力,从而降低操作电压、减小漏电流,有效降低芯片运算功耗与工作温度。

图 7-38 为最简单的单根纳米线作为沟道的 GAA FET 示意图。处于中心的圆柱体为硅纳米线,在其中间位置由氧化物和栅电极包裹,为沟道区,两端为源漏区。

以 NMOSFET 为例,Si 纳米线为 P 型,当在栅极加上不同栅电压时,其能带图如图 7-39 所示。

(1) 当 $V_{GS} < 0$ 时,沟道表面的能带向上弯曲,空穴在表面积累,能带如图 7-39(a)所示。

(2) 当 $V_{GS} > 0$ 时,能带下弯,空穴耗尽,表面形成空间电荷区,表面处 E_i-E_F 变小,少数载流子增加,但数目很少,表面电荷主要是空间电荷,如图 7-39(b)所示。

(3) 当 $V_{GS} \gg 0$ 时,表面处 E_i 低于 E_F,出现电子反型层,如图 7-39(c)所示。

可见,当环绕栅器件半径很大时,器件工作原理与传统 MOSFET 的类似,即通过沟道表面形成反型层来实现电流传导。但实际上反型模式与纳米线半径 $t_{Si}/2$ 有关,有以下几种情况。

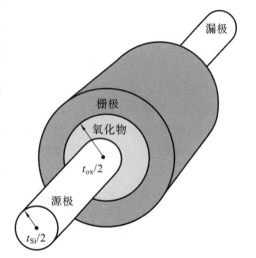

图 7-38 单根硅纳米线 GAA FET 结构示意图
(堆叠栅包裹在半导体纳米线周围)

(1) 隔离反型:当纳米线半径大于栅压所致最大耗尽层宽度时,纳米线中间部分保持中性,反型层在径向是隔离的,反型电荷数量与纳米线直径无关,如图 7-40(a)所示。

(2) 部分反型:随纳米线直径逐渐减小,以至反型沟道的耗尽层在径向相连时,纳米线中央的电势(ϕ_0)较低,但不为零。由于表面势的减小,反型层电荷的数量随纳米线直径的减小而不断增加,如图 7-40(b)所示。

(3) 体反型:进一步减小纳米线直径,以至反型沟道在径向重叠,整个纳米线处于强反型状态,纳米线中电势基本相等。这时,由于纳米线非常细,反型电荷数量增加受到纳米线尺寸的限制,随纳米线直径的减小而不断减少,如图 7-40(c)所示。

可见,环绕栅器件工作模式与纳米线直径密切相关,纳米线直径不同,器件的性能将有很大区别。选择合适的纳米线直径,使环绕栅器件处于部分反型和体反型的临界状态,沟道反型层中的电荷数量将达到最大值,同时沟道中心产生导电沟道,有利于降低界面散射和表面缺陷的影响,提高载流子迁移率,这些都将增大导通电流,提高跨导。

当然,选择纳米线直径时,还要考虑其他一些因素,如源漏间的漏电流、对短沟道效应的抑制情况等,尤其是在特征尺寸很小时。

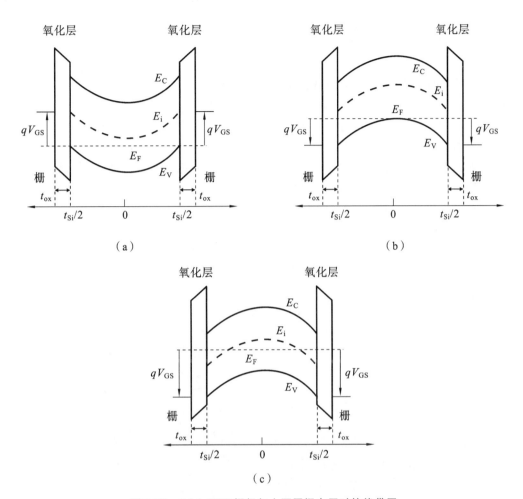

图 7-39　GAA FET 栅极加上不同栅电压时的能带图

（a）$V_{GS} < 0$，表面积累；（b）$V_{GS} > 0$，表面耗尽；（c）$V_{GS} \gg 0$，表面反型

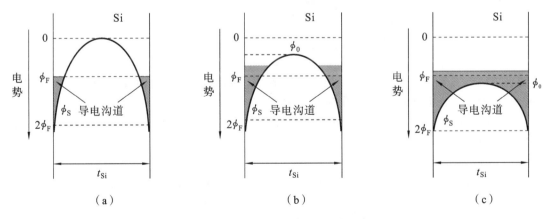

图 7-40　GAA FET 沟道反型模式示意图

（a）隔离反型；（b）部分反型；（c）体反型

7.4.2　纳米线制造工艺

关于纳米线的制造工艺，可以有两种不同的途径：自下而上和自上而下。

（1）自下而上的方法是指利用化学促进复杂介观结构自组装的方法。近年来最重要的发现之一是使用不同纳米尺寸的金属纳米颗粒（如镍、金、铁）作为催化剂在低温下生长单晶纳米结构材料。利用这种技术可以合成各种各样的半导体材料，如硅、锗、砷化镓、氮化镓和磷化铟。在不同的应用中，如激光产生、光致发光、传感、PN 结和 FET 等已得到证实。目前，由于受控的化学合成，由汽-液-固（VLS）生长 NWs 制备的 FETs 对于非常小的直径（<5 nm）可以提供比蚀刻更好的尺寸均匀性。

（2）自上而下的方法是指那些尺寸在纳米范围内的器件，由 CMOS 工艺（即光刻、薄膜沉积、蚀刻和金属化）所采用的标准技术制造，以获得尺寸非常小的环绕栅 FETs。

图 7-41 表示九根纳米线的 GAA FET（使用多根硅纳米线来增加沟道宽度 W），其纳米线制备的简化工艺步骤（自上而下方法）如图 7-42 所示。

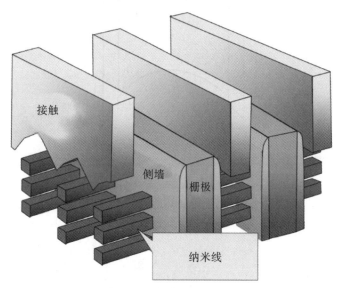

图 7-41　九线 GAA FET

（1）首先，在 SOI 晶片的硅表面上交替生长 SiGe 和 Si 外延层，然后进行氧化硅和氮化硅硬掩膜（hard mask，HM）沉积（见图 7-42(a)）；

（2）在光致抗蚀剂（Photoresist，PR）图案化之后，刻蚀鳍形图案，剥离 PR，并清洁晶圆，如图 7-42(b)所示；

（3）去除 SiGe 和 SiN 层以形成硅纳米线，如图 7-42(c)所示；

（4）在氧化和氧化物清洁后（这也将薄 SOI 层还原为氧化物），淀积高 k 介质和金属栅叠层（HKMG），如图 7-42(d)所示；

（5）多晶硅淀积、CMP 和图案化完成栅先 HKMG Si-NW GAA FET 的制备，如图 7-42(e)所示。

当然，在刻蚀过程中，硅 NW 不能漂浮在半空中。NW 的支撑结构位于其末端的硅岛，如图

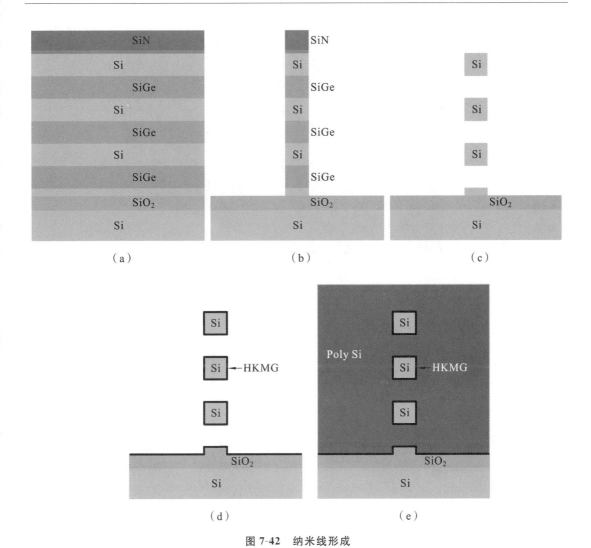

图 7-42 纳米线形成

(a) SiGe 和 Si 的交替外延生长、衬垫氧化物和氮化物硬掩膜沉积；(b) 光刻、刻蚀、PR 剥离和清洗；
(c) 去除 SiGe 和 SiN；(d) 氧化、氧化物清洁以及 HKMG 沉积；(e) 多晶硅沉积

7-43 中椭圆线框所示。NWs 悬挂在支撑结构之间，NW 的下垂是一个很难捕捉和检查的缺陷。

此外，硅纳米线也可采用常规图案制作。首先去除硅下方的埋氧层，然后使用 H_2 退火将线圆化成近似圆形横截面。

利用高鳍片的应力限制氧化技术，制成一种双丝结构。受应力限制的氧化使硅丝氧化的速率比平面硅的慢（鳍高的中间部分氧化快），从而最终产生包括两条硅丝的结构：一条在鳍片顶部；另一条在鳍片底部（见图 7-44）。在氧化过程中，保护源极和漏极区域非常重要。去除氧化物后，即形成两条硅纳米线。此外，也可利用与掺杂有关的氧化速率效应通过氧化形成双纳米线。

采用自下而上自组装方法例子：使用柱状相二嵌段共聚物已表明能形成高密度自组装纳米线。此聚合物能将光刻图形宽度（W_a）划分为整数子单元，其圆柱体之间的距离为 l。l 是聚合物的本征长度，它决定了以 W_a 匹配的子单元数（n）。n 和 l 之间的关系由式(7-54)定义，即

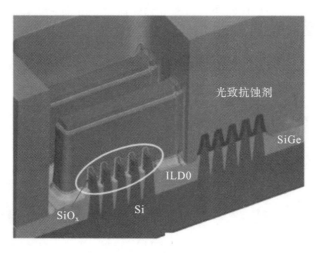

图 7-43　NW 支撑结构示意图

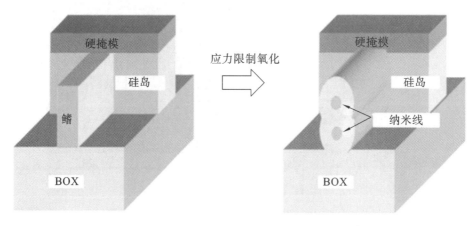

图 7-44　通过应力限制氧化形成的双硅纳米线[1]

$$n = \frac{2}{\sqrt{3}}\left(\frac{W_a}{l}\right) \qquad (7\text{-}54)$$

　　自组装过程如图 7-45 所示。光刻定义的沟槽侧壁触发聚合物畴的组装。已表明,由 70%聚苯乙烯(PS)和 30%聚甲基丙烯酸甲酯(PMMA)(70∶30＝PS∶PMMA)组成的二嵌段共聚物(总分子量 M_n＝64 kg/mol)在 PS 基质中能形成直径为 20 nm 圆柱形 PMMA 畴(l＝35 nm)的六角晶格。膜组装后,通过将衬底浸入醋酸中,将 PMMA 从半圆柱形畴中去除,然后使用等离子体蚀刻来定义硅纳米线。

7.4.3　纳米线沟道的量子效应

　　当有源沟道缩短到 30 nm 以下时,为了维持栅极对沟道电势可接受的静电控制,要求相同

---

　　① 硬掩膜用于防止硅岛区域氧化。在线末端的硅岛用于固定纳米线。

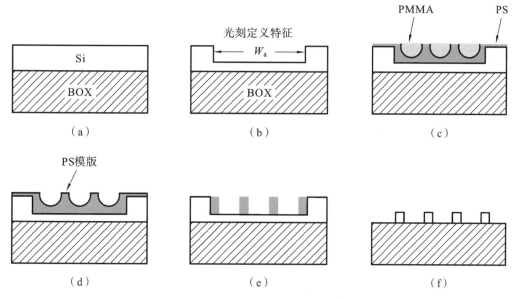

图 7-45　自组装纳米线的形成图[①]

尺寸甚至更小的鳍片宽度(W_{Si})和高度(t_{Si})或纳米线直径(t_{Si})。当半导体鳍片的尺寸 W_{Si} 和 t_{Si} 达到纳米级时,载流子在垂直于输运方向的二维平面内受到限制。因此,二维电子气被转换成一维电子气。由于体晶体的对称性将不会保留,而诸如态密度和能带结构等基本量级将经历重要的修正,这将影响 GAA FETs 的载流子输运特性,实验已观察到基本电参数(如阈值电压)的变化。

　　当多栅 FET 硅膜厚度和/或宽度小于 10 nm 时,对于双栅器件,沟道电子处于二维电子气(2DEG)中;对于三栅或四栅 MOSFET,电子处于一维电子气(1DEG)中。采用图 7-30 中的坐标系,对于双栅器件(硅膜厚度为 t_{Si}),电子可以在 y 和 z 方向自由移动,但在 x 方向受限;在薄而窄的三栅或四栅器件中,电子只能在 y 方向自由移动,在 x 和 z 方向受限。这将导致在硅膜中形成能量子带,以及与经典理论预测的显著不同的电子分布。特别是,反型层不必局限在硅膜表面,可以处在膜的体中,从而引起体反型,如图 7-40(c)所示。电子的受限也将影响到载流子迁移率和器件的阈值电压。

1. 体反型

　　正如 7.4.1 节提到的,当纳米线直径很小时,会出现体反型模式。实际上,非常薄(或窄)的 Si 薄膜多栅 SOI MOSFET 中也会出现体反型。因为反型载流子并非如经典器件物理所预测的那样局限于 Si/SiO_2 界面附近,而是位于薄膜(纳米线)的中心。要正确预测体反型,需采用自洽方式求解薛定谔方程和泊松方程。

　　体反型于 1994 年首次在双栅器件上进行了测量,此后被许多研究小组证实。在三栅 SOI MOSFET 中也观察到体反型。当多栅 MOSFET 工作于体反型模式时,电子形成低维电子气(对于双栅器件为 2DEG;对于三栅、Ⅱ-栅、Ω-栅或环绕栅 FET,则形成 1DEG),其结果形成了

---

　　① （a）SOI 晶片;(b)初始光刻定义图案宽度 W_a;(c)由 PS 和 PMMA 组成的两相嵌段共聚物划分为自对准图案;(d)衬底浸入醋酸去除 PMMA;(e)用于等离子体刻蚀的 PS 模板形成;(f)等离子体刻蚀形成硅纳米线。

能量子带,如图 7-46 所示。通过使用有效质量近似解薛定谔方程以及自洽方法解泊松方程,可以求出第 j 级电子波函数和相应的能级 E_j:

$$\left(-\frac{\hbar^2}{2m^*}\mathbf{V}^2 - q\Phi\right)\Psi_j = E_j\Psi_j \qquad (7\text{-}55)$$

$$\mathbf{V}^2\Phi = -\frac{q}{\varepsilon_0\varepsilon_s}(p - n + N_D - N_A) \qquad (7\text{-}56)$$

电子浓度为

$$n = \sum_j \left[(\Psi_j \times \Psi_j^*) \times \int_{E_j}^{\infty} \rho_j(E) f_{FD}(E)\mathrm{d}E\right] \qquad (7\text{-}57)$$

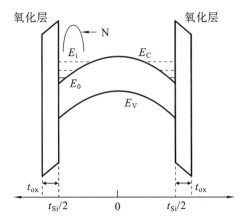

图 7-46　环栅器件表面反型层电子子带能级分布剖面

式中:$\rho_j(E)$ 是作为能量函数的态密度;$f_{FD}(E)$ 是费米-狄拉克分布函数。在 2DEG 中,态密度是常数(与能量无关),而在 1DEG 中,态密度是 $(E - E_j)^{-1/2}$ 的函数。注意方程(7-55)是各向异性的,故有

$$\left(-\frac{\hbar^2}{2}\left(\frac{\partial}{\partial x}\left(\frac{1}{m_x^*}\frac{\partial}{\partial x}\right) + \frac{\partial}{\partial y}\left(\frac{1}{m_y^*}\frac{\partial}{\partial y}\right) + \frac{\partial}{\partial z}\left(\frac{1}{m_z^*}\frac{\partial}{\partial z}\right)\right) - q\Phi\right)\Psi_j = E_j\Psi_j \qquad (7\text{-}58)$$

式中:m_x^*、m_y^*、m_z^* 为对应不同能谷的有效质量,取决于晶体取向。图 7-47 给出了 $V_{GS} > V_T$ 时不同硅膜厚度 t_{Si} 下双栅 FETs 中电子浓度分布示例。图 7-48 显示了两栅和三栅 FinFET 以及环绕栅 FET 中的电子浓度分布。在每种情况下,都可以观察到硅薄膜或鳍片中心的高电子浓度,相应于体反型。体反型的直接结果是薄膜器件中反型载流子迁移率的增加。

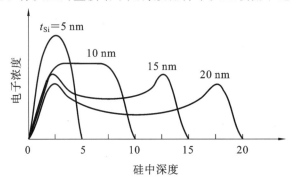

图 7-47　不同硅膜厚度(t_{Si})双栅 MOSFETs 中电子浓度分布剖面

2. 迁移率效应

体反型载流子比表面反型层中的载流子遭受更少的界面散射,从而在多栅器件中观察到迁移率和跨导的增加。而且,多栅器件中声子散射率比单栅晶体管中的要低。图 7-49 说明了多栅 MOSFET 中迁移率与薄膜厚度的关系。在厚膜器件中,各表面沟道之间没有相互作用,也没有体反型,迁移率与体 MOSFET 中的迁移率相同。如果薄膜变薄(t_{Si} 减小),则会出现体反型,且由于 Si-SiO₂ 界面散射减少,迁移率增加。

在较厚(t_{Si} 较大)的薄膜中,反型载流子集中在界面附近,但在较薄(t_{Si} 较小)的薄膜中,大多数载流子集中在硅薄膜中心附近,远离界面散射中心(见图 7-47),使迁移率增加。然而,在非常薄(t_{Si} 很小)的硅薄膜(或纳米线)中,体反型层中的载流子也将遭受表面散射,因为它们物

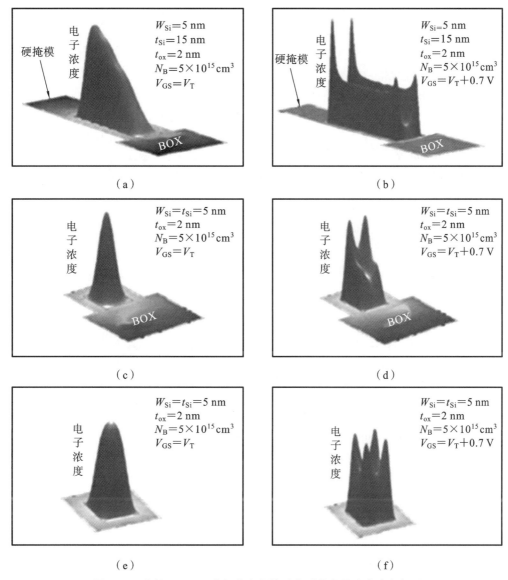

图 7-48　多栅 FinFET 在阈值和阈值以上时的电子浓度分布剖面
（a）双栅，阈值；（b）双栅，阈值以上；（c）三栅，阈值；（d）三栅，阈值以上；
（e）环绕栅，阈值；（f）环绕栅，阈值以上

理上接近界面，故随着薄膜厚度的减小，迁移率下降。

3. 阈值电压

经典理论预测，若掺杂浓度 N_A 保持不变，当硅膜厚度减小时，全耗尽 SOI MOSFET 的阈值电压降低。这是由于薄膜厚度（或直径 t_{Si}）减小时耗尽电荷 qN_At_{Si} 将减少。然而，当薄膜厚度（或直径 t_{Si}）小于 10 nm 时，耗尽电荷非常少，通常可以忽略。另外，两个非经典的因素不得不考虑：其一，反型载流子的浓度需要比经典理论预测的更高才能达到阈值，故硅薄膜（或纳米线）中的电势 ϕ 大于经典的 $2\phi_F$；其二，当薄膜厚度（或直径 t_{Si}）减小时，导带分裂成子带，子带的最低能量（从而导带的最低能量）增加（见图 7-46），这将增加达到所要求反型载流子浓度所

需的栅极电压,即阈值电压升高。这一量子现象于 1993 年由 Omura 等人首次报道,此后被多个研究小组证实和测量。

在双栅器件的特殊情况下,忽略硅膜中的任何电位变化($\phi=0$),可使用式(7-55)求出第一导带子带的最低能量,其解为

$$E_n = \frac{\pi^2 \hbar^2 n^2}{2 m^* t_{Si}^2} \quad (n=1,2,3,\cdots) \tag{7-59}$$

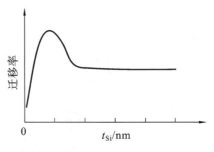

图 7-49　多栅 MOSFETs 中迁移率与硅膜厚度(t_{Si})关系示意图

令 $n=1$,即得到最低子带的能量

$$E = E_{C0} + \frac{\pi^2 \hbar^2}{2 m^* t_{Si}^2} \tag{7-60}$$

式中:E_{C0} 是经典的导带"三维"最低能量。单栅器件的阈值电压可从基本电容关系推导得出

$$C_{inv} = C_{ox} + C_{dep} \tag{7-61}$$

在轻掺杂(理想情况下非掺杂)完全耗尽型器件中,耗尽电容可以忽略,从而

$$C_{inv} = C_{ox} \tag{7-62}$$

在相同条件下,双栅器件在亚阈区的反型电荷和电容为

$$Q_{inv} = -q n_i t_{Si} e^{\frac{q\phi}{kT}}, \quad C_{inv} = -\frac{1}{2}\frac{dQ_{inv}}{d\phi} = -\frac{1}{2}\frac{q}{kT}Q_{inv} \tag{7-63}$$

式中:ϕ 是沟道中的电势,系数 $1/2$ 来自于双栅。利用式(7-62)和式(7-63),反型电荷可以写为

$$Q_{inv} = -2 C_{ox}\frac{kT}{q} \tag{7-64}$$

结合式(7-63)和式(7-64),可以求出电位 ϕ。将栅极和硅膜之间的功函数差 Φ_{MS} 和带隙的增加式(7-59)与沟道电位相加,即可求出阈值电压:

$$V_T = \Phi_{MS} + \frac{kT}{q}\ln\left(\frac{2 C_{ox} kT}{q^2 n_i t_{Si}}\right) + \frac{\pi^2 \hbar^2}{2 q m^* t_{Si}^2} \tag{7-65}$$

式(7-65)中的第二项为沟道中的电势。可见,对于非常薄的硅膜,ϕ 可以比 $2\phi_F$ 大很多,从而一个薄膜器件在阈值下的反型载流子浓度将比厚膜器件高得多。

由于未涉及薛定谔方程,故根据式(7-65),采用经典模拟器即可正确预测阈值电压的增加,如图 7-50 所示。式(7-65)中的第三项与导带中最低能量随硅膜厚度的变化有关,这只能通过量子力学计算进行预测。

在三栅、Π-栅、Ω-栅和环绕栅晶体管中,当硅鳍片(硅纳米线)的截面减小时,不仅观察到类似的阈值电压增加,而且也观察到阈值处反型载流子浓度的增加。这个效应利用泊松方程进行经典模拟能够预测,但同时使用薛定谔方程时,V_T 的增加更为显著。图 7-51 显示了具有不同鳍片宽度和高度的三栅 FinFET 的漏极电流与栅电压的关系。显然,阈值电压随着器件横截面积的减小而增加。

4. 子带间的散射

在薄或窄的多栅 FET 中,子带的形成是一些在经典器件中未曾观察到的有趣电学特性的起源。对于鳍宽 5 nm 和鳍高 5 nm 的三栅 FinFET 导带中的态密度(DoS)如图 7-52(a)所示。在这种情况下,DoS 显然是一维的,由一系列的峰组成,每个峰遵循 $1/\sqrt{E}$ 的函数分布,对应于

单个子带。图 7-52(b)显示了相同结构但鳍片高度为 100 nm 的 DoS。由于 $t_{Si} \gg W_{Si}$,该器件呈现出阶梯状 DoS 分布,这是二维电子气的特征。

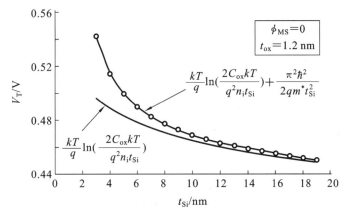

图 7-50　长沟道、轻掺杂/非掺杂双栅晶体管的阈值电压与硅膜厚度的关系[①]

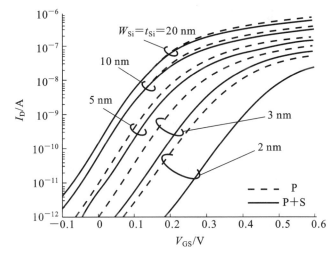

图 7-51　具有不同横截面的三栅 FinFET 转移特性曲线[②]

子带间散射发生在属于不同能量子带的电子之间,这些散射事件降低了电子迁移率。根据定义,如果只有一个子带被占用,则不存在子带间散射,这正好发生在刚超过阈值之时。

然而,随着栅极电压和电子浓度的增加,更多的子带被填充,则属于不同子带的电子之间就会发生散射。如果温度不太高(相对于 $\Delta E/k$,其中 ΔE 是两个子带之间的能量间隔,k 是玻尔兹曼常数),且漏极电压并不比 $\Delta E/q$ 大很多,则随着栅极电压的增加,可以直接观察到以漏极电流幅值振荡形式出现的子带间的散射现象。该效应如图 7-53 所示,其中曲线的每次"衰减"对应于每个新子带的占据而导致散射所引起的迁移率降低。这个效应在低温下更为明显,但只要器件的横截面足够小,在室温下也能观察到。表 7-6 列出了在多栅 FinFET 中实验观察到的由于子带间散射引起的电流振荡时的最高温度和最大漏源电压。

---

① 图 7-50,下面的曲线表示方程(7-65)的经典部分,上面曲线包括了量子力学方面的考虑。

② 器件模拟或仅使用泊松方程(P)或泊松＋薛定谔方程(P+S)。$V_{DS}=50$ mV,$t_{ox}=2$ nm,$N_A=5\times10^{17}$ cm^{-3}。

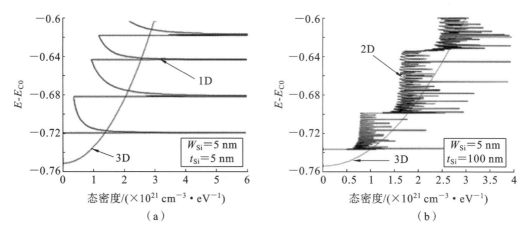

图 7-52 三栅 FinFET 在强反型时导带中的态密度

（a）$t_{Si}=W_{Si}=5$ nm 时计算的一维 DoS 分布；（b）$t_{Si}=100$ nm 和 $W_{Si}=5$ nm 时计算的二维 DoS 分布

（为比较，3D DoS 也在图中标出）

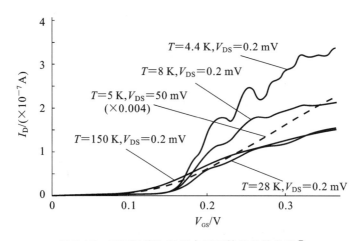

图 7-53 不同温度和漏源电压下转移特性曲线[①]

表 7-6 能观察到由于子带间散射引起电流振荡的子带能量间隔 ΔE、最高温度和漏源电压

$W_{Si} \times t_{Si}$	ΔE/meV	T/K	V_{DS}/mV
45 nm×82 nm	0.15	28	0.2
11 nm×58 nm	1~2	300	1
6 nm×6 nm	35	5	100
6 nm×6 nm	35	200	50

---

① 图 7-53 中，$V_{DS}=50$ mV 的曲线幅值乘以系数 0.004（200 μV/50 mV），以便在同一图中与 $V_{DS}=200$ μV 时的测量曲线相匹配。

7.4.4　GAA FET 的 *I*-*V* 模型

对于图 7-38 所示的最简单的单根纳米线作为沟道的 GAA FET,氧化层电容的计算公式为

$$C_{ox} = \frac{2\pi\varepsilon_{ox}\varepsilon_0}{\ln\dfrac{2t_{ox}+t_{Si}}{t_{Si}}} \tag{7-66}$$

式中,t_{Si} 为纳米线的直径。由于沟道非常短,远小于电子的扩散长度,因而认为沟道中载流子的输运为弹道输运。通过非平衡格林函数方法可推导出电流方程为

$$I_D = \frac{2qkT}{h}\big[F_n(\eta_F) - F_n(\eta_F - V_{DS})\big] \tag{7-67}$$

式中:η_F 称为约化费米势,可由超越方程解出

$$\eta_F = \frac{V_{GS}-V_T}{kT/q} - \frac{q^2 N_{1D}}{2kTC_{ox}}\big[F_{-1/2}(\eta_F) + F_{-1/2}(\eta_F - V_{DS})\big] \tag{7-68}$$

其中,N_{1D} 称为一维有效状态密度,

$$N_{1D} = \sqrt{\frac{2m^* kT}{\pi h^2}} \tag{7-69}$$

式(7-67)和式(7-68)中的 $F_n(x)$ 称为费米积分,x 为积分变量,n 为积分阶数。下面分两种情况予以讨论。

1. 非简并载流子分布情况

传统 MOS 器件理论所考虑的就是沟道中载流子非简并分布的情况。对于这种情况,不管阶数为多少,费米积分都可以简化为 $F_n(x) \to e^x$,故式(7-67)和式(7-68)可简化为

$$I_D = \frac{2qkT}{h}e^{\eta_F}(1 - e^{-qV_{DS}/(kT)}) \tag{7-70}$$

$$\eta_F = \frac{V_{GS}-V_T}{kT/q} - \frac{q^2 N_{1D}}{2kTC_{ox}}\frac{e^{\eta_F}}{kT}(1 - e^{-qV_{DS}/(kT)}) \tag{7-71}$$

此方程无解析解,可做如下特定情况讨论:

(1) 在亚阈区,沟道中自由电荷数近似为零,则约化费米势可表示为

$$\eta_F \approx \frac{V_{GS}-V_T}{kT/q} \tag{7-72}$$

电流方程与传统的 MOSFET 电流方程相似

$$I_{Dsub} = \frac{2qkT}{h}e^{q(V_{GS}-V_T)/(kT)}(1 - e^{-qV_{DS}/(kT)}) \tag{7-73}$$

(2) 阈值之上,可认为 η_F 近似为零,即式(7-71)简化为

$$0 \approx \frac{V_{GS}-V_T}{kT/q} - \frac{q^2 N_{1D}}{2kTC_{ox}}\frac{e^{\eta_F}}{kT}(1 - e^{-qV_{DS}/(kT)}) \tag{7-74}$$

从上式可解出 $\exp(\eta_F)$,代入电流方程即得

$$I_D = C_{ox}v_T(V_{GS}-V_T)\frac{(1 - e^{qV_{DS}/(kT)})}{(1 + e^{qV_{DS}/(kT)})} \tag{7-75}$$

式中:v_T 称为平均热运动速度,即

$$v_T = \sqrt{\frac{2kT}{\pi m^*}} \tag{7-76}$$

2. 简并载流子分布情况

对于载流子高度简并的情况，有 $\eta_F \gg 1, F_n(\eta_F) \to \eta_F$。取式(7-67)的简并极限，得到

$$I_D = \frac{2q^2}{h} V_{DS} \tag{7-77}$$

沟道电导为量子电导，即

$$g_c = g_q = \frac{2q^2}{h} \tag{7-78}$$

器件的通态电流可由下式表示

$$I_{D(on)} = C_{gs} v^+ (V_{GS} - V_T) \tag{7-79}$$

式中：C_{gs} 为栅源电容，即

$$C_{gs} = \frac{C_{ox} C_q}{C_{ox} + C_q} \tag{7-80}$$

C_q 为沟道量子电容，即

$$C_q = \frac{q^2 \sqrt{2m^*}}{\pi \hbar^2} (E_F - E_0)^{-\frac{1}{2}} \tag{7-81}$$

E_0 为 0 K 下电子的能量，可由下式解出

$$\frac{E_F - E_0}{q} = (V_{GS} - V_T) - \frac{q^2}{C_{ox}} \frac{\sqrt{2m^*(E_F - E_0)}}{\pi \hbar}, \quad V_T = -\frac{E_F}{q} \tag{7-82}$$

此外，式(7-79)中的 v^+ 是简并电子气沿沟道方向的平均运动速度，即

$$v^+ = \sqrt{\frac{E_F - E_0}{2m^*}} \tag{7-83}$$

若满足 $C_q \ll C_{ox}$，则式(7-79)表示的通态电流变为

$$I_{D(on)} = \frac{2q^2}{h} (V_{GS} - V_T) \tag{7-84}$$

因而跨导和沟道电导相等，即

$$g_m = \frac{2q^2}{h} = g_c \tag{7-85}$$

思 考 题 7

1. SOI 衬底与体硅衬底相比有哪些优点？

2. 智能剥离制备 SOI 晶圆的主要步骤有哪些？为什么需要在高温下进行热退火？

3. PDSOI MOSFET 的浮体效应主要包括哪些？相比 PDSOI MOSFET，FDSOI MOSFET 有哪些优点？

4. 多栅 SOI MOSFET 主要包括哪些器件结构？各有什么特点？

5. 与平面 MOSFET 技术相比，FinFET 技术有哪些好处？

6. SOI FinFET 相比体硅 FinFET 有哪些优缺点？

7. 描述 FinFET 的制造工艺，其主要挑战是什么？

8. 什么是多栅 SOI MOSFET 的特征长度？它受哪些参数的影响？与 SCE 效应有何关系？

9. 如何提高多栅 MOSFETs 的驱动电流？

10. 什么是多栅 MOSFETs 的角效应？它对器件电特性有何影响？

11. 什么是多栅 MOSFETs 的量子效应？它会影响器件的哪些特性？

12. 简述 GAA FET 的工作原理，与纳米线直径有何关系？

13. SOI MOSFET 自热效应的原因是什么？PDSOI MOSFET 和 FDSOI MOSFET 哪一种更易受自热效应的影响？自热效应如何影响器件的电性能？

14. 为什么由较厚的体区制备的单个 FinFET 器件不能提供更大的驱动电流？为什么需要将多鳍并联？

15. 指出 FinFET 相对于 FDSOI MOSFET 的优缺点。

16. 为什么纳米线被认为是一维材料，尽管它们有长度和直径两个维度？

17. 浮体效应发生在以下哪种器件中：① 体硅 MOSFET；② 部分耗尽 SOI MOSFET；③ 完全耗尽 SOI MOSFET？

18. 体 CMOS 和 SOI CMOS 哪个有更大的亚阈值摆幅？

19. 为什么在 FDSOI MOSFET 中不能实现高阈值电压？PDSOI MOSFET 和 FDSOI MOSFET 哪一个具有更高的亚阈值摆幅？

20. PDSOI MOSFET 中的 kink 效应是什么？请解释其起源。为什么在 FDSOI MOSFET 中不会产生 kink 效应？

21. 多栅或围栅 MOSFETs 中为什么载流子迁移率会随着 Si 膜厚度或纳米丝直径减小呈现出先上升后下降的趋势？

习　题　7

自测题 7

1. 一 N$^+$ 多晶硅栅 SOI NMOSFET，$N_A = 5 \times 10^{17}$ cm^{-3}，$t_{ox} = 4$ nm，$t_{Si} = 30$ nm，试计算其阈值电压，设氧化层电荷密度为 0。若整个晶片 t_{Si} 的变化为 ± 5 nm，计算 V_T 的分布范围。

2. 对于 $L_{eff} = 30$ nm，$t_{ox} = 1$ nm 的厚 BOX FDSOI MOSFET，要求其 DIBL≈ 100 mV/V，确定 t_{Si} 应为多少，并估计相应的 SS。

3. 对于掺杂三栅 FinFET，将二维泊松方程应用于鳍 UTB 的顶角区域，半定量地解释为什么角区域的阈值电压低于远离角的 UTB 区域的阈值电压。

附　　录

附录 A　Si、Ge、GaAs 和 GaP 电阻率与杂质浓度关系

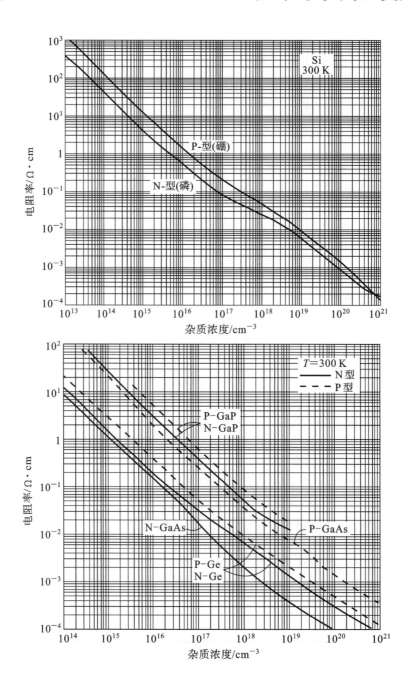

附录 B　Si、Ge、GaAs 中载流子迁移率与杂质浓度关系

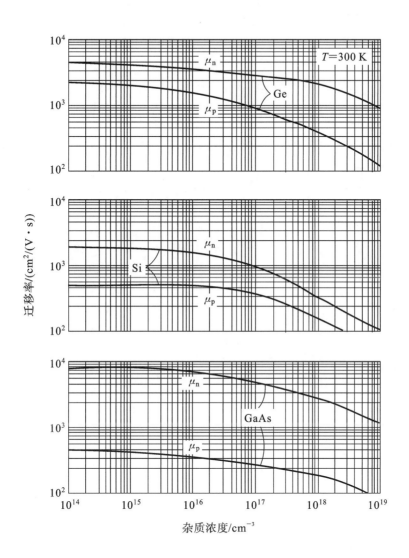

附录 C　Si、Ge 和 GaAs 的重要性质($T=300$ K)

性质	Si	Ge	GaAs
原子密度/cm^{-3}	5.02×10^{22}	4.42×10^{22}	4.42×10^{22}
原子量	28.09	72.60	144.63
击穿电场/(V/cm)	$\sim3\times10^{5}$	$\sim10^{5}$	$\sim4\times10^{5}$
晶体结构	金刚石	金刚石	闪锌矿
密度/(g/cm^3)	2.33	5.33	5.32
介电常数	11.9	16.0	13.1
导带有效态密度 N_C/cm^{-3}	2.8×10^{19}	1.04×10^{19}	4.7×10^{17}
价带有效态密度 N_V/cm^{-3}	1.04×10^{19}	6.0×10^{18}	7.0×10^{18}
有效质量(m^*/m_0)			
电子	$m_l^*=0.98$	$m_l^*=1.64$	$m_l^*=0.067$
	$m_t^*=0.19$	$m_t^*=0.082$	
空穴	$m_{lh}^*=0.16$	$m_{lh}^*=0.044$	$m_{lh}^*=0.076$
	$m_{hh}^*=0.54$	$m_{hh}^*=0.28$	$m_{hh}^*=0.45$
电子亲和势 χ/V	4.01	4.13	4.07
禁带宽度/eV	1.12	0.66	1.42
折射率	3.42		3.3
本征载流子浓度/cm^{-3}	1.5×10^{10}	2.4×10^{13}	1.8×10^{6}
本征德拜长度/μm	41	0.68	2900
本征电阻率/($\Omega\cdot$cm)	3.16×10^{5}	47	3.1×10^{8}
晶格常数/Å	5.43	5.65	5.65
线性热膨胀系数$\left(\frac{\Delta L}{L}\Delta T\right)$(℃$^{-1}$)	2.59×10^{-6}	5.8×10^{-6}	5.75×10^{-6}
熔点/℃	1415	937	1238
少子寿命/s	2.5×10^{-3}	10^{-3}	$\sim10^{-8}$
迁移率(漂移)/(cm^2/(V·s))			
μ_n/电子	1350	3900	8500
μ_p/空穴	480	1900	400
光学-声子能量/eV	0.063	0.037	0.035
声子平均自由程 λ^0/Å	76(电子)		58
	55(空穴)		
比热/(J/(g·℃))	0.7	0.31	0.35
热导率/(W/(cm·℃))	1.5	0.6	0.46
散热率/(cm^2/s)	0.9		0.44
蒸气压/Pa	1(1650 ℃)	1(1330 ℃)	100(1050 ℃)
	10^{-6}(900 ℃)	10^{-6}(760 ℃)	1(900 ℃)

附录 D　常用半导体的性质

附表 D-1　常用元素、二元半导体性质

半导体	带隙/eV		300 K 的迁移率[①] /(cm²/(V·s))		能带[②]	有效质量 m^*/m_0		介电常数
	300 K	0 K	电子	空穴		电子[③]	空穴[④]	ε_s
元素								
C	5.47	5.48	2000	2100	I	1.4/0.36	1.08/0.36	5.7
Ge	0.66	0.78	3900	1800	I	1.57/0.082	0.28/0.04	16.2
Si	1.124	1.17	1450	505	I	0.92/0.19	0.54/0.15	11.9
Sn	0	0.94	10⁵(100 K)	10⁴(100 K)	D	0.023	0.195	24
IV-VI								
6H-SiC	2.86	2.92	300	40	I	1.5/0.25	1.0	9.66
III-V								
AlAs	2.15	2.23	294	—	I	1.1/0.19	0.41/0.15	10
AlN	6.2	—	—	14	D	—	—	9.14
AlP	2.41	2.49	60	450	I	3.61/0.21	0.51/0.21	9.8
AlSb	1.61	1.68	200	400	I	1.8/0.26	0.33/0.12	12
BN	6.4	—	4	—	I	0.752	0.37/0.15	7.1
BP	2.4	—	120	500	I	—	—	11
GaAs	1.424	1.519	9200	320	D	0.063	0.50/0.076	12.4
GaN	3.44	3.50	440	130	D	0.22	0.96	10.4
GaP	2.27	2.35	160	135	I	4.8/0.25	0.67/0.17	11.1
GaSb	0.75	0.82	3750	680	D	0.0412	0.28/0.05	15.7
InAs	0.353	0.42	33000	450	D	0.021	0.35/0.026	15.1
InN	1.89	2.15	250	—	D	0.12	0.5/0.17	9.3
InP	1.34	1.42	5900	150	D	0.079	0.56/0.12	12.6
InSb	0.17	0.23	77000	850	D	0.0136	0.34/0.0158	16.8
II-VI								
CdS	2.42	2.56	340	50	D	0.21	0.80	5.4
CdSe	1.70	1.85	800	—	D	0.13	0.45	10.0
CdTe	1.56	—	1050	100	D	0.1	0.37	10.2
ZnO	3.35	3.42	200	180	D	0.27	1.8	9.0

半导体	带隙/eV		300 K 的迁移率[1] /(cm²/(V·s))		能带[2]	有效质量 m*/m₀		介电常数
	300 K	0 K	电子	空穴		电子[3]	空穴[4]	ε_s
ZnS	3.68	3.84	180	10	D	0.40	—	8.9
ZnSe	2.82	—	600	300	D	0.14	0.6	9.2
ZnTe	2.4	—	530	100	D	0.18	0.65	10.4
Ⅳ-Ⅵ								
PbS	0.41	0.286	800	1000	I	0.22	0.29	17.0
PbTe	0.31	0.19	6000	4000	I	0.17	0.20	30.0

注:① 在当前最纯和最理想材料中得到的漂移迁移率值。

② I:间接;D:直接。

③ 椭圆能量表面的纵/横有效质量。

④ 非简并价带的重空穴/轻空穴的有效质量。

附表 D-2　常用三元半导体性质

铝镓砷($Al_xGa_{1-x}As$)	
晶体结构	闪锌矿
能带隙	$1.424+1.087x+0.438x^2 (x<0.43)$ $1.905+0.10x+0.16x^2 (x>0.43)$
晶格常数/Å	$5.6533+0.0078x$
电子迁移率/(cm²/(V·s))	$9200-22000x+10000x^2 (x<0.43)$ $-255+1160x-720x^2 (x>0.43)$
空穴迁移率/(cm²/(V·s))	$320-970x+740x^2$
电子有效质量/m₀	$0.063+0.083x (\Gamma minimum,态密度)$ $0.85-0.14x (X minimum,态密度)$ $0.56+0.10x (L minimum,态密度)$
空穴有效质量/m₀	重空穴:$0.50+0.14x$(态密度) 轻空穴:$0.076+0.063x$(态密度)
介电常数	$12.4-3.12x$
铝铟砷($Al_xIn_{1-x}As$)	
晶体结构	闪锌矿
能带隙 Γ/eV	$0.37+1.91x+0.74x^2$
能带隙 X/eV	$1.8+0.4x$
带隙交叠 $Al_{0.48}In_{0.52}As$	$x=0.68, E_g=2.05$ eV $E_g=1.45$ eV,与 InP 晶格匹配

$x=0.47$ 的镓铟砷$(\mathrm{Ga}_{0.47}\mathrm{In}_{0.53}\mathrm{As})$	
晶体结构	闪锌矿
能带隙/eV	0.75
晶格常数/Å	5.8687，与 InP 晶格匹配
电子迁移率/$(\mathrm{cm}^2/(\mathrm{V}\cdot\mathrm{s}))$	13800
电子有效质量(m_0)	0.041
空穴有效质量(m_0)	重空穴：0.465 轻空穴：0.05

附录 E　常用物理常数

量	符号	值
埃	Å	$1\ \text{Å}=10^{-4}\ \mu\text{m}=10^{-8}\ \text{cm}=10^{-10}\ \text{m}$
阿伏伽德罗常量	N_{av}	6.02214×10^{23}
波尔半径	α_{B}	$0.52917\ \text{Å}$
玻尔兹曼常量	k	$1.38066\times10^{-23}\ \text{J/K}(R/N_{\text{av}})$
单位电荷	q	$1.60218\times10^{-19}\ \text{C}$
电子静止质量	m_0	$0.91094\times10^{-30}\ \text{kg}$
电子伏	eV	$1\ \text{eV}=1.60218\times10^{-19}\ \text{J}=23.053\ \text{kcal/mol}$
气体常数	R	$1.98719\ \text{cal/(mol}\cdot\text{K)}$
真空磁导率	μ_0	$1.25664\times10^{-8}\ \text{H/cm}\ (4\pi\times10^{-9})$
真空介电常数	ε_0	$8.85418\times10^{-14}\ \text{F/cm}\ (1/\mu_0 c^2)$
普朗克常量	h	$6.62607\times10^{-34}\ \text{J}\cdot\text{s}$
约化普朗克常量	$\hbar$	$1.05457\times10^{-34}\ \text{J}\cdot\text{s}(h/(2\pi))$
质子静止质量	M_{p}	$1.67262\times10^{-27}\ \text{kg}$
真空光速	c	$2.99792\times10^{10}\ \text{cm/s}$
标准大气压		$1.01325\times10^{5}\ \text{Pa}$
300 K 的热电压	kT/q	$0.025852\ \text{V}$
1 eV 量子波长	λ	$1.23984\ \mu\text{m}$

附录 F　国际单位制(SI 单位)

量的名称	单位名称	单位符号	量纲
长度*	米	m	—
质量	千克	kg	—
时间	秒	s	—
温度	开[尔文]	K	—
电流	安[培]	A	—
光强	堪[德拉]	Cd	—
角度	弧度	rad	—
频率	赫[兹]	Hz	$1/s$
力	牛[顿]	N	$kg \cdot m/s^2$
压力	帕[斯卡]	Pa	N/m^2
能量	焦[耳]	J	$N \cdot m$
功率	瓦[特]	W	J/s
电荷	库[仑]	C	$A \cdot s$
电势	伏[特]	V	J/C
电导	西[门子]	S	A/V
电阻	欧[姆]	Ω	V/A
电容	法[拉]	F	C/V
磁通量	韦[伯]	Wb	$V \cdot s$
磁感强度	特[斯拉]	T	Wb/m^2
电感	亨[利]	H	Wb/A
光通量	流[明]	Lm	$Cd \cdot rad$

注:* 在半导体领域,用厘米表示长度,用电子伏表示能量单位更为常用,其中 1 厘米(cm)$=10^{-2}$米(m),1 电子伏(eV)$=1.6×10^{-19}$焦(J)。

附录 G 单位词头

所代表的因素	词头名称	词头符号[*]
10^{18}	艾[可萨]	E
10^{15}	拍[它]	P
10^{12}	太[拉]	T
10^{9}	吉[咖]	G
10^{6}	兆	M
10^{3}	千	k
10^{2}	百	h
10	十	da
10^{-1}	分	d
10^{-2}	厘	c
10^{-3}	毫	m
10^{-6}	微	μ
10^{-9}	纳[诺]	n
10^{-12}	皮[可]	p
10^{-15}	飞[母托]	f
10^{-18}	阿[托]	a

注：[*] 被国际重量和测量委员会采用(不能使用复合词头,如 10^{-12} 不能写为 $\mu\mu$,而是写作 p)。

参 考 文 献

[1] Donald A. Neamen. Semiconductor Physics and Devices：Basic Principles[M]. 4th ed. New York：McGraw-Hill，2011.

[2] Donald A. Neamen. 半导体物理与器件[M]. 2 版. 赵毅强，姚素英，史再峰，等译. 北京：电子工业出版社，2018.

[3] 刘刚，雷鑑铭，高俊雄，等. 微电子器件与 IC 设计基础[M]. 2 版. 北京：科学出版社，2009.

[4] Jean-Pierre Colinge. FinFETs and Other Multi-Gate Transistors[M]. New York：Springer Science ＋ Business Media，LLC，2008.

[5] Edmundo A. Gutiérrez-D. Nano-Scaled Semiconductor Devices-Physics，Modelling，Characterisation，and Societal Impact[M]. London，United Kingdom：The Institution of Engineering and Technology，2016.

[6] Hong Xiao. 3D IC Devices，Technologies，and Manufacturing[M]. Bellingham，Washington USA：SPIE Press，2016.

[7] Jerry G. Fossum，Vishal P. Trivedi. Fundamentals of Ultra-Thin-Body MOSFETs and FinFETs[M]. New York：Cambridge University Press，2013.

[8] N. 艾罗拉. 用于 VLSI 模拟的小尺寸 MOS 器件模型——理论与实践[M]. 张兴，李映雪，等译. 北京：科学出版社，1999.

[9] 刘恩科，朱秉升，罗晋生. 半导体物理学[M]. 4 版. 北京：国防工业出版社，1994.

[10] H. Craig Casey. Devices for Integrated Circuits，Silicon and Ⅲ-Ⅴ Compound Semiconductors[M]. New York：John Wiley ＆ Sons，Inc，1999.

[11] B. G. Streetman，S. Banerjee. Solid State Electronic Devices[M]. 5th ed. State of New Jersey：Prentice Hall，2000.

[12] 曾云，杨红官. 微电子器件[M]. 北京：机械工业出版社，2016.

[13] (美)施敏(S. M. Sze)，(美)伍国珏(Kwok K. Ng). 半导体器件物理(Physics of Semiconductor Devices)[M]. 3 版. 耿莉，张瑞智，译. 西安：西安交通大学出版社，2008.

[14] S. M. Sze. Semiconductor Devices，Physics and Technology[M]. 2nd Editon. New York：John Wiley ＆ Sons，Inc，2002.

[15] 张兴，黄如，刘晓彦. 微电子学概论[M]. 北京：北京大学出版社，2000.

[16] 黄均鼐，汤庭鳌，胡光喜. 半导体器件原理[M]. 上海：复旦大学出版社，2011.

[17] 孟庆巨，刘海波，孟庆辉. 半导体器件物理[M]. 2 版. 北京：科学出版社，2009.

[18] 刘刚，余岳辉，史济群，等. 半导体器件——电子、敏感、光子、微波器件[M]. 北京：电子工业出版社，2000.

[19] 张屏英，周佑谟. 晶体管原理[M]. 上海：上海科学技术出版社，1985.

[20] 浙江大学半导体器件教研组. 晶体管原理[M]. 北京：国防工业出版社，1980.

[21] Yau D. A Simple Theory to Predict the Threshold Voltage of Short-channel IGFET's. Solid State Electronics[J]. 1974,17(10):1059-1063.

[22] G. Celler and M. Wolf. Smart Cut™ A guide to the technology, the process, the products[EB/OL]. Parc Technologique des Fontaines, SOITEC, 2003. 07. 23[2023-07-05]. https://wenku. baidu. com/view/ ed6f9329e87101f69e31955d. html? fr＝income3-doc-search&_wkts_＝1688548447429&wkQuery＝ Smart＋CutTM＋A＋guide＋to＋the＋technology%2C＋the＋process%2C＋the＋products.

[23] X. Cauchy. Fully Depleted SOI Designed for low power[EB/OL]. Newton, Massachusetts State, USA: SOI Industry Consortium, 2010. 12, 1-8. [2023-07-05]. https://www. yumpu. com/en/document/view/3524454/fully-depleted-soi-designed-for-low-soi-industry-consortium.

[24] A. Yoshino, K. Kumagai, N. Hamatake, S. Kurosawa and K. Okumura. Comparison of fully depleted and partially depleted mode transistors for practical high-speed, low-power 0. 35 mm CMOS/SIMOX circuits[C]. Proceedings. IEEE International SOI Conference. Nantucket, MA, USA: IEEE, 1994. pp. 107-108.

[25] M. Stadele,D. Schmitt-Landsiedel, L. Risch. Comparison of partially and fully depleted SOI transistors down to the sub-50-nm gate length regime[C]. Proceedings of the International Symposium on Silicon-on-Insulator Technology and Devices XI. Pennington NJ, USA: Electrochemical Society, 2003. pp. 361-366.

[26] A. Marshall and S. Natarajan. PD-SOI and FD-SOI: a comparison of circuit performance [C]. In: IEEE 9th International Conference on Electronics, Circuits and Systems. Dubrovnik, Croatia: IEEE, 2002, vol. 1. pp. 25-28.

[27] J. P. Colinge. Silicon-on-Insulator Technology: Materials to VLSI[M]. 3rd Editon. New York:Kluwer Academic Press,2004.

[28] H. K. Lim,J. G. Fossum. Threshold voltage of thin-film silicon-on insulator (SOI) MOSFET's[J]. IEEE Transactions on Electron Devices, 1983, 30(10): 1244-1251.

[29] F. Balestra,M. Benachir,J. Brini,et al. Analytical models of subthreshold swing and threshold voltage for thin-and ultrathin-film SOI MOSFETs[J]. IEEE Transactions on Electron Devices, 1990, 37(11): 2303-2311.

[30] Y. Omura, S. Horiguchi, M. Tabe,et al. Quantum-mechanical effects on the threshold voltage of ultrathin-SOI nMOSFETs[J]. IEEE Electron Device Letters, 1993, 14(12): 569-571.

[31] S. Cristoloveanu. From SOI Basics to Nano-Size MOSFETs, In: Nanotechnology for Electronic Materials and Devices[M]. Boston, MA: Springer Science＋Business Media, LLC, 2007, pp. 67-104.

[32] S. Veeraraghavan,J. G. Fossum. A physical short-channel model for the thin-film SOI MOSFET applicable to device and circuit CAD[J]. IEEE Trans. Electron Devices, 1988, 35: 1866-1875.

[33] Synopsys, Inc. Medici-4. 0 User's Manual. Durham, NC: Synopsys. 2004.

[34] T. Ernst,C. Tinella,C. Raynaud,et al. Fringing fields in sub-0. 1 mm fully depleted SOI MOSFETs: optimization of the device architecture[J]. Solid-State Electronics, 2002, 46(3): 373-378.

[35] S. Cristoloveanu, T. Ernst, D. Munteanu,et al. Ultimate MOSFETs on SOI: ultra thin, single gate, double gate, or ground plane[J]. International Journal of High Speed Electronics and Systems, 2000, 10(01): 217-230.

[36] D. -G. Park, T. -H. Cha, K. -Y. Lim, et al. Robust ternary metal gate electrodes for dual gate CMOS devices[C]. Tech. Dig. IEEE International Electron Devices Meeting. Washington, DC, USA: IEEE, 2001. pp. 671-674.

[37] J. Kedzierski, E. Nowak, T. Kanarsky, et al. Metal-gate FinFET and fully-depleted SOI devices using total gate silicidation[C]. Tech. Dig. IEEE International Electron Devices Meeting, San Francisco, CA, USA: IEEE, 2002, pp. 247-250.

[38] J. G. Fossum,V. P. T rivedi. Fossum. Fundamentals of Ultra-Thin-Body MOSFETs and FinFETs[M]. New York: Cambridge University Press, 2013.

[39] Atlas user's manual. Silvaco International Software, Santa Clara, CA, USA, 2015.

[40] L. Wang, A. R. Brown, M. Nedjalkov,et al. Impact of Self-Heating on the Statistical Variability in Bulk and SOI FinFETs[J]. IEEE Transactions on Electron Devices, 2015, 62(7): 2106-2112.

[41] X. Xu, R. Wang, R. Huang, et al. High-Performance BOI FinFETs Based on Bulk-Silicon Substrate[J]. IEEE Transactions on Electron Devices, 2008, 55(11): 3246-3250.

[42] Hong Xiao. 3D IC Devices, Technologies, and Manufacturing[M]. Bellingham, Washington USA: SPIE Press, 2016.

[43] Jean-Pierre Colinge,et al. FinFETs and Other Multi-Gate Transistors[M]. New York, MA: Springer Science + Business Media, LLC, 2008.

[44] K. K. Young. Analysis of conduction in fully depleted SOI MOSFETs[J]. IEEE Transactions on Electron Devices, 1989, 36(3): 504-506.

[45] R. H. Yan, A. Ourmazd, K. F. Lee. Scaling the Si MOSFET: from bulk to SOI to bulk [J]. IEEE Transactions on Electron Devices, 1992, 39(7): 1704-1710.

[46] C. P. Auth, J. D. Plummer. Scaling theory for cylindrical, fully-depleted, surrounding-gate MOSFET's[J]. IEEE Electron Device Letters, 1997, 18(2): 74-76.

[47] J. P. Colinge. Multiple-gate SOI MOSFETs'[J]. Solid-State Electronics, 2004, 48(6): 897-905.

[48] C. W. Lee, C. G. Yu, J. T. Park, et al. Device design guidelines for nano-scale MuG-FETs[J]. Solid-State Electronics, 2007, 51(3): 505-510.

[49] K. Suzuki,T. Tanaka,Y. Tosaka,et al. Scaling theory for double-gate SOI MOSFET's[J]. IEEE Transaction Electron Devices, 1993, 40(12): 2326-2329.

[50] K. K. Young. Short-channel effect in fully-depleted SOI MOSFETs[J]. IEEE Transactions on Electron Devices, 1989, 36(2): 399-402.

[51] I. Ferain, C. A. Colinge, J. P. Colinge. Multigate transistors as the future of classical

metal-oxide-semiconductor field-effect transistors [J]. Nature, 2011, 479 (7373):
310-316.

[52] 曾云,杨红官. 微电子器件[M]. 北京:机械工业出版社,2016.

[53] J. P. Colinge. Novel Gate Concepts for MOS Devices[C]. Proceedings of the 30th European Solid-State Circuits Conference, Leuven, Belgium: IEEE, 2004. 11, pp. 45-49.

[54] S. Markov, B. Cheng, A. S. M. Zain, A. Asenov. Understanding variability in complementary metal oxide semiconductor (CMOS) devices manufactured using silicon-on-insulator (SOI) technology. In: SiliconOn-Insulator (SOI) Technology: Manufacture and Applications[M]. Springer, 2014, pp. 212-242.

[55] A. M. Morales, C. M. Lieber. A laser ablation method for the synthesis of crystalline semiconductor nanowires[J]. Science, 1998, 279 (5348): 208-211.

[56] Y. Huang, X. Duan, Y. Cui, et al. Logic gates and computation from assembled nanowire building blocks[J]. Science, 2001, 294(5545):1313-1317.

[57] X. Duan, Y. Huang, Y. Cui, et al. Indium phosphide nanowires as building blocks for nanoscale electronic and optoelectronic devices[J]. Nature, 2001, 409(6816): 66-69.

[58] F. L. Yang, D. H. Lee, H. Y. Chen, et al. 5 nm-gate nanowire FinFET[C]. In: Digest of Technical Papers: IEEE Symposium on VLSI Technology. Honolulu, HI, USA: IEEE, 2004. pp. 196-197.

[59] N. Singh, A. Agarwal, L. K. Bera, et al. High-performance fully depleted silicon nanowire (diameter ≤ 5 nm) gate-all-around CMOS devices[J]. IEEE Electron Device Letters, 2006, 27(5): 383-386.

[60] X. Baie, X. Tang, J. P. Colinge. Fabrication of twin nano silicon wires based on arsenic dopant effect[J]. Japanese Journal of Applied Physics, 1998, 37/1-3B: 1591-1593.

[61] C. T. Black. Self-aligned self-assembly of multi-nanowire silicon field effect transistors [J]. Applied Physics Letters, 2005, 87(16): 163116-1-3.

[62] T. Ando, A. B. Fowler, F. Stern. Electronic properties of two-dimensional systems[J]. Review of Modern Physics, 1982, 54(2): 437-672.

[63] P. N. Butcher, N. H. March, M. P. Tosi. Physics of low-dimensional semiconductor structures[M]. New York: Plenum Press, 1993.

[64] B. Majkusiak, T. Janik, J. Walczak. Semiconductor thickness effects in the double-gate SOI MOSFET[J]. IEEE Transactions on Electron Devices, 1998, 45(5): 1127-1134.

[65] J. P. Colinge, J. C. Alderman, W. Xiong, et al. Quantum-Mechanical Effects in Trigate SOI MOSFETs[J]. IEEE Transactions on Electron Devices, 2006, 53(5): 1131-1136.

[66] T. Poiroux, M. Vinet, O. Faynot, et al. Multiple gate devices: advantages and challenges[J]. Microelectronic Engineering, 2005, 80(17): 378-385.

[67] W. Xiong, C. R. Cleavelin, T. Schulz, et al. MuGFET CMOS process with midgap gate material [C]. Abstracts of NATO International Advanced Research Workshop on Nanoscaled Semiconductoron-Insulator Structures and Devices. Ed. by S. Hall, A. N. Nazarov and V. S. Lysenko. Springer, Dordrecht, 2007. pp. 159-164.

[68] A. Marchi, E. Gnani, S. Reggiani, et al. Investigating the performance limits of silicon-nanowire and carbon-nanotube FETs[J]. Solid-State Electronics, 2006,50(1):78-85.

[69] E. Gnani, A. Marchi, S. Reggiani, et al. Quantum-mechanical analysis of the electro-statics in silicon-nanowire and carbon-nanotube FETs [J]. Solid-State Electronics, 2006,50(4):709-715.

[70] J. P. Colinge. Nanowire Quantum Effects in Tri-Gate SOI MOSFETs[C]. Abstracts of the NATO Advanced Research Workshop on Nanoscaled Semiconductor-on-Insulator Structures and Devices. Ed. by S. Hall, A. N. Nazarov and V. S. Lysenko. Springer, Dordrecht, 2007, pp. 129-142.

[71] J. P. Colinge, A. J. Quinn, L. Floyd, et al. Low-Temperature Electron Mobility in Trigate SOI MOSFETs[J]. IEEE Electron Device Letters, 2006, 27(2): 120-122.

[72] J. P. Colinge, W. Xiong, C. R. Cleavelin, et al. Room-Temperature Low-Dimensional Effects in Pi-Gate SOI MOSFETs[J]. IEEE Electron Device Letters, 2006, 27(9): 775-777.

[73] N. Singh, F. Y. Lim, W. W. Fang, et al. Ultra-narrow silicon nanowire gate-allaround CMOS device: impact of diameter, channel-orientation and low temperature on device performance[C]. Technical Digest of International Electron Devices Meeting, San Francisco, CA, USA: IEEE, 2006,20. 4-1-4.

[74] 梅光辉. 新型围栅 MOSFET 建模与仿真研究[D]. 上海:复旦大学,2012(5):13-15.

线上作业及资源网的使用说明

建议学员在 PC 端完成注册、登录、完善个人信息及验证学习码的操作。

一、PC 端学员学习码验证操作步骤

1. 登录。

(1) 登录网址 http://bookcenter. hustp. com/,点击右上角个人中心(白色人像图标),完成注册后点击登录。输入账号、密码(学员自设)后,提示登录成功。

(2) 完善个人信息(姓名、学校、班级、学号等信息请如实填写,因线上作业计入平时成绩),将个人信息补充完整后,点击保存即可完成注册登录。

2. 学习码验证。

(1) 刮开《半导体器件物理》封面上的学习码的防伪涂层,可以看到一串学习码。

(2) 在个人中心页点击"学习码验证",输入学习码,点击"验证"按钮,即可验证成功。点击"学习码"→"已激活学习码",即可查看《半导体器件物理》教材线上资源。

3. 查看课程。

在图书搜索框中搜索《半导体器件物理》,并点击《半导体器件物理》详情页右上角的"加入课程"按钮,然后返回个人中心,点击"我的课程",即可看到新激活的课程,点击课程,进入课程详情页,下拉即可看到该课程的线上章节习题。

4. 做题测试。

二、手机端学员扫码操作步骤

1. 手机扫描二维码,新用户先注册登录。

2. 输入本书(图书封面上可刮开)的学习码。

3. 完善个人信息。

学习码激活之后进入习题页,点击"所属图书:半导体器件物理"→"高等教育"进入到首页,点击右下角"我的"→"修改/完善个人信息"(姓名、学校、班级、学号等信息请如实填写,因线上作业计入平时成绩),将个人信息补充完整后,点击提交。

4. 返回首页搜索本书,进入课程详情页,下拉即可看到该课程的线上章节习题;或再次扫描二维码直接进入到线上习题页。

5. 习题答题完毕后提交,即可看到本次答题的分数统计。

任课老师会根据学员线上作业情况给出平时成绩。

若在操作上遇到什么问题可咨询陈老师(QQ:514009164)。